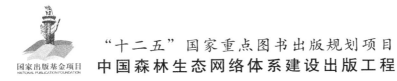

"十二五"国家重点图书出版规划项目

中国森林生态网络体系建设出版工程

国家出版基金项目
NATIONAL PUBLICATION FOUNDATION

合肥现代城市森林发展

Modern Urban Forest Development for Hefei

彭镇华 等著

Peng Zhenhua etc.

中国林业出版社

China Forestry Publishing House

图书在版编目（CIP）数据

合肥现代城市森林发展 / 彭镇华等著 . —北京：
中国林业出版社，2015.6
"十二五"国家重点图书出版规划项目
中国森林生态网络体系建设出版工程
ISBN 978-7-5038-7996-8

Ⅰ.①合…　Ⅱ.①彭…　Ⅲ.①城市林 – 建设 – 研究 –
合肥市 – 现代　Ⅳ.①S731.2

中国版本图书馆 CIP 数据核字（2015）第 108567 号

出版人：金　旻
中国森林生态网络体系建设出版工程
选题策划　刘先银　策划编辑　徐小英　李　伟

合肥现代城市森林发展
编辑统筹　刘国华　马艳军
责任编辑　李　伟　刘先银　于晓文

出版发行　中国林业出版社
地　　址　北京西城区刘海胡同 7 号
邮　　编　100009
E - mail　896049158@qq.com
电　　话　（010）83143525　83143544
制　　作　北京大汉方圆文化发展中心
印　　刷　北京中科印刷有限公司
版　　次　2015 年 12 月第 1 版
印　　次　2015 年 12 月第 1 次
开　　本　889mm×1194mm　1/16
字　　数　475 千字
印　　张　20.5
定　　价　129.00 元

序
FOREWORD

合肥是安徽省省会，位于安徽省正中部，长江淮河之间、环抱巢湖，并因淝、施二水交汇而得名。合肥市具有承东启西、贯通南北的重要区位优势，是国家级皖江城市带承接产业转移示范区核心城市、长三角城市经济协调会成员城市。近些年来，合肥经济社会快速发展，城市化水平不断提高，人们对宜居宜业美好生活环境的向往日益迫切，这也对新时期城市生态环境建设提出了更高的要求。城市森林是城市生态环境的主体，城市森林建设是随着城市发展而不断提高完善的公益事业和民生工程，是拓展城市生态载荷能力和构建"美丽家园"的强力支撑。

合肥的森林城市建设由来已久，早在1993年，合肥市就明确提出了建设"森林城"的目标，也是我国第二个提出建设"森林城"的城市。此后，历届合肥市委、市政府都高度重视城乡绿化建设，并取得了十分瞩目的成就，20年的大力度绿化建设也使得合肥由一个缺林少绿的城市变成了今天的绿色之城。站在新的历史起点上，在合肥市打造区域性特大城市的新形势下，合肥市委、市政府更是高度重视城市生态建设，将城市森林作为一项绿色基础设施纳入城市总体发展规划，并于2010年又重新提出了建设森林城市的宏伟目标。

2012年，合肥市人民政府邀请中国林业科学研究院彭镇华先生担任"合肥森林城市建设总体规划"项目专家组组长，彭先生和我都在合肥生活工作过多年，对家乡的事业充满热情。彭先生随即组织了一支近30人的研究队伍，历时半年多，通力合作，协同攻关，项目研究在规划理念、规划方向、指标确定、工程设计和效益评价等方面都有所创新，取得了重要的阶段性成果，2012年9月规划通过评审，受到了专家们的一致好评。

城市林业作为一个新兴行业已得到了世界范围的广泛承认和接受。城市林业不仅代表了我国现代林业的发展趋向，而且也是我国众多城市应对城市化生态环境问题的必然选择，既合乎国情，又符合市情。加快城市林业发展步伐，走生态化城市的发展道路，有利于调整整个国土上的森林资源布局，使森林资源分配更趋合理，更有效地改善城市生态环境，提高城市的综合竞争力，推动生态化城市建设，促进城市的可持续发展。"合肥森林城市建设总体规划"不仅仅是一个重大规划研究成果，同时还是一个符合城市发展需求、并与民生福祉紧密结合的研究项目，将对全国的城市森林建设产生重要的影响。本论著也是以彭镇华教授为首的项目组全体专家经过多年持续深入研究的成果荟萃，是全体项目领导和专家集体智慧的结晶，本书的出版，将对我国中部地区的森林城市建设提供可借鉴的依据，特别是为江淮地区森林城市的发展探索了经验，做出了示范。

江泽慧

2014 年 12 月

前 言
PREFACE

　　合肥雄踞江淮之间，素有"江南唇齿，淮右襟喉"之称，是一座有着两千年历史的古城、驰名的三国故地。2011 年，随着庐江、巢湖两县（市）的归入，合肥市一举成为我国唯一一座怀抱五大淡水湖之一的省会城市。

　　合肥历史上曾经是一个缺林少绿的城市。1949 年全市只有林地 647 公顷，城区仅有零星树木 1.3 万株。1951 年建成全市第一座公园——逍遥津公园，同时在城墙基础上营造环城林带。市域范围通过国营人工造林育林，森林植被逐渐恢复，1972~1977 年造林进入一个高峰期，1989 年提出"五年消灭荒山、八年绿化安徽"，1997 年全市实现绿化达标。城区绿化在 20 世纪 70 年代以后逐渐走上稳定、健康、快速发展之路，1977~1985 年市区每年平均植树 22.08 万株，大蜀山形成独具特色的郊区森林；1990 年在原环城林带基础上完成环城公园建设，成为合肥市最亮丽的城市名片。1992 年，合肥市与北京、珠海一起被授予首批"国家园林城市"，1993 年，合肥市明确提出建设"森林城市"，是继长春后国内第二个提出建设森林城市、并完成"森林城建设规划"的城市，得到国家林业部的支持。2000 年 2 月，全国绿化委员会正式批准合肥市作为"城乡绿化一体化建设试点城市"，同年 3 月，合肥市委市政府成立"合肥森林城建设指挥部"。2001 年，合肥市又作为"中国森林生态网络体系建设"的试点市，在城市森林建设与效益研究方面取得了一系列重要成果。特别是 2010 年以来，合肥市委、市政府再次提出创建国家森林城市的发展目标，开启了"森林合肥"建设的崭新篇章，全市上下大力推进绿化造林建设，城市绿化建设进入快速发展的新阶段。通过多年的持续努力，合肥城乡面貌焕然一新，人居环境不断改善，截至 2010 年，合肥市森林覆盖率已达 20.5%（分母扣除湿地面积后的森林覆盖率为 25.2%），湿地覆盖率达 18.4%，人树共存、水木相扶的城市森林生态系统初步形成。

　　城市森林建设是随城市发展而不断提高完善的公益事业，在合肥市迈向环湖生态大都市的新形势下，合肥市委、市政府以创建国家森林城市为切入点，对城市生态建设提出了更高的发展目标。合肥创建国家森林城市，是推进合肥和谐发展的重要举措，是增强合肥城市综合竞争力的重要途径，是提升合肥城乡居民收入水平的重要抓手，将进一步提升合肥的城市生态文化品位，夯实合肥城市可持续发展的生态基础。为了更好的实现创建国家森林城市的目标，合肥市人民政府委托中国林业科学研究院编制《合肥森林城市建设总体规划》。

本规划以合肥市创建国家森林城市为目标，在分析合肥市生态环境本底特征的基础上，借鉴国内外城市森林建设的典型经验，明确提出合肥森林城市建设的发展目标、总体布局、重点工程和保障措施。在规划编制过程中，得到了合肥市发改委、农委、建委、民政局、国土局、交通运输局、水务局、规划局、环保局、统计局、旅游局、气象局等相关部门及各县（市、区）的大力支持和帮助。因此，该规划成果是各方共同努力的结晶。

著 者

2014.12

目 录
CONTENTS

第一章　国内外城市森林建设的启示

一、制定具有科学性和前瞻性的规划是生态建设的关键

国外城市森林的快速发展，得益于其对城市森林的科学定位，即把城市森林作为城市有生命的生态基础设施，结合城市规划制定了相应的城市绿化发展规划。规划的制定一方面保证了城市绿化成为城市建设的重要内容，同时规划的稳定性也确保了城市绿化建设的持续健康发展。因此，合肥市在制定城市林业发展规划时，要注重以下三个方面：①科学编制城市林业用地规划。城市林业必须与城市总体规划相适应，融入城市经济社会发展总目标中，做到同步规划，协调发展。②以人为本，坚持适度的高起点、高标准。立足未来二三十年的长远发展目标，前瞻性地将城市郊区一定范围内的生态用地、自然和人文景观丰富的地区甚至农田加以保护，统筹城乡生态建设。③实施阳光规划。城市林业规划者要与市规划部门携手并进、广开言路，通过各种形式向社会各界人士展示规划内容，最广泛地听取和吸纳社会各层面的意见和建议，使规划进一步完善，具有合理性和可行性，形成良性互动的反馈和参与机制。

二、在整个市域范围内开展城市森林建设

城市是处在一个区域环境背景下的人口密集、污染集中、生态脆弱的地带，实践表明，环境问题的产生与危害带有跨区域、跨时代的特点，这在客观上要求以森林、湿地为主的生态环境治理也要跨区域、跨部门的协同与配合，按照区域景观生态的特点在适宜的尺度上进行。从国外的城市绿化发展来看，也经历了从景观化与生态化、林业与园林部门管理权限的争论，但随着现代城市化进程的深刻发展，面向包括建成区、郊区甚至是远郊区整个城市化地区开展城市森林研究已经得到广泛的认可。这对中国长期以来以城区为主、过分强调景观效果、过度设计、职能部门分割管理的问题有非常重要的借鉴意义。合肥市林业局与园林局早在 2009 年已合并成为林业和园林局，改变了以往城市林业建设城乡分割的局面，有利于整个市域范围内城市森林的管理和经营，促进城市的生态环境向着结构优化、功能健全的良性方向发展。

三、近自然林模式是绿化建设的主导方向

城市绿化建设的根本任务就是要改善城市生态环境和满足人们贴近自然的需求，因此，

近自然林的营造和管理是城市绿化建设的方向。近自然森林的建设理念，是在反思重美化、轻生态的绿化现象基础上提出的，力图通过利用种类繁多的绿化植物，模拟自然生态系统，构建层次较复杂的绿地系统，实现绿化的高效、稳定、健康和经济性，倡导营造健康、自然和舒适的绿色生活空间。具体在合肥城市森林建设中，近自然林理念应贯穿于营建、培育、管护等过程中。①近自然化营建。选择乡土树种为主进行多层次混合配植，营造多树种、多层次、异龄混交的近自然森林。②近自然化培育和改造。例如通过抚育、间伐等措施调节林分组成和增加生物量；将人工纯林进行组成调节，逐步诱导为以乡土树种为主的混交、异龄、多层的近自然林。③近自然化管护。将自然保育作为基本目标，尽量保留不明显影响和抑制其他植物的树木或野草，保留枯枝落叶和倒木，维护森林凋落物的再循环和再利用过程，并改变单一的草坪养护向近自然草地管理转化。

四、通过林水结合和建立三大体系来推进城市森林的建设

首先，林水结合是推进合肥城市森林建设的重要途径。通过林地、林网、散生木等多种模式，有效增加城市林木数量；强调城乡一体，林水结合，使森林与各种级别的河流、沟渠、塘坝、水库等连为一体；建立以核心林地为森林生态基地，以贯通性主干森林廊道为生态连接，以各种林带、林网为生态脉络的林水一体化城市森林生态系统，实现在整体上改善城市环境、提高城市活力。另外，按照森林生态体系、林业产业体系和生态文化体系以工程建设推进合肥森林城市建设。在森林生态体系建设方面重点布局规划建设城区绿岛、城边绿带、城郊森林，构建城市—乡村一体化，水网、路网、林网结合的城乡森林生态网络体系；在林业产业体系建设方面重点布局规划生态旅游、种苗花卉、经济林果、工业原料林、林下经济等，通过产业发展促进地方经济增长，增加农民涉林涉绿收入；在生态文化体系建设方面，选择代表性的森林公园、湿地公园、城市公园重点规划建设森林文化、湿地文化、园林文化展示系统，建设生态文化馆，开展具有徽派特色的生态文化节庆活动。

五、突出环城绿带的建设，构建中心城区的生态屏障

环城绿带的建设，对于控制城市无序蔓延、改善城市生态环境、美化城市景观、创造游憩场所等方面具有重要意义。随着城市经济的发展和人口的增加，闲暇构成时间的变化，对城市中心城区外环绿带的发展也提出了更高的要求，即环城绿带不仅仅是林带，也是游憩带和景观带。北京、上海、长沙、广州、贵阳等城市相继规划实施了环城林带建设工程，将"生态、景观、游憩、经济"作为建设内容，形成了森林围城、进城的城市森林建设格局。合肥市应借鉴国内环城绿带建设的成功经验，在建成区外围通过建设环城森林绿带、郊野公园、森林游乐区、生态采摘园等，为城市建立绿色生态屏障，为市民提供更多更便捷的休闲游憩空间，也促进了郊区观光林业的发展。

六、注重绿量的增加，提升建成区内部的城市森林质量

绿量指单位面积所占据空间中所有叶片面积的总和，在一定程度上反映了绿地生态功

能，能较准确地反映植物构成的合理性和生态效益水平。针对我国城市中人多地少的情况，在城市森林建设中努力增加绿量和优化结构，以充分利用城市宝贵的土地资源，发挥绿地的生态、景观功能。合肥市在建成区的城市森林建设中，应注重提高城市森林的绿量，主要从以下几个方面出发：一是重视乔木树种、乡土树种、地带性植被的使用，并适当引进优良种源，实行乔、灌、花、草、藤立体搭配，构建复合森林结构，营造近自然植物群落；二是结合旧城改造工程，为了解决绿化用地与城市建设用地的矛盾，通过拆墙透绿、借地建绿、拆违扩绿等措施新建绿地；三是进一步丰富垂直绿化形式，如屋顶绿化、墙壁绿化、桥体绿化、架棚绿化、阳台绿化、栏杆绿化、篱墙绿化等。

七、通过农林复合经营，发展可持续城郊森林建设模式

大力发展生态经济型林业产业，依托区域独特的自然、人文景观和历史文化资源，把林业生产发展和开发二三产业有机统一起来。通过建设特色经济林果基地、发展林木种苗花卉产业、打造生态采摘基地、开发乡村生态旅游等农林复合经营模式，促进林业生产经营模式由传统的单一功能向集生产、生态、旅游、文化、教育等多功能综合为一体的方向发展，引导综合开发，实现一业多赢，把城市郊区环境改善与农民致富相结合，调动农民保护生态林、发展产业林的积极性，提高了郊区农民收入，促进了城郊森林的可持续发展。合肥市在进行郊区森林建设时，应借鉴北京、成都、临安等国内城市的成功案例，通过发展农家乐、林果采摘、森林旅游等生态旅游，实现林业生态建设与富民的双赢，既提高了城郊农民收入，也调动了农民保护生态林、发展产业林的积极性。

八、加强都市水源林建设，提高城市的"绿肾"功能

水源林是指在集雨面积范围内，能够调节、改善水源流量和水质的一种防护林。水源林建设的实质就是科学地营造、管理和经营水源保护林，以提高区域森林涵养水源、改善水质以及防治土壤侵蚀的能力，充分发挥其"城市之肾"的功能。合肥市拥有董铺水库、大房郢水库等大面积水源地保护区以及城市饮用水水源地，其水源林的保护和建设尤为重要。通过借鉴国内外都市水源林保护和建设的经验，要求合肥市所营造的水源林既具有改善生态环境、涵养水源、改善水质等生态功能，也要有提供物质产品、满足集水区经济建设需要的生产功能，主要着力于以下几方面：一是统一规划，分区治理，其中库区的最近一座山是建设重点。二是封育为主，改造为辅。对树种构成合理且能通过自然培育恢复成林的林分实行封山育林，对林种单一或者天然更新能力差的林分采用乡土树种进行补植或重新造林。三是生态优先，生态、经济和社会效益相统一。为增加库区群众收入，可以适度发展生产林副产品的经济林，在适宜区域建立生态旅游景区。四是政府引导，全民参与。例如政府通过扶持、补助的形式，鼓励库区群众参与治理工作。

九、建设绿道网络，满足城乡居民日常游憩和低碳出行需求

绿道是城市森林的一种重要表现形式，他是指连接开敞空间、连接自然保护区、连接

景观要素的绿色景观廊道，具有娱乐、生态、美学、教育等多种功能。他能延伸并覆盖整个城市，使市民能方便地进入公园绿地与郊野林地，同时也提高了绿道沿线各类绿地的景观和生态价值。合肥市在绿道建设中，除了进一步提升中心城区护城河沿线已建成的绿道，还应针对行人和非机动交通，集生态、景观、游憩和健身为一体，利用与城市道路、河流并行的绿色健康走廊相互串联，将城市绿地与郊区风景林有机联结成独立于城市机动交通网络的城市健康森林绿道网络。建设生态廊道主要由河流、湿地、山地天然次生林组成，应强调为动物设置专门的生态廊道，为野生动物提供栖息地。在城市道路绿化中，绿色通道的功能以维护道路交通安全和出行舒适为主，如强调边坡草坪全覆盖，防止水土流失维护路基安全；行道树采取稀植、自然式布局，多用借景使视野富于变化，有效地防止视觉疲劳。

十、注重发挥城市森林在保护生物多样性方面的作用

人口密集的城市化地区，森林、湿地等自然景观资源破碎化问题是造成该地区生物多样性丧失的重要原因之一。而城市森林作为城市生态系统的主体，既是一些物种重要的栖息地，也是许多鸟类等动物迁徙的驿站，在维持本地区生物多样性和大区域生物多样性保护方面都发挥着重要作用。因此，在城市建设包括城市外扩、道路建设等方面要重视保留重要的森林、湿地资源，建设足够宽度的自然生物廊道，为动植物迁移提供走廊。同时，大量的引入外来物种也对本地区生态系统稳定和生物多样性保护带来威胁。因此，在合肥城市森林建设过程中，政府部门要非常注意本地乡土树种的使用与保护，从而使整个城市森林生态系统的主体具有地带性植被特征，保证森林生态系统的健康稳定。

十一、群众或社团组织积极参与是城市森林建设的动力

城市林业牵连着城市的千家万户，涉及着众多的社会团体。群众既是城市林业的最终受益者，也是直接参与者，因此，群众的环境意识对城市林业的理解及其重要性的认识显得格外重要。在许多发达国家中，市民保护生态环境的意识很强，对城市绿化建设给予极大关注，特别是群众和社团组织发挥了重要作用。因此，合肥市在城市森林建设过程中，要充分发挥群众的积极性和参与性，通过立法、行政和宣传等手段调动一切积极因素，以便取得各部门、机构、市民的支持与拥护，形成全社会爱绿兴绿的良好氛围，开源与节流并举，形成以个人、社会参与与互动的正反馈机制，城市森林的建设才会有一个美好的未来。

十二、城市森林建设有比较完善的政策法规支持和经济投入保障

由于城市中的树木、森林更易受到各种不良因素的影响，因此，一方面要从行政管理体制上协调林业、园林、城建、交通、水利等部门的关系，把原本割裂的城市绿化建设体系纳入一体化管理中，依法行政。另一方面，要建立健全法律法规制度和管理规范，强化城

市绿线管理等法律意识，维护城市树木、森林的健康，达到绿化规划的预期目的，实现城市森林功能和效益的最大化。积极开展城市森林建设，首先必须解决立法先行的问题，树立法律权威，增强法制观念。要坚持依法行政，严格林业执法，综合运用法律、经济、技术和必要的行政办法解决造林、育林和保护森林资源过程中出现的各种问题。三是重视对城市绿化建设的投入。发达国家城市森林的快速发展，得益于其政府把城市森林建设作为城市基础设施的重要组成部分，甚至通过立法保证城市森林建设的资金投入，通过实施一系列绿化项目建设，以改善城市生态环境。此外，开拓多元化的资金来源渠道，除了政府拨款、销售收入、企业支持外，还开展形式多样的募捐筹款活动，使城市森林建设和维护管理的顺利进行得到资金保障。

第二章 合肥森林城市建设背景

一、合肥市自然社会经济状况

（一）自然条件

1. 地理位置

合肥位于安徽省中部，江淮之间、坐拥巢湖、南望长江。东邻滁州、西界六安，南接芜湖、马鞍山，北依舜耕山与淮南市相连；地理位置（北纬 31°00′~32°37′、东经 116°40′~117°52′）。市域面积 11429.68 平方公里，占安徽省面积的 8.2%。

2. 地质地貌

地质构造上，合肥属"下杨子海槽"和"淮阳古陆"的陆海边缘地带，喜马拉雅运动形成东西走向的江淮分水岭构造；以后的自然侵蚀形成今日之南北错开、东西相连的断续残丘地形骨架。

地层构造，合肥市区、长丰南及肥西大部为大别山沉降地带，巢湖北岸平原为近代冲积型地层，堆积数百米厚的内陆湖泊沉积物。

地形为岗冲起伏、垄贩相间，江淮分水岭横贯中部，大别山余脉自庐江西及肥西大潜山入境、向东北蜿蜒；合肥市区地势西北高、东南低，西部大蜀山海拔 282 米，为市区最高屏障、依次向东倾斜，东南部地势低洼平坦。

肥东县境内丘陵、岗地、平原分别占全县土地总面积 14%、48%、38%，自东北向西南有元祖山等 24 余座，其中浮槎山海拔 418 米。肥西县西部山峦延绵 25 公里，低山岗地占全县面积的 85%。长丰县大部属淮南阶地平原，南部为江淮分水岭，海拔 70~90 米。庐江县西依大别山脉，东南部和西部低山丘陵区，占全县总面积的 18.02%，牛王寨海拔 598 米为合肥市最高峰；中部丘岗起伏和缓，圩、岗、贩错杂分布；东部为水网湿地。巢湖市低山丘陵占 19.4%，由东北至西南贯穿全境，西部和西北部为巢湖碟形平原。

3. 气候

合肥属亚热带湿润季风气候，四季分明、气候温和、雨量适中、春温多变、秋高气爽、梅雨显著、夏雨集中、易涝易旱。年平均气温 16.2℃。春季短，约 70 天，冷暖空气活动频繁天气多变。夏季长，约 120 天，天气炎热，7 月平均温度 28.5℃，大暑至立秋最热，白天气温高达 35℃；雨量集中，多暴雨，雨量主要集中在 5~6 月的梅雨季节。秋季最短，约 60 天，气温下降快，晴朗少雨，气候宜人，气温日差大。冬季约 115 天，天气较寒冷，雨雪少，

1 月平均温度 1~2℃，极端最低气温 –20℃（1951 年 1 月 6 日）。无霜期 230 天。

年均降水 988.4 毫米，降水集中在 6~8 月，占全年的 41%，3~5 月降水量占 28%，9~11 月占 19%，12 月 ~ 翌年 2 月占 12%。夏雨集中，秋冬雨量稀少，梅雨后的伏旱、秋旱、秋冬旱较多；年降水量分布不均，1954 年最高达 1539.2 毫米，1995 年降水最少，为 584.1 毫米。年蒸发量 1514 毫米，年平均日照 2163 小时，年均相对湿度 76%，年均风速 2.6 米 / 秒。

4. 水文水系

境内汇水面积在 200 平方公里以上的中小河流共 24 条，按水系分属长江流域、淮河流域、巢湖流域、滁河流域、菜子湖流域、白荡湖流域。水资源主要由降雨产生的地面径流，经塘坝、水库调蓄，为区内主要用水水源。

长江水系流域面积超过 500 平方公里主要河流有：南淝河，源于肥西县将军岭，贯穿市区东、北，注入巢湖，全长 70 公里，流域面积 1464 平方公里，是合肥通江达海的重要通道；丰乐河，自双河镇入肥西境，最终注入巢湖，境内河道长 69.6 公里，流域面积 881 平方公里；派河，源于肥西周公山，向东流约 60 公里注入巢湖，流域面积 584.6 平方公里；店埠河，是肥东县境内南部一条重要河流，由三汊河口处汇入南淝河经施口入巢湖，境内河道长 35 公里，流域面积 557 平方公里；滁河，发源于肥东县，经合肥、马鞍山、滁州、南京，于南京大河口入长江，合肥境内河道长 38 公里，流域面积 976 平方公里。

淮河水系的主要河流有：东淝河，源于肥西大潜山北麓，北流经瓦埠湖入淮河；池河，源于长丰县杜集，境内流长 15.80 公里，流域面积 405 平方公里，流经肥东经定远、嘉山进洪泽湖入淮河；庄墓河，瓦埠湖较大支流，主要源头有三条，河道全长 72.5 公里，流域面积 960 平方公里；沛河，高塘湖支流，长丰县境内流长 58 公里，流域面积 356 平方公里。

5. 土　壤

大部为黄棕壤、水稻土，其次为黄褐土、石灰土、紫色土、砂姜黑土。黄棕壤，是亚热带的地带性土壤，主要分布江淮丘陵，成土母质为下蜀黄土，pH6~6.5，土层较厚、剖面分异明显，心土层淋溶积淀作用较强，质地粘重。水稻土主要分布在沿巢平原及中部波状平原，成土母质为下属黄土及第四纪堆积物。石灰土分布在江淮分水岭两侧及低山残丘。紫色土分布在低山丘陵，质地轻、土层较松，成土母质为大别山红砂岩，含水性差、有机质含量低。砂姜黑土，是一种具有脱潜腐泥状黑土和砂姜层的暗色旱耕熟化的土壤，主要在长丰县有零星分布。黄褐土，是发育在下蜀黄土母质上的地带性土壤，主要分布在江淮丘陵，土层深厚，分布范围较广的是其黄褐土亚类中的一个土属，即马肝土；其土壤颗粒组成不含石砾、粗砂也少，由于粘粒和铁锰的淋溶、迁移，积淀现象十分严重，心土层质地粘重常形成粘盘，不利根系生长；水土流失严重、保水能力差，有机质和全氮含量不足。

6. 植　被

合肥属亚热带常绿阔叶林植被带，安徽中部北亚热带落叶与常绿阔叶混交林地带。

具体分属于江淮丘陵植被区及芜巢沿江沿湖圩区植被区、江淮丘陵植被区，包括江淮分水岭脊以南及以北 2 个植被片。

丘岗地以马尾松为主,林下短柄枹、茅栗等;主要树种有麻栎、栓皮栎、枫香、刺槐、山槐、槐树、小叶栎、枫杨、苦楝、乌桕、胡桃、板栗、刚竹、淡竹等。

芜巢沿江沿湖圩区植被区的巢湖沿湖圩区植被片,包括巢湖市、肥东、肥西、庐江等县围绕巢湖的一部。个别残丘有次生植被,主要树种有枫香、化香、麻栎、栓皮栎、黄檀、山槐、黄连木、枫杨、八角枫、榔榆、马尾松等。

主要森林群落类型:麻栎天然次生林,马尾松纯林及马尾松栎类混交林、大叶榉林、黄檀天然次生林、茅栗林、枫香、栓皮栎、青冈混交、竹林。

(二)社会经济条件

1. 历史沿革

合肥雄踞江淮之间,素有"江南唇齿,淮右襟喉"之称,是一座有 2000 年历史的古城、驰名的三国故地。"合肥"之名缘由《水经注》:"施合于肥,故曰合肥"。秦并六国建郡县制,置合肥县。三国时曹操迁扬州治于合肥,至今在合肥仍留有逍遥津、教弩台、回龙桥、曹操河等地名。公元 581 年,隋置泸州治于合肥,后沿用 1400 年,故又名泸州。清朝咸丰至同治年间,兵祸连年,泸州人口流亡,城郭萧条,但依然保持了江淮经济中心的地位。1908年津浦铁路通车,长江航运通航,蚌埠、芜湖崛起于泸州南北,江淮之间的贸易移向沿江、沿海,昔日泸州的繁荣不在。民国成立后设合肥县,抗战期间合肥沦陷 7 年,经济遭受严重破坏。抗战胜利后,国民党安徽省政府进驻合肥,当时城区面积仅 5.5 平方公里,人口近 5.3 万。

1949 年 1 月 21 日合肥解放,2 月 1 日成立合肥市人民政府,分设 4 个区;1952 年安徽省人民政府驻合肥市。1958~1983 年合肥市辖范围多变,2011 年巢湖市(地级)撤消,其庐江、巢湖(县级)归入合肥市,成为我国唯一一座坐拥整个大湖的省会城市。

2. 行政区划

合肥市现辖四县一市四区,即肥东县、肥西县、长丰县、庐江县及巢湖市(县级),市区有庐阳区、包河区、蜀山区、瑶海区。

肥东县,居皖中腹地,既有"吴楚要冲、包公故里"的盛名,又有"襟江近海、七省通衢"之美誉。全县总面积 2215.5 平方公里,人口 108.4 万。辖店埠镇、撮镇镇、梁园镇、八斗镇、白龙镇、古城镇、石塘镇、桥头集镇、长临河镇、包公镇等 18 个乡镇。

肥西县,总面积 1961 平方公里,人口 91 万人。辖上派镇、三河镇、桃花镇、花岗镇、高刘镇、官亭镇、严店乡等 14 个乡镇。

长丰县,总面积 1841 平方公里,总人口 76.8 万。辖水湖镇、双墩镇、岗集镇、下塘镇、吴山镇、杨庙镇、陶楼乡等 14 个乡镇。

庐江县,面积 2348 平方公里,人口 117.94 万。辖庐城镇、冶父山镇、汤池镇、泥河镇、白山镇、盛桥镇、同大镇、金牛镇等 17 个乡镇。

巢湖市,面积 2063 平方公里,总人口 88 万。辖槐林镇、黄麓镇、栏杆集镇、苏湾镇、夏阁镇、散兵镇、银屏镇、庙岗乡等 12 个乡镇。

3. 经济发展概况

解放时合肥古城一片破败萧条,全市生产总值不足 1 亿元。建国后合肥经济发展令世人瞩目，尤其是进入本世纪以来，全面贯彻落实科学发展观，突出"大发展、大建设、大环境"主题，积极实施工业立市、创新推动、县域突破、东向发展和可持续发展等战略，促使工业主导地位日益突出，高新技术产业比重不断提高，金融、物流等现代服务业快速发展，自主创新能力显著增强，全社会科技研发投入加大。

至 2011 年全年生产总值超过 3600 亿元，财政收入 623.8 亿元，城镇居民人均可支配收入达到 22000 元，农民人均纯收入超过 7700 元。全年全社会固定资产投资 3066.97 亿元，其中外商及港澳台投资 152.36 亿元。在全国 26 个省会城市中主要经济指标增幅领先，总量进位至第 13 位。

县域经济取得新突破，肥东、肥西、长丰三县生产总值均超 200 亿元。肥西县连续 6 年跻身全国百强，肥东县连续三年蝉联"中国最具区域带动力中小城市百强"。全社会固定资产投资快速增长，除了庐江县及巢湖市外，均超过 200 亿元。

（三）资源现状

1. 土地资源

合肥市现有土地总面积 1142968 公顷（按 2010 年行政区划，面积为 705518 公顷）。其中，农用地 831603 公顷，占土地总面积的 72.76%；建设用地 204683 公顷，占土地总面积 17.91%；未利用地 106681.23 公顷，占土地总面积的 9.33%。

农用地中，耕地 563321 公顷，占 67.74%，在除中心城区以外的市域范围内均匀分布；林地 108245.46 公顷，占国土面积的 9.47%、农用地的 13.02%；园地 5603.5 公顷，占农用地的 0.6%；其他农用地 154432.41 公顷，占农用地的 18.57%。

建设用地中，城镇工矿用地 169543.16 公顷，占建设用地的 82.83%；其中，城市用地 35332.17 公顷，建制镇 21478.64 公顷，村庄 100101.96 公顷，采矿用地 6896.5 公顷。交通运输用地 12768.71 公顷，其中铁路 2195.25 公顷、公路 9704.69 公顷；其他建设用地 4156 公顷，占 3.2%。

未利用地中，其他土地 97600.27 公顷，占未利用地的 91.49%，未利用地 9080.96 公顷。下属各县市的土地利用格局见表 2-1 和表 2-2。

表 2-1　合肥市及各县土地利用情况

市县	国土面积（公顷）	农用地					
		合计（公顷）	耕地（公顷）	林地（公顷）	有林地（公顷）	园地（公顷）	其他（公顷）
合肥市域	1142968	831603	563322	108245	90515	5604	154432
市区	92521	38185	27993	2033	2129	236	7323
肥东县	220592	17656	121554	18166	16907	217	35519
肥西县	208266	161609	110307	20671	13982	1944	28688
长丰县	184139	151150	110451	7793	7554	107	36040
巢湖市	203076	124592	78024	24757	20981	930	20881
庐江县	234374	180411	114994	34226	28961	2170	29022

表 2-2　合肥市及各县土地利用情况

市县	建设用地									裸地（公顷）	其他用地	
	合计（公顷）	城镇工矿用地				交通运输					合计（公顷）	水域（公顷）（不包括坑、塘）
		小计（公顷）	村庄（公顷）	城镇（公顷）	采矿（公顷）	小计（公顷）	铁路（公顷）	公路（公顷）				
合肥市域	204683	169543	100102	56811	9897	12769	2195	9706		2042	97600	95193
市区	45083	38392	6077	32650	360	2328	564	1485		97	8735	8321
肥东县	36634	28504	21797	5834	1464	2266	408	856		322	7940	7730
肥西县	31628	26278	18896	4255	700	2819	407	1856		9	14637	14299
长丰县	31225	22391	17061	3985	710	2372	451	1921		2	1739	1595
巢湖市	24865	21796	12669	6201	2253	1460	240	1191		358	47785	27541
庐江县	35247	31183	23603	3886	1402	1524	126	1397		1255	16747	47541

总体来看，合肥市土地集约利用水平整体呈上升态势，农用地集约化程度较高，土地垦殖率达 53.51%，土地开发程度处于较高水平。城镇工矿用地扩展迅速，集聚效应明显，城镇工矿用地集聚效应逐步增强。

2. 水资源

水资源主要由降雨产生的地面径流，经塘坝、水库调蓄，为区内主要用水水源。多年平均水资源总量为 17.72 亿立方米，人均占有水资源量 389 立方米，2009 年人均用水量 426.5 立方米。

全市共有塘坝 145789 口、圩口 385 个，水库 715 座、总库容 14.08 亿立方米，合计总蓄水能力 20.63 亿立方米。其中，市区内董铺及大房郢水库库容量分别为 2.42 亿立方米和 1.77 亿立方米，集水面积合计达 390 平方公里，约为市区面积的 1/3。

地下水资源，区内大多数被第四纪黏土覆盖，渗透性能较差，地下水资源贫乏，地下水可开采资源总量 3.434 亿吨/年。区内地下水主要有四种类型：松散岩类孔隙水、红层孔隙水、碳酸盐类裂隙水、基岩裂隙水。

3. 森林资源

全市林地面积 152805.1 公顷，占土地总面积 13.3%；有林地面积 129331.4 公顷，占林地面积 84.6%；灌木林地面积 6153 公顷，占林地面积 4%，其中国家特别规定灌木林 4378.9 公顷；未成林地 5132.7 公顷，占林地面积 3.4%；宜林地 9384.5 公顷，占林地面积 6.0%；其他包括疏林地、苗圃地、无立木林地等合计 2803.4 公顷，占林地面积 2.0%。四旁树木折合面积 119854.3 公顷。活立木总蓄积 8724182 立方米，全市乔木林地面积 121627.1 公顷，林分蓄积达 5626861 立方米，单位蓄积每公顷 46.3 立方米。全市森林覆盖率 20.5%（去除湿地水面后为 25.2%）。有林地主要分布在巢湖市、庐江县、肥东县和肥西县境内。

（1）林种结构。各林种林地总面积 130290.7 公顷。其中防护林面积最大，61553.3 公顷，占森林面积的 47.24%；其次为用材林，面积 5901 公顷、占森林的 45.3%，两者占林地面积的 92.54%；另外，经济林面积 5553.7 公顷，占各林种林地总面积 4.26%；特用林占 3.17%，其中风景林占 2.35%（表 2-3）。按森林功能分类划分，生态公益林面积为 66365.7 公顷，占林地面积的 46.26%，而商品林的面积为 77092.3 公顷，占林地面积的 53.74%，商品林比例稍多（表 2-4）。

林种结构为：防护林：用材林：经济特用林为 4.5：4.7：0.8。

表 2-3　林种结构

林种		面积（公顷）	占林地面积的比例（%）
用材林		59016.0	45.30%
防护林		61553.3	47.24%
	水源涵养林	29753.3	22.84%
	水土保持林	28127.3	21.59%
经济林		5553.7	4.26%
	果树	2872.1	2.20%
特殊用途林		4123.9	3.17%
	风景林	3066.4	2.35%
	薪炭林	43.8	0.03%
合计		130290.7	

表 2-4　按功能划分的森林结构

分类	林地	
	林地面积（公顷）	占林地面积的比例（%）
生态公益林	66365.7	46.26%
商品林	77092.2	53.74%
合计	143457.9	

（2）树种结构。在全市 120510 公顷的乔木林中，树种以杨类、阔叶类（栎、榆、刺槐等）、马尾松、杉类为主。杨类面积与蓄积量均最大，面积占 38.93%，蓄积量占 45.09%；阔叶类林分面积次之，占 25.04%，蓄积占 13.71%；松类居第三，面积占 20.8%，但其蓄积量贡献率达 25.43%；后依次为杉类（6.64%）、柏类（2.85%）、乔木经济林（2.22%），泡桐（0.08%）。乔木林中纯林面积大，达到 109464.5 公顷，占总面积的 90.83%，混交林的面积仅为 11045.5 公顷，占总面积的 9.17%；还有竹林 2873.3 公顷（表 2-5 和图 2-1）。

表 2-5　乔木林树种结构

树种结构	面积（公顷）	面积百分比（%）	蓄积量（立方米）	平均蓄积量（立方米/公顷）	蓄积百分比（%）
杉类	7999.6	6.64	667805	83.48	11.92
松类	24442.4	20.28	1193890	48.85	21.31
硬阔	25661.2	21.29	635735	24.77	11.35
软阔	4511.1	3.74	132352	29.34	2.36
外松	4775.4	3.96	230719	48.31	4.12
柏类	3431.8	2.85	207207	60.38	3.70
杨类	46910.9	38.93	2525657	53.84	45.09
泡桐	98.1	0.08	488	4.97	0.01
乔木经济林	2679.5	2.22	7629	2.85	0.14
合计	120510		5601482	46.3	

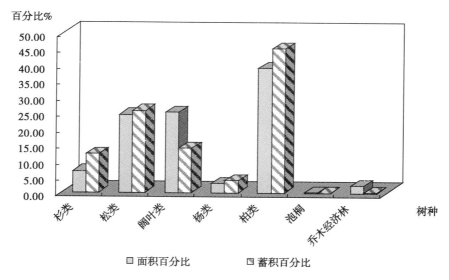

图 2-1　树种结构比较

（3）林龄结构。

乔木林林龄结构为（按面积）：中幼龄林：近熟林：成过熟林为 4.3∶4.6∶1.1。

具体为：幼龄林面积 34443.2 公顷，蓄积 575258 立方米，分别占 28.58%、10.27%；中龄林面积 17376.4 公顷，蓄积 942227 立方米，分别占 14.42%、16.82%；近熟林面积 55513.7 公顷，蓄积 3188978 立方米，分别占 46.07%、56.93%；成熟林面积 11862.7 公顷，蓄积 787605 立方米，分别占 9.84%、14.06%；过熟林面积 1314 公顷，蓄积 107414 立方米，分别占 1.09%、1.92%（图 2-2）。

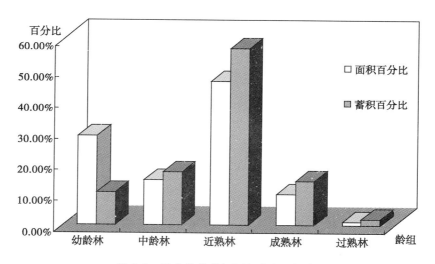

图 2-2　乔木林按龄组面积蓄积比例表

4. 湿地资源

合肥市湿地资源较为丰富，主要湖泊有：

（1）巢湖，亦称焦湖，为我国五大淡水湖之一，是五大湖中唯一位于一个市域内湖泊。

巢湖为地质陷落所成，呈鸟巢状故有此名，巢湖流域总面积 1.29 万平方公里，湖区常水期面积约 780 平方公里，丰水期 820 平方公里，周长 167 公里，容积 40~52 亿立方米，四周的巢湖支流年平均入湖水量为 39.8 亿立方米，湖水可下泄长江，1958 年建巢湖闸调节洪水。巢湖湖岸曲折，港汊密布，姥山、孤山兀立湖心岛上，湖光山色、风景宜人，为旅游胜地。

（2）瓦埠湖，长丰、寿县、淮南市交界，湖面积 200 平方公里，长丰占 45 平方公里。有发源于大别山的河流供水，出水流入淮河。

（3）高塘湖，位于凤阳、淮南、长丰三县交界处，地处江淮分水岭以北，长丰境内占 10 平方公里。为窑河下游河段两岸低陷积水而成，是冲积平原地区的湖泊和毗邻的沼泽地，由区域径流供水，向北流入淮河。是淮河南岸未经开发的湖泊，受干扰和威胁的程度较轻，主要污染源为农业面污染，是保存完好的湿地，是迁徙水禽和徙禽的重要越冬地。

（4）黄陂湖，位于庐江县城东南 6~15 公里，纵径 10 公里、宽 3.5 公里。水位 10 米时，相应水面积 37.9 平方公里。由于多年来围湖造田建圩占原水面 10 余平方公里，使湖面积减少约三分之一。该湖纳瓦洋河、失槽河、黄泥河、县河诸水，过缺口大桥后分流，东流入西河，北流经塘串河过白湖、兆河入巢湖。

5. 动植物资源

植被类型为北亚热带落叶、常绿阔叶混交林，有木本植物 72 科 182 属 322 种。主要乔木树种有：侧柏、马尾松、麻栎、栓皮栎、小叶栎、大叶榉、朴树、榆、黄连木、栾树、椴、苦楝、臭椿、乌桕、化香、黄檀、泡桐、木兰、枫杨、梧桐、皂荚、合欢、铜线树、青冈等；草本植物以禾本科、菊科、蔷薇科、毛茛科为主。肥东县的龙泉山，自古以来是民间药农采集药材之地。

全市有陆生野生动物 269 种。其中：两栖类 9 种，爬行类 22 种，兽类 38 种，鸟类 200 种。野生动物资源中，兽类有兔、鼠、水獭、野猪、黄鼠狼、蝙蝠等；鸟类主要有白颈长尾雉、白鹤、鸳鸯、白冠长尾雉、鹭丝、鸽、斑鸠、大雁、猫头鹰、布谷鸟、鹰、麻雀、灰喜鹊、燕等；巢湖湿地拥有多种水禽及徙禽，如池鹭、苍鹭、白胸苦恶鸟、花脸鸭、鹤鹬、红嘴鸥等。

6. 矿产资源

合肥市发现有各类矿产 33 种，其中能源型矿产 3 种，金属矿产 7 种。铁矿、硫铁矿储量分别占全省的 1/3 和 1/2 以上，铅、锌矿储量居全省首位，明矾石储量位于全国第二。最近发现的泥河铁矿，矿层和品位属全国罕见，主要分布在庐江县南部，资源相对集中。

其他县市以非金属矿为主，主要为建筑石料用灰岩、花岗岩、石灰岩、砂岩，砖瓦用黏土，查明资源储量 12069.3 万吨。

另外，肥东县查明磷矿资源储量 2218 万吨，约占全省总量的 25.90%，储量位居全省第二；巢湖市散兵地区石灰岩资源丰富，是我省乃至华东地区重要的水泥、化工、熔剂、建材原料基地之一。

合肥地区矿泉水资源较为丰富，具有埋藏浅、水质好的特点。全区共有优质矿泉水产地 18 处，开采资源量 2808 立方米 / 日。

潜在优势矿种主要有，合肥市区西部及肥东县的地热资源、合肥盆地的油气资源、长丰县北部的煤炭和水泥用灰岩以及肥东县郯庐断裂带内的贵金属、有色金属资源等都具有良好的勘查前景。

7. 旅游资源

主要有巢湖及环巢湖旅游带：包括温泉、国家森林公园、地下长河、"摩崖石窟"及历史文化名人故居，如三国名将周瑜、清军提督丁汝昌、抗日名将孙立人，近代"巢湖三上将"冯玉祥、张治中、李克农等，以及渡江战役总前委旧址、渡江纪念馆等红色旅游资源。

其次，多处森林公园及风景区：如肥西紫蓬山、肥东龙泉山、浮槎山、庐江冶父山、长丰舜耕山等，均距市区不足百里，山中多见古树、怪石、洞穴、古泉、名刹；更有居市区的大蜀山森林公园"蜀山雪霁"被列为古"庐州八景"之一。

另外，古镇庄园：如包公故里，三河古镇，淮军庄园等，皆古木浓荫，曲水环绕，古人活动遗址保留完好，构成了现代人们寻古觅幽、纵情释怀的去处。

再有，闻名遐迩的温泉如汤池温泉、半汤温泉等，温泉历史悠久，文化内涵丰富。"汤池风景名胜区"60平方公里，有63峰72景、九寺十三庵；半汤温泉，为我国四大名泉之一，有一冷一热两泉，汇合处冷热各半，遂称之为"半汤"。

二、合肥生态环境状况

（一）空气环境

合肥市区空气主要污染物为二氧化硫、氮的氧化物及粉尘；2010年，合肥市区空气质量优良率84.9%，2011年为80.85%，空气质量略有下降。2011年空气中二氧化硫（SO_2）月均值浓度变化范围在0.013~0.044毫克/立方米，全年平均月均值为0.0278毫克/立方米，符合空气环境质量日均值一级标准（0.05毫克/立方米）；NO_2月均值浓度变化范围在0.023~0.041毫克/立方米，全年平均月均值为0.0292毫克/立方米，符合空气环境质量日均值一级标准（0.08毫克/立方米）；可吸入颗粒物（PM10），月均值浓度变化范围在0.111~0.153毫克/立方米，达到空气环境质量日均值二级标准（0.150毫克/立方米）的要求。

（二）水体环境

合肥市境内大部分水体水质一般，但饮用水源水质较好。水质监测结果表明，滁河干渠、丰乐河水质较好、为Ⅱ-Ⅲ类，其他过半河流水质尚未达到功能区水质目标要求。在11条环巢湖湖河流中，仅兆河水质状况为良好，南淝河依然属于重度污染，为劣Ⅴ类水质，超标污染物主要为化学需氧量、总氮、总磷和氨氮；十五里河为劣Ⅴ类水质，属重度污染，主要污染物为氨氮；派河、桥河等河流水质较差，为Ⅴ类水质，主要污染物为总磷、氨氮、高锰酸盐。水污染使部分水体功能下降甚至丧失，河湖生态用水难以保障，有水无流或河湖干涸萎缩的现象突出，水生态系统破坏严重。

2011年，巢湖全湖平均水质类别为Ⅳ类，属轻度污染，呈轻度富营养状态，其中，东半湖水质类别为Ⅳ类，属轻度污染，呈轻度富营养状态；根据合肥市功能区划要求，巢湖西半湖应达到地表水环境质量标准（GB3838—2002）Ⅲ类水质要求。监测结果表明：巢湖西半湖整体水质超过地表水 III 类水质要求，为劣 V 类，属中度污染，呈中度富营养状态，主要超标污染物有总氮、总磷、化学需氧量。但当年巢湖未发生影响饮用水安全的蓝藻暴发事件。

市主要水源地董铺水库、大房郢水库水质状况良好，董铺水库全年达到水质 III 类，无超 III 类标准项目；主要湖泊瓦埠湖、高塘湖为轻度污染。

部分丘岗地水土流失依然严重、生态建设仍较薄弱，加之城市开发引发新的水土流失，以及不合理的资源开发现象较为普遍，大面积的水土流失更使水旱灾害发生的周期缩短，加上大量的化肥、农药流入下游塘库、河道，生态环境逐年恶化。

（三）湿地环境

历史上因大面积的开垦，围湖造田、筑坝养殖等导致湿地滩涂逐渐消失，湿地总体上呈退化、退缩的趋势。而现存的湿地大多受污染严重，如巢湖受污染程度及单位湖容接纳的废水一度居全国五大淡水湖之首，同时农田面源污染对巢湖水质的影响尚得到有效控制。

围垦使大量天然湿地面积消失或转变为人工湿地，主要是盲目开垦，破坏、征占湿地、挖沙取土，改变天然湿地用途，直接造成天然湿地面积减少，功能下降，致使许多水生生物丧失了天然栖息地，导致种类和数量减少。

水利建设，如湖河建闸、河湖岸堤的硬质化等，在提高抗洪、灌溉能力的同时，却导致江湖隔绝，水文状态改变；一些河岸带的过度致使河岸植被消失，水生态系统发生变化，降低了水体自净能力，加速湖泊富营养化进程。

由于森林覆盖面积总量不足，一些山地、丘岗水土流失问题依然存在，直接导致湖泊的萎缩和湖床、河床的抬高，如 30 多年流入巢湖的泥沙总量达到了 1240 万立方米，在加剧湖泊沼泽化进程的同时也减小了湖容。

（四）声环境

2010 年合肥市声环境质量总体较好，噪声状况属于轻度污染，全市区域环境噪声等效声级，为 55.5 分贝，道路交通噪声等效声级 69.3 分贝。尽管功能区噪声均符合相应功能区标准要求，但在沿城市主干道、快速通道等居住及商业用房，依然能感受的道路噪声的影响，部分道路两侧行道树树冠小、绿化带灌木居多，导致减噪功能弱、噪声污染的影响增大。

（五）乡村环境

在积极开展新农村建设运动的推动下，通过"村庄环境整治"、"生态村创建"等活动，农村生态及农民居住环境显著改善，如 95% 的村庄通水泥路、农村饮水安全覆盖率达到 80%。但有一些村镇的生态环境问题依然存在，乡村的绿化质量较差，如树种单一，配置失衡，布局无序，种植凌乱，疏于管理，绿化景观价值及功能不高；一般情况绿化与农家经济联系不够紧密，影响群众的积极性；多数村落缺少村民户外休闲活动的场所，即使有也与当地村民的习俗相差较远，因此利用率不高。

（六）矿山环境

合肥市采矿区面积 6897 公顷，仅占国土面积的 0.6%，但因矿业市场总体上产业层次低，多数为私营经营的中小型矿山，开采方式粗放、技术方法简单，对周边环境特别是植被破坏严重。

现有矿山大多在林地范围内，开采导致局部植被消失、森林覆盖率降低、生物多样性降低、森林生态系统遭到严重破坏，导致水土流失；开采破坏了山体的原有结构，森林植被难以恢复。山体的破碎、分化、剥蚀，大量矿物质释放并通过地表径流大量流入巢湖，加剧巢湖的污染程度。

巢湖周边的矿山开采，如散兵镇的采石矿地等影响了巢湖周边景观，产生大量粉尘及高强的噪音严重降低了周边城镇的居住质量，对巢湖旅游业的发展产生了严重的影响。

三、城乡绿化建设成就

（一）城乡绿化建设稳步发展，森林城市建设基础良好

1949 年合肥市只有林地 647 公顷，城区仅有零星树木 1.3 万株。1951 年建成合肥市的第一座公园——逍遥津公园，同时在城墙基础上营造环城林带。市域范围通过国营人工造林育林，森林植被逐渐恢复，1972~1977 年造林进入一个高峰期，1989 发动"五年消灭荒山、八年绿化安徽"，1997 年全市实现绿化达标。城区绿化在 20 世纪 70 年代以后逐渐走上稳定、健康、快速发展之路，1977~1985 年市区每年平均植树 22.08 万株，大蜀山形成独具特色的郊区森林；1990 年在原环城林带基础上完成环城公园建设，成为合肥市最亮丽的城市名片。1993 年合肥市明确提出建设"森林城市"，是继长春后国内第二个提出建设森林城市、并完成"森林城市建设规划"的城市，得到国家林业部的支持；21 世纪初，作为《中国森林生态网路体系建设》项目的试点市，着重城市森林建设与效益研究；此后合肥城市绿化建设进入快速发展阶段，特别是 2002 年以后绿化建设成就尤为显著，林业资源增长了近 3 倍，森林覆盖率提高了 4.3 个百分点（不含巢湖市与庐江县）。

（二）林业重点工程成效显著，森林资源总量稳步增长

合肥市通过实施"农田林网建设""绿色长廊建设""退耕还林工程""花木基地建设""滨河生态廊道""水源地涵养林建设"及"江淮分水岭森林长城"等重点工程项目，大力开展造林绿化，林业资源总量明显增长。新增成片林 58 万亩，绿色长廊 3500 多公里，苗木面积 20 多万亩，四旁植树 5000 多万株。仅 2002 年在江淮分水岭来就完成退耕还林 52.4 万亩，在董铺水库水源地一、二级保护区内完成 3 万亩园林，为合肥"大水缸"提供了天然呵护。

通过科学规划，初步构筑了具有本地特色的，以城市、集镇、村庄、森林公园为"点"，以道路、河渠绿化为"线"，以退耕还林、经果林基地、速生丰产林基地、苗木花卉基地为"面"的森林生态网络体系。

（三）城乡绿化建设一体发展，森林生态网络日臻完善

全面实施"一二三四五"行动计划及五大工程，即围绕森林合肥建设一个目标，全力创建国家森林城市；坚持城市园林绿化和农村植树造林两手抓；逐步建立完善森林生态网络、林业园林产业、森林生态文化三大体系；扎实推进绿色城市、绿色村镇、绿色长廊、绿色屏

障四项建设;着力实施森林进城、森林围城、森林上路、森林入村、江淮分水岭森林长城五森工程。以"创森"为目标,全力推进城乡绿化大会战,2011 年当年完成植树造林 20 多万亩,新增城市园林绿地超过 1 万亩。城乡森林构成较为完善的森林生态网络。

（四）构筑特色森林景观,功能及效应显著提升

在城乡之间、城市组团之间,建立以大片森林为基础的绿化隔离带,构筑和完善了城市周围森林圈层。如在城郊围绕山水湖岸建设大型森林,初步形成城市森林生态屏障;实施大蜀山森林公园扩建工程,提升了森林质量与景观效果;建成外环森林生态长廊,与原有的环城公园林带、高压走廊林带一起,形成三个大绕城"绿环"。把大蜀山森林公园、董铺水库周边、巢湖边岸、长丰卧龙山等处的大规模成片森林"连"接起来,形成城市森林生态圈,为进一步建设森林城市打下坚实的基础。

（五）城市绿地系统格局更加完善,人居环境质量明显改善

1992 年年底,合肥市与北京市、珠海市一道获得首批"国家园林城市"的殊荣,肥东县、庐江县、肥西县、巢湖市先后被命名为"省级园林县城"。此后,城区绿化水平大幅提升,新发展起来的政务新区,道路绿带较宽、行道树种类多、公园面积大、成片绿地数量多、景观类型丰富,同时积极打造滨水景观和生态廊道,在主城区和滨湖新区及城市四个组团之间形成一道森林生态屏障,人居环境质量得到显著提高,城市园林绿化 3 项指标位居我国中部六省省会城市的前列。

为实现现代化大都市的发展目标,合肥市绿地规划从"翠环绕城,园林楔入,绿带分隔,点线面穿插的总体格局",调整为"一湖两脉、一岭四楔、多廊多点"的空间格局。二环以外的区域,公园绿地、居住小区、单位绿地通过道路绿带连接,斑块与廊道的关系比较合理。特别是滨湖新区,道路、水系与大型的公园有机结合,形成规模可观的景观廊道,是 green way 理念的具体实践。

同时,实施植物园扩建工程,完善包公园廉政教育基地建设、大蜀山森林公园扩建及绿化提升,新建天鹅湖、翡翠湖、体育公园、湿地公园等大型公园,人均公园绿地面积达到 12.5 平方米（图 2-3）。

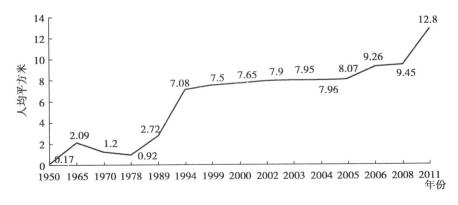

图 2-3　人均公园绿地逐年增长

（六）扶持政策有效，资金投入丰厚，群众积极参与，建设成效显著

1997 年合肥市开创由政府统一租赁土地造林的新政，在全市 13 条主干公路，4 条铁路，4 条干渠沿线两侧，兴建 6~8 米宽的长廊林带，总长度 1043 公里。按每亩 600 元标准向农户支付租金，政府将按低于市场 20% 的价格对外发包。另外，对巢湖等边岸水源地保护区、铁路、高速公路两侧林带等重点工程落实绿化补助，确保树有人栽，林有人管，让群众得到看得见的实惠，鼓励群众参与造林。

原区划的三县四区基本完成集体林权制度改革，确权林地面积 146.83 万亩，让 7 万多农户吃上了"定心丸"。初步探索了一套林业投融资渠道和造林绿化工作新机制。从多种渠道筹集资金，保证了各项绿化工程的顺利实施，仅 2010 年冬春投入资金就超过 50 亿元。其中，全市 100 亩以上的企业、大户投资造林资金总额达到 26 亿元；全市绿化招商引资 295 家，投资总额 22.9 亿元。

（七）林业产业发展迅速，对经济贡献率不断提高

近年来林业产业发展极快，主要是打造精品苗木基地，花卉苗木产业迅速崛起，森林旅游蓬勃发展，大大提升了林业在地方经济中的地位。

2010 年，全市苗木花卉种植面积达 25.6 万亩，年销售额近 17.14 亿元，从业人员达 12 万人，成为市农业中的一项特色支柱产业，农民增收效果明显。另外，依据森林公园、山地风景、周边温泉及环巢湖森林植被等丰富的度假旅游资源，形成的生态旅游产业，将森林景观、田园风光引进城市，森林旅游业对林业经济的促进作用日益显现，贡献率不断提高。

四、森林城市建设存在问题

（一）森林资源总量不足，质量较差，森林结构有待调整

2010 年，合肥市森林覆盖率 20.5%，人均森林面积 0.01 公顷，是全省平均水平的 1/5 左右，不足全国人均占有量的 1/10；人均森林蓄积 1.2 立方米，与周边省会城市相比，也存在较大差距。目前，合肥市森林的自然格局是"两少一低"，即森林资源总量少，林地面积少，森林覆盖率低，森林资源总量不足。对照《国家森林城市》评价指标，合肥距森林城市的目标还有一定差距。

现有的森林树种单一，林分质量较差，生态功能及经济效益不高。主要树种集中在杨、国外松、马尾松，且以纯林为主；其中杨树林面积占了 38.93%，而混交林的比重仅 9%，森林景观单一。

森林资源质量不高，乔木林每公顷平均蓄积量 46.3 立方米，约为安徽省平均水平的 74.7%，全国平均的 66%。森林的生物量较低，全市乔木林分的平均生物量为 8.41 吨/公顷，约有 95% 的林地缺乏抚育管理。

林种结构中商品林及用材林比例偏高，经济林及防护林、生态公益林所占比例均较低。具体为，防护林：用材林：经济特用林为 4.5：4.7：0.8；生态公益林：商品林为 4.6：5.4。

（二）城市化进程对土地需求增大，土地资源紧缺、林地严重不足

合肥为快速城市化地区，随着经济的进一步发展，合肥市按中心城市规划以及滨湖新区扩大建设等，对土地的需求愈来愈大，土地资源的不足将更加明显。目前，林地面积为152805.1公顷，占总面积的13.29%，因此必须通过土地流转、租赁等方法造林，而退耕还林陆续到合同期，城郊土地租金大幅提高，导致农民护林积极性不高。虽然国家、省、市、县重点工程征占林地需求增加，但林地定额指标减少、矛盾日益突出。

本地区在历史上是农耕区，一贯以粮食生产为农业之中心，因此在各个时期的土地利用规划中都是以农耕地为主要的土地利用类型，目前的资料表明各县规划的林地均偏低，事实上制约了林业的发展。

（三）造林难度加大，造林投入增加

目前，宜林荒山荒地所占比例较小，这些地域造林难度越来越大。今后应重点恢复森林植被的江淮分水岭地区立地条件差、特别是其易干旱地区，农业产业结构调整难度大，历年造林成功率较低、发展经济林受到制约，植树造林需改变传统做法、加大投入采用适当的生态工程措施提高造林保存率，今后森林覆盖率每提高1个百分点需要付出的代价更高。

（四）市区森林结构有待改善、绿地质量还需提高

（1）由于历史原因，合肥市区的绿化水平表现为西南区优于东北区，新发展的政务新区、滨湖新区质量优于市区的总体格局；建成区中不同功能区的城市森林结构表现很大的区别，如环城公园、城市公园、高校及机关单位，树木数量多，大树多，林分密度较大，树干基盖度均大于5平方米/公顷具有城市森林的实质，但住宅区等相对较差。

另外，老市区内城市森林斑块数量虽较多，但以小面积的斑块为主，面积>1公顷的大型斑块数量少且集中，显示其分布的不均匀性，因此在一定程度上影响了生态效应。

（2）总体上，合肥城市森林结构不尽合理。首先，一些树种的种群数量过大，据一环路以内的调查，城市树木主要集中在少数树种，按株数统计，女贞、水杉、雪松、香樟、园柏、红叶李、广玉兰、刺槐、国槐约占全部树木的80%，近年来杨树的比重明显增加；其次，树木以小树、幼树为主，如一环路以内树木平均胸径14厘米，胸径<10厘米的树木占48%，10~20厘米的37%，>40厘米的树木仅1%；再次，树木的健康状况不理想，如环城公园及历史较久的公园，一些树木树龄较高显得衰弱，树木处于受压的状态，树冠出现自然稀疏，树冠缺损严重。

（3）城市改造过程中对树木的保护力度不够。近年来这个问题已得到重视，如东部老工厂迁至过程中刻意的保护原有的树木等。但历史上城市化进程中却一度未注重对原有树木的保护，主要表现在道路改造、拓宽时对行道树的处理不够重视，导致行道树及道路绿化多次更新，行道树结构十分不稳定。

五、合肥森林城市建设意义

城市森林建设是随着城市发展而不断提高完善的公益事业和民生工程。在合肥市打造区域性特大城市的新形势下，合肥市委、市政府适时作出了创建国家森林城市的决定，对城市生态建设提出了更高的目标。创建国家森林城市，是推进合肥现代化滨湖大城市和谐发展的重要举措，是增强城市综合竞争力的重要途径，是改善城乡人居环境的重要抓手。通过森林城市建设，必将进一步提升合肥的城市生态文化品位，夯实合肥城市可持续发展的生态基础，增强合肥在全省发展大格局中的龙头带动作用。

（一）改善城市生态环境，构筑"大湖名城"的客观要求

生态环境建设是一个国家、一个城市重要的底色和名片，是体现城市现代化水平和宜居化程度的重要标志，是构建区域发展中心城市环境体系的重要基础，也是吸引国际高端要素聚集的重要条件。城市森林作为城市环境体系的基本要素，是维护公众健康和优化城市环境的重要载体，发挥着改善生态环境、美化景观环境、优化居住环境、丰富人文环境、提升投资环境的重要作用。合肥作为安徽的省会城市，在"十一五"期间大力实施"工业立市"战略，生产总值年均增长 17.5% 以上，增速连续 3 年排名全国省会城市第一。随着工业的高速发展和社会经济的不断进步，在今后一定时期内，人口、资源和环境带来的巨大压力将成为合肥市迈向现代化新兴中心城市的巨大瓶颈。合肥市借助建设森林城市的契机，推动生态环境改善、生态文化发展和居民生产空间与生活质量提高，从而提升城市的形象和品位，增强城市的吸引力，为实现可持续发展，提升城市综合实力和区域竞争力，建设现代化滨湖大都市奠定良好的生态基础。

（二）增进居民身心健康，建设宜居宜业之城的重要举措

城市化发展和生活方式的改变在为人们提供各种便利的同时，也给人体健康带来了新的挑战，能够拥有一个舒适、安静的居住及生活空间，是人们的共同愿望。城市森林在改善生态环境的同时，具有消除疲劳、灭菌防病、美化生活、提高劳动效率、延长人们寿命等康体保健功能，可以长期促进居民的身心健康，同时还能提供娱乐、休闲、旅游、保健等多种服务功能。首先，森林中含有高浓度的氧气、丰富的空气负离子和植物散发的"芬多精"等森林保健因子，置身于充满植物的环境中，可以放松身心，舒缓压力。研究表明，长期生活在城市环境中的人，在森林自然保护区生活 1 周后，其神经系统、呼吸系统、心血管系统功能都有明显的改善作用，机体非特异免疫能力有所提高，抗病能力增强。二是城市森林建设使城乡居民有了更多更好的休闲游憩之地，为人们提供人与自然和谐相处、人与人轻松交流的场所。三是城市森林通过改善城市生态环境，间接地改善居民健康状况。如降低噪音污染，降低光照强度，调节气温，减轻大气污染、土壤污染和水污染，从而缓解了环境对人体的伤害。此外，城市森林绿地还发挥着安全绿洲的作用，在意外灾害（如火灾、地震等）出现的紧急情况下，还可为市民提供临时的避灾场所。

（三）促进城乡统筹发展，形成城乡生态一体化的有效途径

长期以来，城市郊区生态环境建设一直被忽视，而森林城市建设就是要建立城乡一体的森林生态系统，改变城乡二元的生态建设格局。从城市、郊区和乡村统筹规划、协调发展的角度看，开展整个市域范围内的森林城市建设，既是城市和乡村人民共同的愿望，也是实现城乡统筹发展的时代要求。一方面要推进"森林进城"，使城市生态环境向乡村化趋近，不仅要美化，还要生态化、多样化、自然化；另一方面要推进乡村人居林建设，使乡村绿化在生态化的前提下，向美化、香化和游憩化方向发展。除此以外，森林城市建设不仅能改善城乡生态环境，还能够促进城乡文化交融。一是在城市森林建设和管护过程中，会有许多农民工走进城市，进而增加他们对城市文化的了解，有助于把城市文化引入乡村；二是城市居民在走进森林公园、农家乐等地进行生态旅游时，不仅将城市文化带到乡村来，同时也受到乡村文化的影响。城乡文化的交融，从总体说是一种互惠共赢的关系，有利于增进了解，加深友谊，提高社会的和谐和文明程度。

（四）推动绿色低碳经济，实现城市可持续发展的必然选择

城市森林建设是一个绿色环境资本积累的过程，是建设合肥低碳城市，实现社会和谐、可持续发展的生态基础。首先，森林城市建设本身将带动绿色产业的发展。通过发展经济林、生态旅游等林业产业，将会提供更多的就业机会，增加农民致富的途径，有利于新农村建设，推进实现全面小康的目标。目前，合肥的郊区生态休闲产业发展已经形成规模和特色，实现了生态、经济、文化等多重效益的统一。二是城市森林为城市发展提供了大量的碳汇储备。森林的固碳功能在打造低碳城市中有着巨大的作用，城市森林可以直接吸收城市所排放的碳，可以减少热岛效应，调节城市的气候。在高浓度 CO_2 的城市地区，开展林业生态建设是增强城市碳汇能力，提高城市碳汇储备的重要途径。合肥作为高能耗的工业城市，只有大力开展林业生态建设，通过提升森林、湿地的生态功能和固碳能力，才能更有效地提升低碳城市的建设水平，从而为合肥经济社会发展提供更大的生态容量。因此，合肥森林城市建设是构筑低碳、宜居城市，促进人与自然和谐、可持续发展的生态基础。

（五）倡导人与自然和谐，建设生态文明社会的主体内容

建设生态文明、实现人与自然和谐，是城市发展和文明进步的重要标志。党的十七大提出了"建设生态文明"的战略目标，强调要在"全社会牢固树立生态文明观念"，要求到 2020 年全面建设小康社会目标实现之时，把我国建成生态环境良好的国家。生态文明作为继人类原始文明、农业文明、工业文明之后形成的新的文明形态，它的核心是确立人与自然和谐、平等的关系，反对人类破坏、征服和主宰自然，倡导尊重自然、保护自然、合理利用自然的理念和行动。创建森林城市，是构筑合肥生态文明社会的主要内容，主要体现在：一方面，建设生态文明要求城市森林为提升城市文化品位做出贡献。文化是一个城市的灵魂，而森林是城市文化的重要符号。将合肥的徽派文化、环湖通江的地域特色、山水交融的自然风光等融入城市森林的建设中，对于提升合肥城市文化品位，建设城市生态文明，意义十分重大。另一方面，森林城市建设是全民参与建设，全民共享建设成果的绿色事业，特别是在参与以森林为背景题材的自然保护区、森林公园、湿地公园以及各类纪念林、古树名木等生态文化载体的过程中，有助于树立尊重自然、热爱自然、善待自然的生态道德观、价值观、政绩观、消费观，使每个公民都自觉地投身生态文明建设。

第三章　森林城市建设潜力

一、绿化面积增加潜力

（一）森林生态资源增加潜力

合肥市生态建设基础良好，但森林资源以人工林和松林为主，总量少，覆盖率低。从森林资源整体质量水平来看，森林资源量有待进一步提高。因此，合肥市森林生态建设要以"江淮分水岭生态体系建设工程"、"长江防护林建设工程"、"退耕还林成果风景林培育"等重点工程为支柱，借以提高森林资源的面积和质量，巩固和发展森林的整体生态功能，发挥森林资源的生态潜力。

1. 宜林林地

合肥市现有林地面积为 152805.1 公顷，占总面积的 13.29%。从土地资源利用潜力的角度看，根据合肥最新的森林资源统计数据，合肥市还有 9384.5 公顷宜林地可以用于造林绿化，增加森林覆盖率；另外还有 783 公顷的疏林地、6153 公顷灌木林地可通过科学管护、调整林分结构来提高整体森林质量。

若将 9384.5 公顷的宜林地全部完成造林绿化并且郁闭度达到 0.2 以上，可使合肥市森林覆盖率提高 0.82 个百分点。

2. 工矿废弃地恢复潜力

合肥共有矿床 400 余处，大部分属中小矿床，矿区总面积 6896.50 公顷，绝大多数位于肥东、庐江及巢湖。丰富的工矿资源为区域经济发展做出了重要贡献，但在工矿资源开发过程中，大量破坏了植被和山坡土体，使得区域生态环境遭到破坏、土地利用率降低及人居环境质量下降。

近年来为恢复矿山环境，市相关部门开始重视矿山环境保护与治理，逐年加大对矿区土地造林绿化力度、提高土地复垦率（表 3-1）。

表 3-1　工矿地生态恢复潜力表（单位：公顷）

区县名称	工矿用地面积	拟治理面积
合肥市区	360.17	108.05
长丰县	718.68	215.60
肥东县	1463.53	439.06
肥西县	699.56	209.87
庐江县	1402.07	420.62

（续）

区县名称	工矿用地面积	拟治理面积
巢湖市	2252.49	675.75
总计	6896.50	2068.95

统计表 3-1 结果，截至目前，仍亟待治理的面积约 2068.95 公顷，因此目前合肥工矿废弃地还有一定的土地复垦潜力。若将这些工矿废弃地全部治理，可增加林木覆盖率 0.18 个百分点。

（二）三网优化潜力

以"路网"、"水网"和"农田林网"为主体的"三网绿化"，是我国城市森林建设的重要理念之一。通过"三网"绿化，一方面可以进一步增加合肥城市绿化空间，增加城市绿量，另一方面也对区域景观的稳定性和景观美化起到了非常重要的作用，这对于农业开垦历史悠久、水网众多的南方平原而言，三网绿化更具有其特殊的意义。

1. 农田林网

根据相关林业统计资料，合肥市 2003~2011 年期间，每年均发展一定面积的农田林网，截至目前，合肥市共发展农田林网面积 13074.6 公顷。今后至 2020 年，合肥将继续实施农田林网建设，根据《合肥市城市绿地系统规划（2007~2020 年）》规划，到 2020 年合肥将完成农田林网覆盖面积 66666.7 公顷。按照国家防护林体系工程建设技术规范标准，南方平原区农田防护林面积不超过耕地面积的 4%~5%，北方地区不超过 7%~8%，西北地区不超过耕地面积 12%。结合最新试行的浙江省平原农田防护林建设技术规程，考虑土地合理利用及因害设防等因素，其农田防护林带适宜占地比例为 2%~10%。因此合肥农田林网的建设规划按照南方平原区 4%~5% 的规范标准范围比较合理，减去目前合肥农田林网总面积 13074.6 公顷，可计算未来合肥农田林网的建设潜力为 9458.28~15091.49 公顷。

2. 水 网

水系是城市重要的生态廊道，也是城市的生命之源。为了最大限度地发挥河流在城市生态建设和景观塑造中的作用，合肥将实施巢湖沿岸生态建设工程、两河一岸生态工程等水系绿化治理工程，重点打造南淝河生态主轴线，完善派河、店埠河、十五里河等生态廊道建设，积极构建多种生态功能于一体的河湖生态修复工程综合体系，以加强河流生态廊道建设。根据《合肥市城市绿地系统规划（2007~2020 年）》内容，至 2020 年，合肥市主要生态廊道规划建设潜力见表 3-2。

表 3-2 合肥市水岸绿化潜力表

水系（名称）	水系长度（公里）	适宜绿化长度（公里）	适宜绿化宽（米）	适宜绿化面积（公顷）
派河	60	60	30~200	180~1200
十五里河	32.5	32.5	30~100	97.5~325
二十埠河	27	27	30~100	81~270
板桥河	26.3	26.3	60	157.8
塘西河	11	11	20~300	22~330
四里河	26	26	30~100	78~260
合计	290.8	290.8		616.3~2542.8

根据《安徽省林地保护利用规划（2010~2020年）》内容，至2020年合肥还将对各县区约8367公顷左右河道景观带进行绿化美化，主要分布于肥东、巢湖等地区。

在肥东县的岱山水库、南淝河、店埠河等干流两侧和沿巢湖周边大力营造护岸、护渠、水源涵养林等防护林体系，增加林地面积1170公顷，其中河渠沿线360公顷，水库塘坝周边810公顷。

在巢湖沿岸的桥头集镇和撮镇建设水源涵养林667公顷，在东部沿山江淮分水岭长江一级支流滁河的各支流水系源头进行水源涵养林、水土保持林培育改造6000公顷，在店埠河中上游两侧营造护岸林530公顷。

此外，还包括其他县区的护岸、护渠、水源涵养林建设等，以及农村地区水渠、河道的防护林体系建设。结合合肥水系流域绿化现状综合分析，今后合肥市还有约7635.81~12546.27公顷河道景观带需要绿化美化。

3. 路　网

合肥市交通发达，铁路、公路横贯境内，截至2010年年底，合肥市城市道路总长度8987公里，其中高速公路总里程305公里，农村公路8300公里。多年来合肥一直加强绿色廊道建设，绿化工作取得了一定效果，合肥市2002~2011年已有道路绿化建设情况见表3-3。道路绿化按照《城市道路绿化设计规范》（GJJ75-97）的规定，红线宽度大于50米的道路，其绿地率不得低于30%；红线宽度在40~50米的道路，其绿地率不得低于25%；红线宽度小于40米的道路，其绿地率不得低于20%。

"十二五"期间，合肥对已经绿化的道路、河流加强管护，对铁路、国道省道县道及高速公路两侧各建设30~50米宽的林带，测算总里程3851.5公里，绿化面积4354.5~5004.5公顷，合肥"十二五"期间新改建道路绿化情况见表3-4，国省干线重点项目见表3-5。

表3-3　已有道路绿化情况表

道路总长（公里）	已绿化长度（公里）	未绿化长度（公里）	绿化宽度（米）	未绿化面积（公顷）
8987	5313.68	3673.32	10~20	3673.32~7346.64

表3-4　十二五期间合肥市新改建路网绿化情况

	铁路			高速公路	国省道	农村道路		
	客运专线	城际铁路	普通铁路			县道	乡道	其他
总里程（公里）	377.5	87	387	100	400	885	1068.3	546.7
绿化宽度（米）		50		100	30~50		3~15	
绿化面积（公顷）		4257.5		1000	1200~2000		750~3750	

表 3-5　合肥市"十二五"国省道干线公路新改建项目

路线编号	路线简称	绿化长度（公里）	性质	绿化宽度（米）	绿化面积（公顷）
S105	合马路	17.8	改建	30~50	53.4~89
X038	上小路	25.6	改建		76.8~128
X044					
206	烟汕线	23	改建	30~50	69~115
008	合水路	53.65	改建		160.95~268.25
315	桃杨路	26.9	改建		80.7~134.5
311	乌曹路	12	改建		36~60
312	沪霍线	40.2	改建		120.6~201
331	西大路	15.5	改建		46.5~77.5
024	店忠路	33.65	改建		100.95~168.25
006	庞合路	33.4	改建		100.2~167
010	朱张路	21	改建		63~105
其他		97.3	新建		583.8~973
合计		400			1419.9~2486.5

　　根据《合肥市交通运输发展十二五规划》统计，至"十二五"末，合肥市还需绿化美化的路程总长 3851.5 公里，其中铁路绿化 851.5 公里，包括客运专线 377.5 公里，城际铁路 87 公里，普通铁路 387 公里；新改建公路绿化 3000 公里，包括国省干线 400 公里（新建 97.3 公里，改建 302.7 公里），高速公路 100 公里，农村道路 2500 公里。综上所述，合肥市的道路可绿化面积为 12080.82~18840.64 公顷，包括已有道路绿化 3673.32~7346.64 公顷，新改建国省干线 1491.9~2486.5 公顷，铁路绿化 4257.5 公顷，高速公路绿化 1000 公顷，农村道路绿化 750~3750 公顷，可见道路绿化还有一定的发展空间。

　　根据上述分析，今后三网绿化建设可增加生态用地 29174.91~46478.4 公顷，如将其全部用于生态建设，则合肥市林木覆盖率可提高 2.55~4.07 个百分点。

（三）城市组团间生态隔离带

　　2005 年年底，合肥市委市政府提出了城市发展的"141"战略，"十二五"期间，合肥将按照"1419"城镇空间发展思路，即 1 个主城区，东部、西南、西部、北部 4 个副中心城市，1 个滨湖新区，9 个新市镇的组团分散式发展模式。在主城区打造商贸、商务、金融和文化中心；4 个副中心城市包括东部的店埠—撮镇；西南部为经济开发区—上派；北部为瑶海经济开发区—庐阳工业园区—双墩；西部为高新区—科技双薪示范基地，涵盖多个经济开发、工业园及科技园，以混合功能为主，承载城市外围轴向拓展空间，作为各区域辐射与联系的骨架；滨湖新区以行政、会议展览、商务办公、风景旅游及居住为主要功能，拓展合肥发展空间。按照"1419"城市发展战略打造"开发区—产业集中区—农业园区—生态保护区"的新型产业布局形态，拓展合肥经济圈，实现城乡统筹跨越式发展。

　　但随着 2011 年 9 月巢湖居巢区、庐江县的并入，合肥经济、人口的进一步发展，以及各城市组团之间不同的主体功能定位，加之巢湖复杂庞大的自然社会体系，使合肥在城市组团间生态环境保护与应对环境危机方面又面临着新一轮的挑战。虽然合肥市内原有自然山体植被基础状况良好,对城市发展有一定直接的阻隔作用,但从进一步发挥森林生态修复、生态环境保护功能的角度来看,在减弱工业污染、降低城市噪音、美化城市环境方面还有待进一步提升。对于距离城市组团较近的景观绿化隔离带,进行生态规划建设,开展树种与林相改造,配置多层次的森林群落等方面还有很大潜力空间。根据《合肥绿地系统规划(2007~2020 年)》统计,到 2020 年年末,合肥市城市生态隔离带面积将达到 5730 公顷,减去各组团间原有林地面积 3174.14 公顷,合肥市城市生态隔离带新建面积将达到 2555.86 公顷。各城市组团间隔离带建设情况见表 3-6,若将这些生态隔离带全部建成,则可使森林覆盖率增加 0.22 个百分点。

表 3-6　城市组团间生态隔离带规划

位置	隔离带宽度（米）
主城与东部组团	120~200（局部 400~500）
主城与西部组团	100（局部 300）
主城与北部组团	100~200（局部 300~400）
主城与西南组团	200~300（局部 400）
主城与滨湖新区组团	200~300（局部 400~500）
西南组团与滨湖新区	250~300（局部 400~500）
西部与西南组团	200~300（局部 400）
北部与西部组团	西北楔形绿地
北部与东部组团	东北楔形绿地
东部与滨湖新区	东南楔形绿地

（四）城乡绿化潜力

随着城乡居民生活水平的提高,居民对绿色住宅环境提出了更高的要求。许多城市都将森林小区、生态村作为住宅区建设的模板。

1. 城区绿化

合肥按照"绿量第一、丰富色彩、提升景观、改善生态"的要求,通过实施公园游园、道路绿化等 165 个项目,建设生态长廊、道路景观与公园,基本形成"一圈、三环、四楔、五廊"的生态园林格局,推进生态园林城市建设。

2011 年,全市完成园林绿化面积 1018 公顷,其中新增公园绿地 733.3 公顷;完成植树造林 11240 公顷。城市建成区绿化覆盖面积由 2005 年的 7021.4 公顷提高到 2010 年的 13737 公顷;城市建成区绿化覆盖率由 2005 年的 37% 上升到 2010 年年末的 45.1%。人均公园绿地面积由 2005 年的 8.7 平方米增加到 2010 年的 12.5 平方米,城市绿地率达 40.2%,城市绿化美化取得一定的进展。

根据《合肥市城市绿地系统规划(2007~2020 年)》统计,到 2020 年"141"范围绿地面积将达到 34302.59 公顷,公园绿地总面积达到 9685 公顷,新增绿地面积 4230 公顷,城区人均公园绿地面积达到 14.0 平方米，城区绿地率达到 40%。

根据 2002 年的国家城市绿地分类系统标准，他只从权属管理和宏观功能的角度，将城市绿地划分为了公园绿地、单位绿地、防护型绿地、生产绿地等不同类型，并没有从植物生长型的角度对其作出进一步的、可与国外城市植被分类相兼容的划分，因此，对于城市规划的绿地建设中到底有多少是可以真正属于城市森林的植被无法做出的界定。因为现在要进行森林城市创建工作，而城市森林对于生态植被建设有一定的、不同于一般生态建设的理念和要求，即要求在城市生态建设过程中应该以乔木植被为主体。因此，根据相关的城市绿地规划建设规模与进度，我们在这里将待建的生态建设规划中的植被面积全部默认为乔木（或少数灌木），将新增的城市绿地面积全部纳入林木覆盖的计算范围。

2. 村镇绿化

"十一五"期间，合肥通过实施"村庄环境整治行动计划"、"清洁家园绿化乡村"等工程，启动行政村 234 个，成功创建国家级环境优美乡镇 1 个，3 个国家级农业旅游示范点，8 个省级环境优美乡镇、22 个省级生态村，村镇绿化取得一定进展。

"十二五"期间，村镇将实施"见地栽树""见缝插绿""路渠绿化"等工程。根据《肥东县林地保护利用规划（2010~2020 年）》内容，规划期末，肥东县将完成村庄绿化 2720 公顷，肥东县村庄建筑用地面积为 21796.92 公顷，村庄绿化发展面积占村庄用地面积比例为 12.48%，按此比例推算合肥市其他县区村庄绿化潜力，肥西县、长丰县、庐江县、巢湖的村庄面积分别为 18895.83 公顷、17061.05 公顷、23602.68 公顷、12068.57 公顷，以此比例计算其村庄绿化面积分别为 2358.20 公顷、2129.22 公顷、2945.61 公顷、1506.16 公顷，可知村庄绿化还有约 11659.19 公顷的潜力空间。

通过上述分析，若将城镇绿化工程全部完成，可增加新的绿地面积 15889.19 公顷。由于城镇绿化用地不是林业权属用地，只能增加林木覆盖 1.39 个百分点。

二、森林资源质量提升潜力

根据最新的合肥森林资源调查数据显示，合肥市有森林面积 13.0 万公顷，占林业用地面积的 84.6%。其中疏林地 783 公顷，森林总蓄积量 872.4 万立方米，位居全省前列，但乔木林单位面积蓄积量仅为 46.3 立方米，只有全国平均水平的 54%。营林措施缺乏，林分结构不尽合理。从林分的年龄结构来看，合肥全市幼龄林、近熟林无论在面积还是蓄积上，都占有较大的比重，尤其以近熟林所占比重最大。而过熟林龄组比重偏小见表 3-7。合肥全市幼、中、近、成、过熟林林分蓄积量比例为 5.72：9.50：31.58：8.15：1.07，其中幼、中、近、成、过熟林林分面积比为 3.29：1.90：5.04：1.30：0.13。

从林业结构现状与生态功能关系来看，合肥市林分结构不合理，成熟林比重低，林种单一，纯林面积过大，占森林面积的 95%。由于森林可采资源少，森林资源的增长不能满足市场发展对木材需求的增长。其次，单位面积森林固碳能力较低，森林碳汇能力差，林地生产力低，应对气候变化能力较弱，生态功能脆弱。

表 3-7 合肥市森林资源林龄结构统计表

龄组		幼龄林	中龄林	近熟林	成熟林	过熟林
面积	公顷	32878.9	18974.0	50406.1	13001	1314.7
	比例（%）	3.29	1.90	5.04	1.30	0.13
蓄积	立方米	572245	950012	3158230	815021	107992
	比例（%）	5.72	9.50	31.58	8.15	1.07

根据最新的合肥二类资源调查数据显示，合肥目前经济林中还有 1314.7 公顷的乔木处于衰产期；另外还有 783 公顷的疏林地、6153 公顷灌木林地以及一定数量的低产低效林地；在林分结构方面，合肥 95% 的林分属于纯林。生态效益的发挥取决于面积与结构两个方面，从生态效益发挥的长期性来看，通过林分结构的调整，进而实现森林资源质量的提升才是最重要的。

近年来，合肥通过生态绿化等工程建设项目实施后，森林资源质量已有一定程度的提高。此外，随着造林空间的减少，今后合肥应把林业工作重点放在提升森林质量，加强林业管理等方面，尤其要重视经营、培育森林，适地适树，良种壮苗，大力营造混交林，集约经营，加强对现有森林的培育，加快低产低效林分改造，提高林地生产力。在推进林业经营体制和林权制度配套改革，吸引社会资金对林业的投入，形成社会多元主体投入林业格局等方面还有很大的潜力可挖。

三、湿地保护与恢复潜力

据合肥市 2010 年土地利用现状分类面积汇总表统计，合肥市现有湿地总面积 210579.3 公顷，占合肥市土地总面积的 18.4%。全市湿地资源以湖泊湿地、水库、坑塘等湿地类型为主，其次为河流湿地，沼泽湿地所占比重最少见表 3-8。

表 3-8 合肥湿地情况表（单位：公顷）

区县	河流水面	湖泊水面	滩涂	沼泽	水库	坑塘水面	合计
瑶海区	302.03	0	8.14	0.17	430.94	1524.78	2266.06
庐阳区	187.04	0	211.69	2.92	2470.37	625.19	3497.21
蜀山区	291.07	0	67.27	4.9	135.95	1198.56	1697.75
包河区	497.86	7043.1	127.11	0	0	1590.74	9258.81
长丰县	1594.56	0	142.69	0	5539.39	18600.54	25877.18
肥东县	2078.22	5652.4	209.73	2.04	5097.65	25331.63	38371.67
肥西县	3473.55	10825.85	337.58	0.21	1405.94	19073.81	35116.94
庐江县	5181.23	10525.37	1057.61	3.67	1454	15592.52	33814.4
巢湖市	1124.63	46416.62	243.92	0	920.23	11973.89	60679.29
合计	14730.19	80463.34	2405.74	13.91	17454.47	95511.66	210579.3

"十二五"期间，合肥将针对湿地污染、萎缩及功能退化等问题走湿地保护和恢复重建并举之路。针对不同湿地类型启动湿地恢复重建工程，加大污染治理力度的同时恢复植被、

控制水土流失、优化湿地植被组成，通过湿地保护与管理、湿地自然保护区建设等措施，使合肥大部分重要湿地得到有效保护，基本形成自然湿地保护网络体系。"十二五"末将建成5大湿地资源保护区和11个大型湿地公园，至2020年合肥湿地规划建设潜力见表3-9。若相关湿地保护项目全部完成，届时将使13362.4公顷湿地面积得到保护与恢复。

2020年后，合肥还将采取一系列对湿地资源的保护与管理工作，力争使退化湿地得到不同程度恢复和治理，实现湿地资源的可持续利用。包括湿地保护区建设、污染控制以及完善湿地保护与合理利用的法律法规等措施。全面维护湿地生态系统的生态特性和基本功能，使合肥市天然湿地的减少趋势得到有效遏制。通过湿地资源监测、建设管理体系等提高合肥市湿地管护水平，最大限度地发挥湿地生态系统的各种功能和效益。

表3-9　合肥湿地建设潜力表

项目名称	位置	建设规模（公顷）	建设内容
环巢湖湿地景观带	肥东县、肥西县、包河区、滨湖区		以巢湖边岸为线，沿线部分区域为点，分期实施，建设国家湿地公园
少荃湖湿地公园	瑶海区	761	湿地公园
五湖连珠景观风貌区	长丰县	3660	生态廊道
派河生态廊道	西南组团	1727	生态廊道
店埠河生态廊道	肥东县	631	生态廊道
二十埠河生态廊道	瑶海区	38.4	生态廊道
塘西河生态廊道	滨湖区	0	生态廊道
王咀湖公园	高新区	145	
董铺、大房郢水库二级保护区	庐阳区	5700	水库资源保护区
南淝河源头保护区	肥西县		资源保护区
众兴水库保护区	长丰县、瑶海区	700	水源保护区
合计		13362.4	

四、生态产业发展富民潜力

近年来随着城市的发展，林业特有的生态、经济功能以及蕴藏其中的巨大潜力逐渐被人们所认识。合肥结合现有区域经济、区位优势特点和林业产业发展现状，以科学发展观为指导，以重点项目为支撑，优化产业结构，科学合理布局，大力发展林业富民产业。截至2011年，合肥市以经济林、商品用材林、苗木花卉、森林旅游等为主的林业产业总产值达到了50.50亿元。其中，第一产业产值32.20亿元，第二产业产值12.53亿元，第三产业产值5.77亿元，林业各产业结构比例为3.2∶1.3∶0.6。

至2020年，合肥各县区将根据《合肥市林地保护利用规划（2010~2020年）》加大林业调整力度，重点布局林业产业带，实施16大林业产业工程项目，力求改变林业"小产业、低效益"的问题，其中加强了森林旅游、经济林及林下立体经济、苗木花卉等产业带的建设。

（一）名特优经济林产业

截至 2010 年，合肥市共有经济林面积 5559.7 公顷，占合肥各林种面积的 1.91%，主要经济林种为桃树、李树、梨树、板栗、油茶、银杏等。其中乔木经济林面积 2264.9 公顷，占合肥各林种面积的 0.78%，主要以桃树、李树、板栗、银杏、枣为主；灌木经济林面积 3294.8 公顷，占合肥各林种面积的 1.13%，主要以葡萄为主。

根据合肥市 2002~2011 年林业统计年报资料，近 10 年合肥每年新发展经济林情况如图 3-1，从该折线图可以看出，合肥市不同年份发展经济林面积的数量有高有低，其中以 2006 年最低只有 13 公顷，2011 年最高，新发展经济林面积 1515 公顷，2009 年以后经济林面积发展较快，但平均而言，每年至少有 326 公顷的发展空间。

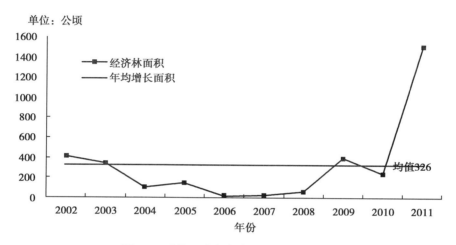

图 3-1　合肥近十年每年新增经济林情况

根据《安徽省林地保护利用规划（2010~2020 年）》内容，规划期内各县区将通过实施各类重点林业项目，扩大经济林面积见表 3-10，"三化"特色经济林产业。

肥东县：做大做强经济林产业。规划期内通过重点林业项目实施，成片发展银杏、桃等经济林 520 公顷。

肥西县：建立高效经济林基地。在南分路、官亭、小庙等地建设油桃、早黄李、杏等优良品种水果生产基地 66.67 公顷，在严店、三河建设葡萄、食用香椿生产基地各 66.67 公顷。

巢湖市：建立经果林基地。届时，巢湖经果林将重点分布在巢湖市坝镇、庐江县同大、包河区大圩等乡镇，建立经果林 6666.7 公顷。

其余各县区经济林建设则主要以精品经济林发展方向，着重利用科技，优化品种，突出经济林地域特色，将经济林产业规模化、专业化和标准化，实现经济林产业由粗放型向集约型发展的转变。

表 3-10　规划期内（至 2020 年）合肥经济林增长情况（单位：公顷）

	肥东	肥西	长丰	庐江	巢湖	包河	蜀山	瑶海	庐阳	合计
现状	141.2	1109.4	370	2293	937.5	266.5	65.3	31.9	344.9	16317
新增面积	520	266.7	0	3000	6666.7	0	0	0	53.76	7453.4

　　将合肥近十年每年经济林增长情况结合《安徽省林地保护利用规划（2010~2020年）》内容进行分析，至2020年，合肥各类经济林发展还有7453.4公顷的潜力空间。

（二）苗木花卉产业

　　近年来，随着国家重大建设工程的拉动以及城市化进程的助推，各地区城市建设、道路绿化等绿化美化工程迅速推进，苗木花卉市场走俏，苗木生产得到了迅猛发展，并已成为一些地区农业增效、农民增收的重要项目之一，苗木花卉产业潜力巨大。

　　目前，合肥市通过实施政府补助、社会资本引进等措施，逐渐发展了合肥市现代化苗圃、苗木园艺集团公司及示范园等苗木花卉基地。合肥苗木花卉主要分布在肥西县的花岗、上派、紫蓬、小庙、高刘、官亭，庐江县的冶父山、盛桥、白山，长丰县的岗集、双墩，肥东县的众兴，庐阳区的三十岗，蜀山区的南岗镇等乡镇。截至2010年，合肥市苗木总面积达18666.41公顷；共有227家企业、大户在合肥投资植树造林，合同造林面积8700公顷，投资额超过10亿，2010年合肥苗木自给率为85%，规划至2020年合肥市苗木自给率达到100%。

　　根据合肥市2002~2011年林业统计年报资料，近10年合肥市苗木产业发展情况如图3-2。从该折线图可以看出，合肥市不同年份发展苗木的数据量高低不同，其中以2008年达到最低谷只有1081公顷，2004、2007、2011年达到波峰，其中以2004年最高，新发展苗木面积4313公顷，但整体上呈峰谷型波动增长，2008年以后呈较稳定增长趋势。平均而言，每年至少发展2019.4公顷的苗木基地。主要是由于近年苗木市场前景广阔，而合肥地处江淮分水岭地区独特的地理区位使其兼具发展南北方苗木品种的优势，因此合肥苗木产业受南北地域差异影响较小，有一定的市场，进而合肥近几年苗木产业的发展呈稳定增长趋势。

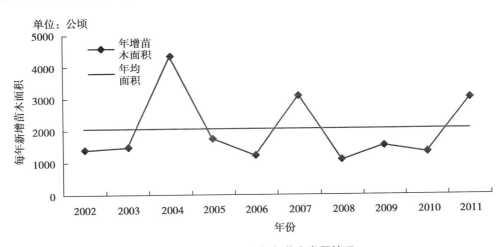

图3-2　合肥近十年每年苗木发展情况

　　根据合肥市林业保护利用规划资料，至2020年合肥市将再扩大苗木花卉生产规模，各县区苗木花卉建设工程见表3-11。

　　肥东县：到2020年，在合六、合宁高速公路和合宁铁路等主要道路两侧形成面积为540公顷的绿化苗木花卉产业带。

　　肥西县：通过"提质""增量""引资"三措并举，继续扩大苗木花卉种植面积；启动各级苗木花卉产业科技研发中心建设和百亩精品花卉生产基地建设等工程；加快产业核心区提质升级。到 2020 年，分别在 302、216 线上各建设万亩苗木花卉生产基地，其中在 302 线官亭段建设现代苗木花卉产业园区。

庐江县：加快全县苗木花卉产业发展步伐，规划新增苗木花卉面积 3500 公顷，到 2020 年全县苗木花卉基地面积达 5000 公顷。

蜀山区：积极招商引资，大力发展苗木花卉产业。至 2020 年，优化、建设南岗镇北部苗木花卉基地 400 公顷

环巢湖：坚持生态修复、产业发展的有机统一，加快发展苗木花卉、经济林果和生态林，规划苗木花卉 14000 公顷。

瑶海、包河等区：规划建设东大圩和牛角圩苗木花卉基地，苗木花卉产业以发展高档精品苗木花卉重点，加强基地建设，提升苗木花卉整体水平，力求实现规模化生产和集约化经营。

表 3-11　至 2020 年合肥各县区新增苗木花卉面积概况　（单位：公顷）

	肥东	肥西	长丰	庐江	巢湖	包河	蜀山	瑶海	庐阳	总计
现状	970.29	13048.47	636.46	2258.47	287.70	144.36	675.11	38.93	606.62	18666.41
新增	3500	5000	3500	6000	8500				1000	27500

通过对近十年合肥苗木发展情况分析（图 3-2），可得苗木年均增长面积为 2019.4 公顷（不含庐江、巢湖），以此作为苗木市场每年发展的潜力均值，将计算出的至 2020 年合肥苗木产业新增面积 34694 公顷作为其发展的最大值。将《合肥市林地保护利用规划（2010~2020 年）》中对苗木具体的规划面积作为至 2020 年的发展最低值，可得至 2020 年苗木发展新增面积为 27500~34694 公顷，随着这些新的苗木花卉基地的建立，苗木与花卉产业必将迎来更大的发展，老百姓势必从中得到更大的收益。

（三）林下立体经济产业

林下立体经济作为促进林区稳定、林农增收、林业增效的一项主要营林方式，使林业产业从单纯造林营林转向了林木资源、林产资源和林地资源综合利用，大大延伸了林业产业化的内涵，是生态、经济和社会效益综合体现的最好产业之一，具有广阔的发展前景和空间，2011 年合肥市林下经济产值达到 0.15 亿元。根据《安徽省林地保护利用规划（2010~2020 年）》内容，规划期内合肥将建立林下经济生产基地、中药材示范区和珍贵阔叶树种示范区等。预计到 2020 年，合肥市将发展林下立体经济面积共 5000 公顷，并将辐射带动一定规模的以林药、林油、林菜等复合经营模式的林下经济发展。

（四）森林生态旅游业

森林生态旅游主要包括森林公园、依托森林开展的休闲文化业和"农家乐"等。2010年，合肥旅游接待量已突破 2694 万人次，其中森林旅游接待 241.6 万人次，占总接待量的 9.0%。2011 年，合肥市森林旅游业年产值达到了 4.11 亿元（其中林业旅游年产值 3.91 亿元，林业疗养与休闲 0.20 亿元）。此外，森林旅游业的快速发展带动了交通业、餐饮业、加工业、种养殖业等一系列相关产业的发展，辐射带动其他产业产值 2.10 亿元，推动了林区产业结

构的合理调整，有效缓解了林区的就业压力，极大地带动了地方经济的发展，成为林区群众脱贫致富的重要途径。按照合肥市"十二五"旅游发展规划内容统计，到2015年，休闲观光农业发展到280处，星级农家乐发展到250家，乡村旅游经营收入达15亿元。合肥市的森林休闲农家乐主要以观光果园、采摘园形式为主，不同于成都等城市的以苗木花卉产业为依托的大农家乐形式，因此森林旅游业所增加的森林面积按照其农村增加绿化面积的5%~10%计算，为582.96~1165.92公顷。通过多样化的辐射发展,使合肥逐步形成"农游兼顾,以农为主，以游为辅，以农生游，以游促农"现代休闲产业体系。

1. 森林公园

近年来合肥市森林生态旅游产业发展迅速。"十一五"期间，依托合肥市森林公园以及以巢湖为重心的湿地公园，森林旅游业迅速发展。同时，充分利用合肥近郊丰富的山水资源、自然与人文景观，使休闲山庄、农庄、渔庄、观光园等生态旅游业初具雏形。

截至目前，合肥市已建立国家级森林公园2个，省级森林公园3个，经营总面积30325.75公顷。2011年合肥森林公园旅游统计人数为250万人，上半年，合肥市森林公园门票收入5890万元，旅游收入年均增长20.94%。目前合肥市共有公益林66375.7公顷，占合肥国土面积的5.77%，其中，国家公益林面积为21346.7公顷，占国土面积的1.86%；一般公益林面积45029公顷，占国土面积的3.92%。从森林资源利用角度看，可将生态公益林开辟为森林公园等，实现生态保护与资源利用相结合、实现效益最优化。从需求缺口与可挖掘的资源数量对比来看，潜力依然很大。

2. 特色生态文化发展潜力

合肥因东淝河与南淝河在此汇合而得名，素以"淮右襟喉、江南唇齿、三国旧地、包拯故里"文明于世，自东汉末以来，一直是江淮地区重要的行政中心和军事重镇，是一座有两千多年历史文化的古城。漫长的历史遗留下了丰富的文化遗址，境内有教弩台、逍遥津张辽墓、包拯墓园、包公祠、明教寺等珍贵的历史遗迹。目前有旅游景区景点30家（其中国家A级以上景区点29处），星级农家乐和乡村旅游点120多家，全国农业旅游点3家。此外，还有六家畈镇、三河古镇、巢湖风景名胜区等重要的自然、历史文化旅游资源、不同等级的森林公园以及自然保护区与形式多样的农家乐等，它们使合肥市的旅游资源更加丰富多彩、优势明显。

"十一五"期间，合肥市共接待国内游客7565.72万人次，年均增长率达到34.92%；接待入境旅游者78.22万人，年均增长率发展到30.62%；国内旅游收入689.3亿元，年均增长率达到38.43%；旅游创汇4.51亿美元，年均增长率达到32.54%；合肥旅游总收入719.82亿元，年均增长率达到38.14%。由此可知，合肥市的旅游产业呈现出持续、健康、快速的发展态势。根据合肥《"十二五"旅游发展规划》统计，到2015年，国内旅游人数突破6000万人次，国内旅游收入520亿元；入境旅游人数达到60万人次，旅游外汇收入3亿美元；旅游总收入突破600亿元。

随着经济发展和社会不断进步，市民对休闲、娱乐、旅游、文化、教育等方面消费日益扩大，尤其是休闲生态消费需求日益增加。2006~2010年五年间，合肥市旅游收入、旅游人数变化情况如图3-3、图3-4。其中2007~2011年林业休闲旅游收入、人数变化如图3-5。

单位：亿元

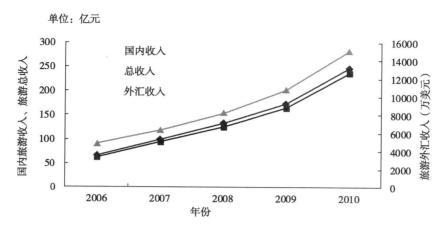

图 3-3　2006~2010 年合肥市旅游业收入变化

单位：万人

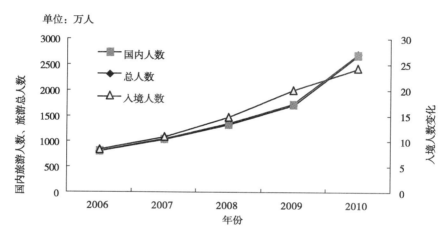

图 3-4　2006~2010 年合肥市旅游者人数变化

单位：人、万元

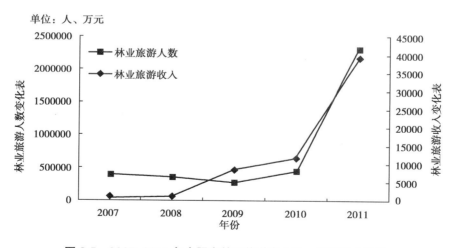

图 3-5　2007~2011 年合肥市林业旅游者人数、旅游收入变化

　　从图 3-3、图 3-4 可以看出，2006~2010 年五年间，合肥市旅游收入、旅游人数等指标呈稳定上升趋势，特别是 2008 年以后，上升幅度较大，主要是与近几年城乡居民人均收入呈稳定直线增长趋势相关。从林业旅游人数及收入变化表来看，2007~2009 年期间，林业旅

游收入及人数均相对较少，至 2009 年中后期呈同步稳定增长趋势，尤其是 2010 年后，林业旅游人数及旅游收入增长幅度较大，这与合肥城市绿化工作的深入开展、以森林公园为主的城市绿色空间的扩展，以及经济发展使得市民对绿色生活空间的渴望增强息息相关。

从上述分析，近五年来合肥旅游业产业发展主要呈现三大特点：①旅游业发展水平呈上升趋势。②旅游业发展速度较快。③旅游业产业地位不断提升。

2001~2010 年间，合肥市城乡居民人均收入指标呈稳定上升趋势，尤其是 2004 年以后，上升幅度明显加快如图 3-6。至 2010 年，城镇居民人均可支配收入达到 19050.5 元，农村居民纯收入达到 7117.47 元，城镇居民家庭恩格尔系数已由 1995 年的 50.20% 下降到 2010 年的 35.80%，人民生活水平有了很大提高和改善。发展经济学研究发现：当人均 GDP 达到 3000 美元时，旅游由观光游览型向追求舒适、享乐的休闲度假型转变，精神支出占居民消费总支出比重达到 23%。休闲正日益成为大众消费形式。从合肥目前收入增长趋势看，合肥的旅游业发展空间及潜力巨大。

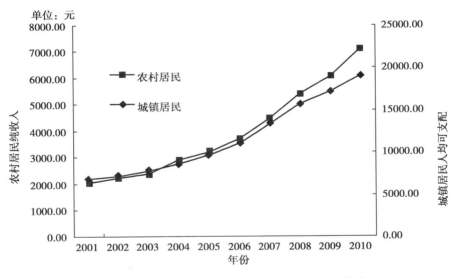

图 3-6 2001~2010 年合肥城乡居民人均收入变化表

自 2006 年以来，合肥市旅游产值占 GDP 的比重越来越大，旅游业在合肥经济地位日益提升，现已成为支柱产业。但从合肥市发展现状看，旅游还处在服从和服务的地位上。合肥旅游业还可从调整产业结构、激活传统资源、引领新兴产业等方向提升旅游业的地位，在现有森林公园、湿地自然保护区的基础上，以资源与生态保护为主，观光休闲与经济收益相结合，加强森林公园的规范化管理和建设，加大景区景点设施建设，积极发展以森林公园为依托的休闲生态文化产业、农家乐、观光果园、苗圃等，整合森林生态休闲旅游资源，改善生态环境，增加经济收入，丰富游客旅程，从而拉动旅游消费内需，开发旅游业多元发展潜力。

综上所述，若将各项土地绿化潜力完全挖掘开发后，则可以使合肥市域林木覆盖率增加 8.22~10.37 个百分点，包括宜林林地 0.82 个百分点，三网绿化增加 2.55~4.07 个百分点，工矿废弃地提高 0.18 个百分点，生态隔离带增加 0.22 个百分点，城镇绿化增加 1.39 个百分点，林业产业增加 3.06~3.69 个百分点（其中经济林 0.65 个百分点，苗木产业 2.41~3.04 个百分点）。

第四章　合肥市热场与森林植被变化分析

一、合肥市区热场与植被变化分析

（一）合肥市区热量分布格局

研究区面积为 716 平方公里，二环路以内为主城区（100 平方公里），一环路以内为老城区（20 平方公里）。据多次观察，合肥市热岛效应显著，热岛强度一般在 3~5 ℃。

1. 地面热场分布

经遥感反演，2003 年的亮温最大值为 34.5℃、最小值 16.72℃，2007 年分别为 35.31℃ 及 20.40℃；2007 年与 2003 年相比，其地面亮温的最大、最小值域分别增值 0.81℃ 与 3.68℃。

2003 年热量总体分布以二环路为分界线，二环路以内热量集聚形成中心城区"热岛"，热量从中心岛以星状向外辐射，且西南片热量高于西北。按土地面积计算，市区内高温区占全部面积的 14.6%，中温区 73%，低温区 12.4%；二环路以内的主城区，高温区占 19.3%，中温区 62.6%，低温区占 18.1%；二环路以外高温区占 8.8%，中温区 78.1%，低温区 13.1%。（图 4-1）。

2007 年市区热场以中温区为主的基本格局未变，市区范围热场的高温区占 1.4%、中温区 65.5%、低温区占 33.1%；二环路以内主城区，热场的高温区占 2.5%、中温区占 89.3%、低温区占 8.2%；二环路以外，热场的高温区占 1.2%、中温区占 62.7%、低温区占 36.1%；二环路以内高温分布比二环外高 1.3%，高温区仍集聚在二环以内。

由上可见，2003 年与 2007 年相比，其地面亮温的最大、最小值域分别有所增加，但热环境总体上 2007 年较 2003 年有所改善。

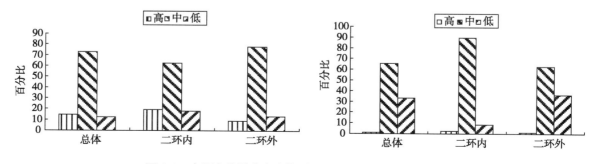

图 4-1　合肥市热量分布比较（左：2003 年；右：2007 年）

2. 地面亮温演变

为客观比较 2003 年与 2007 年两个时段的热场变化，将亮温作标准化处理并划分为五个等级：高温区，0.7~1.0；次高温区，0.5~0.7；中温区，0.3~0.5；较低温区，0.2~0.30~0.2；低温区，0~0.2。分别统计 2 个年代不同亮温面积及所占比例，结果表现为中温区及中温区以上的面积降低，其中高温区与次高温区的面积都分别减少 1800 平方米，52100 平方米，中温区面积减少 96.05 平方公里；且 2007 年高温区，次高温区及中温区占全区的百分比也在降低，比 2003 年分别减少 0.25% 和 7.19%（图 4-2）。

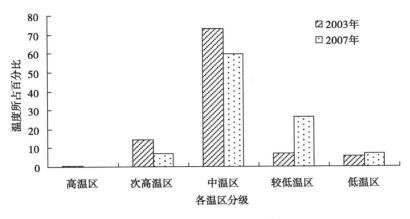

图 4-2　各温区面积变化比较

2007 年，地面亮温空间分布的基本格局与 2003 年的大致相同，但高温区与次高温区的分布范围有显著减少（图 4-3）。表现为：一环路以内市中心的商业中心区与老城区的热岛亮斑有所减少，一环与二环之间区域的亮斑分布不如 2003 年那样集中，呈逐渐分散的分布格局；近市区西南部的政务新区热岛强度有明显减弱；而市区东北部的高温区与次高温区却明显向外扩张，西北角董铺岛的低温区分布明显扩大；建城区南部低温分布面积也逐渐向南扩大。

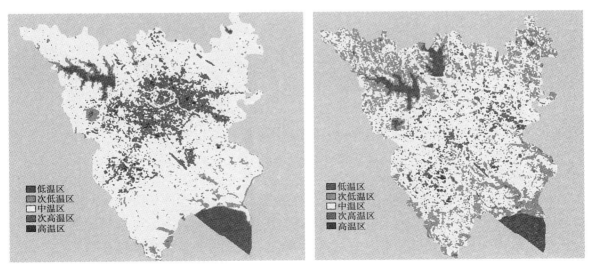

图 4-3　合肥市亮温等级分布（左，2003 年；右 2007 年）

由图 4-4 和图 4-5 可见，2007 年绝大部分地区温度级别都比 2003 年降低了，增温部分主要分布在二环以外，集中高新区、经济技术开发区、新站区、骆岗机场附近的区域，市中心一环区域也分散着零星的增温带。

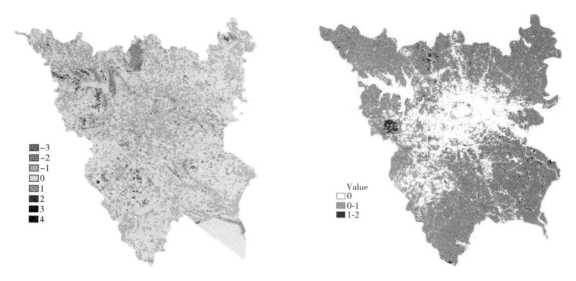

图 4-4　2003~2007 年间亮温分布变化图　　　图 4-5　2003 年合肥市区 LAI 分布图

3. 城市森林与热岛效应关系

城市森林对城市热环境的改善有着较大的贡献率，低温区的占有率与城市森林覆盖率有一定相关性（图 4-6）。另外，影响城市森林热场效应还有其分布格局素。

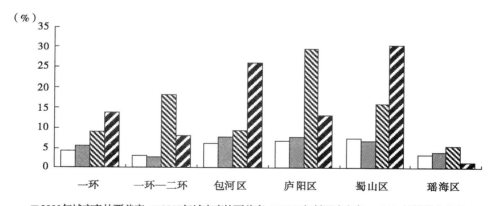

图 4-6　2003 年与 2007 年热岛效应与城市森林覆盖率对比

提取 2003 年与 2007 年合肥市区城市森林斑块（面积 >900 平方米），2007 年全市的城市森林斑块面积较 2003 年增加 613.4 公顷，斑块数比 2003 年减少了 4461，整体上城市森林景观斑块的破碎度和分离度分别下降 1.35 及 1.12，各区域城市森林斑块破碎度及分离度也均小于 2003 年（表 4-1）；2007 年城市森林景观斑块的破碎化程度有所降低、斑块有增大的趋势，由此调节地面温度的能力增强，热环境较 2003 年明显改善。

但这一作用在不同区域的表现不同：如瑶海区，在 2007 年城市森林面积虽然有所增加，但城市森林斑块的破碎度及分离度均高于全市的平均水平、依然高于其他各区，因此对热环境的缓解能力并未增加，低温区反而有所下降。相比之下，包河区城市森林面积略有增加、蜀山区稍有减少，但城市森林斑块的破碎度及分离度均明显下降、而低温区则明显增加。

（二）合肥市区土地利用时空变化

1. 土地利用类型的数量变化

合肥市区 18 年间（1989~2007 年）土地利用情况发生很大变化，总体表现为：建筑用地连续增加且增幅显著，20 年中净增 19404.9 公顷，占土地总面积比例由 11.98% 上升到 39.01%，年变化率为 12.7%；与之相反的是，耕地不断减少且减幅增加，近 20 年间耕地净减 20790.36 公顷，其占土地总面积比例从 1989 年的 73.27% 下降到 44.34%，年变化率为 2.19%；城市森林面积净减 486.18 公顷，但总的变化幅度不大，其占土地总面积比例由 7.7% 下降到 7.03%，年变化率为 0.49%（图 4-7）。

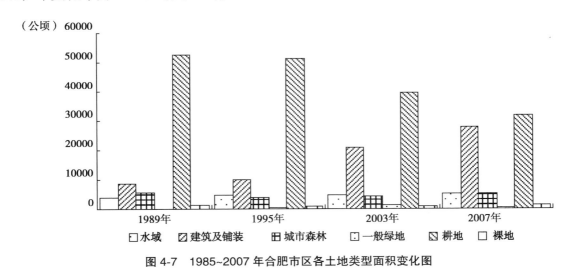

图 4-7 1985~2007 年合肥市区各土地类型面积变化图

2. 土地利用类型的空间变化

土地利用类型的转移矩阵可全面地表述区域土地利用变化的结构特征及变化方向（表 4-1~ 表 4-4）和土地利用空间变化图（图 4-8）。

表 4-1 1989~1995 年合肥市研究区土地利用转换矩阵（单位：公顷）

	水域	建筑	城市森林	一般绿地	耕地	裸地
水域	3357.81	135.36	22.41	0.45	224.10	54.00
建筑	690.03	6009.21	503.82	145.44	1218.51	40.68
城市森林	197.82	722.25	3102.68	192.06	276.72	40.77
一般绿地	0.63	18.36	5.31	7.65	137.25	1.44
耕地	592.20	3091.59	330.82	224.73	47696.15	683.82
裸地	29.61	184.68	21.33	3.51	797.49	55.35

表 4-2 1995~2003 年合肥市区土地利用转换矩阵（单位：公顷）

	水域	建筑	城市森林	一般绿地	耕地	裸地
水域	3086.10	714.42	208.8	52.74	791.73	17.28
建筑	308.08	7692.86	312.03	218.43	631.16	821.32
城市森林	152.37	627.07	2140.71	105.93	433.47	529.07
一般绿地	4.32	408.24	20.88	24.30	108.54	7.56
耕地	1334.16	10714.68	2994.93	1004.76	34552.35	786.51
裸地	61.74	334.62	40.77	19.98	378.27	41.94

表 4-3 2003~2007 年合肥市区土地利用转换矩阵（单位：公顷）

	水域	建筑	城市森林	一般绿地	耕地	裸地
水域	3261.42	432.36	192.24	3.87	946.17	7.83
建筑	632.27	17731.02	718.48	339.76	422.78	1016.87
城市森林	371.16	882.16	2367.42	32.58	516.74	44.73
一般绿地	39.51	647.91	100.44	46.08	569.61	22.05
耕地	976.86	10132.71	3255.66	295.56	23617.41	473.04
裸地	32.31	685.89	11.97	3.69	159.75	109.71

表 4-4 1989~2007 年合肥市区土地利用转换矩阵（单位：公顷）

	水域	建筑	城市森林	一般绿地	耕地	裸地
水域	3319.74	301.86	31.59	0.9	127.35	12.69
建筑	277.92	6681.33	790.88	39.69	244.34	473.08
城市森林	172.89	2261.16	2782.82	143.19	78.19	92.43
一般绿地	1.35	103.5	7.56	9.9	44.55	3.78
耕地	1332.36	18149.4	1885.93	417.42	29823.32	973.62
裸地	8.73	511.11	45.72	10.44	496.89	18.63

合肥市城市化进程导致土地利用结构的变化在不同阶段表现出不同的变化特征：

1989~1995 年间，城市森林斑块消失较多，农地转化比较复杂，其中 6.4% 农地由城市森林斑块转入，同时也有 5.9% 和 4.4% 农地转化为建筑用地和城市森林，最为典型的是市区西侧大蜀山附近大片农田转化为建筑用地。这段时间市区土地转化过程比较剧烈，平均年转化土地面积 1764.5 公顷。

1995~2003 年间，合肥市区土地格局转化的主要驱动力有政务新区的建立、加速了城市发展的重心向西南偏移，在市区的西北方建成大型水库，促使土地利用格局向建筑用地及水体转化。如占城市森林面积 15.7% 的城市森林斑块转化为建筑及水体；同时有 20.9% 农田转为建筑用地。该期间平均年转化土地 3018 公顷，几乎是 1989~1995 年间的 2 倍。

2003~2007 年，因滨湖新区的建设导致城市的又一轮扩张，集中表现在城市森林及农地继续向建筑用地转化，但也有 8.2% 的农地重新转化为城市森林，因此在市区的东南方向毗邻巢湖有很大面积的城市森林得到恢复（图 4-8）。该期间平均年转化土地 5991.7 公顷，还是上一时间段平均年转化的 2 倍，土地转化的激烈程度继续增加。

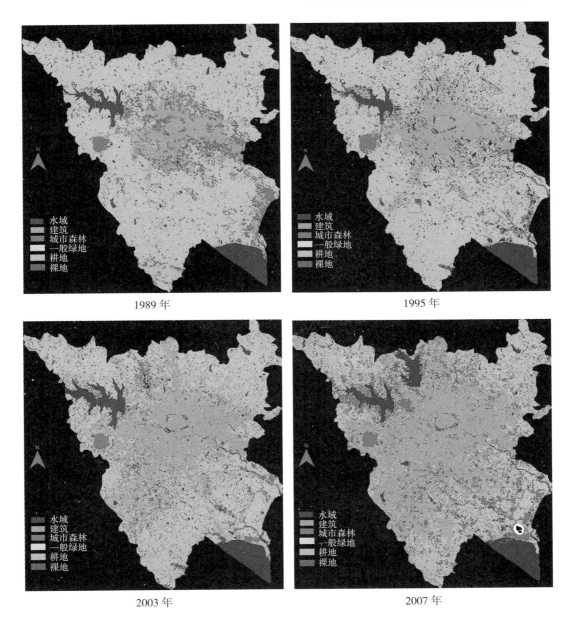

图 4-8　4 个时期土地利用类型图

　　上述的土地利用转化特征表明，近 18 年间合肥市区内土地类型的变化频繁、转化过程复杂，其中城市森林、一般绿地及农田的转入转出率较高，这虽然是城市化进程中的必然，但另一方面也反映在城市发展过程中对城市森林的保护与建设显得不足。虽说在最近 10 余年来城市森林有所增加，但在 2007 年依然未恢复到 1989 年的水平，18 年间面积下降 0.63%。18 年间城市森林涉及转出与转入的面积分别为 5120 公顷 及 8738 公顷；显然，如尽可能在保护现有树林与绿地的基础上制定发展规划，则能在一定程度上减少对城市森林的占有，从而在一定程度上维持林地的相对稳定，则不仅可减少转入林地的建设投入，同时可提高这部分林地的质量。

3. 城市森林格局变化

市区范围内城市森林斑块数量 1989 年为 2944 个，斑块边缘密度为 13.6744，2003 年两者分别为 9448 个及 21.651，达到最高，2007 年斑块数为 9019 个，边缘密度为 20.8935。

近 20 年间城市森林斑块在数量增加的同时平均面积趋小型化，分别为 1989 年 1.88 公顷、1995 年 0.48 公顷、2003 年 0.45 公顷、2007 年 0.56 公顷。2003 年以年来城市森林斑块面积趋大化表明管理层对绿地建设的理念有所变化，从多方面功能分析面积大的城市森林斑块要优于小面积的斑块，这种趋势更有利于生态效益的发挥。

1989 年城市森林集中分布在市中心区的环城公园外围，但随着城市化进程的加快，位于城市中心的城市森林首先受到冲击，除了环城公园林带得到较好的保护外，其他绿地受到一定程度的蚕食；以后因科学岛绿化卓有成效、植物园建设及环水库绿化，出现了几个大型的城市森林斑块，并与西部的大蜀山城市森林公园相接、呈团聚分布，发挥了巨大的生态功能；20 世纪末开始，市区的西南及东南向因政务新区及滨湖新区的建设，逐渐形成一些较大面积的城市森林斑块。从 2007 年的城市森林斑块分布图看，其西北及东南区的城市森林斑块要多于东北及西南方向（图 4-9）。

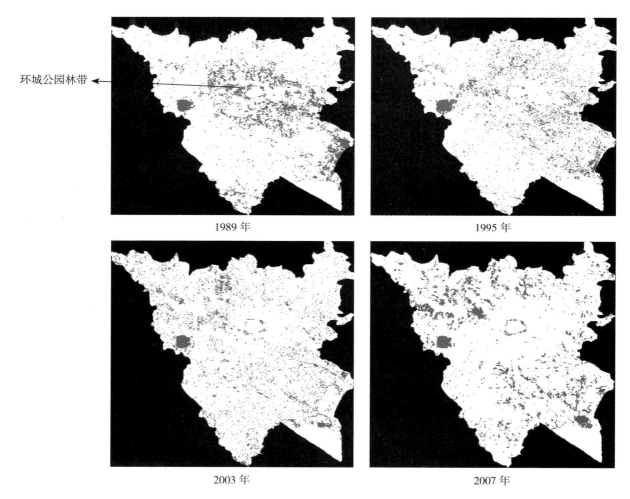

图 4-9 1989~2007 年城市森林空间格局变化图

二、合肥市域森林植被与热场的关系

（一）合肥市域其他各县的热场变化

市域范围地面热场变化趋势总的表现为，次高温及高温区均占有一定的面积，两者所占比例分别为 1995 年 11.84%、2003 年 2.53%、2007 年 5.72%，其中次高温区的变化幅度大于高温区；低温及次低温区所占比例分别为，1995 年 11.93%、2003 年 24.49%、2007 年 23.14%。一方面，显示明显的热岛现象；另一方面，总体上热岛现象有所缓解，即中温、次高温及高温区均明显的下降，而次低温及低温区则明显增加。

图 4-10　合肥市域范围热场变化（从左至右：1995 年、2003 年、2007 年）

但各县地面热场的格局及变化趋势不尽相同，如巢湖市、肥西县、庐江县总体上中温区、次高温区及高温区是下降的，且以次温区减少的幅度较大；肥东县次高温区增长显著，10 年间增长了 108 平方公里，为其县域面积的 5%。其他依次为：长丰（7.94%）、庐江（4.11%）、巢湖（2.97%）、肥西（0.76%）。热场演变的趋势与市域森林面积的增长有着密切的关系，森林斑块的总面积占国土面积的比例从 1995 年的 6.07% 增加至 2007 年的 9.8%，面积净增了 429.06 平方公里（图 4-11）。由此可见，森林面积的增大对地表热场的作用十分显著。

（二）合肥市域森林植被变化

在 1995~2007 年间，合肥市域范围面积 >900 平方米 的森林斑块的数量及面积均有大幅度的增加，增长了 61.9%；但增长主要发生在 2003~2007 年间，1995~2003 年间增长 2.5%（表 4-5）。

表 4-5　合肥市域森林斑块数及面积变化

年份	斑块数量	总面积（平方公里）	占土地 %
1995	770412	693.37	6.07
2003	790416	711.37	6.22
2007	1247146	1122.43	9.82

第五章　合肥市生态足迹分析与减赤对策

　　生态环境是人类生存的基本条件，是经济社会发展的基础，人类社会要取得发展的可持续性，就必须维持一定的自然资产存量，使发展控制在生态系统的承载力范围之内，否则的话就会出现生态危机。生态危机已经成为了人类面临的最大安全威胁。因此，对区域生态环境的固有特性与经济快速发展协调性的诊断，不仅关系到区域经济的发展和生态安全的维护，也关系到地区经济的可持续发展。

　　自 1987 年世界环境与发展委员会在《我们共同的未来》报告中首次提出可持续发展的概念以来，生态经济学界就一直致力于可持续发展测度指标的设计与开发。自从 William Rees 等在 1992 年提出生态足迹概念与测度方法以来，由于其紧扣可持续发展理论，视角独特、可操作性强，因此很快获得了学术界的普遍认可。1999 年生态足迹概念被引入国内后，国内学者也给予了极大的关注并进行了尝试性实践，尤其是对国家、省、市、县等不同空间尺度的生态足迹进行了大量研究工作。

　　生态足迹分析法是 William Rees 等在 1992 年提出和完善的一种对区域可持续发展状况进行定量衡量并告诉人们是否接近或者远离了可持续发展目标的方法。其理论依据人类社会对土地的连续依赖性，并基于以下假设：人类可以确定自身消费的大多数资源及其所产生的废弃物数量，而且这些资源和废弃物是能被折算成相应的生物生产性面积。生产性土地包括可耕地、林地、草场、化石能源地、建成地和水域。任何已知人口的地区或国

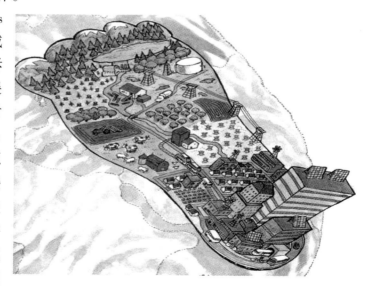

家的生态足迹是生产这些人口消费的所有资源和吸纳这些人口产生的所有废弃物所必需的生物生产面积的总和；生态承载力是指一个地区或国家实际提供给人类的所有生物生产土地面积的总和。生态足迹分析法通过引入均衡因子和产量因子进一步实现了区域各类生物生产性土地的可加性和可比性，其指标体系为衡量可持续性程度提供了统一的衡量标准，从经济需求的角度计算人类对自然的需求量，从生态供给的角度计算自然供给人类的生态承

载力，通过生态供需平衡的比较，确定区域生态经济系统可持续发展状况。如果区域的生态足迹大于区域所能提供的生态承载力，就出现生态赤字，表明该地区人类对自然生态系统的需求超过了系统承载力，人类社会的发展处于相对不可持续状态；如果小于区域的生态承载力，则表现为生态盈余，说明人类生存于生态系统承载力的范围内，生态系统是安全的，人类社会的发展处于可持续范围内。

为了测度合肥市对自然资源的利用程度，确定其区域发展是否处于生态可持续范围之内，这里运用生态足迹理论和计算方法，采用 2005~2010 年合肥市统计年鉴、2010 年巢湖市统计年鉴、历年土地面积、世界粮农组织和世界自然基金会的相关数据，对 5 年以来合肥市人均生态足迹和人均生态承载力进行实证计算和分析。以求定量反映合肥市社会经济活动对区域生态环境产生的压力和生态系统的安全程度，客观地评价合肥市可持续发展状态及其主要影响因素，为合肥市可持续发展政策制订和社会经济发展规划提供有针对性的依据和对策措施。

一、生态足迹动态变化

（一）生态足迹需求结构

因为数据的限制，我们仅可以分析合肥市 2005 年和 2010 年的生态足迹变化，从合肥市人均生态足迹需求结构可以看出，在 2005~2010 年的 5 年间，合肥市主要的生态需求用地为草地和化石能源地，草地的生态需求由 2005 年的 44% 下降到 2010 年的 34%，而化石能源地的需求逐年增大，在研究时段之内上升了 7%，成为合肥市主要的生态需求用地；耕地的生态需求降低了 1%，是合肥市较为主要的生态需求用地；建设用地的需求有所加，上升了 4%；水域、林地在研究时段内的生态需求变化很小。以上分析说明合肥市生态消费是以化石能源地和草地为主，生物消费是煤炭、天然气、原油、汽油、煤油等能源消费以及肉、蛋、奶等动物产品的消费为主，人民生活从 2005 年的肉、蛋、奶等动物产品的生物消费逐步向煤炭、天然气、原油、汽油、煤油等能源消费转化。

2011 年巢湖市的居巢区和庐江县划归为合肥市管辖，计算其生态足迹后，可以看出居巢区与庐江县的生态需求结构：生态需求最大的是耕地，所占比率为 44%，其次为化石能源地，占 28%。水域的生态需求也为显著，占 14%，草地为 13%；建设用地与林地的生态需求较低，说明在该区域人民的生活消费是以粮食、油、蔬菜等生物消费为主，煤炭、天然气、原油、汽油、煤油等能源消费也占到了相当的比例。

将该区域的生物、能源消费与合肥市的生态消费合并计算，可以看出，耕地是新合肥的主要生态需求用地，其次为化石能源地，草地也占到较为重要的比例，约为 23%；水域的生态需求也提高到 10%，建设用地与林地的生态需求变化不大。说明合并之后，2010 年合肥的主要生态用地由化石能源地转化为了耕地，生物消费超过能源消费占生态消费的主导因素。

随着工业生产的迅速发展，合肥市能源消耗逐渐在增多，加大了其在生态足迹构成中所占比例。同时从人均生态足迹各用地所占比例的变化趋势可以预知，随着合肥城市化的快速发展，经济的持续增长，人们生活水平的不断提高，对天然气、煤炭等化石能源的需求将持续升高，因此，控制高能资源的消耗是合肥未来可持续发展所面临的严峻形势。

（二）生态足迹变化趋势

根据计算结果，合肥市人均生态足迹2005年为1.7083公顷/人，2010年为1.5683公顷/人，巢湖市居巢区和庐江县的2010年生态足迹为1.7812公顷/人，合并后的合肥市生态足迹为1.9609公顷/人，略高于同时期的中国人均生态足迹。

表 5-1　合肥市人均生态足迹（单位：公顷/人）

年份	耕地	林地	草地	水域	建设用地	化石能源地	人均生态足迹综合
2005	0.3085	0.0011	0.7449	0.0859	0.0333	0.5346	1.7083
2010	0.2597	0.0013	0.5245	0.0841	0.0964	0.6023	1.5683
2010 巢湖	0.7784	0.0087	0.2233	0.2428	0.0205	0.5074	1.7812
2010 合并	0.6579	0.0062	0.4561	0.1923	0.0741	0.5743	1.9609

由表 5-1 可以看出，在未计算合并的区域生态足迹时，合肥市的生态足迹在 2005 到 2010 年是处于下降的趋势，其中，耕地与草地的生态足迹下降的幅度较大，分别下降了 15.8% 和 29.6%；而建设用地和化石能源地的生态足迹则处于增长的趋势，分别增长了 65.5% 和 11.2%；但是耕地和草地任是构成合肥市人均生态足迹的主要组成部分。巢湖市 2010 年的生态足迹表明略高于同时期的合肥市生态足迹，占主导人均生态足迹为耕地和化石能源地，草地、水域也较为重要；将巢湖市区域合并之后，合肥市的生态足迹发生了较大的变化，人均生态足迹较未合并时发生了较大幅度的提高，主要是耕地的生态足迹大幅度提高，成为了合肥市最主要的生态消耗，说明巢湖地区是主要对粮食、油料、蔬菜等生物消费为主的地区，合并后也影响到了整个合肥市的生态足迹各用地的生态需求。

表 5-2　人均生态足迹比较

区域（公顷/人）	2005 年	2010 年
合肥市人均生态足迹	1.7083	1.5683
合并后合肥人均生态足迹	—	1.9609
中国人均生态足迹	1.6	1.8

由表 5-2 和图 5-1 可以看出，合肥市的人均生态足迹在研究时段内均高于全国生态人均足迹。2000 年以后，我国经济社会快速发展和生态建设力度加大，农业结构调整、三农政策的有力实施、减免农业税，加之近几年的家用小汽车比较普遍，石油消费剧增，2004 年、2005 年的人均生态足迹出现了急剧上升，到 2010 年人均生态足迹达到 1.8 公顷/人，这说明合肥市的人类活动对其周围环境影响相对来说较为显著。合肥市受国家经济快速发展的推动，人民生活水平和生活质量的极大提高，以及源源不断的输出能源和资源，化石能源地、水域、草地的消耗的加速上升，人均生态足迹达到国家的 108.93%。

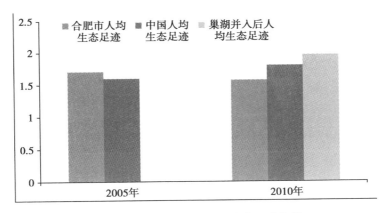

图 5-1　合肥市与中国人均生态足迹比较

二、生态承载力变化

根据合肥市土地利用类型图分析得出耕地、林地、草地、水域以及建设用地在 2005 年和 2010 年的面积，通过计算得出不同生物生产性土地的人均承载力（表 5-3）。由于在实际中并没有刻意留出二氧化碳吸收用地，故在计算中取值为零。而生物圈并非人类所有，根据世界环境与发展委员会（WCED）的建议，人类应将生态生产土地面积的 12% 用于生物多样性的保护，因此需扣除 12% 的生物多样性保护面积，最终得出合肥市 2005 年和 2010 年两个时段的人均承载力。由于巢湖市的部分区域并入合肥市后，各土地利用面积及人口数量都发生了较大的变化，对合并前与合并后的生态承载力均进行了计算。

表 5-3　合肥市人均生态承载力（单位：公顷）

土地类型	产量因子	均衡因子	2005 年		2010 年		2010 年巢湖		2010 年合并后	
			人均实际面积	人均均衡面积	人均实际面积	人均均衡面积	人均实际面积	人均均衡面积	人均实际面积	人均均衡面积
耕地	1.66	2.82	0.1126	0.5273	0.0959	0.4490	0.1172	0.5488	0.1022	0.4785
林地	0.91	1.14	0.0081	0.0084	0.0105	0.0108	0.0299	0.0311	0.0162	0.0168
草地	0.19	0.54	0	0.0000	10	0.0000		0.0000	0	0.0000
水域	1	0.22	0.0076	0.0017	0.0067	0.0015	0.0312	0.0069	0.0139	0.0031
二氧化碳吸收地	0	0		0.0000		0.0000		0.0000		0.0000
建筑用地	1.66	2.82	0.02521	0.1180	0.02921	0.1367	0.0290	0.1359	0.0291	0.1365
人均生态承载力				0.6553		0.5981		0.7226		0.6348
扣除 12% 的生物多样性用地				0.0786		0.0718		0.0867		0.0762
可利用的人均生态承载力				0.5767		0.4490		0.6359		0.5587

根据表 5-3 的计算结果，2005~2010 年，合肥市人均生态承载力在合并之前由 0.5767 公顷 / 人下降到 0.5263 公顷 / 人，下降了 0.0504 公顷 / 人。从生态承载力的构成来看，耕地作

为生物生产性土地，是合肥生态承载力的主要组成部分，2005 年，耕地占总生态承载力的 91.4%，2010 年，已经下降为 85.3%，但起主导地位的总体生态供给能力仍然稳定。建筑用地所占生态承载力在 2005 年和 2010 年分别为 20.5%、25.97%，他提供了合肥生态承载力提高的重要保障。

此外，人均林地生态承载力由 0.0084 公顷升至 0.0108 公顷；人均水域生态承载力由 0.0017 公顷降至 0.0015 公顷；人均草地生态承载力趋于 0，说明合肥市的牧草地面积非常小。由以上数据变化可以看出在 2005~2010 年，合肥市的人均建筑用地生态承载力与人均林地的生态承载力在增涨，而耕地与水域的人均生态承载力在降低。

虽然近年来合肥市在环境保护方面投入了大量的资金，但随着人口膨胀、环境污染、城市拥挤等现象的出现，合肥市 5 大类生产性土地均出现供不应求的状况，经济发展与生态环境的不协调状况依然存在。

三、资源利用效率

区域国民生产总值万元 GDP 生态足迹需求能较好反映经济发展的质量和区域生物资源的利用效率，万元 GDP 的生态足迹需求量越大，说明资源的利用效率越低；反之，则资源利用效率越高。

为了能直观反映合肥市资源利用效率，利用合肥市、巢湖市 2005 和 2010 年统计年鉴 GDP 数据、巢湖市 2010 年统计年鉴 GDP 数据和合肥市历年生态足迹的计算结果，得到合肥市 2005~2010 年的万元 GDP 生态足迹（表 5-4）。

合肥市万元 GDP 生态足迹呈较为显著的下降趋势，每万元 GDP 占用生物生产性土地由 2005 年的 0.8410 公顷 / 万元下降到 2010 年的 0.2873 公顷 / 万元，降幅为 65.84%，表明合肥市经济发展的速度远超出生物生产性土地的占用速度，经济的发展与生物生产性土地占用之间的联系正在逐渐淡化，合肥市的资源利用效益在逐步提高，经济增长方式良性转变。但与 2010 年全国万元 GDP 生态足迹 0.7067 公顷 / 万元的平均水平相比，合肥市 2010 年万元 GDP 生态足迹为 0.2873 公顷 / 万元，低于全国平均水平，表明合肥市的资源利用效率处于较高水平。但是合并之后，合肥市的万元 GDP 生态足迹为 0.4617 公顷 / 万元，高于未合并之前，万元 GDP 的生态足迹需求量变大，资源利用效率则降低，但是任低于全国水平，所以说经济增长方式依旧是朝着良性方式转变。

表 5-4　合肥市与万元 GDP 生态足迹

年份	人均生态足迹（公顷 / 人）	GDP（万元）	人口（万人）	人均 GDP（万元）	人均万元 GDP 生态足迹（公顷 / 万元）
2010 年巢湖	1.7812	1979100	207.05	0.955853	1.863466762
2005 年合肥	1.7083	9256100	455.70	2.031183	0.841037057
2010 年合肥	1.5683	27016100	494.95	5.458349	0.287321295
2010 年合并	1.9609	28995200	702.00	4.1304	0.4617

四、生态可持续发展分析

将一个区域的生态足迹与其生态承载力进行比较，能定量判断该区域社会经济发展是否处于可持续状态。如果生态足迹大于生态承载力，就出现生态赤字，区域处于不可持续发展状态；反之则出现生态盈余，可持续发展状态良好。

表 5-5 分别计算和汇总了 2005 年和 2010 年合肥市与巢湖市合并之前与之后的生态足迹与生态承载力比较结果。从 2005~2010 年的近 5 年中，合肥市人均生态足迹呈下降趋势，人均生态承载力均也呈现出下降趋势，但是依旧是生态赤字，但赤字呈下降趋势，人均生态赤字从 1.1316 公顷／人下降到 1.042 公顷／人；但是与巢湖市部分区域合并之后，生态赤字明显提高，达到 1.4022 公顷／人。

表 5-5 合肥市 2005 年和 2009 年生态赤字

年份	人均生态足迹	人均生态承载力	人均生态赤字
2005 年	1.7083	0.5767	1.1316
2010 年	1.5683	0.5263	1.042
2010 年巢湖	1.7812	0.6359	1.1453
2010 年合并	1.9609	0.5587	1.4022

2005 年起合肥市人均生态足迹是人均生态承载力的 2.96 倍，2010 年则是 2.97 倍，合并后 2010 年合肥市需求是其自生生态系统可供应能力的 3.51 倍，就是说需要 3~4 个的合肥生物生产性土地来提供居民所消费的资源，说明合肥市对自然的影响已远超出其生态承载力范围。

研究时段的 5 年来合肥市的生态赤字、人地关系矛盾不断加大，其生物生产土地面积的需求量已经大大超过区域生态系统的承载能力，这实际上是对合肥可持续发展的预警。另一方面，合肥市 5 年来的人均生态足迹始终保持在当地人均生态承载力的 2~3 倍，且仍有增加的趋势，这表明合肥的经济社会发展要从周边地区摄入生态足迹，从而导致有关地区生态承载力的实质性下降，这明显不利于整个区域的可持续发展。为此，需要加快经济增长方式和生活消费模式的积极转变，全面开展合肥市节约型环境友好型社会的建设。近年来合肥市已经开始着力于生态环境的改善，开展生态建设，大力发展植树造林，林业用地的面积开始逐年增加，使得其生态承载力也逐步升高，但是由于增加面积还较小，其影响力较微弱，还要利用更多生产生活方式的转变来降低生态赤字。

持续的经济发展是消除贫困、促进社会福利增加的根本性措施，但经济的发展也会对生态环境产生更大需求，造成潜在生态压力，并最终影响未来经济发展目标的实现。由以上分析可以看出，目前合肥可持续发展状况依旧不容乐观，生态环境改善的任务任重而道远；目前对合肥市而言，控制化石能源地对土地的占用、提高能源利用率、降低能源消耗等，是减少生态赤字的重要措施；同时大力发展生态环境建设，植树造林、增加城市绿量是减少生态赤字的重要策略。

五、减少生态赤字的对策

通过对合肥 2005~2010 年巢湖市居巢区和庐江县同时期的生态足迹的分析可知，合肥的生态负荷已经远超过其生态承载力，存在较高的生态赤字。2010 年合肥市三产业比重 4.9：53.9：41.7，合肥的第二产业所占比重最高，表明合肥的工业产业是支持国民经济的主要来源。因此，合肥在发展低碳经济、循环经济、绿色产业、最终建设低碳城市过程中，需要充分认清自身的问题及发展机遇，使良好生态环境得以持续，走出一条符合自己特色的发展之路，使之成为一座城市生态系统开放性较强的经济发达型城市。

（一）提高资源利用效率，发展低碳循环经济

（1）合肥市经济增长表现为高能耗、高物耗经济增长趋势，因此工业应由资源密集型向技术密集型转变，降低能耗，减少排污量。同时发挥高新技术产业优势，增加科技投入，提高自然资源单位面积的生产产量，保证可持续利用现有资源存量。

（2）改变人们的生产和生活消费方式，资源利用方式应逐步由粗放型、消耗型转向集约性、节约型，提高资源利用效率，建立资源节约型的社会生产和消费体系。

（3）加大可再生资源的开发和利用力度，进行太阳能、地热能等清洁能源的技术开发，如利用光能、太阳能等发电；加强可替代资源的利用，减少对化石能源的过度开发。

（4）大力发展物流、中介等低碳服务业；培养科技服务、文化创新、金融业等低碳高产出的新兴产业。

（5）通过经营管理，使原始的粗放型经营方式向集约型转变，建立特色农业庄园，组织农民进行统一的种植、养殖生产经营活动；提高农户的科学文化水平，发展设施农、林业建设，提高特色产业的标准化生产，建立优质农产品、林产品基地。

（二）加快城市森林建设，发挥森林服务功能

（1）合肥市应以创建国家森林城市为契机，大力开展城市森林建设，在城市绿化建设中多栽种高大乔木，配置灌木与地被，构建完善的城市森林生态系统，提高森林及城市土壤的固碳能力，提高碳密度，从而提升生态环境承载力。

（2）进一步加大生态保护工程实施力度，建设具有地域特色的用材林、速生林、原料林、果林基地，与旅游业结合，建设观光休闲农业园区。

（3）大力增加林地的比重，加强农田林网建设，形成以水土保护为主的防护林体系，加强绿地板块的连通性。

（三）优化土地利用结构，提高城市空间利用效率

（1）效仿"精明增长"，合理布局城市中央区。在城市中，通过自行车或步行能够便捷地到达任何商业、居住、娱乐、教育场所等；各社区应适合于步行；提供多样化的交通选择，保证步行、自行车和公共交通间的连通性；保护公共空间、农业用地、自然景观；引导和增强现有社区的发展与效用。

（2）加大合肥旧城区的改造力度，挖潜建设用地的内部潜力，改造旧城中的低矮房屋，充分利用垂直空间，提高城市空间利用效率；合理规划新城区，提高土地利用度；合理安排城乡结合部各类用地，加快农村撤乡并镇，集中居住，以缓解建设用地的短缺。

（3）要尽可能减少对周围地区生态足迹的输入，以免扩大与周围地区的差距，从而导致周围不发达地区的生态进一步恶化。应尽量降低自身资源的消耗及对周围贫困地区的生态压力，推进区域整体发展，以达到整个区域的可持续发展。

（4）必须坚持基本农田保护，保护现有耕地不被破坏；加大力度做好城市化进程中的生态环境建设，优化城市绿地斑块格局，加强绿地斑块的连通性，构建林水结合的生态网络体系。

（四）倡导新型旅游理念，降低旅游碳足迹

（1）改善旅游交通工具，使用二氧化碳排放较低的交通工具，多利用自行车、公交车、地铁等公共交通工具出行，实施低碳旅游路线。

（2）个人出行携带环保行李，例如：手绢、饭盒、环保筷与布袋等，降低与旅游活动有关的各种资源的消耗和废弃物的排放，实施经济旅游、环保餐饮和低碳购物。

（3）旅游景区可使用统一公交及电瓶车等低碳交通工具，禁止机动车进入自然景区；同时限制景区游客数量，保证其正常承载力。

（4）倡导生态旅游，开发山区旅游，利用特色农业、林下、林木等资源，拓宽旅游市场，提高旅游生态承载力。

（五）倡导低碳生活，减少人均生态足迹

（1）建立资源节约和环境友好型的消费政策体系，遏制消费主义，引导居民杜绝奢侈和浪费，推行新型能源，倡导"低碳"从细节开始，从身边一点一滴的小事做起，改变人们的生产和生活消费方式，向绿色、健康和环境友好型消费模式转变，使能源消费意识和行为对自然界产生的影响逐步降低。

（2）扩大"低碳"生活宣传，对市民进行"节约能源，减少污染"的教育，利用媒体扩大宣传，设置低碳生活宣传海报，设计低碳的生活家居，利用太阳能等可再生能源进行照明和供暖，逐渐转变为"低碳"生活模式，减少人类在生活过程中的资源占用和环境污染等，减少能源生态足迹的消耗。

（3）倡导低碳生活，少用空调，自带饭盒，少乘电梯，减少私车出行，多乘坐公共交通工具等，完善全民低碳健康的生活理念。

第六章　指导思想、建设理念与原则

一、指导思想

坚持以邓小平理论和"三个代表"重要思想为指导，深入贯彻落实科学发展观，针对国家中部崛起战略、合肥都市圈、皖江城市带承接产业转移示范区和泛长三角区域分工与合作一体化的发展态势，围绕保障生态安全、实现生态惠民、建设生态文明的总体目标，突出城市林业在生态文明建设的首要地位、合肥都市圈发展战略的重要地位、城乡统筹发展的基础地位、优化城市环境的特殊地位，建设完备的林业生态体系、发达的林业产业体系和繁荣的生态文化体系，全面推进森林城市建设，把以林为主、林水结合的合肥城市生态环境建设推向科学发展的新阶段，为合肥环境经济社会的全面可持续发展提供服务。打造"大湖名城、创新高地"，区域性特大城市。

二、建设理念

根据合肥市自然环境特点、城市发展趋势、历史文化积淀和城乡居民需求，立足合肥都市圈和大合肥发展，确立了"江淮锦绣森林城，环湖魅力新合肥"的合肥森林城市建设理念，以具体的建设工程项目为抓手，通过森林社区、森林游园、绿荫车场建设提升主城区绿色福利空间，通过绿色廊道、新城公园、绿色水岸建设完善新城绿色基础设施，通过环城森林、城郊生态风景林、山地水土保持林建设改善城市外围森林景观，通过纪念林、郊野游憩林、生态文化社区建设提升生态文化内涵，通过生态休闲、特色经济林果、种苗花卉建设促进经济惠民，把合肥建设成富有江淮特色和生态文化品位的湖滨森林城市。

（一）江淮锦绣森林城

合肥位于安徽中部，长江淮河之间、巢湖之滨，通过南淝河通江达海，具有承东启西、接连中原、贯通南北的重要区位优势，是安徽省政治、经济、文化、信息、金融和商贸中心，国家级皖江城市带承接产业转移示范区的核心城市。建设"江淮锦绣森林城"，侧重突出合肥森林城市的区位优势和景观特色。是指合肥森林城市建设是在以江淮丘陵为主体特征的区域自然景观背景下，倚重独特的地缘特色和资源优势，按照林水结合的建设理念，精心规划设计，实现森林、湿地等生态用地与各类建设用地的科学布局，建设城乡一体、结构合理、功能完善的森林湿地生态系统，进一步强化城市特色，提高新合肥在中部乃至全国的知名度和城市竞争力。

（二）环湖魅力新合肥

根据新合肥的规划，合肥都市发展将围绕巢湖展开，巢湖将成为未来合肥城市景观和生态屏障的重要基石，而由此也使合肥成为全国唯一一个围绕大湖发展的省会城市。同时，合肥拥有以包公文化、三国文化、洋务文化、宗教文化为特色的历史民族文化。建设"环湖魅力新合肥"是指合肥森林城市建设体现自然美与人工美结合、自然景观与人文历史结合、生态建设与城市发展结合的要求，实现生态建设、产业发展、社会和谐的有机统一，侧重体现合肥森林城市的城市风貌和景观特色。通过森林城市建设，加强巢湖滨水景观建设，强化河道、水岸综合治理，打造河岸绿色景观林带，形成"林水相依，绿带穿城，水映绿城"的画卷，体现生态魅力、文化魅力和发展魅力，把合肥建设成为重要的区域性中心城市。

三、建设原则

（一）坚持以人为本，改善人居环境

合肥是安徽省省会，同时也是国家长江经济带的核心城市。城市地区的森林和湿地，素有"绿肺"与"蓝肾"的美称，既是城市生态系统的两大重要组成部分，也是城市经济社会可持续发展的重要物质基础和生态保障。因此，合肥城市森林建设应体现以人为本的原则，按照城市发展需求，合理布局、优化结构，提高乡土树种使用比例，合理搭配乔灌草植物，减少城市绿化维护成本，建立健康、高效、优美的城市森林群落，有效发挥森林在改善生态环境中的作用，提高人居环境质量，充分满足人们对森林和湿地的多种需求，促进人与自然和谐发展。

（二）坚持普惠民生，开发多种效益

城市森林是城市有生命的生态基础设施，其生态、经济、社会、文化作用是全社会的公共财富。森林城市建设一方面要体现生态优先的基本要求，以生态学原理进行布局和建设，建立和完善森林、湿地为主的生态安全体系，构筑合肥社会经济可持续发展的绿色屏障。同时更要加强森林、湿地的休闲游憩价值、旅游观光价值等生态旅游产品和生态文化产品的开发，促进以森林旅游业、特色林果、花卉产业等绿色产业的发展，充分发挥森林的多种效益，提升产业富民能力，实现合肥森林生态、经济、文化与社会等多种效益的惠民作用。

（三）坚持创新发展，繁荣生态文化

城市繁荣发展的基本动力源泉是创新。在中国城市化快速推进和城市集群化发展的大背景下，提高城市的综合竞争力尤为关键，特别是形成符合未来社会发展方向的文化氛围，打造具有创新活力的新兴现代化城市非常重要。生态文化作为一种先进文化，强调人与自然和谐发展，强调提高人的综合素质和社会生态文明水平。因此，森林城市建设要突破过去单纯的生态建设、木材生产或者景观美化的林业绿化发展模式，繁荣生态文化，发展生态文化产业，为把合肥建设成为我国中部文化创意产业领军城市做出贡献。

（四）坚持城乡统筹，促进和谐发展

按照城乡统筹的发展要求，将城乡林业作为一个整体进行规划和布局，促进城市与乡村在生态与经济方面的优势互补、良性互动和协调发展，充分发挥森林在全市经济社会发

展中的作用，满足人们对森林、湿地的多种需求。同时，由于合肥市地貌类型多样，区域发展水平也不一致。因此，森林城市建设要立足区域生态整体性和关联性特点，根据市域范围内城乡生态梯度、文化梯度、经济梯度及自然格局的变化，结合不同区域生态经济的优势、潜力和建设方向，在用地结构调整、生态与经济建设战略布局的构建等方面实施相应对策。

（五）坚持林水结合，健全生态网络

合肥市地处江淮腹地，河流纵横，地貌类型多样，交通网络发达，应按照林水结合的理念建设森林城市。加强城市水源区的造林绿化建设，促进森林植被恢复，提高城市水源地森林涵养水源、净化水质的功能；推进水体沿岸的生态保护和近自然水岸绿化，形成贯通性的林水生态廊道，实现"林水相依、林水相连、依水建林、以林涵水"的建设格局；开展铁路、公路沿线景观防护林建设，形成绿色通道网络。通过上述绿色廊道网络，强化森林、湿地等大型土地斑块之间的生态连接，构筑空间分布相对均衡、片带网连成一体的生态土地格局，健全合肥森林生态网络体系。

（六）坚持政府主导，鼓励全民参与

城市森林是一项造福社会的公益事业，建设中应将政府的主导作用与全民广泛参与有机地结合起来。在社会主义市场经济条件下，城市林业建设必须坚持政府主导，制定科学的城市森林发展规划，组织开展城市森林工程建设；加强与园林、农业、水利、环保等相关部门的协调与合作，共同推进城乡森林建设；加强舆论宣传，营造有利于社会参与林业建设的环境氛围。加强市场引导，吸引社会资源投向林业绿化，开发林业游憩资源，提高涉林涉绿的经济收入；调动全社会参与林业建设的积极性；通过开展义务植树、纪念林、科普宣传等生态文化活动，提高全民生态文明意识，促进和谐社会建设。

（七）坚持科教兴绿，强化依法治绿

城市森林不同于一般的森林，只有在科技、教育、管理等方面不断创新，才能保障城市森林健康发展。加强合肥城市森林景观营建、管护技术的研究，通过科技创新有效解决制约合肥森林、湿地、园林发展的技术"瓶颈"；加强城市林业人才培养，以科技进步和人才支撑合肥的生态建设和产业发展。同时，加强地方性林业、绿化政策法规的修改和完善工作，加强林业、绿化执法队伍建设；坚持依法治绿，增强法制观念，强化造林增绿与管护并重的意识，加强和改进森林、湿地资源保护管理工作，巩固建设成果。

第七章　总体目标与发展指标

一、创建基础（《国家森林城市标准》现状达标情况）

合肥市创建"国家森林城市"基础较好，对照《国家森林城市评价指标》，合肥市森林城市建设指标"达标"和"基本达标"率在 90% 以上。与此同时，合肥市在市域森林覆盖率指标上还有一定差距；在停车场乔木树冠覆盖率、500 米半径休闲绿地、村屯绿化、郊区森林自然度、林地土壤保育、森林抚育与林木管理等指标方面也还有很大的改善空间，亟待通过相关工程的实施，大力提升城市绿化资源的数量和质量。

表 7-1　合肥市"国家森林城市标准"现状达标情况表

序号	国家森林城市评价指标	合肥达标情况
一	总体要求	
1	形成森林网络空间格局。在市域范围内，通过林水相依、林山相依、林城相依、林路相依、林村相依、林居相依等模式，建立城市森林网络空间格局	基本达标
2	采取近自然建设模式。按照森林生态系统演替规律和近自然林业经营理论，因地制宜，确定营林模式、树种配置、管护措施等，使造林树种本地化，林分结构层次化，林种搭配合理化，促进生态系统稳定性	基本达标
3	坚持城乡统筹发展。对市域范围内的城乡生态建设统筹考虑，实现规划、投资、建设、管理的一体化	达标
4	体现鲜明地方特色。从当地的经济社会发展水平、自然条件和历史文化传承出发，实现自然与人文相结合，历史文化与城市现代化建设相交融	基本达标
5	推广节约建设措施。推广节水、节能、节力、节财的生态技术措施和可持续管理手段，降低城市森林建设与管护成本	基本达标
6	实现建设成果惠民。坚持以人为本，在森林城市的规划、建设和管理过程中，充分考虑市民的需求，最大限度地为市民提供便利	达标
二	城市森林网络	
7	市域森林覆盖率。年降水量800毫米以上地区的城市市域森林覆盖率达到35%以上，且分布均匀，其中2/3以上的区、县森林覆盖率应达到35%以上（自然湿地面积占市域面积5%以上的城市，在计算其市域森林覆盖率时，扣除超过5%的湿地面积计算森林覆盖率）。且近3年来，市域森林覆盖率年均提高0.3个百分点以上。注：合肥年降雨量近1000毫米，市域森林覆盖率达标值为35%。2011年年底合肥市域森林覆盖率22.2%（含四旁），湿地面积2106平方公里。市域森林覆盖率（扣除湿地面积）=11430/（11408-2106）*22.22%=27.4%	有待提高
8	城区绿地率。城区绿地率达35%以上	达标，现状值 40.2%
9	城区人均公园绿地面积。城区人均公园绿地面积达11平方米以上	达标，现状值 12.5

（续）

序号	国家森林城市评价指标	合肥达标情况
10	城区乔木种植比例。城区绿地建设应该注重提高乔木种植比例，其栽植面积应占到绿地面积的60%以上	达标
11	城区街道绿化。城区街道的树冠覆盖率达25%以上	基本达标
12	城区地面停车场绿化。自创建以来，城区新建地面停车场的乔木树冠覆盖率达30%以上	基本达标
13	城市重要水源地绿化。城市重要水源地森林植被保护完好，功能完善，森林覆盖率达到70%以上，水质净化和水源涵养作用得到有效发挥	基本达标
14	休闲游憩绿地建设。城区建有多处以各类公园为主的休闲绿地，分布均匀，使市民出门500米有休闲绿地，基本满足本市居民日常游憩需求；郊区建有森林公园、湿地公园和其他面积20公顷以上的郊野公园等大型生态旅游休闲场所5处以上	基本达标
15	村屯绿化。村旁、路旁、水旁、宅旁基本绿化，集中居住型村庄林木绿化率达30%，分散居住型村庄达15%以上	基本达标
16	森林生态廊道建设。主要森林、湿地等生态区域之间建有贯通性的森林生态廊道，宽度能够满足本地区关键物种迁徙需要	基本达标
17	水岸绿化。江、河、湖、海、库等水体沿岸注重自然生态保护，水岸林木绿化率达80%以上。在不影响行洪安全的前提下，采用近自然的水岸绿化模式，形成城市特有的水源保护林和风景带	有待提高
18	道路绿化。公路、铁路等道路绿化注重与周边自然、人文景观的结合与协调，因地制宜开展乔木、灌木、花草等多种形式的绿化，林木绿化率达80%以上，形成绿色景观通道	基本达标
19	农田林网建设。城市郊区农田林网建设按照国家林业局《生态公益林建设技术规程》要求达标	基本达标
20	防护隔离林带建设。城市周边、城市组团之间、城市功能分区和过渡区建有生态防护隔离带，减缓城市热岛效应、净化生态功效显著	基本达标
三	城市森林健康	
21	乡土树种使用。植物以乡土树种为主，乡土树种数量占城市绿化树种使用数量的80%以上	基本达标
22	树种丰富度。城市森林树种丰富多样，城区某一个树种的栽植数量不超过树木总数量的20%	基本达标
23	郊区森林自然度。郊区森林质量不断提高，森林植物群落演替自然，其自然度应不低于0.5	有待提高
24	造林苗木使用。城市森林营造应以苗圃培育的苗木为主，因地制宜地使用大、中、小苗和优质苗木。禁止从农村和山上移植古树、大树进城	达标
25	森林保护。自创建以来，没有发生严重非法侵占林地、湿地，破坏森林资源，滥捕乱猎野生动物等重大案件	达标
26	生物多样性保护。注重保护和选用留鸟、引鸟树种植物以及其他有利于增加生物多样性的乡土植物，保护各种野生动植物，构建生态廊道，营造良好的野生动物生活、栖息自然生境	达标
27	林地土壤保育。积极改善与保护城市森林土壤和湿地环境，尽量利用木质材料等有机覆盖物保育土壤，减少城市水土流失和粉尘侵害	基本达标
28	森林抚育与林木管理。采取近自然的抚育管理方式，不搞过度的整齐划一和对植物进行过度修剪	达标
四	城市林业经济	
29	生态旅游。加强森林公园、湿地公园和自然保护区的基础设施建设，注重郊区乡村绿化、美化建设与健身、休闲、采摘、观光等多种形式的生态旅游相结合，积极发展森林人家，建立特色乡村生态休闲村镇	基本达标

（续）

序号	国家森林城市评价指标	合肥达标情况
30	林产基地。建设特色经济林、林下种养殖、用材林等林业产业基地，农民涉林收入逐年增加	基本达标
31	林木苗圃。全市绿化苗木生产基本满足本市绿化需要，苗木自给率达80%以上，并建有优良乡土绿化树种培育基地	达标
五	城市生态文化	
32	科普场所。在森林公园、湿地公园、植物园、动物园、自然保护区的开放区等公众游憩地，设有专门的科普小标识、科普宣传栏、科普馆等生态知识教育设施和场所	基本达标
33	义务植树。认真组织全民义务植树，广泛开展城市绿地认建、认养、认管等多种形式的社会参与绿化活动，建立义务植树登记卡和跟踪制度，全民义务植树尽责率达80%以上	达标
34	科普活动。每年举办市级生态科普活动5次以上	达标
35	古树名木。古树名木管理规范，档案齐全，保护措施到位，古树名木保护率达100%	基本达标
36	市树市花。经依法民主议定，确定市树、市花，并在城乡绿化中广泛应用（市树：广玉兰 市花：桂花、石榴花）	达标
37	公众态度。公众对森林城市建设的支持率和满意度应达到90%	待调查
六	城市森林管理	
38	组织领导。党委政府高度重视，按照国家林业局正式批复同意开展创建活动2年以上，创建工作指导思想明确，组织机构健全，政策措施有力，成效明显	达标
39	保障制度。国家和地方有关林业、绿化的方针、政策、法律、法规得到有效贯彻执行，相关法规和管理制度建设配套高效	达标
40	科学规划。编制《国家森林城市建设总体规划》，并通过政府审议、颁布实施2年以上，能按期完成年度任务，并有相应的检查考核制度	正在实施
41	投入机制。把城市森林作为城市基础设施建设的重要内容纳入各级政府公共财政预算，建立政府引导，社会公益力量参与的投入机制。自申请创建以来，城市森林建设资金逐年增加	达标
42	科技支撑。城市森林建设有长期稳定的科技支撑措施，按照相关的技术标准实施，制订符合地方实际的城市森林营造、管护和更新等技术规范和手册，并有一定的专业科技人才保障	基本达标
43	生态服务。财政投资建设的森林公园、湿地公园以及各类城市公园、绿地原则上都应免费向公众开发，最大限度地让公众享受森林城市建设成果	达标
44	森林资源和生态功能监测。开展城市森林资源和生态功能监测，掌握森林资源的变化动态，核算城市森林的生态功能效益，为建设和发展城市森林提供科学依据	基本达标
45	档案管理。城市森林资源管理档案完整、规范，相关技术图件齐备，实现科学化、信息化管理	基本达标

二、森林覆盖率适宜目标分析

（一）耕地约束下的江淮丘陵区土地利用特点

合肥地处江淮丘陵区，水面大，山地少，浅丘多，非常适于农业生产。合肥市市域范围农用地所占比例较大，为8316平方公里（2010年），占土地总量的72.8%，农用地中又以耕地为主，基本农田保护率超过85%。

根据《合肥市土地利用总体规划（2006~2020年）》，合肥市未来农用地结构调整要坚持向有利于增加耕地的方向进行，应尽量选择耕地以外的其他各类农用地用于发展林业、水产、畜牧业等，少占或不占耕地。同时，根据规划和现状数据，合肥耕地保有量将由 2010 年的 563322 公顷调整为 2020 年的 547792 公顷，基本农田保护面积在 2020 年将维持在 468972 公顷。可以看出，合肥市"耕地保有量"和"基本农田保护面积"两个约束性指标在未来 10 年调整幅度很小，如果合肥市域林木绿化率要从 2011 年的 22.2%（分母中扣除天然湿地后森林覆盖率为 27.2%）发展到 35%（国家森林城市达标标准）的建设目标，势必要调整占用面积较大的耕地，并突破耕地"红线"控制要求。因此，从国家宏观土地利用策略和江淮地区的现实利用特点来看，合肥市域林木绿化率应在严格保护耕地的前提下，充分依托合肥丰富的湿地资源做为城市重要的生态支撑，统筹安排各业、各类用地，根据合肥市社会经济特点和区域土地生态敏感性程度实施因地制宜的用地政策，在最大限度保护耕地和发展城市生态用地的前提下，提高土地资源对经济社会发展的保障能力。

（二）现行土地政策下合肥市可用绿化土地的适宜目标

1. 推算根据

《合肥市城市总体规划（2011~2020）》

《合肥市城乡一体化发展规划纲要（2011~2015）》

《合肥市土地利用总体规划（2006~2020 年）》

《合肥市环巢湖生态农业建设和发展"十二五"规划》

《合肥市现代农业"十二五"发展规划》

合肥市国土局 2010 年度土地利用现状分类面积汇总数据

合肥市森林资源二类调查数据（2011 年）等。

2. 现状可用绿化土地总面积（保持现有耕地面积不变）

在不占有现有 563321.94 公顷耕地面积不变的情况下，根据 2010 年合肥市国土局土地利用现状数据推算，合肥市现状可用于进行林木绿化的土地总面积为 249299 公顷，占市域土地总面积的 21.8%（表 7-2）。另外，本数值仅为理论值，其中包含现有全部林地、城镇绿化用地（按绿地率 35% 计算）、村庄绿化用地（按绿化率 30% 计算）、园地、农村林网用地（道路、田坎、沟渠）、采矿废弃地（按全部恢复绿化计算）及当前未利用土地（裸地和荒草地）。

表 7-2　2010 年合肥市现状可用绿化土地理论最大值推算

项目名称	现状值（公顷）	所占比例(%)	备注
市域土地总面积	1142967.76	/	/
减去 1：耕地面积	563321.94	49.3	/
减去 2：湿地面积	210579.31	18.4	/
河流、湖泊、滩涂、沼泽	97614.18	8.5	/
坑塘	95511.66	8.4	/
水库水面	17454.47	1.5	/

（续）

项目名称	现状值（公顷）	所占比例（%）	备注
减去3：建设用地中的非绿化土地面积	119767.11	10.5	根据《国家森林城市评价指标》要求，城镇绿化率应达到35%，村庄绿化率应达到30%，则城镇建设和村庄用地中的非绿化土地面积分别以65%、70%为计算依据。注：城镇建设用地总面积56810.81公顷，村庄建设用地总面积100101.96公顷
城镇建设用地	36927.03	3.2	
村庄建设用地	70071.37	6.1	
交通运输用地	12768.71	1.1	
2010年现状绿化用地理论最大值（项目代码：A）	249299.40	21.8	包含现有林地、城镇绿化用地（按绿地率35%计算）、村庄绿化用地（按绿化率30%计算）、园地、农村林网用地（道路、田坎、沟渠、采矿废弃地及当前未利用土地（裸地和荒草地）

3. 适宜进行产业结构调整的耕地面积确定（保持现有基本农田面积不变）

在确保2020年基本农田保护面积不变的情况下，在不改变耕地属性的条件下，适当调整部分生态敏感区的耕地种植结构，将其转化为苗木种植、果品种植基地，可以在一定程度上提高合肥市域空间的森林覆盖率，增强城市绿化的生态承载能力。

与此同时，合肥市正处在城市化发展快速发展时期，对建设用地需求巨大，2010年与2005年相比，全市建设用地增长面积达到39715公顷，已经接近2020年规划期末的增长水平（表7-3）。合肥未来的城市化形势依然严峻，仍然需要大量建设用地，并势必要占用大量的耕地，如果将2010~2020年耕地保有量的缩减量15530.23公顷全部用于城市建设用地的话，而将其他可用于产业结构调整的耕地面积全部调整为以维护城市生态安全为主导功能的绿化用地，则这类由耕地产业结构调整得来的绿化用地面积的理论极大值将达78089.40公顷（2020年耕地保有量减去2020年基本农田保护面积）（表7-4）。

表 7-3　合肥市建设用地总规模变化状况

区县名称	建设用地总规模（公顷）		
	2005年现状	2010年现状	2020年目标值
瑶海区	5237.00	10411.07	12007
庐阳区	6764.00	8096.51	9813
蜀山区	11141.00	15589.18	16913
包河区	6684.00	10986.55	13887
长丰县	27313.00	31225.30	32787
肥东县	32612.00	36634.24	37560
肥西县	25108.00	31628.02	33940
庐江县	30817.25	35247.24	35280
巢湖市	19291.26	24865.11	25960
合计	164967.51	204683.22	218147
实际变化值：2010~2005年		39715	/
规划变化值：2020~2005年			53180

表 7-4　合肥市各县（区）耕地保有量、基本农田保护面积指标

区县名称	耕地保有量（公顷）		2020 年基本农田保护面积（公顷）
	2010 年	2020 年	
瑶海区	8344.99	5158.00	0.00
庐阳区	3917.69	3369.00	700.00
蜀山区	7368.97	7303.00	600.00
包河区	8361.20	10028.00	1700.00
长丰县	110450.70	112160.00	104525.00
肥东县	121554.32	123151.00	110459.00
肥西县	110306.59	112858.00	105176.00
庐江县	114993.68	101122.02	87385.39
巢湖市	78023.80	72642.69	59156.92
合计	563321.94	547791.71	469702.31
耕地保有量变化		-15530.23	
耕地产业结构调整理论极大值（项目代码：B）（2020 年耕地保有量—2020 年基本农田保护面积）			78089.40

　　根据上述计算结果，在确保 2020 年合肥市基本农田保护面积和耕地面积不变的情况下，可以推算合肥市市域森林覆盖率将达 30.8%（理论极大值），考虑有关干扰因素，林木绿化率可达适宜目标为 30%。同时，按照《国家森林城市建设指标》的计算要求，对于自然湿地面积占市域面积 5% 以上的城市，在计算其市域森林覆盖率时，需扣除自然湿地面积来计算森林覆盖率。目前，合肥市不包括水田的湿地面积为 210580.31 公顷，占市域土地面积的 18.4%。按照上述要求计算可得，合肥市森林覆盖率可达适宜目标为 36.8%。

表 7-5　合肥市林木绿化土地极大潜力值推算

项目代码	项目名称	数值
A	2010 年现状绿化用地理论最大值（公顷）	249299.4
B	2010~2020 年耕地产业结构调整为绿化用地的面积极大值（公顷）	78089.40
C	基本农田农田林网覆盖率（基本农田林网覆盖面积 468972.31 公顷 *5% / 市域面积）（%）	2.1%
A＋B	2020 年绿化用地面积合计（公顷）	328117.80
D	合肥市域土地总面积（公顷）	327388.80
（A＋B）/D＋C	森林覆盖率（理论极大值，%）	30.8%
参考值	森林覆盖率理论增长潜力需求（第三章计算结果）	8.22%~10.37%
	森林覆盖率基准值（2010 年）	20.5%
	森林覆盖率目标值（1、考虑上述参考值；2、考虑增长潜力需求与干扰因素）主要干扰因素：①城市建设用地的巨大需求，②废弃工矿地难以全部绿化等。	30% 比 2010 年增长 9.5%

4. 生态敏感农用地来源与农用土地利用结构调整策略

根据目前城市生态改善需求和有关绿化标准，适当调整部分生态敏感区的耕地种植结构，积极开发城市未利用土地和工矿废弃土地资源，科学适度增加部分可用于绿化建设的生态用地空间。

Ⅰ. 以保障食品安全为目标，科学调整城市污染敏感区土地利用方式

将污染程度较重的交通沿线、城市郊区、工矿周边农业生产用地逐步调整为以苗木花卉为主体非食品类农林生态，保障食品安全。

Ⅱ. 以保障饮水安全为目标，科学调整都市水源地周边土地利用方式

将农用地逐步调整为以生态林和绿色安全产业林相结合的林地，以涵养水源，减少水土流失，降低农药喷洒对水源地水质的污染，保障城市饮用水安全。

Ⅲ. 以巢湖保护修复为目标，科学调整环巢湖生态区土地利用方式

通过退耕还林、退圩还湿、河道整治、湿地保护、生态重建等手段，推进巢湖边岸生态治理和环湖生态景观建设，促进巢湖生态保护与生态修复，重现一湖碧水。

Ⅳ. 以江淮分水岭生态安全为目标，科学调整岭脊土地利用方式

江淮分水岭是合肥市区北部唯一的高地，是合肥市的集水区。大力实施退耕还林，在分水岭的岭脊地带重点造林，恢复森林植被，实现"种上树、留住水"的目标。

Ⅴ. 以城市健康宜居环境为目标，科学调整其他城市重要生态敏感区和宜居环境建设区土地利用方式：如郊野公园、人居森林等。

（三）合肥森林城市建设的强劲生态支撑"三分森林、二分湿地"

合肥之肺：有 30.0% 的土地被树木覆盖；

合肥之肾：有 18.4% 的土地被水面覆盖。

森林与水体同样都是合肥森林城市建设的强劲生态支撑。合肥环抱巢湖，水网密集，库塘众多，合肥建设森林城市的蓝色基底非常深厚，是其他很多城市无法比拟的资源禀赋。通过建立人树共存、水木相扶的城市森林生态系统，可以实现"林荫气爽，鸟语花香；清水长流，鱼跃草茂"的良好生态环境，这将极大地改善合肥城市生态环境，实现"天更蓝、地更绿、水更清、居更佳"的美好未来。

因此，本规划认为：基于江淮分水岭地区土地利用的现实特点和合肥市作为长江中下游地区重要"粮仓"的基本农田保护需求，在确保 2020 年耕地和基本农田面积稳定的情况下，合肥市市域森林覆盖率达到 30%，水面覆盖面积达到 18.4%，即可使市域林水生态用地面积超过 48%，完全可以实现森林城市所要求的良好生态效果和优美宜居环境。

三、总体发展目标

到 2015 年，针对国家森林城市建设指标，重点加强城近郊区绿色福利空间、大型中央公园、城市骨干林带和都市水源林建设，使全市森林覆盖率达到 35.0% 以上（此数据为分母中扣除湿地面积的值，若不扣除水面的森林覆盖率为 28.5% 以上），水面覆盖率维持在 18.4%，城区绿地率达到 40.5% 以上，城区人均公园绿地面积达到 13.3 平方米，市域人均生

态游憩地面积达到 114 平方米，全市道路绿化率达到 85% 以上，生态文化示范基地达到 15 处以上，市政投资公园免费开放率达到 100%；同时，进一步提高城市森林质量，提升森林游乐服务水平，增强生态文化载体建设，形成林水相依、林山相依、林城相依、林路相依、林居相依的城市森林生态系统空间格局，力争 2013 年实现国家森林城市的创建目标。

到 2020 年，以提升城市森林质量、增加产业富民能力、丰富生态文化内涵为主要目标，使全市森林覆盖率达到 36.8% 以上（此数据为分母中扣除湿地面积的值，若不扣除水面的森林覆盖率为 30.0% 以上），城区绿地率达到 41%，人均公园绿地面积达 14.0 平方米，市域人均生态游憩地面积达到 118 平方米，生态文化示范基地达到 18 处以上，城市慢行绿道总里程达到 500 公里，全市涉林、涉绿收入达到 90 亿元，初步建成完备的森林生态体系、繁荣的生态文化体系和发达的生态产业体系，实现城中林荫气爽、鸟语花香，城外碧水青山、花果飘香，把合肥打造成为依山傍水滨湖通江的国际化宜居都市。

四、核心发展指标

在满足国家森林城市的有关评价标准的基础上，本规划参照国内外生态城市、绿色城市的有关评价指标体系，结合合肥市森林城市建设的本底特色和目标需求，选择森林覆盖率、城区绿地率、市域人均生态游憩地面积、城区人均公园绿地面积、树冠覆盖率、村庄绿化率、公园免费开放率、生态文化基地等 32 项指标作为本规划的核心指标，以此把合肥建设成为一个生态功能高效、绿色产业发达和生态文化繁荣的人与自然和谐发展的森林都市。详见表 7-6~ 表 7-8。

表 7-6　合肥市森林覆盖率指标增长动态

编号	指标内容	国家森林城市指标	基准年 2010 年	2011 年	2012 年	2013 年	2015 年	2020 年
1	森林覆盖率 I （%）	35	20.5	22.2	26.6	28.5	29.0	> 30.0
2	森林覆盖率 II （%）（分母中扣除湿地面积）	35	25.2	27.2	32.6	35.0	35.6	> 36.8
3	森林覆盖率 I 年增长水平（%）	> 0.3	—	1.7	4.4	1.9	0.3	—

表 7-7　合肥森林城市建设核心指标体系

编号	指标内容	国家森林城市指标	基准年 2010 年	2013 年	2015 年	2020 年
1	森林覆盖率 I （%）	35	20.5	28.5	29.0	> 30.0
2	森林覆盖率 II （%）（分母扣除湿地面积）	35	25.2	35.0	35.6	> 36.8
3	近三年森林覆盖率 I 年增长水平（%）	> 0.3	—	> 1.5	0.3	—
4	湿地覆盖率（%）（包括湖泊、河流、滩涂、沼泽、水库和坑塘水面）	—	18.4	18.4	18.4	18.4

（续）

编号	指标内容		国家森林城市指标	基准年2010年	2013年	2015年	2020年
5	生态覆盖率（%）		—	38.9	46.9	47.4	48.4
6	城区绿地率（%）		35	40.2	40.5	40.6	41.0
7	市域人均生态游憩地面积（平方米）		—	107	113	114	118
8	城区人均公园绿地面积（平方米）		11	12.5	13.0	13.3	14.0
9	城区乔木比例（%）		60	63	63	63	64
10	城区街道树冠覆盖率（%）		25	25.0	30.0	31	32.5
11	新建地面停车场树冠覆盖率（%）		≥ 30	30.0	32.0	33.0	35.0
12	慢行绿道网络（公里）		—	—	100	200	500
13	都市水源地森林覆盖率（%）		70	76	77	78	80
14	村庄绿化率（%）		30	28	35	37	40
15	水岸绿化率（%）		80	77	85	89	95
16	道路绿化率（%）		80	76	85	90	95
17	乡土树种使用率（%）		≥ 80	80	85.0	> 85.0	> 85.0
18	城区单一树种数量比例（%）		≤ 20	18	18.0	< 18.0	< 18.0
19	苗木自给率（%）		≥ 80	85	95	> 95	> 95
20	生态文化示范基地（处）		—	12	15	16	18
21	全民义务植树尽责率（%）		80	85	> 85	> 85	> 85
22	生态科普活动（次/年）		5	7	12	13	15
23	古树名木保护率（%）		100	100	100	100	100
24	公园免费开放率（%）		100	100	100	100	100
25	森林蓄积量（万立方米）		—	872.4	951.2	982.6	1036.8
26	森林火灾受害率（‰）		—	< 0.2‰	< 0.5‰	< 0.5‰	< 0.5‰
27	涉林、涉绿收入（亿元）		—	24.2	40	55	90
28	公众态度	支持率（%）	92	—	> 95	> 95	> 95
		满意度（%）	85	—	> 95	> 95	> 95

表 7-8　核心指标计算方法和指标意义

	指标及其计算方法	指标作用
1	森林覆盖率 I ＝以行政区域为单位森林面积与土地总面积的百分比。森林面积,包括郁闭度 0.2 以上的乔木林地面积和竹林地面积、国家特别规定的灌木林地面积、农田林网以及村旁、路旁、水旁、宅旁林木的覆盖面积	体现市域面积范围内林木绿化总量水平,反映森林资源保护、造林绿化建设成就
2	森林覆盖率 II ＝森林面积/[土地总面积—湿地面积（主要包括湖泊、河流、滩涂、沼泽、水库和坑塘水面等不能开展绿化的湿地面积）]×100%	体现市域范围内除了不能开展绿化的湿地以外,其他全部岸上土地林木绿化的总量水平,反映森林资源保护、造林绿化建设成就
3	森林覆盖率年增长水平（%）＝当年新造林面积/土地总面积 ×100%	反映城市森林建设的年增长量大小和增长速度

（续）

	指标及其计算方法	指标作用
4	湿地覆盖率（%）=湿地面积（主要包括湖泊、河流、滩涂、沼泽、水库和坑塘水面等不能开展绿化的湿地面积）/土地总面积 ×100%	反映城市湿地生态用地的数量比例和对城市生态环境的贡献率大小
5	森林覆盖率+水面覆盖率（%）=指标1+指标3	反映城市林水生态用地的数量比例和对城市生态环境的贡献率大小
6	城区绿地率（%）=Σ 城区各类绿地面积/建成区总面积 ×100	反映城市绿地占有空间的份额，体现绿地在建成区的发挥生态功能的平台大小
7	市域人均生态游憩地面积=Σ 市域范围内各类公园绿地面积（包括城区公园+森林公园+湿地公园+生态风景林+观光果园）/市域总人口	推动城市生态风景林、森林公园、湿地公园等建设，体现促进人与自然和谐，服务居民游憩需求的趋势，反映市域居民享有生态服务的相对水平
8	城区人均公园绿地面积=Σ 建成区各类绿地覆盖面积/城市人口	反映城市建成区绿地情况，直接反映城市居民享有生态服务的相对水平
9	城区乔木比例=城区乔木覆盖面积/城区各类绿地覆盖面积 ×100	反映城区绿化使用乔木树种的情况，在一定程度上反映城市绿化垂直空间利用的充分程度
10	城区街道树冠覆盖率=城区内道路树冠覆盖面积之和/区域内道路面积 =100	反映城区街道乔木树种使用情况
11	新建地面停车场树冠覆盖率指近两年建设的停车场树冠覆盖程度	反映改善城市停车环境的成果及城市森林建设的理念
12	绿道慢行网络：是指以绿化为标志，满足人们休闲运动等功能需求的慢行道系统的长度。通常沿着湖滨、河滨、溪谷、山脊、风景道路等自然和人工廊道建立，内设可供人行和骑车者进入的景观游憩线路，连接主要的公园、自然保护区、风景名胜区、历史古迹和城乡居民聚居区	反映城市人性绿化水平的发展程度，是一种能将保护生态、改善民生与发展经济完美结合的有效载体
13	都市水源地森林覆盖率（%）	反映城市重要水源地森林植被保护、水质净化和水源涵养情况
14	村庄绿化率：指村旁、路旁、水旁、宅旁基本绿化，且集中居住型村屯林木绿化率达30%，分散居住型村屯达15%以上的村庄数比例	反映村庄村旁、路旁、水旁、宅旁基本绿化情况
15	水岸绿化率（%）=Σ（干流两岸+主要水库库岸+主要湖泊岸边+主要水塘岸边）绿化长度/Σ（干流两岸+主要水库库岸+主要湖泊岸边+主要水塘岸边）适宜绿化长度 ×100	反映的是水体沿岸的水源涵养林、水体净化防护林带等完备的程度，同时也反映森林网络体系健康
16	道路绿化率（%）=Σ 县级以上交通线绿化长度/县级以上交通线适宜绿化里程 ×100	反映公路铁路等交通沿线的绿化状况，体现对野生动物的保护力度和绿色屏障建设状况
17	乡土树种使用率（%）=乡土树种数量/所有树种数量 ×100	反映城市森林健康状况的重要指标之一
18	城区单一树种数量比例指城区某一个树种的栽植数量与树木总数量的比例	反映城市森林树种丰富多样性，防止城区树种的栽植数量单一化
19	苗木自给率（%）	反映城市森林建设苗木的健康与质量保障程度
20	生态文化基地（包括植物园、森林公园、湿地公园、科普馆等核心生态文化宣传、参与场所）	体现森林、湿地等林业资源的生态文化价值，以及相关生态文化产品与服务的开发状况
21	全民义务植树尽责率（%）=Σ 履行义务植树人数/应尽义务总人数 ×100	反映全民参与义务植树及生态意识的情况
22	生态科普活动	体现对生态科普重视的程度

（续）

	指标及其计算方法	指标作用
23	古树名木保护率（%）	体现对绿色文明、生态历史文化的保护力度
24	公园免费开放率（%）主要指由市级财政投资建设与管理的公园免费开放情况。	体现森林城市建设成果惠民情况
25	森林蓄积量 =Σ 各类林分蓄积量	反映森林的生物量与质量
26	森林火灾受害率（‰）=Σ 过火受害面积 / 林地总面积 ×1000	反映森林防火情况
27	涉林、涉绿收入（元）	反映林业、绿化建设增加经济收入、促进地方经济发展和富民水平
28	公众态度：公众对森林城市建设的支持率和满意度	主要反映森林城市建设宣传发动程度及其惠民程度

第八章　总体布局

一、布局理论、原则与依据

（一）布局理论

（1）景观生态学的"斑块—廊道—基质"理论；

（2）中国森林生态网络"点、线、面、体"理论；

（3）生态系统结构与功能（格局与过程）理论；

（4）森林景观恢复；

（5）城市规划理论；

（6）人地关系可持续发展理论；

（7）城市灾害学；

（8）环境经济学原理。

（二）布局原则

（1）森林城市建设与国家宏观发展战略相结合；

（2）森林城市建设与合肥城市发展总体规划相结合；

（3）森林城市建设与城乡居民的多种需求相结合；

（4）森林城市建设与人工景观的美化映衬相结合；

（5）森林城市建设与湿地水网系统的健康相结合；

（6）森林城市建设与城市文脉的传承与拓展相结合。

（三）布局依据

从城市的自然生境条件、环境质量状况、生态敏感区的分布、城市化程度、社会文化需求等方面考虑，空间布局主要的依据是：

（1）依据森林资源分布优化森林生态网络；

（2）综合自然地貌确定城市林业主要目标类型；

（3）针对生态环境问题布局重点防护林；

（4）综合生态敏感区划确定生态保护林布局；

（5）结合居民需求布局景观游憩等产业与文化林。

二、空间布局框架：一湖一岭、两扇两翼、一核四区、多廊多点

充分发挥合肥湖、岭、山、河、林、岗、田、城等自然生态景观特色，依据合肥市城市发展空间格局、大型基础设施布局和自然山水形态，构建融合人文底蕴、北接分水岭、南抱大巢湖的开放性城市森林生态系统，形成以"一湖一岭、两扇两翼、一核四区、多廊多点"为骨架的城市近自然生态人文体系。

一湖：环巢湖生态恢复与景观风貌区

本区主要以巢湖湿地及环湖乡镇为空间范围。以"生态治理、自然再生"的原则，推进巢湖边岸生态修复和环湖生态景观重塑，对滨湖规划区域内的滩涂湿地、水源保护地等生态和景观敏感区域，通过退耕还林、退圩还湿、河道整治、湿地保护、生态重建等手段，加强环湖森林、湿地、绿道、水田等多元复合生态建设，构建"以林为体、以水为魂、以路为轴、以游为旨"集生态、景观、亲水、休闲等功能于一体的滨湖风貌景观。

战略重点：以巢湖周边低洼地改造、圩区生态湿地、湿地公园、滨湖缓冲带生态修复、入湖河口湿地生态修复、南淝河与十五里河生态治理和滨湖矿山生态治理为重点，加强以下核心生态载体建设：一是三河百塘源水乡文化综合体建设。在白石天河与杭埠河口地区，建设水陆相间、地貌丰富的国际重要湿地，打造候鸟栖息天堂。同时，通过科普展馆、观鸟体验、滨水休闲、湿地运动等形式，营造都市周边休闲新环境，形成新型的市民周末生活体验公园。二是银屏山生态保护与功能拓展区建设。以银屏山为主体，加强滨湖山体生态风景林抚育和景观改造，促进沿湖废弃矿山生态复绿，着力打造水绿相融、山青水秀、绿树成荫、鸟语花香的湖山一体的景观风貌，形成以观光游览、娱乐休闲、度假疗养等于一体的森林生活功能区。三是半汤国际温泉生态度假区建设。以龟山、岠嶂山和汤山森林景观区位核心，加强区域生态风景林定向改造和四季景观诱导，促进滨湖沿路可视矿山植绿复绿。同时，依托半汤地热资源，结合周边生态风景资源，形成山水秀美、功能完善、配套齐全、服务一流的国际温泉养生度假区。四是巢湖北岸山水游憩与乡村度假区建设。以中庙街道、长临河镇和黄麓镇的滨湖生态空间为依托，围绕"致富田园、生态庭园、特色庄园、文化乐园、和谐家园和休闲后园"建设，形成一批森林和湿地生态景观，乡村度假基地、农业科普基地，建设集休闲采摘、垂钓、教育、会展、餐饮、娱乐为一体的滨湖乡村田园风光。

一岭：江淮分水岭森林长城

合肥市江淮分水岭地区，自西南向东北斜向穿越全市，岭脊线长达140公里，该区是合肥丘岗森林资源的集中分布区，也是全市的重点水源涵养林区，生态区位重要，森林涵养水源和保持水土功能效益突出。

战略重点：一是在分水岭的岭脊地带重点造林，结合退耕还林、小流域治理和农业产业结构调整，发展以营造水源涵养林、用材防护兼用林、果材两用林、能源林、薪炭林等为主的多效森林，目标是实现岭脊森林长城植被的恢复，形成结构较为稳定的森林带。二是加强岭脊两侧生态敏感区的林业生态建设，以水库绿化为核心，加强周边以生态林和苗木培育基地为主的生态林建设，通过优质高效森林调节区域水分循环机制，减少水资源流失，

提升城市水源区水生态载荷能力和水质自净能力，改善合肥的有效水供给状况。三是加强江淮分水岭沿线村庄绿化，发展围庄林，加强庭院绿化，完善农田林网及河渠和农村道路林网建设，发展经济林木及苗木产业，提高村镇绿化水平和农民经济效益。

两扇：南北两大生态休闲绿扇

合肥城区南北两侧以森林湿地为主体的绿色人文生态组团。

南扇：以南淝河森林湿地公园、大张圩万亩林场、牛角大圩都市田园和巢湖滨湖岸带森林湿地景观为主体，以生态文化休闲、滨湖森林假日和巢湖湿地体验为核心，打造以"水系为魂，文化为魄，生态为体，田园为衣，风情为魅，时尚为媒"的多元游乐景观，形成环湖大都市的绿色时尚商务区和生态田园文化基地。

北扇：以董铺水库、大房郢水库为核心，加强库区周边以生态林为主的水源涵养林和生态游憩林建设，形成城区北部重要的生态涵养和游憩服务基地。

两翼：东西两大生态涵养与绿色休闲翼

合肥城区东西两侧有两大以山地森林和丘岗森林为主体的绿色组团，生态服务价值较高，生态区位良好，是保障都市区生态安全、扩充城市生态容量和承载城市生态文化的重要基地。

西翼：以紫蓬山国家森林公园—莲花山生态保育区—肥西三岗乡村旅游区为核心的西部生态运动与假日游憩组团

东翼：以龙泉山旅游区—桴槎山生态保育区—肥东温泉养生度假村—肥东花木基地—休闲采摘基地为核心的东部生态游憩组团。

战略重点：一是通过林种结构、林分结构的优化调整，构筑多林种、多树种、多层次、多功能的稳定健康的森林生态系统，逐步提高区域林分的自然化程度和系统稳定性，增强森林的碳汇功能、水源涵养功能、景观功能和多种安全防护效益。二是利用其优质的森林景观资源，构建便捷的游憩绿道系统，设置布局合理的森林运动与游憩基地，开发多种户外体验活动和绿色产业项目，培植与发展特色鲜明的农家旅游产业，使其成为城市居民体验自然、放松身心和郊外游憩的便利场所。

一核：绿色宜居魅力都市区

本区以合肥市都市区为空间范围。本区是合肥经济最为发达、城市化水平最高、人口最为密集的城市化区域。该地区的城市森林建设既是改善城市生态环境，提高人居环境质量的现实需要，也是体现合肥现代生态都市特色的绿色窗口，合肥市都市区的城市森林建设对于提高区域环境竞争力和扩容城市生态载荷能力都将具有十分重要的意义。

战略重点：加强城区多元绿色福利空间建设，以城市大型公园、绿色廊道和街区游园为主体，构筑遍布城区的绿色福利空间体系。一是环城公园、绿色高压走廊和绕城高速三条生态景观和众多绿荫廊道建设，加强道路林带抚育管理和四季景观定向诱导，提升城市出入口和景观道路绿化效果，形成环网相连的绿色生态景观通道。二是整合提升城区生态区位较好、环境品质较高的生态绿地，打造大蜀山城市中央森林公园，形成以休闲游憩、旅游度假、阳光体育、文化展示、自然教育和影视创作于一体的大型生态休闲综合服务基地。三是在旧城改造和新城建设工作中，按照社区周边"300米见绿，500米见园"的布局要求，加强城市街区公园、社区游园的规划和建设，合理增加城市中、小型公园的布局密度和均匀程度，提升绿化环境的生态化和自然化水平，为市民提供高品质的便捷日常休闲场所。四是加强慢行绿道、绿荫车场、景观阳台等多元绿色空间建设，为市民提供宜居健康生活环境，促进居住区绿化向生态化、森林化和人文化发展，增强城市社区的宜居品质与人文生态魅力。

四区：四大特色主导功能发展区

北部水源涵养与生态产业区：以长丰县为主要范围，加强五湖连珠水库区周边水土流失治理力度，大力发展生态林与产业林相结合的水源涵养林基地；推进沿淮蓄洪区"退田还湖"项目建设；加强疏林地和四旁绿化的改造，美化乡村人居环境，提高宜林地区的产业经济效益。

西部生态度假与花木产业区：以肥西县为主要范围，重点发展生态风景林、都市水源林、河流干渠防护林、苗木产业林和乡村人居林；同时，围绕花木之乡、淮军故里、省城花园的优势，大力发展生态休闲观光旅游产业。

南部水源涵养与生态防护区：以庐江县为主要范围，重点加强河流廊道生态防护林和水源地周边防护林建设；提高农田林网的绿化率和完整度；积极发展以温泉度假、山地运动、林网观光等为一体的生态旅游产业。

东部生态农林产业聚集发展区：以肥东县和巢湖市北部地区为主要范围，以公路河流沿线、城镇、水库和农田四周为重点，以生态防护林和水土保持林建设为核心，以规模化农林产业基地为依托，积极引导经济果木林、速生丰产林和种苗花卉产业发展，充分发挥农用地生产、生态、景观和间隔的综合功能，实现组团间农田与绿色隔离带有机结合。

多廊：城市生态景观防护林网

以城市主干交通线、河流水系景观防护林带和农田林网为骨架，在市域范围内形成林路相依、林水相依、林田相依、林园相依的互相连通、沟通各组团城市的生态安全网络。

战略重点：一是道路景观防护通道建设。以合肥市"一环十射五连"骨干路网为骨架，以广大农村道路为补充，通过造林、更新、改造，加强道路生态防护林的抚育管理和四季景观定向诱导，全面提升道路廊道的绿化水平和绿化质量。二是水系景观防护林建设。以"九水归巢"骨干河流水系绿化为重点，以渠道、水库、中小湖泊绿化为补充，建设以乔木为主的高标准林水复合生态廊道。三是农田防护林网建设。补植断带林网，更新老弱植株，形成高标准的农田防护林网，增强农田网络连通性和护农增效水平。四是工业园区防污隔离林带建设。继续在主城与城郊产业基地之间，以及都市区外围产业组团周边建设防污隔离林带，阻隔、净化工业园区粉尘、大气污染传播。五是城市慢行游憩绿道网络建设。顺应低碳绿色出行的发展趋势，通过建设以林荫路为主、连接主要社区与各类郊野公园、森林公园、湿地公园等休闲景区，提供居民骑车、步行进入生态游憩区的绿道网络。

多点：区县镇村人居森林建设

多点即区县城区与镇村人居森林建设。

战略重点：一是加强庐江、长丰县城和巢北产业新城、空港新城、庐南重化基地等生态新区的绿化美化，丰富和完善区域绿色基础设施，加强城市绿色廊道和工业新城污染防护林带建设，不断提高城区和近郊区空间绿量，建设分布相对均匀而又数量较多的生态休闲服务场所，形成良好的绿色人文景观，增强卫星城区的宜居宜业环境品质。二是结合合肥市小城镇、大型聚居点以及众多的乡村居民点建设，在科学定位、合理规划的基础上，以保护、保留、完善乡村人居林为主，把保护好乡村原有自然景观、人文景观与村容村貌整治结合起来，把建设生态景观型、生态经济型、生态文化型乡村绿色家园与发展多种形式的农家乐结合起来，因地制宜地开展村镇绿化建设。

第九章 森林城市生态环境体系建设

一、城市森林空间拓展及质量提升工程

（一）主城区

1. 建设现状

主城区包括四区，即瑶海区、庐阳区、蜀山区、包河区，面积 815 平方公里。城市森林空间包括公园绿地、街头绿地广场、单位和社区绿化、街道绿化、垂直绿化等；形成两环（环城公园、高压走廊绿带）、一片（蜀山森林公园）、多点（各类公园数量达到 43 个）的空间分布格局，绿化覆盖面积 13737 公顷，人均公共绿地面积 12.5 平方米，绿化覆盖率 45.1%，绿地率 40.2%（2010 年）。

2. 建设目标

总体目标：增加城市森林总量、优化城市森林结构、增加城市绿量，提高城市森林效益，构建完备的城市森林景观和生态安全体系。规划期增建绿地 4230 公顷。

2011~2015 年，规划新增绿地 1530 公顷，主城区绿地率达到 40.5%，绿化覆盖率达到 45.5%，人均公园绿地面积达到 13 平方米以上。

2016~2020 年，进一步加强城市扩张区域的公园及街头绿地建设，加强新建道路绿化、社区单位绿化和屋顶绿化、垂直绿化，再增绿地面积 2700 公顷。至规划期末，绿地率达到 41%，绿化覆盖率达到 46%，人均公园绿地面积达到 14 平方米。

通过加大城市公园建设、扩增社区公园、多设街头绿地，以拓展主城区城市森林空间；采用多种乔木、多用乡土树种、借鉴地带性植被，营造近自然结构相对稳定的城市森林群落；适度引进优良树种，提高城市森林的景观效果及生态效益；加快垂直绿化、适度扩大屋顶绿化，以增加城市绿量；提升三道环城绿带、各类道路河岸绿色生态廊道，进一步完善城市森林网络结构（表 9-1）。

表 9-1 主城区城市森林建设规划目标表

序号	规划指标	国家森林城市指标要求	现状	近期（2011~2015 年）	远期（2016~2020 年）
1	城市主城区绿化覆盖率（%）	35	45.1	45.5	46
2	城市主城区绿地率（%）	33	40.2	40.5	41

（续）

序号	规划指标	国家森林城市指标要求	现状	近期（2011~2015 年）	远期（2016~2020 年）
3	人均公园绿地面积（平方米）	10	12.5	13	14

3. 建设内容

根据城市公园分布现状以及《合肥市城市总体规划（2011~2020）》确定的发展时序和空间布局，结合城市绿地生态功能和服务功能的发挥，有针对性的建设公园绿地，提升主城区现有公园绿地景观质量，增加综合性公园，平衡布局。其中，一环以内加强现有公园的景观提升，打造以环城公园为主体的城市中心风貌带；一环以外，改、扩建和新建大型综合性公园绿地，平衡公园布局，增加城市上风方向新鲜空气和氧源基地来源。规划新建公园绿地 52 个，改扩建公园绿地 15 个。到 2015 年，新增公园绿地 1527.66 公顷，公园空间分布均衡合理，在新改建公园的同时，合理改造现有公园步道系统，建设以乔木为主的林荫道，形成连续而完整的公园内部森林绿道网络体系，主要供步行、自行车以及轮滑等慢行交通服务，步道宽度 2 米以上，自行车道宽度在 3 米以上，使主城区公园绿地达到 4029.6 公顷，人均公园绿地面积达到 12 平方米以上，公园内部健康绿道达到 80 公里以上，形成完备的公园慢行绿道系统。到 2020 年，再新增公园绿地 768.2 公顷。重点公园建设规划详见表 9-2。

表 9-2　合肥市主城区公园绿地规划一览表

序号	公园名称	面积（公顷）	类型	建设时间 2011~2015 年	建设时间 2016~2020 年	备注
1	滨湖体育公园	79	综合公园	√		新建
2	蝴蝶湖公园	206	综合公园		√	新建
3	文化公园	91	带状公园	√		新建
4	珠江路公园	252	带状公园	√		新建
5	三国遗址公园改造	——	带状公园	√		扩建
6	环城公园 5A 景区	——	带状公园		√	扩建
7	菱湖公园（暂定名）	13.3	综合公园		√	新建
8	清源路公园	18.8	综合公园	√		新建
9	城市森林公园	100	带状公园	√		新建
10	后湾公园	16.4	综合公园		√	新建
11	庐阳区工业区中轴绿化带	8.9	综合公园	√		新建
12	固镇路公园	7.3	综合公园	√	√	新建
13	植物园扩建	33	综合公园	√		扩建
14	政务区绿轴续建	——	综合公园	√		扩建
15	文博园	3.8	综合公园	√	√	新建
16	石洪绿地	1.9	综合公园	√		新建
17	1912 公园	1.1	综合公园	√		新建
18	石头塘公园	1.5	带状公园	√		新建
19	体育公园	1.0	带状公园	√		新建

（续）

序号	公园名称	面积（公顷）	类型	建设时间		备注
				2011~2015 年	2016~2020 年	
20	森林公园	115	带状公园	√		新建
21	美和公园扩建	——	带状公园	√		扩建
22	老船厂公园	6.6	带状公园	√		新建
23	绿地港湾公园	25.9	专类公园	√		新建
24	宁国游园	4.7	综合性公园	√		新建
25	体育公园	84.3	带状公园	√		新建
26	包河大道出入口公园	16.0	综合公园	√		新建
27	花冲公园改造	——	综合公园	√		改建
28	瑶海区体育馆	1.5	综合公园	√		新建
29	信地广场	2.3	带状公园	√		新建
30	新安江公园	4.6	带状公园		√	新建
31	琥珀名城游园	0.6	专类公园		√	新建
32	铁路公园	0.75	专类公园		√	新建
33	瑶海公园整治	——	专类公园	√		改建
35	家天下公园	5.08	带状公园			新建
36	站北文化广场	2.33	专类公园			新建
37	天水公园	17.4	综合公园			新建
38	职教城中央公园	149.5	综合公园			新建
39	鹤翔湖生态园	132.0	综合公园			新建
40	三十头公园	9.4	综合公园			新建
41	南艳湖公园续建	——				续建
42	大学城绿轴续建	75.9		√		续建
43	大蜀山 5A 景区创建	——				改建
44	蜀峰湾公园续建	——				续建
45	繁华公园	10		√		新建
46	蜀麓中心公园	80		√		续建
47	龙岗游园	6		√		改建
48	王咀湖公园	40		√		新建
49	杜岗游园	4.8		√		新建
50	金葡萄主题公园	2		√		新建
51	塘西河公园	170		√		新建
52	金斗公园	37		√		新建
53	滨湖公园	25		√		新建
54	蜀山森林公园西扩	345		√		新建
55	少荃湖公园	36		√		新建
56	新安江公园	13		√		新建
57	东二环公园	10		√		新建
58	劳模公园	14			√	新建
59	庞寨公园	14.2			√	新建
	合计	2295.86		1527.66	768.2	

（1）大蜀山城市中央森林公园。随着市区的不断外扩，位于郊区的大蜀山已处城市中心，他与紧邻的董铺水库、大房郢水库构成了合肥市区一山两湖的独特景观，是市民周日休闲的最好去处。近年实施大蜀山森林公园扩建工程，已具有进一步打造"城市中央森林公园"的良好基础，可建设成犹如纽约中央公园的集生态、景观、休闲、科普、生物多样性保护等多项功能的大型城区绿心，是环城公园绿色项链外延的一颗明珠，是合肥城市绿地系统中最具特色的两大元素。具体措施包括：加强生态风景林定向诱导与园区内贯通性休闲绿道体系建设，构筑内涵丰富的绿色标识系统，丰富大蜀山城市中央森林公园的人文内涵。同时，立法保护大蜀山森林，严禁任何商业性的开发，限制周边土地开发；以建设"城市中央森林公园、打造精品"的目标重新规划。

（2）单位、社区绿化和街旁绿地。主城区由于绿化空间有限，必须充分挖掘分布于建筑、街道、社区之间的绿化用地潜力，结合旧城改造和拆违等工程置换绿化用地，增加绿化面积，提升主城区绿量。提倡高标准建设精品，如琥珀山庄、西园新村等大型社区公园，和中国科学技术大学、安徽大学、安徽农业大学等座落在主城区的单位附属绿地，最大限度地发挥城市绿化综合效益。同时，因地制宜的建设占地规模相对较小、布局灵活分散的街旁绿地，逐步实现公园绿地 500 米服务半径的覆盖目标。此外，规划在居住区配套建设居住区公园、小区游园，居住区公园以 2~5 公顷为宜，小区游园按人均不低于 1 平方米，且集中绿地总面积不低于 0.4 公顷设置。到 2015 年，单位、社区、街旁绿化 815 公顷。到 2020 年，再新增单位、社区、街旁绿化 833 公顷。

（3）垂直绿化与屋顶绿化。城市屋顶绿化和垂直绿化作为城市绿化的重要形式，是城市绿化的有效补充，在提高城市绿化覆盖率、拓展城市绿色空间、美化生态景观、改善气候环境、增强生态服务功能以及缓解城市热岛效应等方面具有重要作用。

规划公共机构所属建筑，在符合建筑规范、满足建筑安全要求的前提下，建筑层数 7 层以内、高度低于 22 米的非坡层顶新建、改建建筑（含裙房）和竣工时间不超过 20 年、层顶坡度小于 15 度的既有建筑实施屋顶绿化，按照每年 12 万平方米的速度，到 2015 年新增屋顶绿化面积 60 万平方米，到 2020 年再新增屋顶绿化 60 万平方米，使全市屋顶绿化面积达到 125 万平方米。

规划在适宜进行垂直绿化的建筑墙体、道路护栏、立交桥及高架桥桥体等建筑物、构筑物实施垂直绿化。按照每年 15 万平方米的速度，到 2015 年新增垂直绿化面积 75 万平方米，到 2020 年，全市适宜进行垂直绿化的地段全部进行垂直绿化。到 2020 年再新增垂直绿化 40 万平方米。

（4）道路绿地和绿荫停车场。新建、扩建道路留有足够的分车绿带，其余道路在原有基础上更新、补植行道树，配置花灌木，主要街道树冠覆盖率达 30% 以上，道路绿化普及率达到 100%。二环以内道路绿化达不到要求的应按 500 米服务半径以街头绿地、小游园补充。按此原则，到 2015 年，新增街头绿地 180 处以上，规划绿地率不低于 65%，城市广场绿地面积增加 180 公顷。到 2020 年再建成街头绿地 100 处，新增绿地面积 100 公顷。

合肥夏季炎热，太阳辐照强，规划在主城区露天停车场新建绿地面积40万平方米。选择树型高大、树幅宽、树冠浓密、枝下较高的乔木树种为主，同时，树种具有较强的抗风、抗污染功能，新建地面停车场树冠覆盖率应达到30%以上。其中：2011~2015年建设25万平方米，2016~2020年建设15万平方米。

停车场绿地应选择树体高大、树干挺直、树冠浓密、冠幅宽、枝下高高，同时具有较强的抗风、抗污染、抗高温干旱胁迫的乔木树种。

（5）带状公园建设。内环（环城公园）：以近自然绿化景观改造和精品园林塑造为主，结合历史文化和特色生态文化景观打造，全面提质升级9.3公里环城公园绿化档次和景观品位。中环（绿色高压走廊）：根据不同地段立地条件，因地制宜开展以木本花灌木为主的高压走廊景观带建设，提升高压走廊节点景观绿化品位和街头绿化景观质量，将高压走廊打造成为全长47公里环城花带。外环（绕城高速生态景观长廊）：以外环绕城高速为主线，加强道路生态防护林的抚育管理和四季景观定向诱导，提升绕城高速出入口景观绿化，形成环网相连的绿色生态景观通道。

徽州大道园林路、包河大道园林路、高压走廊景观带、四里河带状公园、板桥河公园、匡河公园等带状公园绿地结合城市防护绿地、道路绿地、滨水景观带建设，形成纵横交错的生态廊道格局，充分发挥为城市中心输送氧气、吸收污染、防护隔离等功能。

（二）副城区（县城建成区）

1. 建设现状

2011年区划调整以来，合肥市所辖肥西县、肥东县、长丰县、庐江县、巢湖市等五个县市在其主城区扩张和基础设施建设的同时，基本形成了以街头绿地、居住区和机关单位为点，以道路、街道绿化为线，以公园广场等大型绿地为面，点线面相衔接的综合绿地系统。但与合肥市主城区相比，绿化水平仍比较低，特别是肥东、长丰、庐江等县城，无论在数量和质量上都有待进一步提高。

2. 建设目标

以提升县（市）城区景观和人居环境为出发点，完善各城区道路绿化、居住小区绿化、单位绿化、小广场绿化，建设环城林带，打造绿色县城。

建设重点：①建设高标准花园式园林景观亮点，重点在县城出入口、道路、河流的节点、产业园区、县城新区等；②城区植绿增绿、提升绿色空间质量，在城区附近各建设20~40公顷近郊公园1~3处，为县城居民提供休闲、健身场所；③到2015年，县（市）建成区形成完备的绿地系统和森林生态网络系统，绿地率达到35%以上，人均公园绿地面积11平方米以上。到2020年，随着县（市）建成区规模进一步扩大，绿地面积稳步增长，形成合理稳定的城市森林生态系统，满足绿化、美化和环境保护功能。

3. 建设内容

（1）公园建设。2011~2015年，在5个县（市）城区及近郊新增公园绿地面积3256.8公顷；2016~2020年再建设一批公园，新增公园绿地2171.2公顷。详见表9-3~表9-5。

表 9-3　肥东县（区）城区公园建设规划表

序号	公园名称	面积（公顷）	绿地分类	备注
1	店埠公园	14.19	综合公园	扩建
2	南环路园林路	16.8	带状公园	已建
3	包公大道园林路	3.5	带状公园	已建
4	县政府广场	0.25	专类公园	已建
5	青少年公园	3.8	专类公园	扩建
6	河滨公园	40.92	带状公园	扩建
7	桂王公园	4.3	综合公园	新建
8	祥和公园	8.84	综合公园	新建
9	南环公园	8.55	综合公园	新建
10	店埠河湿地公园	631	综合公园	新建
11	店忠路公园	26.75	综合公园	新建
12	马桥河公园	56	带状公园	新建
13	店埠河公园	76.1	带状公园	新建
14	瑶岗纪念公园	10.9	专类公园	新建
15	文化公园	80.94	专类公园	新建
16	体育公园	9.45	专类公园	新建
17	包河公园	22.45	专类公园	新建
18	义和公园	3	专类公园	新建
19	合计	1017.74		

表 9-4　肥西县（区）城区公园建设规划表

序号	公园名称	面积（公顷）	绿地分类	备注
1	古埂公园	19.98	综合公园	扩建
2	派河沿岸公园	110	带状公园	新建
3	上派中心公园	14.35	综合公园	新建
4	芮祠路公园	11.74	综合公园	新建
5	西部工业园区公园	25.45	综合公园	新建
6	潭冲小河公园	110	带状公园	新建
7	宜湾湿地公园	55	专类公园	新建
8	潭冲水库生态公园	176.5	专类公园	新建
9	童洼水库生态公园	29.62	专类公园	新建
10	合计	552.64		

表 9-5　长丰县（区）城区公园建设规划表

序号	公园名称	面积（公顷）	绿地分类	备注
1	丰乐生态园	522	专类公园	扩建
2	金水岸公园	8.13	综合公园	新建
3	双凤湖湿地	156.44	综合公园	新建
4	军港公园	49	综合公园	新建
5	三十头公园	9.37	综合公园	新建
6	合白路公园	4.36	综合公园	新建
7	群盛公司	6	综合公园	新建
8	三十头水库公园	16.7	综合公园	新建
9	张桥公园	90	综合公园	新建
10	梅冲湖公园	26.7	综合公园	新建
11	阿奎利亚公园	20	综合公园	新建
12	梅冲湖湿地公园	383	综合公园	新建
13	南湖公园	22.49	综合公园	新建
14	陶冲湖公园	80.2	综合公园	新建
15	滨湖公园	152.63	带状公园	新建
16	北城公园	42	带状公园	新建
17	凤丹公园	102	带状公园	新建
18	天河公园	166.61	带状公园	新建
19	合计	1857.63		

（2）街道绿化及街头绿地建设。分别对城区主干道路、商业街道、居住区街道、交通节点及城市主要出、入口等进行绿化，加强街头绿地建设。

①打造林荫路。主干道路两侧各建 5~10 米的绿化带，二级道路、商业街单行行道树。选择树冠浓密、树形优美、枝叶有空间层次感的高大乔木，既要充分考虑视线通透，又能增加绿量和美感。

②构建花园式居住区及街道绿地。营造绿树成荫、鸟语花香的居住环境，以乔木为主选择枝叶繁茂浓密的树种，配套绿化带配置疏密相间的观花乔灌木。

③营造绿树成荫的各类节点。在城市主要出入口、交通节点设置绿岛，路口种植大树，在有限的空间里增加绿量。应注意常绿与落叶乔木、观花乔木与彩叶树种、稀植与垫状灌木层的合理搭配，形成浓郁的迎宾气氛、展示城市生态和地方文化特色。

④完善城市绿化骨架。根据服务半径原则，在城区主要道路两侧，建设街头游园或街头绿地，规划绿地率不低于 65%，为市民休闲娱乐提供理想场所。

2011~2015 年完成主要街道行道树和绿化带补植，实现绿化增量升级，新建街道全面绿化，共增加绿地 824 公顷，其中街头绿地小广场 135 公顷，街道绿化 689 公顷，为城市街道营造良好的绿色环境。

2016~2020 年在加强已建绿化工程养护的同时，进一步挖掘城市绿化潜力，在背街、小巷充分利用街道两侧空间和城市建设边角地，通过见缝插绿、拆墙透绿等措施，提升绿量，改善绿化空间不足的现状，新增绿地 1900 公顷。

（3）居住区及单位附属绿地建设。加强居住区和单位绿化，充分利用建筑周围边角地、道路两旁空地、宅旁、宅间空地，设置小区内部小游园、绿带、绿岛等，提高绿地率，同时配备以必要的基础设施，供居民休闲、运动、交流。继续开展庭院、小区绿化达标和创建园林式单位和园林式居住小区活动，拆除单位、居住小区内和街巷破旧违障建筑，在充分满足小区功能的前提下，尽量减少硬化面积，扩大绿地面积，使城市区域内绝大多数庭院、小区基本达到国家绿地指标要求，即老的居住区绿地率不低于 20%，新建居住区或成片建设区绿地率不低于 40%，学校、医院、机关团体等单位的绿地率不低于 35%，居住区绿地率达到 40% 以上，到 2015 年新增绿地 686 公顷。2016~2020 年，对新建的居住小区本着绿化与房建同步的原则，确保新建小区绿地率不低于 40%，新增绿地 1705 公顷，同时继续加强已建社区、单位绿地管护，提升社区、单位绿化品质和景观效果。

（4）其他绿化。

①建环城绿道。在县（市）环城路或县城周边水系两侧建设 20~50 米宽开放式集生态、休闲、防护一体的环城景观林带。

②扩生态隔离带。在城市中长期规划的框架内，在各开发区、工业园区、县城新区等外围，设置森林生态隔离林带。

③连森林网络。在各铁路、公路、河流、干渠两侧建设林带，并增加其连接度，形成网络体系。

二、环巢湖景观生态林建设工程

（一）建设现状

环巢湖地区既是造成巢湖污染的重要污染源区，同时又是修复巢湖生态环境的重要地区，有极其重要的生态地位，恢复森林植被的重要性不容置疑。

环巢湖地区主要是指与湖岸线毗邻的 16 个乡镇（街道），国土总面积 1670.28 平方公里，其中巢湖水面面积 769.50 平方公里；考虑到合肥及巢湖市区已被其他工程区所包含，本工程区实际实施范围为 766.62 平方公里（剔除巢湖水面及合肥与巢湖市区面积，下同）。因开山采石等原因，环巢湖地区森林植被被大量破坏，水土流失严重，污染问题突出。目前工程区森林覆盖率为 37.2%，但树种结构单一，林分生产力水平低下；森林分布不均，低山丘陵区森林覆盖率高，平原地区低，而且平原地区各乡镇的森林覆盖率也有较大差异。

根据近年来合肥城市发展的主体思路及各类规划要求，环巢湖地区将主要用于发展生态农业和林业旅游，因此本地区森林植被有较大提升和发展空间。

（二）建设目标

通过实施成片造林、村镇绿化、三网绿化、矿山修复、提高森林质量、恢复生物多样性工程，实现提高森林覆盖率、完善环湖景观生态林带、提升森林生态功能及景观效果、形成环湖生态屏障、减少面污染的侵蚀、最终形成良好生态环境，改善投资环境、促进旅游开发的总体目标。

2011~2015 年，建设环巢湖景观生态屏障林带，新增林木绿化面积 9782.1 公顷，工程区森林覆盖率达到 50%；2016~2020 年，全面完成环巢湖生态屏障林带建设，再增加林木绿化面积 3833.1 公顷，使整个工程区林木绿化面积达到 42164.1 公顷，森林覆盖率达到 55%（表 9-6）。

表 9-6　环巢湖工程区规划期新增林木绿化面积分解表　（单位：公顷）

| 市（县） | 合计 | 片林造林 | 其他绿化 | 2011-2015 年 | | | 2016-2020 年 | | |
				小计	片林造林	其他绿化	小计	片林造林	其他绿化
巢湖市	6464.4	5309.0	1155.4	4644.5	3814.4	830.1	1819.9	1494.6	325.3
肥东县	676.9	501.9	174.9	486.3	360.6	125.7	190.5	141.3	49.2
肥西县	1170.7	800.1	370.6	841.1	574.8	266.3	329.6	225.3	104.3
庐江县	5303.2	4775.8	527.4	3810.2	3431.3	378.9	1493.0	1344.5	148.5
环巢湖	13615.2	11386.9	2228.3	9782.1	8181.1	1601.0	3833.1	3205.8	627.3

（三）建设内容

1. 防浪护堤及河道生态林带建设。

在巢湖湖岸线宜林滩地建防浪护堤林带，9 条入湖河道两侧建生态景观林林带；考虑到沿湖的一些特殊立地，可能成为血吸虫寄主——钉螺的潜在滋生环境，因此应选择既耐水湿、又具有抑螺作用的树种，如杨树、枫杨、乌桕、水杉、池杉等，在宜林滩地造林应选用大苗。

2. 环湖景观生态林带建设。

结合道路、村镇、旅游景点、农田林网、河岸带生态林建设，在环巢湖岸线 2~5 公里范围内，打造景观、生态、产业相结合，斑块、廊道有机组合的森林地带，以成为环巢湖的重要旅游资源及生态保护区。基本设想是：低丘、山体全面恢复森林植被，高等级公路及主要河道 2 侧建至少 30~50m 宽的景观林，村镇所在地森林覆盖率 >50%，农田林网率 >95%，村镇公路、小路、灌溉渠道，至少一侧有乔木，由此形成连续的环湖绿色空间。

树种以乡土乔木树种为主、速生与长寿树种结合；成片的森林以小块状混交为主，维持森林演替序列，林下保留当地植物区系特点；>5 公顷林地改造成景观林，以 0.5 公顷为单位设置空间格局变化。

3. 生态脆弱区生态林建设。

在除上述 2 类地区的其他生态脆弱区进行生态林建设，与防浪护堤及河道生态林带建设、环湖景观生态林带建设一起，构建起环湖生态屏障。对于生态脆弱区的片林应选择适应能力强且生长较快的树种，以期尽快成林，发挥森林的生态防护功能；村庄绿化以当地习惯栽植的乡土树种为主；道路绿化以具有景观效果的树种为主；水系绿化以耐水湿的树种，农田防护林网绿化选择耐水湿同时树冠较小的树种，矿山修复主要以耐瘠薄的树种为主，以期尽快完成生态修复，提倡大力发展经果林和苗木花卉等生态经济两用林。

由于巢湖地域是生态敏感区，可有较大空间发展生态林，但考虑造林成本，除从相关部门项目获取造林资金外，关键是需要政府进行政策引导，吸引社会资金，引进大户造林，发展经济林和苗木花卉。

三、江淮分水岭岭脊森林长城建设工程

（一）建设现状

江淮分水岭在合肥市域自西南向东北斜向穿越全市，岭脊线长达140公里，面积5330平方公里，耕地15万公顷，肥东、肥西和长丰三县80%的乡镇，91%的农村人口和耕地分布于此。该地区西高东低、丘陵起伏、岗冲相间、地形破碎，地貌类型以岗地（台地）为主，间有一定面积的丘陵、平原和水面。江淮分水岭岭脊地区是本工程的重点区，特指沿岭脊两侧各2公里范围，总土地面积269平方公里，涉及3个县的27个乡镇、479个自然村，拥有人口7.3万人。

江淮分水岭地区森林资源量少，森林覆盖率较低，森林类型单一、用材林比重过高，而防护林比重偏低，用材林、经济林与防护林面积比例为62∶30∶8；森林资源质量较低，材种商品率不高。全区林分中小径材比重高，疏林和低产林分比重大，单位面积平均蓄积18.9立方米/公顷，仅为全省平均水平的53.3%。另外，人工造林一般较全省平均水平低10个百分点。

制约当地林业发展的主要因子有：适宜树种较少，理论上可供选择的树种虽然较多，但大多数树种的生长量要比其他地方低10%~30%，故有"很多树种能生长，但不少树种生长较差"的状况。

气候影响该地区树种生长及分布，如经常现的低温，给典型的亚热带林木造成周期性冻害；夏季持续高温及多雨、高湿又不利于温带树种的生长；水资源严重不足，地表产水量是全省平均值的52%，经常发生旱年，降水分布不均秋季易发旱情，对林木的生长影响甚大。

土壤贫瘠影响林木生长，林业用地多为为粗骨土、黄棕壤性和石灰土等低产土壤，一般土层浅、石砾含量高，有机质含量低，养分结构不平衡，缺磷少氮、微量元素不足。

（二）建设目标

江淮分水岭虽海拔高度不高，但是合肥市区北部唯一的高地，更是合肥市的集水区，其生态系统是影响合肥市区大气环境及水资源的重要因素。在该地区恢复森林植被、增加森林总量极为重要，良好的森林植被必将成为合肥清洁空气的源地；通过森林对水分循环的调节作用，可增加有效水的供给以及降低土壤侵蚀，从而改变水分循环机制，减少水资源流失，改善合肥的有效水供给状况；同时改善江淮丘陵易干旱地区的土壤环境，提高土壤生产力，为农业产业结构的调整、为发展高产高效的现代化农业提供保障。

在整个江淮分水岭地区实现森林植被的恢复，在分水岭的岭脊地带重点造林，目标是"种上树、留住水，构筑森林生态屏障"。具体目标：江淮分水岭脊带森林覆盖率达到70%，形成结构较为稳定的森林带。

（三）建设内容

结合小流域治理、农业产业结构调整，以营造水源涵养林、用材防护兼用林、果材两用林、

能源林、薪炭林等为主。因地制宜，沿岭脊 3~4 公里，总计造林 3.32 万公顷，森林覆盖率达到 70%，最终形成岭脊森林长城，构筑城市生态屏障（表 9-7）。

表 9-7 合肥市江淮分水岭岭脊经过各县基本情况及拟造林面积 （公顷）

县	行政辖区面积	自然村	基本农田	一般农田	林业用地	农林用地合计	拟造林面积
肥西县	95742.5	238	54530.6	22197.0	5149.4	81877.0	8457
肥东县	91040.4	132		71569.9	4787.0	76356.9	16253
长丰县	83038.0	109	44476.1	2326.1	3993.3	50795.4	8460
合计	269820.9	479	99006.7	96093.0	13929.7	209029.3	33170

1. 肥东段岭脊森林长城建设

肥东县的江淮分水岭岭脊有 7 个乡镇、132 个自然村，总计造林 16253 公顷，其中造林超过 3000 公顷的有八斗镇、元疃镇，陈集乡；低于 1500 公顷的有古城镇、响导乡。

2. 肥西段岭脊森林长城建设

肥西县的江淮分水岭岭脊有 5 个乡镇、238 个自然村，总计造林 8457 公顷，其中小庙镇面积最大，需造林 4152 公顷，超过 1500 公顷的是铭传乡，山南镇最少，仅有 376 公顷。

3. 长丰段岭脊森林长城建设

长丰县的江淮分水岭岭脊有 5 个乡镇、109 个自然村，总计造林 8460 公顷，主要集中在双墩集、岗集、陶楼、吴山、下塘等。

四、森林生态廊道及网络建设工程

（一）建设现状

合肥市域各类道路总长度 14449.2 公里，道路绿化总面积为 15299.5 公顷，具体见表 9-8。铁路沿线，除合宁高铁及淮南铁路沿线绿化外，其余路段未绿化，绿化率约 50%，断带现象较多，树种以杨树、水杉、香樟等为主，林分结构较差；高速公路、国道、省道绿化率 >90%，林带比较整齐，整体情况良好，主要树种为杨树、香樟、栾树以及广玉兰、雪松、红叶李等观赏树木；县级及乡镇道路绿化率较低，主要为杨树、水杉等，树木受损现象较为严重、健康状况低。

表 9-8 合肥市道路沿线现状统计表

分类	总长度（公里）	绿化面积（公顷）	绿化质量
铁路沿线	529.7	456.4	较差
高速公路沿线	497.1	6682.7	良好
国道沿线	262.4	760.6	较好
省道沿线	280.3	782.4	较好
县道沿线	2197.1	2792.6	一般
乡村道路沿线	10886.2	3824.9	较差
合计	14449.2	15299.6	

合肥市河渠沿线现状造林总面积约 15162 公顷见表 9-9。合肥市河渠绿化率和绿化质量整体不高，绿化质量有待进一步提升，绿带宽度有待加宽，通过绿带加宽和质量提升构建合肥市河渠态廊道和网络。

表 9-9　合肥市河渠沿线绿化现状统计表

分类	总长度（公里）	绿化面积（公顷）	绿化质量
河流沿线	1414.4	8179.8	一般
干渠沿线	951.8	6039.3	一般
支渠沿线	3589.5	942.8	较差
合计	5955.7	15162.0	

合肥市域范围内的所有农田林网实施面积 552308 公顷，合肥市域现有农田林网造林折合面积约为 5513.33 公顷见表 9-10。按照国家防护林体系工程建设技术规范标准，南方平原区农田防护林面积不超过耕地面积的 4%~5%，因此合肥农田林网的建设规划按照南方平原区 4%~5% 的规范标准范围比较合理。合肥现有耕地 552308 公顷，农田林网面积按照 5% 计算，农田林网理论面积应该为 27615.4 公顷。考虑实际情况，农田林网理论面积乘以 0.75 系数进行调整后，农田林网面积为 20711.55 公顷。

表 9-10　合肥市现有农田林网

市县	耕地（公顷）	农田林网面积（公顷）
合肥市域	552308	5513.33
市区	29396	293.96
肥东县	123151	1231.51
肥西县	112858	1128.58
长丰县	112160	1121.6
巢湖县	73100	731
庐江县	101643	1016.43

（二）建设目标

铁路及道路两侧规划建设以乔木为主的森林廊道，宽度 5~100 米不等，提高道路绿带的连接度，形成完善的森林生态网络系统，道路绿化率超过 80%，道路绿化面积达到 26420 公顷。

河渠两侧规划以乔木为主的森林廊道，宽度 50~150 米不等，提高河渠绿带的连接度，形成完善的森林生态网络系统，河渠绿化率达到 90%，河渠绿化面积达到 16327.37 公顷。

农田林网按照耕地面积的 5% 建设，形成良好的农田防护林带和生态廊道，林网面积达到 20711.55 公顷。

（三）建设内容

1. 道路生态廊道建设

通过造林、更新、改造，增加道路绿化面积，提升林带景观质量，增强网络连通水平。道路两侧规划绿带理论面积 31082.3 公顷。考虑道路两侧存在建筑、水体等因素，导致无法完全按规划实施，故对理论面积乘以 0.85 系数进行调整。

2011~2015 年对现有及在建道路进行造林更新，可增加绿化面积 4592.4 公顷；2016~2020 年对新建道路实施造林，可增加绿化面积 6528 公顷，任务分解见表 9-11。

表 9-11　2011~2020 年道路绿化造林工程

分类	每侧规划绿带宽度（m）	2011~2015 年		2016~2020 年	
		道路里程（公里）	新增面积（公顷）	道路里程（公里）	新增面积（公顷）
铁路沿线	30	529.7	2245.1	380	1938
高速公路沿线	80	497.1	77.9	100	1360
国道沿线	25	262.4	354.6	200	850
省道沿线	20	280.3	170.6	200	680
县道沿线	10	2197.1	942.5	500	850
乡村道路沿线	2.5	10886.2	801.7	2000	850
合计		14449.2	4592.4		6528

技术措施：

树种选择　以乡土树种为主并应用在当地表现良好的外来树种，如栎树、榉树、榆、黄檀、三角枫、乌桕、花香、槐、黄连木、栾树、枫香、悬铃木、香樟、马褂木、雪松、黑松、银杏、青桐、杨树、女真、桂花、冬青、女贞、石楠等。

配置模式　道路林以乔木为主，在紧靠高速公路、国道、铁路一侧可种植 1~2 行小乔木，林带种植模式间隔交替、保持 100~200 米有一种变化，在节点、城镇入口等设计景观效果较高的绿地。

经营管理　加强抚育管理，专业队伍建设；落实责任制，发挥沿线单位作用。

2. 河渠生态廊道建设

通过造林和改造对现有河渠绿化质量提升，增强河渠绿廊的生态防护功能。河渠两侧规划绿带理论面积 14542 公顷。考虑河渠两侧存在建筑、桥梁等因素，导致无法完全按规划实施，故对理论面积乘以 0.85 系数进行调整。

2011~2015 年对现有河渠进行造林更新可增加 8394.04 公顷，可提高林木绿化率 0.763% 任务分解见表 9-12。

表 9-12　2011~2015 年河渠绿化造林工程

分类	每侧规划绿带宽度（米）	长度（公里）	新增面积（公顷）
河流沿线	40	740	2892.00
干渠沿线	30	498	959.80
支渠沿线	15	1878	4542.24
合计		3116	8394.04

技术措施：

树种选择　以发展乡土树种为主并应用在当地表现良好的外来树种，如柳树、杨树、乌桕、枫杨、水杉、池杉、刺槐、木芙蓉等。

配置模式 乔、灌、花、草相结合实施河岸绿化，在不影响行洪的前提下栽植近水植物，同时采取挺水植物、浮水植物与沉水植物相结合实施水中的绿化。

经营管理 按照林改的相关政策，面积较大的地段承包到户，实施"谁造谁有"，面积较小的实行专人管护。

3. 农田林网建设工程

通过造林联网，形成农田防护的生态屏障。2011~2015 年对现有农田进行林网建设可增加 15198.22 公顷，可提高林木绿化率 1.33% 任务分解见表 9-13。

表 9-13　2011-2015 年农田林网绿化造林工程

市县	耕地（公顷）	现有农田林（公顷）网面积（万亩）	规划农田林（公顷）网面积（万亩）	新增农田林网面积（公顷）
合肥市域	552308	5513.33	20711.55	15198.22
市区	29396	293.96	1102.35	808.39
肥东县	123151	1231.51	4618.163	3386.653
肥西县	112858	1128.58	4232.175	3103.595
长丰县	112160	1121.6	4206	3084.4
巢湖县	73100	731	2741.25	2010.25
庐江县	101643	1016.43	3811.613	2795.183

五、低山、丘岗地森林保育工程

（一）建设现状

合肥市域范围内低丘岗地面积甚大，其占全市土地的 45.6%，总面积 524567.49 公顷。其中：肥东县占土地面积的 62%，为 136767.04 公顷；肥西县占 85%，为 177026.1 公顷；长丰县占 35%，为 64448.65；庐江县占 45%，为 105660 公顷；巢湖市由东北至西南，为低山丘陵所贯穿，占全县面积的 19.4%，为 40665.70 公顷。本区域现有有林地面积 117830.5 公顷，其中天然次生林面积 30172.3 公顷，人工纯林面积 87560.1 公顷；蓄积量 5593365 立方米，森林覆盖率 22.46%。区域内天然次生林除少数风景区外，均是 20 世纪 70 年代后经封山育林形成，属于演替初级阶段。主要建群树种为:枫香、化香、麻栎、黄檀、山合欢、马尾松、大叶榉、茅栗、栓皮栎、青冈、毛竹等。主要森林群落类型:麻栎天然次生林、马尾松纯林、马尾松栎类混交林、大叶榉林、黄檀天然次生林、茅栗林、枫香、栓皮栎、青冈混交林和毛竹林。一般林分结构不稳定，生态效益及经济价值低，尤其是马尾松人工林，林相较差、树干曲折、生长量低，且多病虫害，于 20 世纪 80 年代后期发生过松材线虫病，大多数马尾松林被其他树种取代。

（二）建设目标

在工程区内建立森林可持续经营体系，开展景观林结构调控，低产林、纯林改造，提高人工林自然度、全面提升林地生产力、实现增加碳汇，增加生物多样性，提高景观价值的森林保育目标。

工程规划面积 39054.2 公顷，包括低山、丘岗地天然次生林面积的 60%、面积 18103.4

公顷，人工纯林的 40%（杨树 10%）、面积 20950.8 公顷。

　　任务分解：2011~2015 年，分别实施工程量的 50%；2016~2020 年完成全部余下工程量。

（三）建设内容

1. 森林公园与城郊风景林景观价值提升

　　工程对象为现有森林公园、城郊风景林、风景区景观林，主要有：大蜀山城市中央森林公园，舜耕山、紫蓬山、冶父山国家森林公园，龙泉山、浮槎山风景林，巢湖市山体公园，汤池及半汤温泉风景区景观林，以及近城镇的水源涵养林、山地丘陵森林地构成的风景林，规划面积约为 49501 公顷（表 9-14）。

表 9-14　森林公园风景林现状一览表

名称	面积（公顷）	主要森林类型
大蜀山城市中央森林公园	567	天然次生林
紫蓬山森林公园	3500	天然次生林
冶父山国家森林公园	800	天然次生林
龙泉山风景林	2365	天然次生林
浮槎山风景林	1256	天然次生林
巢湖市山体公园	8090	天然次生林
汤池风景区景观林	4600	天然次生林或人工林
半汤温泉风景区景观林	2015	天然次生林或人工林
近城镇的水源涵养林	5214	人工林
山地丘陵森林地构成的风景林	20678	天然次生林或人工林
合计	49501	

2. 低产林分改造

　　低产林分改造规模为 18103.4 公顷。

　　改造措施：

　　①抚育改造。针对目的树种不明确的天然次生幼林，按照培育目的，确定目的树种，尽可能保留多树种混交林，并在林中较大空隙处，进行人工补植，尽快郁闭成林；郁闭成林的次生林，按照近自然林经营思想，进行抚育间伐，适当保留辅佐木和枯死木。

　　②择伐或小块皆伐改造。针对老熟残破林等采取择伐方式进行低强度的卫生伐、抚育伐，形成林窗，实现林隙天然更新，或通过人工补植、补播促进更新，促使林分进入顺向演替。

　　③复壮。加强林地管理，通过砍灌、除草、扩穴松土、施肥、排涝、防旱、嫁接、平茬、封禁等技术措施，恢复林分正常生长。

3. 纯林改造

　　合肥市现有人工纯林 87560.1 公顷，杨树按 10% 的比例，其余纯林按 40% 的比例实施保育工程，合计 20950.8 公顷，包括杉类 3199.8 公顷、松类 9777.0 公顷、外松 1910.2 公顷、柏类 1372.7 公顷；杨类 4691.1 公顷。改造对象为：①树种选择不当，未做到适地适树，林分生长量低的林分；②密度偏大或过低的林分；③缺少抚育或管理不当，林分质量低下的林分；④不能满足生态环境需求的林分（表 9-15、表 9-16）。

表 9-15　林分改造比例

森林类型	树种	森林面积（公顷）	改造比例（%）	改造面积（公顷）	改造合计（公顷）
次生林		30172.3	60.0	18103.4	18103.4
针叶纯林	杉类	7999.6	40.0	3199.8	16259.7
	松类	24442.4	40.0	9777.0	
	外松	4775.4	40.0	1910.2	
	柏类	3431.8	40.0	1372.7	
阔叶纯林	杨类	46910.9	10.0	4691.1	4691.1
合计		117732.4		39054.2	39054.2

改造及保育措施：

①栽针补阔。在原有林地中采取"栽针补阔"的方式，补充有价值的针叶树与阔叶树，形成复层混交林。如马尾松林中直播或插植麻栎、栓皮栎、黄连木、刺槐、枫香、山合欢等落叶树种。

②幼林抚育。着重林地管理，清除杂草，松土，培土，施肥，使林木恢复生长势；对生长极差的幼树可以去掉，栽植大苗。

③抚育间伐。调整林分结构，对于密度过大的林分，特别是杨树林，应进行抚育采伐，并结合松土，使林分得以复壮；间伐时最好能把萌芽力强的树种的根也清除掉，以免萌生条与林木争水争养分。

④封禁林地。对过度放牧、过度整枝、过度搂取枯枝落叶、任意樵薪的林分，实施封禁，并辅以适当的育林措施，尽快恢复森林植被、恢复地力，提高林分生产力。

表 9-16　分县林分改造面积统计表

县（区）	次生林（公顷）	人工林（公顷）						合计（公顷）
		杉类	松类	外松	柏类	杨类	小计	
肥东县	1825.4	8.5	1148.7	270.5	4.2	1343.6	2775.6	4601.0
肥西县	2077.8	75.3	791.9	448.4	22.8	1025.9	2364.2	4442.0
长丰县	1561.3	20.3	68.4	12.8	1.6	1231.3	1334.3	2895.5
庐江县	5042.9	2561.5	5051.4	682.7	0.8	212.1	8508.6	13551.5
巢湖市	5221.3	452.0	2612.5	482.5	1335.3	344.7	5226.9	10448.2
包河区	398.8	8.7	2.2	0.0	0.9	149.7	161.5	560.3
庐阳区	419.3	6.9	0.9	0.6	0.0	129.2	137.7	557.0
蜀山区	1409.0	66.4	92.9	12.7	7.1	117.4	296.6	1705.6
瑶海区	147.5	0.2	8.0	0.0	0.0	137.3	145.5	293.1
合计	18103.4	3199.8	9777.0	1910.2	1372.7	4691.1	20950.8	39054.2

六、森林村镇建设

（一）建设现状

合肥市于 2008 年在全市范围开展"清洁家园、绿化乡村"千村百日行动，以绿化庭院、绿化村庄、绿化道路为主的"三项绿化"活动。这项活动不仅增加了乡镇村落的林草植被，而且显著改善了农村人居环境，加快社会主义新农村步伐，促进了城乡协调发展。目前，合肥村镇绿化率基本达到国家森林城市指标，但部分村镇绿化质量和档次不高，如树种单一、配置失衡，布局无序，种植凌乱，疏于管理、绿地衰退，故观赏性差，功能较低，亟待通过建设进一步提升绿化水平。

森林村镇建设工程包括市域范围内所有的村镇，具体为村镇所在地、不包括其经营的各类生产性土地。据此，下辖的 5 个县市共有 77 个乡镇，1480 个行政村，占有土地面积分别为 7124.09、98339.19 公顷。

（二）建设目标

为改善村容村貌、建设社会主义新农村，全部村镇实现森林村镇目标。即乡镇绿化覆盖率 >35%，依据结合自然特点、彰显地方文化及民俗风情的原则，每个乡镇至少规划建设一座公园，每个行政村规划建设一座村民休憩地（不包括山区村镇），或面积 >3 公顷的片林，户均拥有树木 20 株以上；有条件的村镇规划围村防护林带；绿化树种以乡土树种为主（比例 >80%），结合庭院经济，规划集苗木、经果林、景观、用材多种功能的村庄绿化，实现"村在林中、院在绿中、人在景中"的村落生态景观格局。

2011~2015 年，完成 1500 个村庄，折合造林面积 18000 公顷；到 2020 年，全市村庄全部达森林村庄目标，完成 157 个村庄，折合造林面积 1884 公顷，全市农村生态环境得到有效改善，呈现"点上绿化成园、线上绿化成荫、面上绿化成林、村周绿化成环"的景观效果。

（三）建设内容

坚持生态优先、生态与经济双赢和保护与建设并举的绿化方针，开展村镇绿化、庭院绿化、渠路绿化和村庄周围片林建设，完善村镇绿地系统，推进村镇绿化美化进程，改善农村居民的生产、生活环境，促进人与自然和谐发展，为全面建设小康社会提供生态保障。各县（区）建设任务（行政村含社区）见表 9-17。

表 9-17　森林村镇建设规划表

县（区）	村庄数量（个）	绿化面积（公顷）	分期规划			
			2011~2015 年		2016~2020 年	
			完成村数量（个）	绿化面积（公顷）	完成村数量（个）	绿化面积（公顷）
总计	1657	19884	1500	18000	157	1884
蜀山区	54	648	49	587	5	61
包河区	100	1200	91	1086	8	114
庐阳区	14	168	13	152	1	16
瑶海区	9	108	8	98	1	10
肥西县	297	3564	269	3226	28	338
肥东县	505	6060	457	5486	48	574
长丰县	282	3384	255	3063	27	321
巢湖市	165	1980	149	1792	16	188
庐江县	231	2772	209	2509	22	263

注：村镇绿化涉及 5 个县（市）、27 个乡镇、1657 个村，由于乡镇均在村所在地，因此乡镇绿化纳入村庄绿化。

1. 村庄绿化

以行政村为单元，对各自然村村庄的街道、巷道、村委会、学校、广场等公共用地和村周空地进行绿化美化。树种以具有当地特色的乡土树种乔木为主，结合群众娱乐、休憩健身需求，合理运用村镇公共用地和村周空地，建设农村公园或绿化广场。

2011~2015 年完成 1500 个村庄的绿化建设，新增绿地面积 3000 公顷。2016~2020 年完成 157 个村庄的绿化建设，新增绿地面积 314 公顷（表 9-18）。

表 9-18　村庄绿化规划表

县（区）	建设规模（公顷）		
	合计	2011~2015 年	2016~2020 年
蜀山区	108	98	10
包河区	200	181	19
庐阳区	28	25	3
瑶海区	18	16	2
肥西县	594	538	56
肥东县	1010	914	96
长丰县	564	511	53
巢湖市	330	299	31
庐江县	462	418	44

2. 休憩地或片林建设

本着因地制宜的原则及村民的习俗，每个村落规划营造一个休憩地或不小于 3 公顷的林地。休闲地应反映地方文化及民俗特点，不可一味模仿城市公园的模式；片林可集用材、经济、防护、风景、休憩多项功能；有条件的可建环村林带。在确保生态目标的同时，合理配置树种，发展以板栗、大樱桃、枣、核桃、葡萄等优质乡土树种为主的经济林，形成小果园、小花园等主题休闲园，发挥绿化的生态效益、经济效益和社会效益。

2011~2015 年完成 1500 个村 4995 公顷的片林或环村林带；2016~2020 年完成其余 157 个村 522.8 公顷片林或环村林带建设，见表 9-19。

表 9-19　片林建设规划表

县（区）	建设规模（公顷）		
	合计	2011~2015 年	2016~2020 年
蜀山区	179.8	162.8	17.0
包河区	333.0	301.4	31.6
庐阳区	46.6	42.2	4.4
瑶海区	30.0	27.2	2.8
肥西县	989.0	895.3	93.7
肥东县	1681.7	1522.4	159.3
长丰县	939.1	850.1	89.0
巢湖市	549.5	497.4	52.1
庐江县	769.2	696.3	72.9

3. 庭院绿化

以农户庭院为单元，充分利用房前、屋后和宅旁空地院落空地进行绿化美化，发展庭院经济，增加农民收入。根据自然环境状况和立地条件，结合当地原生森林植物群落分布和村民的绿化栽培习惯，以乡土树种为主，选择绿化效果好、经济效益高的乔木乡土树种与灌木、花卉搭配栽植，实现多品种、多层次、多形式绿化。

庭院绿化分为观赏型、休闲型、经济型三种模式，在绿化过程中，可对上述基本模式进行组合，形成新的混合模式。

2011~2015 年完成 1500 个村的庭院绿化，新增绿地面积 2400 公顷，2016~2020 年完成剩余 157 个村的庭院绿化，再新增绿地 251.2 公顷。各区县规划面积详见表 9-20。

表 9-20　庭院绿化规划表

县（区）	建设规模（公顷）		
	合计	2011~2015 年	2016~2020 年
蜀山区	86.4	78.2	8.2
包河区	160.0	144.8	15.2
庐阳区	22.4	20.3	2.1
瑶海区	14.4	13.0	1.4
肥西县	475.2	430.2	45.0
肥东县	808.0	731.4	76.6
长丰县	451.2	408.4	42.8
巢湖市	264.0	239.0	25.0
庐江县	369.6	334.6	35.0

七、都市水源地保护工程

（一）建设现状

合肥市域主要河流的集水区、大型水库库区周围，包括南淝河、派河、十五里河、丰乐河、店埠河、二十埠河，以及董铺水库、大房郢水库、众兴水库等，在合肥市域的全部汇水面积约 4067 平方公里（表 9-21）。合肥市水库周边地区因保护水源地需要，得到一定的保护，但其周边地区仍存在一些面源污染，工业废水污染以及生活废水污染。应加强水源地保护区域控制，改善水源地生态环境。目前，合肥市水源涵养林以生态型经济林、苗木生产基地为主。

表 9-21　合肥市域主要河流的集水区及水库

河流水库	境内长度（公里）	流域面积（平方公里）	源头区域	备注
南淝河	70	1700	肥西高刘镇岗北村、将军岭	
丰乐河	68	881	双河镇（龙河口水库）	
上派河	60	571	肥西县江淮分水岭枣林岗及紫蓬山脉北麓	
店埠河	37		众兴水库	南淝河支流

（续）

河流水库	境内长度（公里）	流域面积（平方公里）	源头区域	备注
十五里河	27.2	111.25	大蜀山东南（天鹅湖）	
董铺水库	/	207.5	/	南淝河上游
大房郢水库	/	184	/	四里河上游
众兴水库	/	114	/	店埠河上游

（二）建设目标

在主要河流的源头，流域范围水土流失严重、对河流（干渠）影响巨大的重要汇水区、大型库区集水区，建设水源涵养林、减少面污染，以降低水源地水土流失、提高水源地土壤涵养水源功能、改善水系生态环境、改善水质。规划实施的重点区域，丘陵山地森林覆盖率超过60%，一般地区森林覆盖率超过35%。

（三）建设内容

1. 河流源头森林建设

主要在肥西县的南淝河源头高刘镇岗北村、将军岭，派河源头周公山，东淝河源头的大潜山；长丰县池河源头杜集平山，以及大蜀山一带实施恢复森林植被，提高森林覆盖率，提升现有森林质量。工程实施面积约为450公顷，见表9-22。

基本原则为建设大片森林，尽可能覆盖河流源头区的主要支流。对已有森林严加保护，封山育林维护林下植被，通过补植、促进更新等一系列营林抚育措施，提高现有森林植被的树冠覆盖率、增加枯枝落叶量；无林、少林的水源林建设区，积极营造各类混交林，加速森林恢复过程；在重点水源保护区的山体丘陵，以发展生态林为主，宜适当提高初植密度、减少对土壤的垦殖及干扰，为获短期效益可考虑林下种草、适度发展林下放牧。

表9-22 合肥市河流源头涵养林建设规划表

涵养林工程	面积（公顷）	分期建设规模（公顷）	
		2011~2015 年	2016~2020 年
派河源头涵养林	100	50	50
南淝河源头涵养林	350	0	350
合计			450

2. 库区周边生态林、护库林建设

环水库生态林建设：在董铺水库、大房郢水库周边水源一、二级保护区范围规划建设成片生态林，形成城北大型绿色生态空间板块，同时促进生态湿地的恢复与保育，面积5700公顷；在众兴水库保护区范围规划建设成片生态林，面积800公顷，见表9-23。

水库周边水源一级保护区陆域。规划耐水湿的湿地乔木林带，尽可能无间断的围绕库区，要求林地郁闭度大于0.7、小块混交、适当提高初植密度、林下保留或可补植乡土灌木及草本植物，不引种城市绿化观赏灌木及草坪植物。主要树种：杨树类、水杉、池杉、枫杨、榿木、乌桕、薄壳山核桃、垂柳、旱柳等。一级保护区外延200米范围。结合村庄绿化、农田林网、道路林带、经果林、林地等现有各类绿地，构筑环库的生态、经济、景观多功能结合的森林地带,森林覆盖率大于 40%。可规划发展小片速生用材林、果材两用林、生态用材林、景观用材林、苗木培育基地等;片林面积一般大于 5 公顷,成片的纯林面积小于 4 公顷,提倡实施复合经营。

表 9-23 合肥市库区涵养林建设规划表

涵养林工程	面积(公顷)	分期建设规模(公顷)	
		2011~2015 年	2016~2020 年
董铺、大房郢水库二级保护区	5700	5100	600
众兴水库	800	715	85
合计			6500

八、湿地建设工程

(一)建设现状

合肥湿地资源丰富,据合肥市 2010 年土地利用现状分类面积汇总表统计,合肥市现有湿地总面积 210579.3 公顷,占合肥市土地总面积的 18.4%。全市湿地资源以湖泊湿地、水库、坑塘等湿地类型为主,其次为河流湿地,沼泽湿地所占比重最少。

合肥市的河流湿地承接了大量的城市污水。因此,城市的排污和污水处理率与达标率是影响合肥市湿地生态安全的重要因素。巢湖湖区水质为重度污染,水体呈中度富营养状态。主要环湖河流中,十五里河、派河和双桥河水质重度污染;南淝河、白石天河水质中度污染;兆河、裕溪河水质轻度污染;杭埠河、柘皋河水质良好。围垦使大量天然湿地面积消失或转变为人工湿地。盲目开垦,不惜代价破坏、征占湿地,在湿地挖沙取土,改变天然湿地用途,直接造成天然湿地面积减少,功能下降,致使许多水生生物丧失了天然栖息地,导致种类和数量减少。

(二)建设目标

在巢湖、黄陂湖、高塘湖等主要湖泊的沿岸滩地,低洼滞洪区、水库、河道周边的重点地域建设湿地保护区、湿地公园;在原属巢湖、黄陂湖滩地的圩区,部分实施退耕还滩、退田环湖。

2011~2015 年,建立和完善地方性湿地保护管理办法和规章制度;完成退耕还湿 1160 公顷,人工辅助恢复湿地植被 150 公顷,封滩保护恢复湿地植被 2270 公顷;完成黄陂湖湿地保护区总体规划编制、报批及一期工程建设。

2016~2020 年,实施退耕(牧)还湿(滩、草)3638 公顷。建立市级湿地资源监测中心站 1 处,在大张圩湿地、双凤湖湿地、双龙湖湿地建立定位监测点。配备必要的监测、通讯、采集和信息处理设备,加强人才引进和培养,确保资源数据准确、及时、全面。通过湿地生态环境保护与管理、湿地保护区建设等措施,使湿地自然修复能力进一步增强,湿地生态环境得到全面恢复和保护,充分发挥湿地生态系统的各种功能和效益。

（三）建设内容

1. 滨湖森林湿地公园建设

在滨湖新区东侧、巢湖北岸，依托大张圩万亩湿地森林，建设城区大型湿地公园。设想将"十五里河景观带"、南淝河近巢湖段、南艳湖湿地、大张圩农田及水产基地、村庄及巢湖北面湖区整合，形成围绕滨湖新区的森林湿地景观带。南淝河实施拓宽河道、恢复河岸植被，大张圩区实施部分退耕还滩、还水，建成后的滨湖森林湿地公园将与大蜀山森林公园遥相对应，成为城市的两颗明珠。

"滨湖森林湿地公园"将包括生态保护、滞洪泄洪、水体维护、休闲公园、废污回用等多种功能。空间布局上可归纳为"三区、一廊"。三区：南部与巢湖接壤的区域是湿地生态保护培育区，主要任务是保育、恢复、培育，营造具有湿地多样性物种的原始湿地沼泽地，同时兼有水体净化功能；西部是湿地生态景观封育区，实行一定年限的全封闭保护，营造原始湿生沼泽地；北部是湿地生态旅游休闲区。

2. 环巢湖湿地生态保护与生态修复

在巢湖沿岸建立农牧渔业综合利用管理示范区，计划通过农牧渔业综合利用和统筹管理试验，达到恢复湿地生态系统功能、总结经验的技术方法、推进其他湿地利用合理化的目的。主要建设内容有：建立完善湿地保护与合理利用的技术推广管理机制和组织体系，引进和培育水稻、莲藕、淡水鱼等优良品种，研究配套栽培、养殖技术。

3. 湿地公园建设

建设一批湿地公园，对湿地保护和修复、改善区域水质、保护湿地生态系统和珍惜濒危野生动物、维护区域生态平衡具有重要意义。在城区重点建设一批湿地公园。主要是扩建、完善、提升城市湿地公园，包括王咀湖湿地公园、梅冲湖湿地公园、蒙城北路水源地湿地公园、宣湾湿地公园、双凤湖湿地公园、少荃湖湿地公园、巢湖市龟山湿地公园、炯炀河口公园、花塘河口公园。

4. 湿地保护和恢复

对已遭到不同程度破坏的湿地生态系统进行恢复、修复和重建，对功能减弱，生境退化的各类湿地采取以生物措施为主的途径进行生态恢复和修复，对类型改变、功能丧失的湿地采取以工程措施为主的途径进行重建。遏制湿地资源退化的趋势，使湿地生态系统功能效益得到正常发挥，实现湿地资源的可持续利用。

除了对一般湿地的保护与修复外，重点规划筹建3200公顷黄陂湖湿地保护区，划定保护区范围、临湖圩区实施部分退耕环湖，扩大黄陂湖湖区及滩地，保护及恢复滩地植被，保护水禽栖息地。

九、矿区植被修复工程

（一）建设现状

合肥矿业开采历史悠久，现有独立矿区总面积6896.50公顷（表9-24），主要位于肥东、肥西、庐江、长丰及巢湖地区，共有矿区400余处，大部分属中小矿。合肥矿藏种类丰富，现发现有各类矿产 33 种,主要有铅、锌、铁、明矾石、磷、石灰岩及一些贵金属、有色金属等;矿藏储量丰富,多种矿藏储量位列安徽省甚至全国前列。丰富的工矿资源曾为区域经济发展做出了重要贡献,但在工矿资源开发过程中,矿山的产业层次低、资源开采技术方法简单、尾矿处理不到位、违法开采现象严重等原因,使得矿山的开采破坏了大量植被和山坡土体,不但水土流失严重而且造成大量矿物质流入巢湖,严重破坏了巢湖流域生态环境,降低了人居环境质量,同时也对环巢湖的景观造成了重大影响,影响巢湖的旅游发展。合肥市各级政府都对矿山治理倾注了大量精力,如矿业集中的庐江县、肥西县、肥东县、巢湖市已着手关闭部分小矿山,进行矿山整治及生态修复,在矿区植树造林恢复植被。

(二)建设目标

全面开展矿区综合治理,优先恢复采矿山体植被,逐步培植乔灌木林,在城镇周边、高速公路及环巢湖生态保护区、各类风景区内采石宕口基本得到绿化。

2011~2015 年,优先在影响环巢湖风光的矿山实施植被修复工程,完成植被恢复面积1379.3 公顷,矿山植被恢复率达到 20%。

2016~2020 年,再完成矿山植被修复面积 689.7 公顷,矿山植被恢复率达到 30%。

(三)建设内容

1. 采矿坑植被恢复

通过采取各种生态治理措施,对采矿坑进行生态治理,逐步培植乡土性植被,恢复采矿坑及其四周的植被,改善生态环境。至规划期末,共完成采矿坑植被恢复面积 800.00 公顷,见表 9-24。

表 9-24　合肥市规划期矿区植被恢复面积分解表(公顷)

市(县、区)	现状面积	治理面积	2011~2015 年			2016~2020 年		
			小计	采矿坑	尾矿库	小计	采矿坑	尾矿库
合肥市区	360.2	108.1	72.0	27.9	44.2	36.0	13.9	22.1
肥西县	699.6	209.9	139.9	54.1	85.8	70.0	27.0	42.9
肥东县	1463.5	439.1	292.7	113.2	179.5	146.4	56.6	89.8
长丰县	718.7	215.6	143.7	55.6	88.2	71.9	27.8	44.1
巢湖市	2252.5	675.7	450.5	174.2	276.3	225.2	87.1	138.2
庐江县	1402.1	420.6	280.4	108.4	172.0	140.2	54.2	86.0
合肥市	6896.5	2069.0	1379.3	533.3	846.0	689.7	266.7	423.0

由于采矿坑区内地表剥离、植被消失、坡面坡度较大、岩石裸露,造林难度大。应根据不同坡面坡度,采取爆破造林、削坡、水泥网格、石壁安装种植构筑槽板等方式创造造林环境,然后采取植生袋、网格栽植乔灌藤等容器苗、喷播、藤本植物攀援或垂悬绿化等多种方式进行植被修复。

2. 排土场、尾矿库植被恢复

通过采取各种措施,恢复排土场、尾矿库及其四周的植被,改善当地生态环境。至规划期末,共完成排土场、尾矿库植被恢复面积 1268.95 公顷,见表 9-24。

排土场和尾矿库土壤肥力低、酸化严重，可以采用穴状造林整地方法，植穴规格为：100厘米×100厘米×100厘米，品字形配置；10米×10米块状混交，株行距2米×2米；裸根壮苗植苗造林；由于排土场、尾矿库失去了原来的土壤特征，瘠薄甚至有毒，因此提倡客土造林，对土壤进行物理处理，添加营养物质，去除有害物质。

由于矿区生态环境恶劣，植被恢复难度大，因此应注意以下几点：①抚育管护。矿区土壤条件非常恶劣，缺肥缺水，为保证造林成活率和成林率，应加强造林后的抚育管理，主要是施肥、灌溉；另外，也可覆盖客土或绿肥、农家肥等来改良土壤肥力条件。②矿坑周围培植乡土性灌丛植被。主要针对采矿坑周围少有薄层土壤造林极度困难的立地，可首先实施封禁，同时播种当地的灌木树种及草本植物，如悬钩子、蔷薇、胡枝子、山麻杆、鼠李、构树、柘树、算盘子、爬山虎、葛藤等灌木，以及白茅、结缕草等草本植物，逐步培植灌丛植被。③造林模式。体现生态效益优先，坚持适地适树、乡土树种为主、营造混交林的原则，选择耐干旱、瘠薄、萌蘖性强、生长较快、根系发达、固土蓄水能力强的阳性乔灌木先锋树种。④造林树种。除了上述灌木树种外，在排土场、尾矿库还可选择麻栎、栓皮栎、枫香、榆树、朴树、大叶榉、黄连木、乌桕、栾树、刺槐、山槐、化香、黄檀等乔木树种。

十、生物多样性保护工程

（一）建设现状

合肥植物区系表现出由亚热带向暖温带过渡的特征，植被兼有南北特色，常绿林和阔叶林组成的混交林是合肥的主要植被类型。根据相关资料调查表明，境内有蕨类植物11科、12属、12种，种子植物147科、625属、1208种，其中，裸子植物7科、20属、47种，被子植物140科、605属、1161种。属于国家和省级保护的珍稀植物8种，其中属于国家一级保护植物有银杏、水杉、水松，；国家二级保护植物有杜仲、鹅掌楸、流苏树、胡桃、金钱松等。动物资源其中兽类15种、鸟类133种、鱼类9种、爬行类14种、两栖类10种。属于国家保护动物13种，其中有白鹳1种一级国家级保护的野生动物；虎纹蛙、鸢、普通鵟、白肩雕、红隼、鸳鸯、灰鹤7种二级国家级保护的野生动物；豹猫、环颈雉、雏鹌鹑、针尾鸭、中华蟾蜍5种三级国家级保护的野生动物。

（二）建设目标

市域范围内，在物种丰富，聚集度较高的森林、湿地，生态敏感地域、潜在的动植物栖息地，实施生物多样性保护工程；城区范围内，在城市绿化、城市森林建设中，强调保护与提高生物多样性的管理与措施。

维护现有的动植物区系的稳定性和动态平衡，控制威胁自然栖息地从而影响生物多样性的人为因素，积极修复地带性植被、努力保护动植物的重要栖息地，实施就地或迁地保护，逐渐恢复珍稀濒危物种的种群；城市森林建设依据生态性原则，建成区域性绿色生态网络，维持栖息地的连接性与物种的可迁移性；建立健全生物多样性保护监管体系，实现自然资源可持续发展利用，达到全面保护并逐步提高生物多样性的目标。

（三）建设内容

1. 合肥市植物园调整及扩建

合肥市植物园建于 20 世纪 60 年代，后经多次扩建已具规模，目前占地 70 余公顷，是江淮丘陵乃至大别山北坡地区唯一的城市植物园。园区依邻董铺水库、略有地形变化、自然条件优越，建有梅、木兰、桂花等专题园。然而，园区收集植物种类不够丰富、未充分展示地带性植物区系及植被的特点。

植物园调整及扩建工程包括：①开辟树木园区。设专项资金最大程度地收集江淮地区的皖东、皖中及大别山北坡地区的树种；② 建森林生态区。适度改造地形，构建江淮丘陵及大别山北坡地带性植被的主要森林群落类型；③ 开辟湿地植物园区。在邻近董铺水库一侧的园区水面，打造人工湿地，收集引种当地湿地植物区系种类。④建设种子库及种质研究基地。

2. 珍稀树种繁育基地

建设珍稀树木培育苗圃，大量培育江淮丘陵及大别山北坡亚热带植物区系的树种，主要为其他生产性苗圃提供幼苗，目的是扩大城市绿化树种的来源。

3. 城市绿地迁地保护点

合肥市区众多城市绿地具有典型的城市森林群落特点，但组成树种不够丰富，常规绿化树种比例过高，可在大蜀山、环城公园、各城市公园、单位庭院等拥有较好城市森林环境的绿地，采取相应生态工程措施，引栽地带性植被的区系种类，使这类绿地同时具有树木园的异地保护功能。如安农大校园引自大别山的树种，巨紫荆、紫楠、枳椇、黄丹木姜子、阔叶槭、雪柳、合肥椴等生长表现均良好。

4. 生物多样性监测及评估体系

确定重点保护地区及对象，建立动态监测网络，对区域性生物、陆地、河川、湿地，以及重要的城市公园等进行分类、监测和评估，开展城市植物区系的历史变化研究。

第十章　森林城市生态产业体系建设

一、生态旅游工程

（一）建设现状

合肥市生态旅游主要包括森林公园、依托森林开展的休闲文化业和"农家乐"等，目前已初步形成以大蜀山森林公园、环城公园、大圩农家乐、三十岗森林公园、紫蓬山生态运动基地、银屏山牡丹、半汤温泉为代表的一大批生态旅游精品基地。2010年，合肥旅游接待量已突破2694万人次，其中森林旅游接待241.6万人次，占总接待量的9.0%，实现森林旅游业年产值4.11亿元。此外，森林旅游业的快速发展带动了交通业、餐饮业、加工业、种养殖业等一系列相关产业的发展，推动了农业产业结构的合理调整，有效缓解了农业的就业压力，极大地带动了地方经济的发展，成为林区群众脱贫致富的重要途径。与此同时，现有生态旅游场所存在管理粗放、游乐品种单一、配套服务不完善、生态内涵不丰富等诸多问题。

（二）建设目标

充分利用合肥市域丰富的旅游资源，加大招商引资力度，进一步完善生态旅游基础设施，重点加强精品景点、景区开发建设，大力发展生态游、休闲游，引导不同类型的生态旅游向特色化、个性化、精品化发展。深度开发重要景区（景点），完善相关配套的基础设施，重点建设7大森林生态旅游基地，为建立完备的森林生态旅游产业体系奠定基础。

到规划期末，通过全面整合旅游资源，形成主题各异的森林生态旅游产业群，使森林生态旅游在合肥林业经济发展中居于重要的地位，景点基础设施建设、旅游管理与服务等达到国内一流水平，并与国际水平接轨，成为有区域性国际影响的旅游品牌。力争到2015年全市森林生态旅游收入突破5亿元，到2020年全市森林生态旅游收入达到10亿元。

（三）建设内容

根据合肥市生态旅游资源分布特征及旅游市场需求，综合考虑合肥市交通大格局的变化，将合肥生态旅游分为：中部环城游憩带、北部乡村生态旅游区、西南自然风光带、滨湖人文休闲区、环巢湖休闲度假带、南部人文休闲区、东部山水观光区。

1. 环城游憩带建设

该游憩带的建设以主城区为核心，着力建设城市休闲游憩中心，旅游集散中心。以城市森林为本底，城市基础设施为依托，将整个城市作为休闲旅游吸引物，重点发展都市休闲游、综合接待旅游。

以"珍珠项链"环城公园的城市森林、河滨资源、周边文化资源为核心，利用几条环路，串联合肥市内四区的旅游景点，加强都市生态文化、运动康体等相关项目的建设，形成"多点成线"的布局。加强旅游管理和服务的建设，提升整合现有购物、餐饮、文艺娱乐等设施，加强夜景观的营造和夜休闲旅游项目的打造，构筑现代生态旅游休闲中心。

主要建设内容包括：在保护环城公园现状森林植被面貌的基础上，到 2015 年，建成新的生态景观区 20 处，使环城水面与现代森林城市融为一体；到 2020 年，建成辅助性森林游憩公园 10 个，形成与环城公园"翡翠项链"景观风格相一致的都市户外森林游憩区。

2. 滨湖人文休闲区建设

滨湖新区是打造现代化滨湖城市、提升合肥省会形象和影响力的重要区域，标志着合肥将从环城时代走向滨湖时代，将滨湖新区的城市建设与生态旅游相结合，以进一步彰显合肥的城市个性和特色，塑造合肥城市旅游新形象。建设宜居宜游的生态型、综合型的现代化滨湖生态旅游区。

以绿色、生态、科技为滨湖生态旅游的最大特点，充分运用合肥的科技资源，注重建设材料的环保，生态环境的营造，水资源的充分利用，基础服务设施凸显生态特性，将滨湖新区打造成中国首个零碳城，成为未来合肥的标志性区域。主要建设内容包括：滨湖森林湿地公园、牛角大圩、大圩生态农庄旅游区、义城生态林野营基地、巢湖义城水上娱乐中心。

3. 西南自然风光带建设

以西南部自然风光为基础，串联各个景区，整合资源，突出特色，错位经营，差异化发展。主要包括大蜀山，紫蓬山，三岗等部分地区。

加强对相关基础设施的建设和配套服务设施的规划，对沿线农业生态环境建设进行综合规划农田生态景观效果，对整条景观带上的人文景观进行全面打造，将人文景观融入乡村景色之中，发展山地运动、乡村休闲和度假产品。

结合地方民俗，注重对乡村民俗文化的挖掘与传承，保持淳朴原生态的乡村旅游，大力发展乡村创意产业，开发民俗手工艺等产品，增强游客的文化体验。

4. 环巢湖湿地度假带建设

重点包括：北岸村庄文化景观长廊、巢湖综合旅游区、画里乡村有机农业区。依托巢湖，对巢湖水质进行整治，营造良好的生态环境，在保护良好滨湖生态环境的前提下，整合环湖资源，如三河古镇、沿湖湿地、历史文化、四顶山区域等，灵活开发古镇文化、巢湖民俗文化、湿地生态文化等，旅游产品由观光型向度假型转化，主要发展以文化观光、滨湖休闲度假和与水上运动有关的专项旅游为主，并且重视满足较长时间停留旅游者需求的产品和服务设计，打造合肥旅游的拳头产品。空间范围包括肥东、包河、肥西的环巢湖区域。

根据不同区域的资源特色和周边区位特质进行现有产品提升和新产品开发，以滨湖新区为龙头，与周边区域互动发展，构建环巢湖湿地旅游圈，从而带动整个合肥大旅游的发展。

5. 北部乡村旅游区建设

依托北部乡村旅游资源，根据地域空间特色，采用南北互动发展战略，开展以乡村体验休闲旅游、高档城郊度假为主的特色旅游，空间范围主要在长丰县。

长丰县北部：发挥全国草莓第一大县、全国龙虾养殖示范基地等农业品牌优势，实施农旅合一战略，结合科技创新型生态农业发展和新农村建设，全面推进现代乡村休闲旅游发展，将草莓采摘基地南移，与长丰南部现有乡村旅游进一步结合；做好鸟岛规划与开发，打造特色旅游。

长丰县南部：依托一山五湖（卧龙山、双凤湖、双龙湖、鹤翔湖、梅冲湖和大官塘水库）及滁河干渠丰富的河流与水库资源，做足水文章，大力发展以五湖连珠为特色的生态休闲项目、养生项目，打造合肥北翼主要的乡村休闲度假基地，形成集养生度假、生态农业、高品位居住等高端服务于一体，以"五湖连珠"为特色的休闲旅游区。

6. 南部人文休闲区建设

以争创全国旅游经济强县为目标，瞄准省城、省会都市圈和长三角地区巨大的客游市场，突出城郊休闲娱乐健身游主定位，依托西南山地生态资源、历史文化资源及乡村资源，进一步完善各景区景点的旅游基础服务设施，发展以历史文化体验和乡村休闲度假产品为主导，主题品牌化乡村旅游为特色，生态旅游和宗教旅游为补充的深度体验型旅游区。主要建设内容包括：紫蓬山康体避暑度假基地、五彩三岗、淮军圩堡、三河古镇、半汤温泉旅游度假区、三汊口湿地公园、小井庄乡村旅游区、聚星湖生态庄园等。

7. 东部山水观光区建设

依托肥东包公故里、岱山湖、龙泉山等自然山水资源，以岱山湖和四顶山两个项目为龙头，加强以点带面的景区建设，大力发展一批成规模、够档次的山水休闲度假旅游产品和文化体验产品；空间范围主要包括肥东县，以岱山湖和四顶山为重点。

利用历史文化提升片区知名度和文化品位，以山水休闲度假与历史文化体验为核心，打造集山水观光、红色旅游、乡村旅游于一体的旅游区，成为合肥旅游区块的重要组成部分。主要建设内容包括：岱山湖国际旅游度假区、四顶山旅游度假区、龙泉山旅游区、长临2814渔场渔家乐旅游区、包公文化旅游区、渡江战役总前委旧址、浮槎山旅游区。

二、林下经济建设工程

（一）建设现状

合肥市有众多的退耕还林地，主要树种为杨树，目前已进入成熟期，这部分林地由于其土地性质是农耕地，而国家粮补要高于林补，老百姓有非常强烈的退林还耕愿望，通过大力发展林下经济，可以提高农民收入，这对于维持退耕还林地的存在，实现森林的生态经济效益，具有十分重要的意义。目前合肥市的林下经济发展态势良好，各级地方政府和各部门都比较重视，但总体来看其发展的规模不高，产业优势不够明显，经济总量不大，2011年合肥市林下经济产值只有 0.15 亿元。目前主要实施的模式包括：林药、林禽、林菌、林农、林苗等，模式虽多但发展不均，多数为林禽模式而且品种单一。现有的林下经济以大户养殖为主，由于政策引导不足，广大农民受资金限制，难以自主发展，辐射带动作用不显著。

（二）建设目标

丰富林农复合经营模式，培育特色产品，发展林下经济，增加农民收入，促进农民及企业造林、护林、爱林热情，实现经济、生态效益双增长。

2011~2015 年，合肥市域林下经济面积达到 5000 公顷，实现林下经济产值 3.0 亿元；2016~2020 年，合肥市域林下经济面积再新增 5000 公顷，实现林下经济产值 6.0 亿元（表10-1）。

（三）建设内容

因地制宜，重点在肥西、庐江、江淮分水岭地区发展林下养殖、林下养菌、林药间作、林农间作、林苗间作等多种模式的林下经济，促进林农收入，见表 10-1。

表 10-1　合肥市发展林下经济规划面积分解表（单位：公顷、亿元）

市（县、区）	合计		2011~2015 年		2016~2020 年	
	面积	效益	面积	效益	面积	效益
肥东县	2500	1.50	1250	0.75	1250	0.75
肥西县	3000	1.80	1500	0.90	1500	0.90
长丰县	2000	1.20	1000	0.60	1000	0.60
庐江县	2000	1.20	1000	0.60	1000	0.60
巢湖市	300	0.18	150	0.09	150	0.09
合肥市区	200	0.12	100	0.06	100	0.06
合肥市	10000	6.00	5000	3.00	5000	3.00

1. 林下养殖

利用林下昆虫、小动物、杂草多和空间大的特点，在林下放养或圈养（以放养为主）各类家禽或野禽，应选择地方当家品种、特色品种如肥西老母鸡、皖西白鹅、山鸡、鸵鸟等禽类动物，生产无公害禽类绿色食品。

2. 林下养菌

充分利用林荫下空气湿度大、氧气充足、光照强度低、昼夜温差小的小气候环境，种植双孢菇、鸡腿菇、平菇、香菇、黑木耳、茶树菇等食用菌。

3. 林药间作

庐江、肥东龙泉山有林下种药的传统，可选择林分密度较小、大行距的林地或幼林，在林下间种中药植物，如绞股蓝、黄芩、旱半夏、北沙参、地笋、百合、地黄、天南星、桔梗、柴胡、草决明、薏米、留兰香草、芍药、黄连、金银花等。

4. 林农间作

采用加大株行距造林，在幼林期可实施 3~5 年林下间种，一般选用高效经济作物和油料作物，如蚕豆、豌豆、小豆、大豆、绿豆、花生、紫薯、马铃薯、油菜、小麦等低杆作物。

5. 林苗间作

利用大株行距林地的林隙效应，在树冠下培植园林绿化苗木，一般选择经济价值较高、较耐荫的树种，一般 4~5 年出圃，如桂花、玉兰、海桐、黄杨、正木、法国冬青、南天竹、十大功劳；也可培育一些中性至阳性的树木小苗，如广玉兰、马褂木、榆树、榉树、朴树、南酸枣等。该种模式是经济效益较高的经营方式。

三、经济林建设工程

（一）建设现状

合肥市现有经济林面积5573.0公顷，占各林种总面积的1.92%。主要树种为干果类，板栗、银杏、油茶、核桃等；鲜果类，桃树、枣树、李树、梨树、葡萄、蓝莓等。其中，乔木经济林面积2264.9公顷，占各林种面积的0.78%，主要以桃树、板栗、油茶、李树、银杏、枣为主；灌木经济林面积3308.1公顷，占各林种面积的1.13%，主要以茶叶、葡萄、胡桑、蓝莓等为主，见表10-2。

表10-2　合肥市经济林统计表

类型	树种	面积（公顷）	株数（百株）
乔木经济林	桃	902.7	7731.14
	板栗	510.8	2475.72
	油茶	179.6	2081.21
	李	169.1	1234.32
	枣	164.4	1526.01
	其他	125.6	1451.85
	梨	69.8	369.37
	银杏	53.8	898.16
	柿	52.8	246.73
乔木经济林	核桃	18.7	21.3
	香椿	13.8	64.29
	杜仲	3.6	59.4
	苹果	0.2	1.25
灌木经济林	茶叶	1633.9	
	葡萄	873.1	
	胡桑	523.5	
	其他	142.1	
	紫穗槐	111.6	
	蓝莓	13.33	
	山楂	9	
	猕猴桃	1.6	
合计		5573.03	

（二）建设目标

进一步扩大优质、丰产、设施栽培的应时干杂果、木本油料林、鲜果等经济林果基地建设，达到企业化、合作化、规模化生产，扶持发展相关加工工业，提高经济效益，增加占农民收入的比例。

到2015年，经济林果种植面积新增面积13436.9公顷；到2020年末，经济林果产业总面积达到 20966.2 公顷，新增面积 1956.4 公顷（表 10-3）。

（三）建设内容

结合森林旅游、城市生态圈建设，通过各类重点林业项目的实施，重点在巢湖市、庐江县、肥东县、肥西县规划发展经果林，扩大经济林面积，促进经济林向集约化、优质化、精品化、特色化发展。

1. 木本油料林基地

合肥市木本油料植物主要有油茶、省沽油等。按气候区划，规划在江淮分水岭森林长城工程中，建设能源林基地，利用国家能源战略调整及油茶的最新研究成果，采用良种壮苗造林，全面推行标准化生产和集约化管理，建设木本油料林种植面积 3620.4 公顷，达到 3800公顷。主要建设油茶 2120.4 公顷、省沽油 1500 公顷。在统一规划的前提下，实施"公司＋基地＋农户"的产业化发展路子，着力培育壮大龙头企业带动产业规模化发展。

2. 应时鲜果基地

主要发展季节性销售较强、绿色、安全的应时有机鲜果。规划在城区、环巢湖景观生态林区域发展应时鲜果基地达到 7150 公顷，主要选择大樱桃、甜柿、葡萄、蓝莓、树莓、无花果等；包河区重点发展盆栽果树，如蓝莓、葡萄等。

同时加快低产果园改造步伐，如高接更换品种，加速名、特、优新品种引、选、繁、推力度，大面积示范推广疏果套装、生草覆盖、平衡施肥、滴灌丰产栽培等优质果品生产栽培技术，切实提高果品质量。果品产后处理加工、保鲜贮藏能力进一步增加。

表 10-3　经济林发展统计表

经济林类型	现有规模（公顷）	新增规模（公顷）		主要树种	发展区域
		2011~2015	2016~2020		
应时鲜果林	2245.2	4281.4	623.4	桃、枣、柿、李、葡萄、蓝莓、樱桃、树莓、无花果等	城区、环巢湖、水源地
干杂果经济林	529.5	2172.8	316.4	核桃、板栗、薄壳山核桃、枣等	江淮分水岭、环巢湖
木本油料林	179.6	3160.3	460.1	油茶、省沽油等	江淮分水岭、庐江
药用经济林	57.4	2001.2	291.4	杜仲、银杏、山茱萸、紫玉兰等	江淮分水岭、庐江、巢湖、水源地
特种经济林	13.8	1821.1	265.1	香椿、薄壳山核桃、锥栗	水源地
其他	2547.5	0	0	茶叶、胡桑、紫穗槐、山楂、猕猴桃	
观光采摘基地		70 处	90 处		郊区
合计	5573.00	13436.9	1956.4		

3. 干杂果经济林基地

可选干杂果的种类有：板栗、薄壳山核桃、枣等。规划在江淮分水岭森林长城工程和环巢湖景观生态林，挖掘荒山荒坡潜力，发展薄壳山核桃、板栗、枣等干杂果基地达到 2489.2公顷，其中发展薄壳山核桃 1200 公顷，枣 800 公顷，板栗 489.2 公顷。在发展过程中，要优化品种结构，做到早、中、晚熟品种科学搭配，品种选择、栽培技术与抚育管理互相配套，推广山地滴灌丰产栽培、高接换优技术，建设高标准示范园，促进干杂果产业向科技化、商品化、集约化、产业化方向转型。

4. 观光采摘基地

观光采摘基地是集旅游、观光、采摘、休闲度假于一体，经济效益、生态效益和社会效益相结合的综合性产物。规划在合肥市各县区建立观光采摘基地160处，采摘品种有樱桃、蓝莓、树莓、桑葚、葡萄、枣、苹果、桃、板栗、锥栗等。栽培品种有板栗（中、晚熟品种为主）、锥栗、枣树（山西梨枣、山东大白铃、大瓜枣）、柿（牛心柿、磨盘柿、临泉贡柿等）、石榴（玛瑙籽、泰山红等）、桃（大果型耐贮运的中晚熟品种为主）、李（大果型黑李为主）、杏（以早熟甜杏为主）、萄萄（大果型耐贮运品种为主）等。

5. 药用经济林基地

经济林中许多树种的根、皮、花等部位具有较高的药用价值，药用经济林受到老百胜的喜爱。规划在江淮分水岭、庐江、巢湖、水源地及其他适合发展药用经济林区域发展药用经济林2292.6公顷，达到2350公顷，其中，杜仲药用林796.4公顷、银杏546.2公顷，紫玉兰药用林500公顷、山茱萸药用林450公顷。

6. 特种经济林基地

特种经济林具有较高的经济价值，可增加农民收入，促进农村经济区域发展。规划在巢湖、庐江等立地条件较好区域分散地、发展小面积的特种经济林，务必做到适地适树。规划发展香椿（芽菜两用）林786.3公顷、锥栗林300公顷、薄壳山核桃两用林1000公顷，合计2086.3公顷，总面积达到2100公顷。合肥市各县区经济林发展分解情况见表10-4。

表10-4　合肥市各县区经济林发展分解表

经济林类型	新增规模（公顷）	各县区规模（公顷）					
		巢湖	庐江	肥东	肥西	长丰	市区
应时鲜果林	4904.8	300.02	730	1341.78	600	500	1433
干杂果经济林	2489.2	100.05	489.2	500.2	539.2	597.05	263.5
木本油料林	3620.4	420.4	600	700	800	1100	
药用经济林	2292.6	302.2	600	500	500		390.4
特种经济林	2086.3	200.53	285.78		100		1500
观光采摘基地（处）	160						
合计	15393.3	1323.2	2704.98	3041.98	2539.2	2197.05	3586.9

通过进一步优化布局，加强基地建设，发展壮大龙头企业，强力推进标准化生产，依靠名牌拉动战略，着力发展精深加工业，提高果农组织化程度，强化果品质量安全监管，把合肥市建设成"安徽省果品产业第一强市"。

四、花卉苗木产业体系建设工程

（一）建设现状

合肥市苗木花卉业发展迅速，基本形成"两区一带"的产业群格局。两区：以肥西县三岗为中心绿化苗木生产区；肥东县南部大规格苗木标准化生产区；一带：即环董铺和大房郢两大水库周边的花卉产业区，主要生产高档盆花、盆景以及花坛花卉。截至 2010 年，花卉苗木圃地总面积 18666.41 公顷，成为市农业中的一项特色支柱产业，农民增收效果明显。

合肥市在扩大苗木生产面积的同时，积极打造严店、三岗等育苗精品基地，培育了"三岗"省级苗木品牌、"裕丰花市"市场品牌、"中国·合肥苗木交易大会"会展品牌，使合肥市成为全国一个重要的苗木花卉集散地和信息中心。但目前多数苗木产业依旧以生产常规绿化苗木为主，香樟、桂花、广玉兰、红叶李、悬铃木所占比例甚高；有的苗圃，品种虽多，但标准化、规模化不够，苗木质量低下。

（二）建设目标

苗木花卉生产为合肥市农林业的主要产业之一，在今后的 5~10 年间实现跨越式发展，加大投资、进一步扩大规模，形成特色优势产业群。2011~2015 年，规划花卉苗木面积为 23288.2 公顷；2016~2020 年，规划花卉苗木面积为 4435.8 公顷，见表 10-5。

表 10-5　花卉苗木建设规划（单位：公顷）

序号	地点	规划面积	2011~2015 年	2016-2020 年
1	肥东	3533.1	2967.8	565.3
2	肥西	5067.0	4256.3	810.7
3	长丰	3550.0	2982.0	568.0
4	庐江	6072.4	5100.8	971.6
5	巢湖	8494.0	7135.0	1359.0
6	合肥市区	1007.5	846.3	161.2
	合计	27724.0	23288.2	4435.8

（三）建设内容

1. 肥西县三岗绿化苗木主产区

依托"三岗"苗木产业区，通过"引资"加大投入，开展"提质"、"增量"工程，继续扩大苗圃面积；以培育精品园、大苗基地、育苗大户和花木城市场等建设项目为支撑，分别在 302、216 线上各建设万亩苗木花卉生产基地，其中在 302 线官亭段建设现代苗木花卉产业园区，以上派、花岗、丰乐、严店、三河、桃花、官亭、小庙、新桥机场等为中心，达到一定规模。

2. 肥东县众兴水库休闲苗木示范区

肥东县众兴乡坐拥国家中型水库众兴水库，素有"苗木花卉之乡"的美誉。以保护和提升规划区域生态环境为基础，规划打造安徽省内规模较大、档次较高、具有现代品位的苗木花卉产业园区，同时集生态、科普、休闲为一体的生态示范区。在重点发展大规格常规常绿、落叶苗木的同时，兼顾花、叶、果兼赏，以及彩叶、芳香的大规格苗木，有地方特色的乡土苗木，以及容器大苗、整形苗木等，以满足城乡生态建设对植物多样性的要求。采用多树种、大规格、分层次的栽植模式，在乔木林中套植海棠、樱花、紫薇、腊梅、石榴等苗木花卉，实现生态效益、经济效益的双赢。

3. 环董铺、大房郢水库盆景花卉主产带

依托现有的环董铺水库和大房郢水库高档盆花、盆景以及花坛花卉主产带，发挥其靠近市区，销售和流通经济及时的优势向三十岗乡等周边乡镇延伸，积极向北带动长丰县南部的双墩、岗集等地区，规划并培育建立高档盆花、盆景以及花坛花卉基地，改变合肥地区总体上重苗木、轻花卉的不合理产业格局。同时，以丰乐生态园为示范，发挥该地区临近合肥市区，高速公路连通淮南、六安等城市的交通优势，将该区建成多功能的市民游园度假休闲示范区。

4. 环巢湖苗木生产发展区

结合环湖景观生态林带建设发展苗木生产，包括巢湖北岸、肥东南部、包河大圩、肥西三河严店、庐江白山、盛桥、同大等地，同时在现有的苗木生产地区逐步扩大面积主要在庐江县和巢湖市的邻湖乡镇。

5. 苗木花卉产业科技研发中心建设

在肥西县三岗绿化苗木主产区，建苗木花卉产业科技研发中心，并附百亩精品苗圃。主要研发、引种、培育珍贵稀少树种，为其他苗木产业基地提供幼苗，同时推动产业核心区提质升级，为合肥地区苗木生产提供科技支撑。

建议发展的树种：

除了常规培育的种类外，根据合肥的自然地理条件、为满足丰富城市绿化树种的需求，育苗不仅要着眼现在的市场，更要看今后的趋势。我们一贯要求在城市绿化中要确定基调树种、骨干树种，这是导致苗木生产局限于少数常规树种，也是大江南北城市绿化几乎雷同的一个原因。因此，为增加绿化树种的丰富度、增加城市植物景观的多样性，为未来绿化发展基础，建议可着重培育下列有发展潜力的树种：

常绿乔木类：紫楠、浙江楠、青冈栎、苦槠、石栎、冬青、大叶冬青、白皮松、香榧、金叶雪松等。

落叶乔木类：七叶树、红花七叶树、合肥椴、糯米椴、榉树、朴树、糙叶榆、麻栎、小叶栎、槲栎、白栎、锥栗、杂交鹅掌楸、巨紫荆、无刺皂荚、香槐、马鞍树、黄檀、黄连木、枫香、化香、薄壳山核桃、无刺山楂、郁香野茉莉、光皮桦、枳椇、白蜡、雪柳、丝棉木、山桐子、刺楸、楸树、旱柳、香椿、青桐、华北五角枫、茶条槭等。

灌木类：胡颓子、牛奶子、乌饭树、山麻杆、黄山花楸、一叶荻、猬实、糯米条、荚蒾类、鸡麻等。

上述乔木树种大多因早期生长较慢，一般不为园林绿化所喜爱，但却大多是重要的乡土树种，对这类树种的培育需有耐心，要有长期投资的准备。

第十一章　森林城市生态文化体系建设

一、环巢湖生态文化圈

（一）建设理念

青山碧水，城湖共生。

（二）建设目标

合肥市是全国唯一怀抱五大淡水湖之一的省会城市。巢湖是合肥独特的资源、靓丽的城市名片。结合滨湖新城开发，深入挖掘巢湖及周边地区的自然、人文特征和富有生态文化内涵的景观资源，将巢湖打造成集景区景点旅游、餐饮、娱乐、住宿、养生于一体的环湖综合性观光游结构。构建自然风光旖旎，生态环境佳绝，水文景观、生物景观、文化景观等资源组合时空分布有序，城湖共生的生态文化景观圈。

（三）建设内容

依托环湖交通系统发展环巢湖观光游，依托河湖水体、山体、湿地等自然资源发展生态旅游，依托四顶山滨湖度假区、银屏山风景区等资源发展巢湖休闲度假游，依托巢湖渔家、姥山、中庙等民俗和人文旅游资源发展巢湖文化体验游，把环巢湖地区打造成为合肥市的蓝色花园。

1. 巢湖第一胜境——湖心亲水人居文化休闲旅游核心区开发

该区域包括有姥山岛、中庙镇等生态休闲文化载体，湖心区有丰富的自然景观、人文民俗特色资源（表 11-1）。

姥山岛位于巢湖中部湖心，地处中庙镇西南方向，是湖中最大的岛屿，周长约 4 公里，面积 1 平方公里。姥山岛地险景秀，全岛有三山九峰，山地植被覆盖率达 80%，以黑松、毛竹、杉木、板栗林为主。苍松翠竹，花柳相应，果木成林，四季飘香。同时，岛上人文景观丰富，南麓有一天然避风港，旧称"南塘"；山腰有始于晋朝望湖而建的圣妃庙；山顶矗立着姥山塔，初建于明代，清代由李鸿章续建。

中庙初建于汉代，坐落在巢湖北岸延伸出湖面百米的巨石矶上，原中国佛教协会会长赵朴初曾盛赞中庙"湖天第一胜境"。而中庙镇是位于巢湖中部北岸的千年古镇，属国家级重点开发景区。目前，中庙—姥山岛观光度假旅游区已列入全市旅游业重点打造对象之一，游姥山胜境、拜中庙、中庙古镇渔家乐将成为展现巢湖生态景观与人居特色的一大生态旅游品牌。

表 11-1 湖心亲水人居文化休闲旅游核心区开发建设内容

建设区域	建设主题	建设载体
姥山岛	湖上仙山、世外桃源；水上万生苑	国际观鸟基地（鸟类博览馆、百鸟园、鸟语（文化）广场、岛屿生态旅游基地
中庙镇	千年古镇，巢湖渔家	巢湖水岸渔家乐，特色旅游度假小镇
中庙	中庙祈福人寿年丰，巢湖山水得天独厚	中庙庙会；巢湖游船观光体验

2. 滨湖湿地公园链（表 11-2）

环巢湖有约 12 条河流水系注入或流出巢湖，其中南淝河、派河、杭埠河、兆河、柘皋河为其中五条主要河流，河口均匀分布于巢湖周边。合肥市的河流湿地承接了大量的来自城区、农田、工业区的污水，目前，巢湖湖区水质为重度污染，水体呈中度富营养状态，很大程度是由于城市废水和污水超标排放入湖。城市的排污和污水处理率与达标率影响着湖泊生态环境的安全，而河口地区成为则成为河流入湖的最后关卡，是建设湿地、发挥湿地自然净化功能、改善巢湖水质的绝好关键点，也是合肥生态旅游新的增长点。

湿地与湖泊的水生态环境唇齿相依：一方面，湖岸发生沼泽化过程形成了湿地，湖水水深、水流方式、水体质量及水位周期决定了湿地的范围、物种构成；一方面，湿地也具有蓄洪防旱、净化水质、控制水土流失、降解污染物、保护生物多样性和为人类提供生产生活资源等多种功能，是湖泊生态安全的重要保障。同时，湿地还有休闲游憩和生态旅游等功能。目前，合肥市现有湿地绝大多数是人工库塘，其次是天然人工河流和天然河流，人工沼泽面积较少。滨湖新区及巢湖周边湖滨湿地保护利用不充分，农田占据河口滩涂地或湖岸现象普遍，缺乏系统的湿地生态保护利用规划，湿地功能有待进一步挖掘。

表 11-2 合肥市滨湖湿地公园链建设

科普公园	建设区域	建设主题
南淝河中央湿地公园	塘西河湿地—南淝河河口—大张圩湿地	新区人民的后花园，放松心灵的天然驿站；展示湿地净化功能，增强湿地景观观赏性和可游性，凸显"水、绿、人共生"主题
三河百塘源水乡文化综合体	三河镇至杭埠河口灵台圩湿地	游三河古镇，观巢湖湿地；观鸟基地，湿地生态文化体验和自然科普教育特色；建湿地生态文化科普馆；湿地生态旅游基地
兆河口湿地保护区	兆河口槐林湿地	结合湿地建设和新农村建设，发展特色湿地生态产业；万亩荷花湿地
柘皋河湿地公园	柘皋河口孙村湿地与龟山景区至裕溪	营建林水相依，净水、游憩、科普等多功能于一体的湿地森林景观；湖泊景观生态巢湖市城市景观过渡带，巢湖市市民的水景花园
派河口湿地保护区	派河口	结合滨湖森林公园规划设计，充分挖掘风景资源；退耕还湿，开展湿地净化农业用水科研项目；发展特色湿地生态产业

3. 名山大湖揽秀旅游资源整合

巢湖周边有银屏山、凤凰山紫薇洞、四顶山、龟山等植被茂盛的山体旅游资源，绿色山水生态资源品质优良（表 11-3）。

银屏山在巢湖市银屏镇南，巢湖南岸，以石灰岩溶洞和钟乳石著称，海拔约 500 米。银屏山洞口悬崖生长着千年生的奇花"银屏牡丹"，每当谷雨花开之时，各地百姓纷纷自发前来观赏牡丹花，现已形成一年一度的观花省会，开展远近闻名的牡丹观花节。紫薇洞位于巢湖东岸紫薇山，是一座国内罕见、特色鲜明的地下河型洞穴。洞穴全长约 1500 米，洞体宏阔，结构繁复，景观奇特，以雄、奇、险、幽著称，为江北第一大洞。四顶山位于肥东县六家畈镇境内，巢湖北岸，海拔 174 米，距离姥山、中庙景区仅 2 公里距离。四顶山以自然景观、人文景观两全其美闻名皖中，清庐州八景中便有一景为"四顶朝霞"。

紧邻巢湖的银屏山、紫薇洞、四顶山，展现了独特的地文景观、植物景观、水域风光等景观资源类型，湖光山色交相辉映。整合山、湖旅游资源，完善基础设施建设，提升生态环境健康度，延长游客停留时间，打响名山大湖旅游这个合肥旅游的响亮名片，打造环巢湖休闲旅游观光带。

表 11-3　名山大湖览秀建设内容

建设区域	建设主题	建设载体
四顶山	登四顶山一览湖光，探姥山岛尽染山色	四顶山—姥山—中庙景区旅游综合体；人文、自然景观集中展示
银屏山	生态理疗养生圣地	银屏牡丹节观花；自然生态体验游；森林休闲养生度假
紫薇洞	绿色山水生态旅游	紫薇洞—龟山—巢湖楔形景观序列；地文知识科普展示

二、城市生态文化走廊

（一）建设理念

绿荫碧水相映成趣，历史文脉源远流长

（二）建设目标

市区范围内依托环城河、匡河、南淝河、天鹅湖、南艳湖、翡翠湖、蜀山湖等水体，开展绿化、彩化等生态景观建设，结合历史文化、地域民俗文化等挖掘展示城市文脉，形成集滨水景观与沿河历史人文景点于一体，纳交通、生态、景观、休闲、文化于一系，营建出彰显合肥城市风貌和人文精神的生态文化走廊，使合肥的历史文脉以水文化为载体得以传承。

（三）建设内容

1. 南淝河河流生态文化走廊

南淝河流经合肥人文历史资源集中的老城区，具有丰富的生态文化资源。在生态防洪水利建设的基础上，重点打造南淝河生态文化走廊，以滨水生态文化公园为依托，融入其浓厚的文化内涵，可提升滨水景观走廊的景观效果和文化底蕴，将南淝河生态文化走廊打造成集历史与现代、景观与生态、休闲与文化为一体的多功能滨水景观带，营造"人在廊中走，宛如画境行"的意境（表 11-4）。

表 11-4　南淝河生态文化走廊建设内容

功能分区	建设项目	建设方式
蜀山湖河段	蜀山湖生态水源区	蜀山湖水源地风景提升；解密科学岛科普活动
	生态河道	营造生态驳岸绿色廊道；沿岸建设景观生态苗圃及森林公园；景观以自然原生为主，保护河岸植被，水岸绿化贴近自然
环城河河道	环城北路	各公园定位、功能、展示内容等方面形成各自特色；依托公园自然、人文资源举办形式多样的科普教育、文化民俗、健身比赛活动，丰富市民生态文化体验
	杏花公园	
	逍遥津公园	
	包河公园	
	银河公园	
城市休闲段	中天左岸公园	加强植物养护与公园景观提升；增强公园游憩、健身、休闲、娱乐功能
	元一柏庄	
	南淝河码头	淝河城市水上观光游
下游河段	河道清理段	橡胶坝下游河道环境治理；农区段河岸生态改造
	生态林段	拓宽河道，沿岸种植湿地植物，两岸绿地种植乡土树种，绿带宽50米以上
	生态湿地	在保留原有树林的基础上，配置湿地植物，重建湿地林带；展现河流入巢湖的自然风景

2. 十五里河河流生态文化走廊

十五里河贯穿合肥中心城区，承载了合肥悠久的历史和灿烂的文化。从保护环境的整体考虑，十五里河景观不宜在河畔过多引入餐饮等消费设施，十五里河景观将更多地通过河畔园林植物、夜景照明等手段，营造自然恬静的河流景观。目前十五里河绿化层次还不够丰富，部分区段景观效果亟待提升，十五里河生态文化走廊建设要以滨水生态文化公园、滨水绿道和自然岸带保育为重点，融入沿线人文景观的文化底蕴，将其作为合肥城区的带状"中央公园"服务于市民，为合肥人民提供自然、舒适的休闲游憩空间，同时作为河流廊道发挥其在改善城市环境方面的重要作用。

三、生态文化社区

（一）建设理念

生态社区，宜居家园

（二）建设目标

在城市地区，依托居住区、学校、机关、军营等场所，开展以"弘扬生态文明，共建绿色社区"为主题的生态文化活动与载体建设，增强生态文化对广大群众特有的亲和力，凝聚力和生命力，向广大市民宣传生态文化，倡导绿色生活理念，普及低碳的生活方式。到2015 年，建设绿色社区 60 个；到 2020 年，建设绿色社区 100 个。

在乡村开展生态文化建设，增强村民的生态保护意识，养成文明行为，珍惜自然资源，发展绿色产业,建设绿色家园。到 2015 年,建设市级生态文化村 25 个,国家生态文明村 5 个。到 2020 年, 建设市级生态文化村 50 个, 国家生态文明村 10 个。

（三）建设内容

1. 城市生态文化社区

（1）社区生态科普（表 11-5）。以机关单位、军营、学校和居住型社区为重点区域,通过构建生态文化长廊、开展生态文化讲座、植物挂牌和树木领养等生态科普实践活动,向广大市民宣传普及生态文化知识,培养市民对社区绿色环境的认识与保护参与热情。

表 11-5　社区生态科普建设内容

建设内容	建设方式	建设主题	重点建设区域
生态文化长廊	在社区公共活动区开辟专栏,宣传以低碳生活、绿色消费、爱护自然等为主题的展览活动。	宣传普及生态文化知识,倡导绿色生活理念,普及低碳生活方式。	机关单位、军营、学校和居住型社区
生态文化讲座	由社区与有关部门联合举办定期或不定期的以环境保护、低碳生活、植物养护、园林花卉文化等为主题的生态文化知识讲座。	宣传普及生态文化知识,倡导绿色生活理念,普及低碳生活方式。	机关单位、军营、学校和居住区
植物挂牌	标注植物名称,主要用途、花期等基本特征。	普及植物学知识,培养市民对社区绿色环境的认识与参与热情。	机关单位、军营、学校和大型居住型社区
树木领养（社区绿色奖章）	为认植树木挂牌,或为领养人颁发绿色奖章。	培养市民对社区爱绿意识和参与缓解建设的热情。	居住型社区

（2）社区公共生态文化体验空间（表 11-6）。依托现有居住型社区,按照社区居民的数量比例需求,专门设置供儿童进行植物种植活动的自然生活体验区,以及适宜社区居民开展群体性文化娱乐活动的林荫花香游憩区,丰富社区居民的公共生态文化休闲空间。

表 11-6　社区公共生态文化体验空间内容

建设内容	建设方式	建设主题	重点建设区域
自然生活体验区	在有条件的社区开辟一定面积的自然场地,为儿童进行草本花草植物种植提供体验区。 最低面积要求：10 平方米	儿童体验自然生活的最进场所,培养少年儿童的"爱绿、护绿"意识,进一步影响成年人的绿化意识形态。	居住型社区
林荫花香游憩区	按居住区人口密度要求,建立和改造现有公共活动场地,建设具有林荫花香环境、适宜社区居民开展群体性文化娱乐活动的文化阵地。	在健康的自然环境中进行有氧锻炼与游憩,让自然环境为人们的紧张生活舒压。	居住型社区 按个 /1000 人设置,每个活动区域面积不小于 100 平方米。

（3）地域生态文化社区公园。为弘扬传播插秧歌、划旱船、八月节等人民群众喜闻乐见的民间艺术。依托现有城市公园,建立民俗文化展示窗,开发民俗文化工艺品,搭建群众表演小舞台,进一步打造具有地域生态文化社区公园。

（4）绿色消费行为引导行动。在居住型社区,通过形式多样的载体平台建设和宣传活动,开展以绿色出行、绿色购物、垃圾分类等绿色消费行为为主导内容的社区生态文化活动,引导居民改变消费观念,逐步养成绿色环保的生活和消费习惯。

2. 生态文化村

（1）建设生态环境。加强围村林、道路林、庭院林建设，村庄林木覆盖率达到 35% 以上；生活垃圾、人畜粪便、农业废弃物等得到有效处理，村容整洁，环境优美，空气清新。

（2）传承民俗与文化。具有民族特色或地方特色的生态文化传统得到有效保护与传承。这些文化传统在村落布局、民居建筑、庭院设施、文物古迹、生态景观、历史典故、文献资料、口碑传说等方面得到充分体现。

（3）健全乡规民约。建立比较完善的乡规民约，传承良好的环保习俗，农田、林地及自然资源得到有效保护和合理开发利用。

（4）发展生态产业。因地制宜，采取生态经济型、生态景观型、生态园林型等多种模式，发展立体种植、养殖业，发展乡村旅游、观光休闲、花卉苗木等生态产业。

四、观光农林生态文化园

（一）建设理念

品味现代农业文化，享受绿色田园生活。

（二）建设目标

依托经济林果基地和农家乐、森林人家等农村经济第三产业的发展，以生态、阳光、健康、科普、民俗为特色，调整、完善和新建不同规模、形式多样的农林产业园，充分发挥其农业生产、生态平衡、休闲观光、科普教育和经济增收的综合效益。并定期在各园区举办主题活动，加大宣传，不断将生态文化内涵融入农业产业。至 2015 年使合肥市域内的农林产业园的数量达到 100 个以上，每年举办观光采摘、休闲健身、民俗文化展示等活动 30 次以上。至 2020 年使合肥市域内的农林产业园的数量达到 160 个以上，每年举办观光采摘、休闲健身、民俗文化展示等活动 50 次以上。

（三）建设内容

1. 都市现代农业文化

重点在绕城高速以内的庐阳、蜀山、包河和瑶海四个城区，围绕生态建设产业化、产业发展生态化的发展目标，重点发展园区农业、体验农业、科普农业、精品农业等多功能城市农业，达到改善生态、优化环境、吸引市民的目的。主攻景观农业、农业主题公园、园区农业、体验农业、会展农业等现代都市农业，建设一批生态旅游农业示范区、农业高新技术示范区、现代高效农业示范区、循环农业发展示范区等现代农业示范区。

2. 环巢湖生态农业文化

通过农业产业结构调整、新技术及适宜品种推广、农业生态修复工程等手段，在保证或提高农业生产效益的基础上，综合治理环巢湖地区农业生产项目，改善沿岸生态环境。具体做法如通过政策鼓励与科普宣传号召环巢湖地区种植业减少农药及化肥使用、推广莲藕、茭白等水生或湿生作物种植、规范沿湖渔业作业等。文化宣传方面，以村镇为单位，宣传通过控制农业生产行为改善巢湖生态环境的意义，普及巢湖湿地野生动植物保护知识，鼓励举报破坏巢湖生态环境行为，帮助区域内村民树立"依巢湖、爱巢湖、护巢湖"观念，让巢湖人家成为守护巢湖生态环境的一线卫士。

3. 江淮分水岭复合农林文化

结合江淮分水岭综合治理开发工作，以增加农民收入为核心，以转变农业发展方式为主线，推进江淮分水岭地区农村基础设施体系建设，推进以结构调整、产业转型升级为重点的现代农业体系建设，推进以国土绿化为重点的农村生态体系建设，大力发展以丰乐生态园为代表的集科技示范、旅游观光、运动休闲、科普教育、餐饮娱乐为一体的农林生态旅游休闲观光园建设。通过第三产业发展，带动地处生态脆弱地区人民建设幸福家园。

4. 特色农林观光园生态文化

合肥具有发展农林产业园的巨大潜力和优厚条件。通过发挥片区优势、突出特色与品质，在合肥各区市县近郊地区，特别是旅游景点沿线、休闲中心周围打造农林产业园基地。在不同地区利用优势水果品种，建立特色鲜明的农林产业园。农林产业园的项目设计以传统文化为内涵，以休闲、求知、观光、采摘为载体，建设一批以肥西老母鸡生态家园、大圩休闲农庄等为代表的体验项目丰富多样、特色鲜明的星级农家乐。

观光采摘园（如特色果园、农业大棚）；

民俗生态园（如生态餐厅、民俗体验、特色戏剧）；

农事体验园（如人拉犁、牛拉磨、水冲碾米、人踩水车提水）；

垂钓渔家乐（如垂钓、捕鱼体验）；

科普教育园（如设施农业园、生态恢复区）。

五、康体生态文化基地

（一）建设理念

碧荫下享受绿色健康生活。

（二）建设目标

合肥拥有丰富的自然资源，市区、肥西、肥东、环湖周边、庐江五大片区均有高品质山体旅游资源。蜀山区大蜀山森林公园是合肥城市居民重要的旅游休闲地，肥西紫蓬山、庐江冶父山已开发成为国家级森林公园，并与肥东岱山湖共同发展为国家 4A 级旅游景区；浮槎山未来将建设成为国际养生度假示范区，成为城东、巢湖北部重要的绿色山水生态旅游资源。以现有森林公园和生态旅游区为基础，将运动养生、休闲、科普教育、保健理疗等康体文化融入自然景观，进行富有人文参与和生态文化内涵的游憩化改造与建设，打造风格各异的综合型运动休闲基地或温泉森林理疗基地，以生态健身产业带动生态文化的发展。

（三）建设内容

1. 绿色运动休闲基地

结合合肥城区及城市周边山区特色和景观资源，选择适宜区域，规划建设迂回于山地森林间的运动路线，开展健步、登山、自行车、攀岩、溪谷漂流等山地运动，开发绿色自然资源的社会效益（表 11-7）。

表 11-7 合肥市绿色运动休闲基地建设

建设地点	建设定位	建设方式
环城公园健身系统改造	市民绿色健身馆	环城河沿线公园增加运动场地、设施器材或健身步道
大蜀山森林公园	城市森林氧吧	加强城市森林、火山构造等自然科普知识解说系统；结合野生动物园进行野生动物保护、森林生态系统科普教育宣传；完善健身步道标识系统
南淝河绿道	巢湖绿色通道	从城区中心沿南淝河完善人车分离的绿道建设；增加绿化宽度并保护河流自然岸线机理
繁华大道 – 紫蓬山风景区绿道	合肥森林运动示范基地	结合紫蓬山水上运动中心、高尔夫球运动场打造高端运动基地；举行紫蓬山山地运动嘉年华
环湖路绿道	巢湖山水风情大道	根据环巢湖道路规划建设具有游憩功能的景观绿道；保护湖滨自然景观；以绿道形式串联沿湖各景点

2. 山地森林理疗保健基地

根据森林所具有的植物精气、负氧离子及景观魅力对人类在高血压、神经衰弱、心脏病、偏头痛、焦虑症、肥胖症、慢性支气管炎、慢性鼻炎、肾病以及焦虑症、忧郁症等疾病上的间接治疗作用，结合享受森林浴已经成为都市人亲近自然的时尚需求，在现有森林公园和生态旅游区的基础上，选择适当林型、树种建设负氧离子和植源性保健气体丰富、具有华东地区森林特色的森林理疗保健基地。主要布置在银屏山风景区、岱山湖风景区和冶父山风景区。

3. 温泉养生度假基地

温泉是一种自然疗法，泉水中的有益成分会沉淀在皮肤上，改变皮肤酸碱度，故具有吸收、沉淀及清除的作用，其化学物质可刺激自律神经，内分泌及免疫系统，还可治疗皮肤病、消除疲劳。充分利用温泉资源，打造理疗保健基地，设立疗养机构类型的特色医院，扩大合肥温泉知名度，挖掘温泉理疗文化内涵，增加温泉体验附加值。结合自然景观，打造高品质的自然疗法保健基地。主要布置在汤池（金孔雀）温泉度假区、半汤温泉度假区。

六、生态文化节庆

（一）建设理念

宣传生态文化，让绿色走进生活。

（二）建设目标

节庆会展活动在旅游发展、传播生态文化方面，具有不可替代的作用。要不断完善政府引导、市场运作的办节方式，使节庆活动相互串联，实现一年四季不落幕，一年四季有看头，使节庆会展成为合肥生态文化建设的核心吸引力之一。增强公众对城市生态及可持续问题的共识，自觉形成健康的低碳生活方式，带动产业经济增长。

（三）建设内容

1. 节庆活动

通过设立折射出人类活动与人类文明同自然协调交融的生态文化节庆，创造良好的生态文化氛围，让市民有所感知，有所体会，有所共鸣。

（1）长丰陶楼桃文化主题乐园：每年定期在陶楼举办桃花节，以桃花的美丽和浪漫为观赏亮点为市民提供一个陶冶情操、休憩身体、拍摄艺术照的平台，充分发掘桃花的观赏美学价值、休闲娱乐价值形成以桃花节为主体带动形成赏花、摄影、度假、民俗活动于一体的高品质旅游节庆。

（2）长丰草莓采摘节：长丰草莓是安徽省特色水果，也是安徽省特产之一。长丰县是国家无公害草莓生产示范基地，草莓品种色泽鲜艳，体大而多汁，远销日韩以及热销国内的北京、上海、天津等大中城市。举办采摘节，建立内容和形式多样、布局合理、管理科学、园内园外交通便利、服务设施配套的生态采摘园，使游人在返璞归真时体验到农耕文明中人与自然和谐依存的简单快乐。

（3）银屏牡丹观花节：每年春季谷雨前后举办银屏牡丹观花节，着力展示地方民俗与人文风情，增加巢湖民歌、戏曲表演、诗词展等展示形式，以花为媒，给美好传说赋予新的内容。

（4）大圩葡萄文化旅游节：7月举办包河区绿色大圩葡萄文化旅游节。目前大圩镇的都市农业和乡村旅游达到一定的规模和档次，已经形成万亩果园、万亩菜园、万亩荷园、万亩森林等四大景区，四季有采摘，四季有美景。大圩镇已经成为中部地区最耀眼的明星乡镇。进一步发展农业观光采摘旅游，开发农产品深加工产品，创出大圩绿色农副产品品牌。

（5）肥西三岗中国中东部花卉苗木交易博览会：进一步提升苗交会的展会规模、内容和层次，加强交易交流，突出产销结合。通过苗交会这个载体打造苗木花卉品牌、拓展苗木花卉市场、推动苗木花卉产业创新、建设生态森林城市。延伸苗木花卉产业链，增加苗交会的展区设置，将"苗交会"打造成苗木花卉、花木资材、农林产品、园林景观、园林机械、赏石盆景等相关产业为一体的专业主题展。

（6）合肥植物园四季赏花节：合肥植物园地处合肥市蜀山风景区，是合肥市的天然氧吧和绿色之肺，也是距离城区居民最近的植物主题生态文化科教阵地，计划建成科普资源型、生态环保型、旅游效益型于一体的综合性植物园。结合相关科普宣传教育，能够显著提高公民的科普知识和生态、环保意识。每年定期举行梅花展、梅花盆景展、中国桂花展览会、春季花展节、赏荷会等活动，吸引游客感受鸟语花香。

（7）三十岗乡西瓜节：三十岗乡生态旅游风景区位于合肥市西北部，分别与长丰、肥西接壤，南临两大水库。"三十岗的西瓜红到边，吃在嘴里，甜在心里"的美誉在庐州古城广为流传，2004年以来已连续成功举办了八届合肥市庐阳区三十岗西瓜节。合肥三十岗西瓜节开展西瓜趣味运动会、吃西瓜大赛、瓜园采摘等系列活动，有趣的活动吸引市民游客参与，也让当地瓜农尽享丰收的喜悦。

（8）长丰下塘龙虾美食节：下塘镇是全国知名的龙虾养殖大镇，素有"中国龙虾之乡"美称。在龙虾丰收季节举办下塘龙虾美食节，吸引食客前往龙虾养殖基地实地了解龙虾的生长环境、养殖方法等内容。组织食客游人报名参加养殖基地参观活动，由专业人士介绍养殖知识，教授龙虾烹饪方法等。并举行钓龙虾、捉龙虾等趣味活动。通过举办美食节扩大下塘龙虾的知名度，不断探索龙虾养殖的可持续发展道路及调整下塘镇生态旅游业发展方向，促进形成龙虾产业品牌效应。

2. 环保节日科普宣传

以环保节日为载体和契机，开展一系列科普宣传活动，使生态环保意识深入人心，使公民从日常生活的点滴开始做起，积极主动促进人类社会与自然的和谐发展。

（1）江淮分水岭植树周（3月第二周）。在江淮分水岭生态脆弱区划定植树造林区域，开展全民义务植树活动，为城市构建绿色长城。

每年在植树节定期举办宣讲访谈会，邀请政府官员概述市域绿化现状和林业相关政策，学者解读林业对于人类栖居环境、城市发展等的重要作用，民间人士讲述植树造林、保护山林的亲身经历。

建立植树节基金，每年植树节向社会提供低成本的树苗，浅显易见但实用性强的技术教材、植树节纪念品（如植树节徽章）等资源，并评选绿化贡献荣誉单位和个人。

（2）长丰杜集爱鸟周（5月第二周）。在长丰杜集鸟岛开展面向社会的观鸟活动，并配备专业的解说员，让公众亲近鸟类、了解鸟类。

鸟岛室内展馆举办文娱活动，如音乐会以歌曲、舞剧等多种形式宣扬爱鸟护鸟的主题，游园会以趣味性的活动普及鸟类知识，群众集会观看鸟类科教影片、幻灯片。

组织市民亲自参与鸟类保护，争做爱鸟志愿者协助鸟类保护工作，建鸟巢挂鸟箱等。

发布鸟类保护通告，强化法律意识保护珍稀的鸟类品种保护。

（3）巢湖湿地保护日（2月2日）。在湿地日期间举办科普摄影展，在各个区县巡回展览，影展主要通过从各界征集的优秀摄影作品来反映湿地之美、湿地之伤、湿地保护成果这三大主题，唤起人们对湿地的关注、情感、忧患和保护行动。

每年定期在南淝河中央湿地公园举办对公众开放的湿地论坛，一方面向公众普及湿地相关知识，另一方面政府向公众汇报本市湿地建设和保护情况。合肥巢湖周边各个湿地公园、湿地保护区向游人优惠开放，并举行相关宣传教育活动。

在湿地日开展青少年湿地教育，由学校牵头开展相关主题的征文比赛、组织青少年参观湿地调查湿地保护现状，指导青少年走出校园对公众对湿地的认识和态度进行社会调研，鼓励青少年协同家人从不食湿地水禽等生活小细节做起保护湿地。

（4）地球日（4月22日）。根据当年地球日的主题举办全市范围的演讲比赛，鼓励各行各业，各个层次的人积极参加，围绕地球日主题，谈谈对生存环境的认识。

每年定期在地球日由政府牵头各个环保组织在车站、广场、公园等城市开放生活空间举行大型宣传活动，免费发放宣传资料，介绍环境与人类的相互关系、全球环境问题等等，以覆盖面最广阔的宣传方式让市民认识到地球环境需要关爱，人与自然和谐需要每个人的努力。

呼吁在地球日当天市民进行绿色生活体验，吃素、步行、白天尽量日光照明、减少生活用水等等，从衣食住行各方面感受自然生活状态。

第十二章　城市森林资源安全体系建设

一、森林防火能力建设

（一）建设目标

森林防火工作要继续坚持"预防为主，积极消灭"的方针，完善森林防火行政领导责任制，依靠全社会力量，加强宣传，加强野外火源管理，提高火灾扑救指挥水平，改善扑救手段，加强生物防火带建设，建立专业的防火队伍，增强森林防火的科技含量，努力提高森林防火综合能力，实现森林防火工作的科学化、法制化、规范化、标准化、专业化。在主要林区建立森林灾害自动监测预警系统，使森林火灾受害率严格控制在 0.5‰ 以内。

（二）建设内容

健全森林防火机构，增加森林防火经费，配备先进的森林防火装备以及森林防火器材，加快森林防火预警监测系统建设，加强市县两级防火物资储备建设，完善市县两级森林防火指挥中心，建设防火现场指挥系统，各区县国有林场都要成立一支专业素质强的扑火队伍，配备充实的防火灭火工具，逐步实现生物防火带建设与造林绿化同步规划、同步设计、同步实施。力争用 5 年时间，在合肥市重点林区建设覆盖全市主要景点、重点林区的地理信息系统和火情预防、预警监测指挥系统，建设物资储备库 1500 平方米以及市防火演练培训中心一个。

二、有害生物防控体系建设

（一）建设目标

林业有害生物防控遵循"预防为主,科学治理,依法监管,强化责任"的方针。到 2015 年，力争将林业有害生物成灾率控制在 5.6‰ 以下，无公害防治率达到 82.5% 以上，测报准确率达到 84.0% 以上，种苗产地检疫率达到 94.5% 以上，主要有害生物常发区监测覆盖率达到 100%，主要有害生物防控区新造生态林混交比例达到 80% 以上，除治迹地更新比例达到 95% 以上，森林健康状况逐步改善，抗御林业有害生物灾害的能力逐步增强，林业有害生物防治技术水平有较大的提高。实现危险性林业有害生物不出现新发生区，常发性林业有害生物灾情明显减轻，偶发性林业有害生物不造成大的损失，逐步实现林业有害生物的可持续控制。

（二）建设内容

1．林业有害生物防控建设

市级监测预警中心 1 个，县级监测站 6 个，配置必要的设施设备。建设检疫除害处理基地 1 处。在原有应急防控设施设备基础上，市级配备应急防控车 1 辆，建设应急物资储备库 1 个，县级配备车载施药设备 10 套。购置野外数据采集设备、调查数据处理设备、监测数据汇总分析设备等。加强专业队伍建设及人员培训力度，县级应急防控专业队伍不少于 30 人。市级年培训不少于 100 人次，县级年培训不少于 400 人次。

建立健全林业有害生物监测预警体系。以国家级中心测报点、省级测报点为依托，逐步建立市、县、乡三级测报网络，辅以遥感和其他信息源为补充，完善全市林业有害生物监测预警体系，加强对全市主要林业及园林有害生物发生情况进行监测预警及信息处理，实时了解掌握全市主要林业及园林有害生物发生、发展动态，发布预报，为科学除治灾害和领导宏观决策提供依据。同时，健全野生动物疫源疫病监测防控机制，重点加强湿地鸟类资源的监测和保护；建立合肥市野生鸟类疫源疫病防控技术网络，保障公众生命健康和财产安全。

2．城市园林病虫害防治建设

一是加强植物检疫，对调运苗木和花卉实行严格的检疫，防止新的病虫，特别是危险性病虫的传入。二是加强园林管理，通过改良土壤、施肥、灌溉，逐步改善园林植物生长的环境。结合修剪，直接剪除有虫（病）枝、叶，消除病虫源。三是注重园林绿化树种、花卉品种等的合理引种、配置，形成园林植物多样化，有效改善园林绿地品种过于单一的状况。四是通过多种方式宣传《合肥园林植保手册》《病虫害防治简报》和益鸟知识，在合肥范围内组建益鸟保护组织，并发起益鸟保护活动。

三、政策法规与执法体系建设

（一）建设目标

全面提升现有森林公安局和森林公安分局的执法能力，在重点林区的乡镇设立治安信息员 2~3 名，加强民警的岗位培训，加强森林公安装备和基础设施建设。2020 年前 100% 的林业公安派出所要达到装备基本现代化，做到召之即来，来之能战，公安派出所人均办公条件、机动作战、快速反应和侦察破案能力进一步提高。

（二）建设内容

对合肥市森林公安派出所的装备、配备进行全面提升，启动实施合肥市森林公安系统的信息化建设工作，主要配备刑事勘察车辆、警用车辆，专用电话、传真机、扫描仪、档案管理器材等办公设备，武器、单警装备、警棍等警用设备，建设森林公安金盾网等。

研究制定湿地保护、自然保护区管理、野生动物管理、森林旅游管理、森林公园管理、生态林保护等条例或实施办法；完善林权登记流转，林权档案管理等办法；建立林地保护利用体系，加强公益林监管体系建设，引导和帮助森林经营者编制森林经营方案，规范森林经营活动。不断建立健全林业执法体系，加强林业执法队伍建设，提高林业综合行政执法能力，深入开展生态法制宣传教育，依法保护古树名木、森林资源以及城市林木资源。

四、生态资源管护基础设施建设

（一）建设目标

以构建"完备的森林生态体系、发达的林业产业体系、繁荣的森林文化体系"为总体目标，以建设林场、管护站、保护区、保护站、木材检查站统一的外观建筑风格、外观颜色和标识为具体目标。通过改善林区基础设施条件和装备条件，全面提升林业生产和经营能力，培育发展与科学利用森林资源，不断提高林业生产力水平。

（二）建设内容

通过新建、改建，使生态资源管护单位建设达到"三化、六通、七有"（三化：绿化、美化、硬化；六通：通水、通电、通路、通电视、通电话、通网络；七有：办公室、会议室、防火机具室、资源档案室、文化活动室、浴室、灶房）的标准。危房改造率达到100%，生活饮用水水质达到国家农村《饮用水质标准》，供电率达到100%，电视收视率达到100%，通往生态资源管护单位道路达到国家三级公路标准或达到林Ⅲ级公路标准。基本建成"经营管理科学、基础设施完备、森林优质高效、产业发展充分、资源经营持续、林区富裕和谐"的社会主义现代林区。

五、技术服务体系建设

（一）建设目标

用3~5年的时间建设市、区（县）、乡镇三级技术服务网络，加强国内外技术交流与合作，派出去，请进来，不断提高技术人员水平和技术服务能力，逐步形成比较完善的林业技术服务体系。

（二）建设内容

一是提高技术人员水平和能力，与国际组织和国内高校联合共同培训技术人员。二是加强林业技术服务基础设施建设。三是建立城市绿化以及森林资源管理技术服务体系。四是建立林业技术服务网络体系，以市林业站为核心，以区县林业站为主体，以乡镇林业站为基础，逐步形成上下联动，统一强大的技术服务体系。五是领导要高度重视林业技术服务建设，不仅要引进林业工程项目建设，更重要的是完善提升林业技术服务体系，特别关注科技进步贡献率。

六、信息化建设

（一）建设目标

根据《全国林业信息化建设纲要》和《全国林业信息化建设技术指南》精神，尽快建设布局合理、科学高效、先进实用、安全稳定的林业信息化系统，基本形成技术先进、功能完备的林业信息化体系。为实施林业资源监管系统、营造林管理系统、林业灾害监控与应急系统、林业综合办公系统、林业产业发展与林业经济运行系统、生态文化与教育培训系统、森林公安执法、森林防火监控和应急指挥、林业信息技术提供信息基础平台，满足林业信息化建设的各种需求，为发展现代林业提供强大的信息技术支撑。

（二）建设内容

林业信息化建设是现代林业建设的重要组成部分，是实现林业科学发展的重要支撑，是关系林业工作全局的战略举措和当务之急。力争用 3~5 年时间，建立健全城市园林以及各级林业信息化组织管理机构，落实人员、经费，充分发挥其在林业信息化建设管理工作中的重要作用。理顺信息化部门与业务部门的关系。加大林业信息化资金投入力度。由信息化建设管理部门具体负责信息化建设，一是负责林业信息化基础平台、公共资源数据库和基础设施、通用基础软件、内外网门户网站和跨部门业务协同系统的建设，以及综合管理和运行维护等；二是配备防火、防盗、防雷、防辐射、防泄密等硬件设施，提高物理载体安全。配备内、外网，配置防火墙，在关键点部署安全网关，加强防病毒、防入侵、防篡改等网络安全防御设施建设。三是提升网络可视咨询诊断系统，进一步拓展业务内容；四是协调有害生物防治、林业科技推广、林业公安、森林防火等相关部门信息化建设与运行；五是负责制定城市园林、林业信息化建设标准。

七、生物多样性保护能力建设

（一）建设目标

根据《中国生物多样性保护战略与行动计划（2011~2030 年）》，未来 20 年以实现保护和可持续利用生物多样性，推进生态文明建设，促进人与自然和谐为总体目标。积极完成生物多样性保护优先区域的本底调查与评估。初步建立生物多样性监测、评估与预警体系、生物物种资源管理制度以及生物遗传资源获取与惠益共享制度。逐步形成完善的生物多样性保护政策体系和生物资源可持续利用机制，保护生物多样性成为公众的自觉行动。

（二）建设内容

生物多样性保护建设内容主要为：一是完成生物多样性保护优先区域的本底调查与评估工作；二是完成合肥市生物多样性保护规划；三是健全保护管理机构，增加技术人员；四是完善持续稳定的投资政策，不断加大投资力度；五是初步建立生物多样性监测、评估与预警体系，加强国内国际技术交流与合作，不断提高科研技术水平；六是组织编辑出版合肥野生动植物保护与生物多样性保护系列丛书；七是拍摄巢湖水鸟与珍稀动植物专题片以及制作宣传画册；八是加大生物多样性宣传力度，增强公众保护生物多样性意识；九是制定合肥市生物多样性保护有关规定和实施办法。

第十三章　森林城市建设投资概算

一、估算范围

本项投资估算范围包括：

（1）合肥市国家森林城市建设重点工程的植树造林直接费用（含苗木种子、肥料、整地、栽植、灌溉、养护期间管护、病虫害防治等的购置费和工费）。

（2）基础工程费、设备费。

（3）后期管护费、管理费等。

不包括以上各规划项目的土地征用费、拆迁安置补偿费等项目费用。

二、估算依据

1. 估算依据

估算依据主要有：①国家和地方的相应政策法规；②合肥市相关行业有关技术经济指标；③现行市场价格；④社会平均用工量。

2. 估算说明

（1）造林及培育根据合肥市现行营造林技术经济指标进行估算；森林、林木管护费参照当地现行工资标准估算。

（2）基础设施建设费按专项规划概算计算。

三、投资估算

合肥创建国家森林城市实施三大工程，投资概算总计 149.94 亿元，其中，2015 年前投资 87.55 亿元，占总投资的 58.4%；2016~2020 年投资 62.39 亿元，占总投资的 41.6%。其中生态环境体系建设投资 140.62 亿元，占总投资 93.8%；生态产业体系建设投资 9.32 亿元，占总投资 6.2%。具体测算如下：

环巢湖景观生态林建设工程投资 2.66 亿元，占总投资 1.8%；

江淮分水岭岭脊森林长城建设工程投资 7.58 亿元，占总投资 5.1%；

森林生态廊道及网络建设工程投资 5.14 亿元，占总投资 3.4%；

森林村镇建设投资 2.58 亿元，占总投资 1.7%；

都市水源地保护工程投资 1.65 亿元，占总投资 1.1%；

矿区植被修复工程投资 0.99 亿元，占总投资 0.7%；

花卉苗木产业体系建设工程投资 6.57 亿元，占总投资 4.4%；

城市森林空间拓展及质量提升工程投资 102.66 亿元，占总投资 68.5%；其中：主城区投资 31.27 亿元，占总投资 20.9%；副城区投资 71.39 亿元，占总投资 47.6%；

低山、丘岗地森林保育工程投资 13.28 亿元，占总投资 8.9%；

湿地建设工程投资 2.14 亿元，占总投资 1.4%；

生物多样性保护工程投资 1.94 亿元，占总投资 1.3%；

生态旅游工程投资 2.15 亿元，占总投资 1.4%；

林下经济工程投资 0.6 亿元，占总投资 0.4%。

各工程投资额详见投资概算表 13-1。

表 13-1　工程投资概算表

工程	单位	建设规模			计算标准（万元）	投资（万元）		
		2011~2015 年	2016~2020 年	合计		2011~2015 年	2016~2020 年	合计
合肥市						875447.1	623921.5	1499368.6
一、新造林	公顷	68973.4	17994.6	86968.0		193840.9	42096.5	235937.4
1. 环巢湖景观生态林建设工程	公顷	4956.1	1942.0	6898.1		19106.3	7486.7	26592.9
（1）经济林	公顷	2394.9	938.4	3333.3	3.75	8980.9	3519.0	12499.9
（2）苗木	公顷	2155.4	844.6	3000.0	4.50	9699.3	3800.7	13500.0
（3）一般造林	公顷	405.8	159.0	564.8	1.05	426.1	167.0	593.0
2. 江淮分水岭岭脊森林长城建设工程	公顷	27670.4	5500.0	33170.4		66979.1	8850.0	75829.1
（1）经济林	公顷	6166.7	500.0	6666.7	3.75	23125.1	1875.0	25000.1
（2）苗木	公顷	6166.7	500.0	6666.7	4.50	27750.2	2250.0	30000.2
（3）一般造林	公顷	15337.0	4500.0	19837.0	1.05	16103.9	4725.0	20828.9
3. 森林生态廊道及网络建设工程	公顷	12184.7	5678.0	17862.7		18682.1	5961.9	24644.0
（1）水网林	公顷	8394.0		8394.0	1.05	8813.7	0.0	8813.7
（2）路网林	公顷	2084.0	5678.0	7762.0	1.05	2188.2	5961.9	8150.1
（3）苗木	公顷	1706.7		1706.7	4.50	7680.2	0.0	7680.2
4. 森林村镇建设	公顷	4917.9	500.0	5417.9		14531.3	2250.0	16781.3
（1）经济林	公顷	2000.0		2000.0	3.75	7500.0	0.0	7500.0
（2）苗木	公顷	1150.0	500.0	1650.0	4.50	5175.0	2250.0	7425.0
（3）一般造林	公顷	1767.9		1767.9	1.05	1856.3	0.0	1856.3
5. 都市水源地保护工程	公顷	5865.0	1085.0	6950.0		13921.6	2537.9	16459.4
（1）经济林	公顷	2875.3	518.0	3393.3	3.75	10782.4	1942.5	12724.9
（2）一般造林	公顷	2989.7	567.0	3556.7	1.05	3139.2	595.4	3734.5
6. 矿区植被修复工程	公顷	1379.3	689.6	2068.9		6620.6	3310.1	9930.7

（续）

工程	单位	建设规模			计算标准（万元）	投资（万元）		
		2011~2015年	2016~2020年	合计		2011~2015年	2016~2020年	合计
（1）植被修复	公顷	1379.3	689.6	2068.9	4.80	6620.6	3310.1	9930.7
7.花卉苗木产业体系建设工程	公顷	12000.0	2600.0	14600.0		54000.0	11700.0	65700.0
（1）苗木	公顷	12000.0	2600.0	14600.0	4.50	54000.0	11700.0	65700.0
二、新增林木绿化	公顷	21390.2	1415.2	22805.4		33169.7	2606.9	35776.6
1.森林生态廊道及网络建设工程		15990.2	850.0	16840.2		24979.7	1749.7	26729.4
（1）农田防护林	公顷	15188.5		15188.5	1.05	15947.9	0.0	15947.9
（2）乡村道路	公顷	801.7	850.0	1651.7	1.05	841.8	892.5	1734.3
2.森林村镇建设		5400.0	565.2	5965.2		8190.0	857.2	9047.2
（1）村庄绿化	公顷	3000.0	314.0	3314.0	1.05	3150.0	329.7	3479.7
（2）庭院绿化	公顷	2400.0	251.2	2651.2	2.10	5040.0	527.5	5567.5
三、其他						648436.5	579218.1	1227654.6
1.城市森林空间拓展及质量提升工程		7424.5	7809.2	15233.7		522966.8	503646.0	1026612.8
主城区		2657.7	2033.0	4690.7		180062.8	132650.0	312712.8
（1）城市公园绿地建设	公顷	1527.7	1000.0	2527.7	80.00	122212.8	80000.0	202212.8
（2）单位、社区绿化和街旁绿地	公顷	815.0	833.0	1648.0	50.00	40750.0	41650.0	82400.0
（3）垂直绿化和屋顶绿化	公顷	135.0	100.0	235.0	60.00	8100.0	6000.0	14100.0
（4）道路绿地和绿荫停车场	公顷	180.0	100.0	280.0	50.00	9000.0	5000.0	14000.0
副城区（县城建成区）		4766.8	5776.2	10543.0		342904.0	370996.0	713900.0
（1）公园绿地建设	公顷	3256.8	2171.2	5428.0	80.00	260544.0	173696.0	434240.0
（2）街道绿化及街头绿地建设	公顷	824.0	1900.0	2724.0	50.00	41200.0	95000.0	136200.0
（3）居住区及单位绿地建设	公顷	686.0	1705.0	2391.0	60.00	41160.0	102300.0	143460.0
2.低山、丘岗地森林保育工程		53133.1	35422.1	88555.2		79699.7	53133.1	132832.8
（1）森林公园，风景林景观价值提升	公顷	29700.6	19800.4	49501.0	1.50	44550.9	29700.6	74251.5
（2）低产林分改造，提高生产力、实现高碳汇	公顷	10862.0	7241.4	18103.4	1.50	16293.1	10862.0	27155.1

（续）

工程	单位	建设规模			计算标准（万元）	投资（万元）		
		2011~2015年	2016~2020年	合计		2011~2015年	2016~2020年	合计
（3）纯林改造，提高林分生产、增加生物多样性	公顷	12570.5	8380.3	20950.8	1.50	18855.7	12570.5	31426.2
3.湿地建设工程						12740.0	8619.0	21359.0
（1）南淝河城市中央湿地公园	公顷	600.0	200.0	800.0	15.00	9000.0	3000.0	12000.0
（2）黄陂湖湿地自然保护区	个			1.0		0.0	2000.0	2000.0
（3）其他湿地公园	个	13.0	12.0	25.0	150.00	1950.0	1800.0	3750.0
（4）湿地生态修复与保护工程	公顷	3580.0	3638.0	7218.0	0.50	1790.0	1819.0	3609.0
4.生物多样性保护工程						13630.0	5720.0	19350.0
（1）植物园调整及扩建	公顷	50.0	20.0	70.0	100.00	5000.0	2000.0	7000.0
（2）珍稀树种繁育基地	公顷	280.0	120.0	400.0	30.00	8400.0	3600.0	12000.0
（3）城市绿地迁地保护点						90.0	60.0	150.0
（4）生物多样性监测及评估体系	个					140.0	60.0	200.0
5.生态旅游工程						16400.0	5100.0	21500.0
（1）主城区森林游憩公园	个	20.0	10.0	30.0	100.00	2000.0	1000.0	3000.0
（2）大圩生态农庄园区						3500.0	1500.0	5000.0
（3）义城生态林野营基地						1500.0	300.0	1800.0
（4）紫蓬山自然风光园区						1200.0	300.0	1500.0
（5）环巢湖湿地度假园区						3000.0	600.0	3600.0
（6）长丰乡村旅游园区						1000.0	200.0	1200.0
（7）肥西人文休闲园区						2200.0	700.0	2900.0
（8）肥东山水观光园区						2000.0	500.0	2500.0
6.林下经济						3000.0	3000.0	6000.0
（1）林下经济	公顷	5000.0	5000.0	10000.0	0.60	3000.0	3000.0	6000.0

第十四章　森林城市建设保障措施

　　合肥市委、市政府把森林城市建设作为增强城市综合竞争力，提高城市宜居水平，建设现代化环湖生态城市的重要举措，建设已初具成效。为进一步落实好森林城市建设规划，稳步推进各项建设，需要在体制、制度、机制、政策等方面的提供有力支撑。

一、提高思想认识，转变发展理念

　　森林城市建设是合肥实现区域经济社会快速持续发展的环境基础。合肥的工业产业发达，特别是重工业和化工产业占有较大比重，必须大力培育和保护森林资源，维护生态安全。要进一步解放思想，转变观念，从落实科学发展观和建设生态文明的高度，从提高全市生态环境承载能力出发，把森林城市真正融入合肥经济社会发展全局中来认识、来谋划、来推进。要按照"三个发展"的总要求，确立全新的发展理念，实现对林业的认识由"农业的屏障"观念向"城市的基础设施、公益事业"观念转变，由部门林业向社会林业转变，由城乡分割向统一规划、相互融合的城乡一体方向转变，由分散治理向集中力量实施大工程方向转变，由单纯依靠政府投入发展林业向以政府投入为导向的多元投入、全社会办林业方向转变。以林业发展的新定位，推进城市林业的新发展。

二、加强组织领导，落实发展责任

　　在森林城市建设领导小组的统一部署下，按照《国家森林城市》评价指标体系的要求，将森林城市建设纳入经济社会发展总体规划，科学规划实施各项工程。要建立林业园林部门与规划、建设、交通、水利、环保、房产等有关部门之间、以及有关部门与区县之间的协同配合机制，减少部门之间、城乡之间在绿化过程中的矛盾和不协调现象，细化分解建设任务，明确相应主责机构，整合资源，形成合力，作到组织领导到位、工作部署到位、责任落实到位、政策资金到位，努力形成党委统一领导、部门密切协作的工作格局。同时，要将森林覆盖率、人均生态休闲游憩地面积、建成区人均公共绿地面积等指标纳入各级政府行政首长任期考核内容；还要根据森林城市建设工作具有周期长、见效慢、种植易、管护难的特点，建立健全绿化工程质量责任追究制，在建设考核中不仅要看建设速度，更要严查建设质量，把质量管理贯穿于造林工程建设的全过程。

三、严格规划建绿，保障发展空间

落实《合肥市林地保护利用规划纲要（2010-2020）》，并将《合肥市森林城市建设规划》纳入土地利用总体规划。同时，对生态脆弱地段和生态区位重要地区从规划角度划定"绿线"。巢湖周边、城市水源地、大型水库、高速公路、重化工区、不宜种植食用农产品地及城市规划区的城郊接合部、乡镇（街道）政府驻地规划区与农村的接合部及村庄周边明确为风景林、环保林、环城林建设用地，按照不同林带的标准划定"绿线"，保护现有林地，保证林业发展用地。"绿线"范围内的现有绿地不得征用占用，用于一般工程建设，并通过市人民政府或人大常委会以政府规章或地方法规的形式给予确认，保障林业用地和整个城市生态系统的稳定性。对已建的重点区域的绿化用地（特别是高速公路绿带）采用不同办法一次性解决土地使用权。

四、创新鼓励政策，拓宽发展渠道

进一步解放思想，适应市场经济发展的要求，搞活林业投资机制，以政府投入为导向，发挥政策杠杆作用，吸引和鼓励各类社会资本投资林业，形成多元化的林业投入格局。一是制定开发鼓励政策。丘陵岗地作为林业发展的主要空间，因零星分布，集中流转难度大难以吸引企业大规模投资开发。农民一家一户自主开发规模太小，难以经营，农民积极性不高。因此，急需进一步整合现有土地资源，要在原有政策的基础上，制定更加优惠的鼓励开发政策，吸引有一定经济实力的企业和业主投资合肥林业，把林业发展的投资者和森林资源的受益者合二为一。对符合城市建设总体规划和土地利用规划，利用丘陵岗地投资新开发经济林果、苗木花卉等商品林的允许其建设配套的生产和管理设施，建设与观光农业相结合的农庄果园。结合"三集中"政策，鼓励企业投资建设规模生态产业园、人居森林，通过对园区内农民集中安置，置换土地部分收益用于生态产业园、人居森林建设等。二是落实财政扶持政策。城市林业既是以发挥生态效益为主的公益性很强的事业，也是直接涉及广大农民切身利益的基础产业。要多渠道筹集资金，大幅度地增加对林业的投入，为实现林业跨越式发展提供强有力的资金保障。加大对林业的财政和金融支持，把公益林建设、管理和主要的基础设施建设投资，纳入各级政府的公共财政预算体系，按照事权划分原则，建立公益性绿化以政府投入为主，商品林以社会投入为主的投资机制，制定市、区（县）和街（镇）三级财政的扶持政策，形成长效稳定的投资渠道，不断完善生态效益补偿机制。

五、坚持依法行政，夯实发展基础

在认真修订实施《合肥市城市绿化管理条例》的基础上，以制定《合肥市湿地保护利用规划》、《湿地保护条例》、《合肥市城市水源林保护条例》、《合肥市森林防火办法》等地方性法规规章为契机，健全完善城市绿化法律法规体系；以行政规范性文件审核备案为抓手，规范文件制定和行政决策程序，健全重大行政决策规则；以深化行政审批制度改革为动力，认真执行行政许可法，进一步规范和减少行政审批，推进政府职能转变和管理方式创新；以执法人员持证上岗和资格管理制度为重点契机，加强行政执法队伍建设，全面提高执法人员素质；以完善行政执法体制和机制目标，规范行政执法行为，加大行政执法力度，严厉查处滥砍乱伐、滥捕乱猎、滥采乱挖、滥垦乱占等破坏资源和环境的违法案件。

六、实施人才强绿，提供发展保障

实施自主创新战略，加强城市林业人才的创新能力教育和引进工作。特别是注重具有良好森林景观管理与生态建设和保护、绿化信息管理、城市郊区森林资源开发利用等方面专业知识和技能的高素质复合型城市林业专门人才的培养、吸收和引进。同时，积极为各类人才干事创业和实现自身价值提供机会和条件，充分发挥高层次人才在推动合肥森林城市发展中的引领作用。加强城市林业领域各类行业学会、协会、研究会的建设和管理，充分发挥社团组织在科学研究、学术交流、人才培养、智力支持等方面的独特作用，为合肥绿化事业健康发展提供坚强保障。

七、强化技术指导，落实工程规划

不断强化林业绿化科技对森林城市建设的支撑作用，要把现有的生态保健型（休闲型、观光型）森林群落构建技术、健康森林步道、亲水步道构建技术以及生态园林、人文景观开发等技术运用到城市森林建设上来。同时，要特别注重乡土树种、彩叶树种和林下地被等应用技术的实施要在政策层面强化对城市主要绿化树种种植的指导，规范森林城市建设重点工程技术标准和各种管理规则，提高城市绿化工程建设的技术支撑能力。

八、普及碳汇理念，推进增汇实践

深入推进林业碳汇行动，把林业碳汇作为义务植树的重要尽责形式，加大宣传力度，普及碳汇知识，鼓励引导党政机关、能耗企业和广大市民参与积累碳汇、减少碳排放为主的植树造林和其他公益活动，推动身边增绿，推进民间增汇减排实践，努力形成政府倡导、广泛宣传、社会参与、自觉自愿的良性发展机制，推进合肥碳汇林业的快速发展。同时，通过开展"军民共建绿色家园""花园式单位"等创建活动，引导和激励驻肥部队、社会团体、广大群众和国际友好人士广泛参与植树造林，培养和提高市民的生态意识，多种形式提高市民义务植树的尽责率和参与面。

第十五章　森林城市建设的服务功能价值评估

城市森林是组成城市生态的主体，建设森林城市的主要目的是改变城市的环境，维持生态平衡，为居民创造一个良好的生活居住环境。合肥市的城市森林是以服务城市为目的的人造森林系统，他是维持城市正常生态系统的主体，具有优化环境的巨大作用，不仅突破了传统的城市绿化为主的生态保护，而且改变了从前以城市美化为最终服务目标的陈旧理念，已经发展成为一种为城市生态环境系统服务的新一代服务体系。合肥市的城市森林在城市生态建设中的作用发挥着重要的生态服务、经济服务、社会服务功能。

一、生态服务功能价值评估

（一）调节气候功能价值评估

其价值可用替代成本法估算，即减少空调或加湿器的耗电费用来衡量城市森林调节气候功能价值。

城市森林调节气候的价值包括：调节温度的价值和调节湿度的价值。

1. 森林年均调节温度的价值

该价值可以用空调调节温度所耗电能价值来替代，计算公式为：

$$U = K \cdot D \cdot T \cdot M \cdot C$$

式中：U——森林年均调节温度的价值（元／年）；

K——森林调温空间（立方米，一般以 5 米为高度乘以森林面积）；

D——无林区与有林区日平均温度差的绝对值（℃）；

T——该区域年均使用空调的天数（天／年）；

M——空调调温能力，即每立方米空间每天调温 1℃所耗的电量（度／立方米·摄氏度·天）；

C——单位电费（元／度）。

现有文献表明，有林地的日平均气温至少要比外界低 1.7℃，根据以上评估方法和公式，一般面积为 14.4 平方米、层高为 3 米的居民用房，平均每降温 1℃，需要用电 1 度左右，即空调降温能力约每立方米空间每降温 1℃需要耗费用电 0.02315 度。合肥市森林面积为 71698.37 公顷，以 5 米为高度作为森林的降温高度，则合肥市森林的降温空间为 358.5×10^7 立方米。要使这么大的空间日均降温 1.7℃，每天要耗电 14.1×10^7 度。按每年使用空调降温的天数为 30 天计算，一年内合肥市降温所需电能约为 423×10^7 度。合肥市电价平均按每度 0.6 元计算，则合肥市城市森林降温功能的年价值约为 25.3 亿元。

2. 森林年均调节湿度的价值

该价值可以用加湿器增加湿度所耗电能价值来替代，计算公式为：

$$U=K \cdot D \cdot T \cdot M \cdot C$$

式中：U——森林年均调节湿度的价值（元／年）；

　　　K——森林增湿空间（立方米，一般以 5 米为高度乘以森林面积）；

　　　D——无林区与有林区日平均湿度差的绝对值（相对湿度）；

　　　T——该区域年均使用加湿器的天数（天／年）；

　　　M——加湿器的增湿能力，即加湿器每立方米单位每天增湿所耗的（度／立方米·相对湿度·天）；

　　　C——单位电费（元／度）。

现有文献表明，林内的空气湿度要比无林地高 20%，采用替代法计算加湿器加湿到相同湿度所需电量为 127.62 度／公顷，合肥市森林面积为 71698.37 公顷，则每天增湿所需能为 8.84×10^7 度。按每年使用加湿器加湿的天数为 30 天计算，一年内合肥市加湿所需电能约为 28.8×10^8 度。合肥市电价平均按每度 0.7 元计算，则合肥市城市森林降温功能的年价值约为 19.76 亿元。

加总后可知，合肥市城市森林调节气候的功能价值约为 45.14 亿元。

（二）固碳释氧价值评估

城市森林能够通过光合作用吸收空气中的二氧化碳，制造并释放出氧气，营造城市"天然氧吧"，被称为"城市之肺"。随着城市的发展，人们生产生活水平不断提高，空气中的二氧化碳含量有了明显的增加，城市森林对维持城市环境中的二氧化碳和氧气的动态平衡，有着巨大的作用和地位。据测算，1 公顷阔叶林能吸收大约 1000 公斤二氧化碳，放出大约 700 公斤氧气。

1. 固定 CO_2 效益的评估方法

主要根据植物光合方程式推算出年 CO_2 固定量，再分别用炭税法和造林成本法计算出固碳效益，最后取 2 种方法的平均值。

碳税法根据《中国生物多样性国情研究报告》和薛达元等的研究采用瑞典碳税法，计算公式为：

固碳效益（万元）＝折合纯碳量（吨／年）× 150 美元／年

造林成本法根据《中国生物多样性国情研究报告》，目前，中国几种树的平均造林成本为 240.03 元／立方米，折合为 260.9 元／吨，计算公式为：

固碳效益 ＝ 折合纯碳量 × 260.9 元／吨（C）

根据植物光合作用方程式：

CO_2（264 克）+H_2O（108 克）→葡萄糖（180 克）+O_2（192 克）→多糖（162 克）

可知，植物每生产 162 克干物质可吸 264 克 CO_2。可推算出要形成 1 吨干物质需 1.63 吨 CO_2。所以，年 CO_2 固定量 ＝ 植物每年生长量标准 × 森林面积 × 每年生长量 × 1.63 吨。

然后把固定的 CO_2 量折合为纯碳，根据分子式和原子量 $C/CO_2=0.2729$，折合纯碳量 = CO_2 固定量 × 0.2729。

经计算，合肥市城市森林生态系统年 CO_2 固定量 7986367 吨/年，折合纯碳量为 3212743 吨/年。依据碳税法计算固定 CO_2 的价值约为 24.5 亿元/年，依据造林成本法计算固定 CO_2 的价值约为 6.4 亿元/年。最终效益取 2 种方法的平均值为 15.4 亿元/年。

2. 释放 O_2 效益的评估方法

根据植物光合方程式可得出研究区年释放 O_2 量，再根据合肥市森林生态系统平均净初级生产力，利用造林成本法和工业制氧成本法计算出释放 O_2 的效益，最后求 2 种方法的平均值。

由植物光合方程式可知，每生产 1 克植物干物质能释放 1.20 克 O_2。年释放 O_2 量 = 年植物生产量 × 1.20。依据造林成本法和工业制氧成本法进行计量，我国的造林成本为 369.7 元/吨（O_2），我国工业制氧的成本为 400 元/吨。

经计算，合肥市城市森林生态系统年 O_2 释放量为 5823451.6 吨/年。根据造林成本法计算 O_2 的释放价值为 33.1 亿元/年，工业制氧计算价值为 25.7 亿元/年，最终取 2 种方法的平均值为 29.6 亿元/年。

加总以上两项可知，合肥市城市森林的 CO_2 固定和 O_2 的释放功能总经济价值为 45 亿元/年。

（三）净化环境功能价值评估

森林生态系统净化环境功能主要表现在吸收污染物、阻滞粉尘、杀灭病菌、降低噪声、提供负离子等方面，为此，可以选用吸收二氧化硫、吸收氟化物、吸收氮氧化物、阻滞粉尘、杀菌减噪和提供负离子等 6 个指标来反映森林净化大气环境的能力。

1. 吸收 SO_2 的功能价值评估

采用吸收能力法评估森林吸收二氧化硫的功能价值，其公式可以表示为：

$$U=\sum K_i S_i Q_{1,i}$$

式中：U——森林每年吸收二氧化硫的总功能价值（元/年）；

i——森林生态系统中的主要林分；

K_i——二氧化硫的治理费用（元/公斤）；

$Q_{1,i}$——森林中不同林分吸收二氧化硫的能力，即单位面积不同森林林分吸收二氧化硫的量（公斤/公顷·年）；

S_i——各种类型森林的面积（万公顷）。

根据《中国生物多样性国情研究报告》，阔叶林对 SO_2 的吸收能力为 88.6 公斤/公顷·年，针叶林（包括柏类、杉类、松林）平均吸收能力为 215.6 公斤/公顷·年，削减 SO_2 投资额为 500 元/吨，运行费为每年 100 元/吨，合计为 600 元。根据国家发展和改革委员会等四部委 2003 年第 31 号令《排污费征收标准及计算方法》，北京市高硫煤二氧化硫排污费收费标准为 1200 元/吨。结合合肥市城市森林的各林分面积数据，可以计算出合肥市城市森林吸收 SO_2 功能及价值（表 14-1）。经计算，合肥市城市森林年吸收 $SO_2$12.1 万吨，总经济价值达 1.45 亿元。

表 14-1　合肥市城市森林吸收 SO_2 功能及价值

森林类型	面积（万公顷）	吸收能力（公斤 / 公顷·年）	吸收量（万吨）	价值（万元）
阔叶林	56.33	88.65	4.99	5988
针叶林	32.98	215.6	7.11	8532
合计	89.31	—	12.1	14520

2. 吸收氟化物的功能价值评估

采用吸收能力法评估森林吸收氟化物的功能价值，其公式可以表示为：

$$U=\sum K_2 S_i Q_{2,i}$$

式中：U——森林每年吸收氟化物的总功能价值（元 / 年）；

　　K_i——氟化物的治理费用（元 / 公斤）；

　　$Q_{2,i}$——森林中不同林分吸收氟化物的能力，即单位面积不同森林林分吸收氟化物的量（公斤 / 公顷·年）

　　S_i——同上。

参照北京市环境科学研究所的研究结果：阔叶林的吸氟能力约为 4.65 公斤 / 公顷·年，针叶林约为 0.50 公斤 / 公顷·年。关于吸收氟化氢的价格，有文献采用燃煤炉窑大气污染物排污收费标准的平均值 160 元 / 吨。根据国家发展和改革委员会等四部委 2003 年第 31 号令《排污费征收标准及计算方法》，北京市氟化物排污费收费标准为 690 元 / 吨。结合合肥市城市森林的各林分面积数据，可以计算出合肥市城市森林吸收氟化物的功能及价值（见表 14-2）。经计算，合肥市城市森林年吸收 0.28 万吨氟化物，总经济价值达 192.8 万元。

表 14-2　合肥市城市森林吸收氟化物功能及价值

森林类型	面积（万公顷）	吸收能力（公斤 / 公顷·年）	吸收量（万吨）	价值（万元）
阔叶林	56.33	4.65	0.26	179
针叶林	32.98	0.50	0.02	13.8
合计	89.31	—	0.28	192.8

3. 吸收氮氧化物的功能价值评估

采用吸收能力法评估森林生态系统吸收氮氧化物的功能价值，其公式可以表示为：

$$U=\sum K_3 S_i Q_{3,i}$$

式中：U——森林每年吸收氮氧化物的总功能价值（元 / 年）；

　　K_i——氮氧化物的治理费用（元 / 公斤）；

　　$Q_{3,i}$——森林中不同林分吸收氮氧化物的能力，即单位面积不同森林林分吸收氮氧化物的量（公斤 / 公顷·年）

　　S_i——同上。

参照北京市环境科学研究所的研究结果：阔叶林的吸收氮氧化物的能力约为 6 公斤 / 公顷·年，针叶林约为 6 公斤 / 公顷·年，根据国家发展和改革委员会等四部委 2003 年第 31 号令《排污费征收标准及计算方法》，北京市氮氧化物排污费收费标准为 630 元 / 吨。结合合肥市城市森林的各林分面积数据，可以计算出合肥市城市森林吸收氮氧化物的功能及价值（见表 14-3）。经计算，合肥市城市森林年吸收 0.53 万吨氮氧化物，总经济价值达 333.9 万元。

表 14-3　合肥市城市森林吸收氮氧化物功能及价值

森林类型	面积（万公顷）	吸收能力（公斤/公顷·年）	吸收量（万吨）	价值（万元）
阔叶林	56.33	6	0.33	207.9
针叶林	32.98	6	0.20	126
合计	89.31	—	0.53	333.9

4. 阻滞粉尘的功能价值评估

粉尘是大气污染的重要指标之一，植物特别是乔木对烟灰、粉尘有明显的阻挡、过滤和吸附作用。采用吸收能力法评估森林生态系统阻滞粉尘的功能价值，其公式可以表示为：

$$U = \sum K_4 S_i Q_{4,i}$$

式中：U ——森林每年阻滞粉尘的总功能价值（元/年）；

K_i ——粉尘的治理费用（元/吨）；

$Q_{3,i}$ ——森林中不同林分阻滞粉尘的能力，即单位面积不同森林林分阻滞粉尘的量（公斤/公顷·年）

S_i ——同上。

表 14-4　合肥市城市森林阻滞粉尘的功能及价值

森林类型	面积（万公顷）	吸收能力（吨/公顷·年）	吸收量（万吨）	价值（万元）
阔叶林	56.33	10.11	569.49	85423.5
针叶林	32.98	33.2	1094.94	164241
合计	89.31	—	1664.43	249664.5

根据《中国生物多样性国情研究报告》，针叶林的滞尘能力为 33.2 吨/公顷，阔叶林的滞尘能力为 10.11 吨/公顷，削减粉尘成本为 170 元/吨。根据国家发展和改革委员会等四部委 2003 年第 31 号令《排污费征收标准及计算方法》，一般性粉尘排污费收费标准为 150 元/吨。结合合肥市城市森林的各林分面积数据，可以计算出合肥市城市森林阻滞粉尘的功能及价值（表 14-4）。经计算，合肥市城市森林每年阻滞粉尘 1664.43 万吨，总经济价值达 24.9 亿元。

5. 杀菌减噪的功能价值评估

杀菌减噪的功能价值一般采用总价值分离法进行估算，按照造林成本或森林生态价值的一定比例（10%~20%）进行折算，可以应用公式：

$$U = \sum S_i q P (d+e)$$

式中：U ——森林杀菌减噪的总功能价值（元/年）；

q ——林木单位面积蓄积量（立方米/公顷）；

P ——造林成本，参考成本价为 240.03 元/立方米；

d、e ——森林杀菌、减噪价值占森林总生态功能价值的比例系数，一般取 20% 和 15%；

S_i——同上。

合肥市全市活立木总蓄积量为 5891 万立方米，参照文献研究结果，参考造林成本价格为 240.03 元 / 立方米，森林杀菌、减噪价值占森林总生态功能价值的比例系数取 20% 和 15%，则合肥市城市森林杀菌减噪的服务功能价值为：

$$5.8 \times 10^7 \times 240.03 \times (20\% + 15\%) \times 10^{-8} = 49.5（亿元）$$

6. 提供负离子的功能价值评估

国内外研究证明，当空气中负离子超过 600 个 / 立方厘米时将有益于人体健康，现有文献通常根据市场上生产负离子的成本来折算林分年提供负离子的货币价值。计算公式为：

$$U = 52.56 \times 10^{14} \times S \times H \times K_6 \times (Q_6 - 600)/L$$

式中：U——林分年提供负离子价值（元 / 年）；

H——林分的平均高度（米）；

K_6——负离子生产费用（元 / 个）；

Q_6——林分中负离子浓度（个 / 立方厘米）；

L——负离子在空气中的存活时间（分钟）；

S——同上。

根据中国浙江省台州科利达电子有限公司生产的适用范围 30 平米（房间高 3 米）、功率为 6 瓦、负离子浓度 10 万个 / 立方厘米、使用寿命为 10 年、价格 65 元 / 个的 KLD-2000 型负氧离子发生器而推断，负离子寿命为 10 分钟，每生产 1018 个负离子的成本为 5.8 元。合肥市森林以乔木为主，根据实测结果，取乔木林平均高度 7 米估算林分平均高度。负离子浓度取平均值 1600 个 / 立方厘米。

合肥市城市森林提供负离子的功能价值约为：

$$52.56 \times 10^{14} \times 7.17 \times 7 \times 5.8 \times 10^{-18} \times (1600 - 600) = 0.015（亿元）$$

由以上数据可知，合肥市森林净化环境功能总价值为 75.9 亿元。

（四）保护生物多样性功能价值评估

1. 遗传信息的功能价值评估

采用康斯坦萨等人的评价系数，对合肥市城市森林的遗传信息价值给予估算。按照康斯坦萨等人的研究结果，单位面积森林每年提供的基因价值为 41 美元 / 公顷，按现今美元对人民币平均汇率 1：6.4 计算，合肥市森林面积为 71698.37 公顷，则估算合肥市城市的遗传信息价值约为：

$$71698.37 \times 41 \times 6.4 = 0.19（亿元）$$

2. 生物栖息地价值评估

现有资料表明，森林采伐造成的游憩及生物多样性的价值损失达 400 美元 / 公顷，全球社会性对保护森林资源的支付意愿为 112 美元 / 公顷。按现今美元对人民币平均汇率 1：6.4 计算，合肥市森林面积为 71698.37 公顷，则估算合肥市城市森林生物栖息地价值约为：

$$71698.37 \times (400 + 112) \times 6.4 = 2.35（亿元）$$

加总以上两项价值，计算得到合肥市城市森林生态系统保护生物多样性功能总价值

2.54 亿元。

（五）森林涵养水源的价值评估

计算森林涵养水源的价值可用影子工程法，即通过单位蓄水量水库建设成本计算其价值。年涵养水源总价值 = 年涵养水源总量 ×1 立方米库容水价。根据降水储存量和水量平衡法计算，取 2 种经济价值的平均值。

根据降水储存量计量，研究表明在林地森林涵养水源量只占林区降水量的 55%。计算公式为：

$$森林涵养水源量 = 平均降水量 × 总面积 × 森林覆盖率 ×55\%$$

可计算出涵养水源量。再用影子工程法计算涵养水源经济价值，即用我国每 1 立方米库容的水库工程成本 0.67 元（1990 年不变价）× 本区森林涵养水源量。

根据水量平衡法计量，国内外森林涵养水源研究的理论和实践表明，该方法是计量森林水资源涵养量的最佳方法。计算公式为：

$$年平均径流量（森林涵养水源量）=（林区年平均降水量 - 年平均蒸散量）× 研究区域$$
$$面积 = 年平均降水量 × 径流系数 × 研究区域面积$$

合肥市年平均降雨量在 1000 毫米，森林面积为 71698.37 公顷，森林覆盖率为 25%，径流系数为 0.595。根据降水储存量计量和根据水量平衡法计量得出的年涵养水源量分别为 $9858.5 × 10^6$ 立方米和 $42660.5 × 10^6$ 立方米。森林涵养水源的价值为 17.6 亿元。

（六）水土保持效益的价值评估

主要计算土壤流失、泥沙淤积和土壤肥力丧失造成的经济损失，以此代替森林的水土保持价值。

1. 减少土壤侵蚀量（土壤流失量）的估算

可使用无林地土壤侵蚀量替代合肥市城市森林生态系统在保护土壤方面的价值，即土壤侵蚀量的计算可采用有林地和无林地土壤（母岩）侵蚀深度差异来计算。计算公式为：

$$减少土壤侵蚀总量 = 有林地与无林地的侵蚀差异量 × 有林地面积$$

2. 土地废弃的机会价值（减少土壤侵蚀的价值）

计算公式为：

$$年废弃土地面积 = 年土壤侵蚀总量 ÷ 土壤表土层厚度$$

再根据我国林业生产的平均收益计算减少土壤侵蚀的价值。计算公式为：

$$本区域森林减少土壤侵蚀的价值 = 废弃土地面积 × 林业生产平均收益$$

3. 减少泥沙淤积的经济价值估算

计算出每年减少的土壤侵蚀总量后，根据我国主要流域的泥沙运动规律，根据蓄水成本计算损失的价值。

据有关研究，我国每 1 立方米库容的水库工程费用为 0.67 元（1990 年不变价）。因此，可最终计算出合肥城市森林每年减少的泥沙淤积的经济价值。

4. 减少土壤肥力流失的价值估算

我国耕作土壤的土壤容重 p 为 1.3 吨 / 立方米，可计算出年减少土壤侵蚀的重量，再分别根据降低氮、磷、钾素流失效益的公式计算出减少土壤肥力流失的价值。

降低氮素流失效益的计算公式为：

$$M_1=C_1E_1D_1Q_1S_1$$

公式中：M_1——降低氮素流失的总效益（元/年）；

　　　　$C_1=1 \times 10^{-6}$；

　　　　E_1——硫酸铵市场价格（850元/吨）；

　　　　Q_1——碱解氮折算硫酸铵系数（4.808）；

　　　　S_1——土壤碱解氮平均含量（69.34毫克/公斤）；

　　　　D_1——林地土壤保持重量（吨/年）。

降低磷素流失效益的计算公式为：

$$M_2=C_2E_2D_2Q_2S_2$$

公式中：M_2——降低磷素流失的效益（元/年）；

　　　　$C_2=1 \times 10^{-6}$；

　　　　E_2——过磷酸钙市场价格（600元/吨）；

　　　　Q_2——碱解速效磷折算成过磷酸钙系数（5.13）；

　　　　S_2——土壤速效磷平均含量（2.78毫克/公斤）；

　　　　D_2——林地土壤保持量（吨/年）。

降低钾素流失效益的计算公式为：

$$M_3=C_3E_3D_3Q_3S_3$$

公式中：M_3——降低钾素流失的效益（元/年）；

　　　　$C_3=1 \times 10^{-6}$；

　　　　E_3——氯化钾市场价格（1900元/吨）；

　　　　Q_3——速效钾折算氯化钾系数（1.82）；

　　　　S_3——土壤速效钾平均含量（47.64毫克/公斤）；

　　　　D_3——林地土壤保持量（吨/年）。

合肥市每年减少24475.2吨泥沙进入河道，可估算出合肥市城市森林每年减少泥沙淤积的经济价值为3.18亿元。

降低氮素流失的效益为2.14亿元，降低磷素流失的效益为2.13亿元，降低钾素流失的效益为29.13亿元，可估算出合肥市城市森林减少土壤肥力流失的总价值为33.4亿元。

将以上各项加总后可知合肥市城市森林水土保持的效益价值为36.58亿元。

综上所述，合肥市城市森林调节气候的功能价值约为45.14亿元，CO_2固定和O_2的释放功能总经济价值为45亿元，保护生物多样性功能总价值为2.54亿元，净化环境功能价值75.9亿元，森林涵养水源的价值为17.6亿元，水土保持的效益价值为36.58亿元，加总各项价值，合肥市城市森林生态服务功能价值为222.76亿元。

二、经济服务功能价值评估

（一）林产品价值评估

林产品主要指木材、果品、药材及其他工业原材料，一般可以采用市场价值法来评估其价值。计算公式为：

$$U=\sum_{i=1}^{n} S_i \cdot B_i \cdot P_i$$

式中：U——区域森林生态系统木材或果品价值（元/年）；

S_i——各种类型森林的面积（公顷）；

B_i——第i类林分单位面积的净生长量或产量（立方米或吨）；

P_i——第i类林分的木材或果品价格（元/立方米或元/吨）。

1. 活立木价值

合肥市的优势树种主要为香樟、广玉兰、二球悬铃木、槐树、女贞、杜英、乌桕等。估算合肥市森林生态系统活立木的总价值（表14-5）。

表 14-5　合肥市城市森林活立木价值

林型	面积（公顷）	单位面积活立木生产价值（元/年·公顷）	各林型木材生产价值（万元/年）
香樟	18677.2	131.31	245.25
广玉兰	218215	316.56	6907.81
二球悬铃木	49703.9	122.80	610.36
槐树	336593.5	265.72	8943.96
女贞	10376.9	162.59	168.72
杜英	10703.9	200.08	214.16
乌桕	24531.8	232.85	571.22
价值合计			17661.48

由表14-5可知，合肥市森林生态系统活立木的总价值为1.77亿元。

2. 经济林价值

合肥市共有经济林面积28978.3公顷，其中乔木经济林23071.6公顷，占经济林面积的79.6%，灌木经济林5906.7公顷，占20.4%。乔木经济林中主要树种为桃；在灌木经济林中主要树种为柿子和杏。经济林价值主要以桃和杏进行计算。根据统计数据，杏每亩共收入约2500元，桃的亩产价值约为5000元，桃和杏分别为10095.2公顷、3777.8公顷。

经计算合肥市估算杏产值为1.4亿元，桃产值为7.5亿元，总计为8.9亿元。

加总活立木价值和经济林价值，可估算得到合肥市城市森林的林产品加工业功能价值为10.67亿元。

（二）促进产业发展功能价值评估

关于城市森林促进旅游业等城市相关产业（包括林业产业）的发展，其效益价值可采用调整系数法，采用森林资源开发利用及发展林业所引起的相关部门产业结构变化的系数与各相关产业部门的纯收入（除去一切成本开支）进行换算。

调整系数法的计算公式为：

$$U=\sum_{i=1}^{m} A_i \cdot H_i$$

式中：U——城市森林促进产业发展的功能价值（元/年）；

m——相关产业部门数量（个）；

A_i——第 i 个产业部门的纯收入（元/年）；

H_i——第 i 个产业部门结构调整系数。

采用调整系数法，主要评估直接促进林业产业发展的功能价值，以合肥市林业产值作为其评估值，即结构调整系数为 1。根据合肥市 2011 年国民经济和社会发展统计公报，2011 年合肥市实现林业产值 10.9 亿元，以此估算合肥市城市森林促进产业发展的功能价值为 10.9 亿元。

合肥市城市森林的林产品加工业功能价值为 10.67 亿元，促进产业发展功能价值约为 10.9 亿元，加总后估算合肥市城市森林经济服务功能价值为 21.57 亿元。

三、社会服务功能价值评估

虽然人们认同森林具有经济、生态和社会三大效益，但传统的森林资源效益核算在多数情况下只包括了经济效益和生态效益，忽视了森林资源的社会效益，因而不能全面地反映森林资源的真正价值。只有完整地评估森林资源的三大效益，才能真正地体现森林在社会发展中的地位和贡献。

（一）森林游憩功能价值评估

合肥市通过综合开发森林景观资源，森林公园、生态公园、城郊农家乐等第三产业发展迅速。截至 2011 年 12 月合肥市森林公园已发展到 5 处，经营总面积达 30325.75 公顷。其中，国家级森林公园 2 处，经营面积 27050.75 公顷；省级森林公园 3 处，经营面积 3275 公顷。官方数据显示，2011 年上半年，全市接待省内外各地游客近 150 万人，林业生态旅游实现产值 18691.9 万元。其中，门票收入 5890 万元，购物收入 4738 万元，交通实现收入 5386 万元，餐饮及住宿实现收入 2677.9 万元。据此估算，2011 年合肥市主要森林旅游景点仅门票与配套产业价值就达 3.7 亿元。

另外，合肥市域内的众多生态游憩场所是合肥市民日常休闲、锻炼、游憩的主要生活空间，此处城市森林具有更为重要的功能价值。若按合肥市市民每人每年入园 60 次，按每人每次所享受的休闲游憩和绿色保健价值为 10 元计算的话（708 万人口），那么合肥市可供市民日常休闲游憩的城市森林每年所创造的价值将达 42.48 亿元。

（二）森林文化功能价值

合肥市是历史文化厚重、人文景观独特，是自然风光秀丽的中国优秀旅游城市，也是一座林水相应的绿色宜居城市。森林对陶冶人的情操，舒缓心理压力，激发创作灵感和寄托精神情感具有明显的功能价值，同时对青少年具有重要的科普教育价值。若按合肥市市民每人每年从城市森林中享受的文化功能价值为 100 元计算的话，合肥市城市森林每年所创造的价值将达 7.08 亿元。

（三）增加就业功能价值评估

根据世界银行的研究结果，森林直接提供就业机会的增值系数为 2.2~4.2。以城市森林直接提供就业机会数量为依据，按照增值系数计算城市森林直接或间接提供的就业机会数量，再乘以当年林业的平均工资即得该部分劳动者的工资总收入，以此作为增加就业功能价值的估算值，量化公式可以表示如下：

$$U=R\cdot\gamma\cdot T$$

公式中：U——城市森林增加就业功能价值（元/年）；

R——城市林业的从业人数（人）；

γ——城市森林提供就业机会的增值系数（2.2~4.2）；

T——城市林业就业人员的年平均收入（元/人·年）；

现代林业建设实施过程需要大量的人力物力，可以为当地居民和外来人员提供许多直接就业机会。据合肥市森林公园 2011 年度建设与经营情况统计，目前合肥市仅森林公园提供的社会就业岗位达 933 人。考虑到森林提供就业岗位时存在一种增值效应，即林业岗位对其他经济领域工作的增值，系数一般为 2.2~4.2，取中值 3.2 作为增值系数，则合肥市城市森林提供的社会就业岗位为 2986 人。按照合肥市在岗职工 2011 年平均工资为 30828 元，则合肥市城市森林的增加就业服务功能价值约为 0.92 亿元。

综上所述，合肥市城市森林的森林游憩价值为 3.7 亿元，文化教育服务功能价值约为 0.57 亿元，增加就业服务功能价值约为 0.92 亿元，加总后估算合肥市城市森林社会服务功能价值为 5.19 亿元。

合肥市有林地面积为 71698.37 公顷，以此可以估算，合肥市城市森林单位有林地面积服务功能价值约为 34.8 万元/公顷·年。2011 年，全市完成地区生产总值 783.2 亿元，按此可以计算，合肥市城市森林年服务功能价值相当于全年 GDP 的 31.86%。

表 14-6　合肥市城市森林综合服务功能价值统计

类别	评价项目	经济价值（亿元）	比重（%）
生态服务功能价值	调节气候功能价值	45.14	75.6
	固碳释氧功能价值	45	
	净化环境功能价值	75.9	
	保护生物多样性功能价值	2.54	
	涵养水源价值	17.6	
	水土保持效益价值	36.58	
	小计	222.76	
经济服务功能价值	林产品加工业价值	10.67	7.3
	促进产业发展功能价值	10.9	
	小计	21.57	
社会服务功能价值	森林游憩功能价值	42.48	17.1
	森林文化功能价值	7.08	
	增加就业功能价值	0.92	
	小计	50.48	
综合服务功能价值	合计	294.81	100

专题一　森林城市建设国内外经验启示分析报告

当今世界进入了城市化高度发展的时期。由于城市化和工业化的发展，世界各国均产生了严重的生态环境危机。为了缓解城市生态系统的巨大压力，世界各国积极开展生态建设，将城市森林视为衡量现代化文明程度的一个重要标准，并取得了重要成就和丰富经验。

城市林业的概念最早在北美提出，并得以发扬光大。1962 年，美国肯尼迪政府在户外娱乐资源调查中首次使用"城市森林"一词；同年在总统户外休闲资源评估委员会下设城市林业信息处，标志着美国城市林业正式诞生。自 1965 年加拿大 Erik Jorgensen 教授提出了完整的"城市林业"概念以来，城市林业与城市森林的研究和建设先后在北美、欧洲乃至全球掀起了热潮。欧洲国家于 20 世纪 80 年代后期至 20 世纪 90 年代初期引进北美城市林业学术思想，尽管欧洲各国对"城市森林""城市林业"概念的理解及其发展水平不同，但城市林业（或城市森林）已成为城市绿化领域最贴切的名词。亚洲国家多数为发展中国家，与中国一样，在经历高速城市化发展的过程中，逐渐意识到城市生态环境建设的重要性。尽管经济实力落后于西方发达国家，而且发展城市林业起步较晚，然而各国仍然努力推进城市森林建设，力求经济发展与环境保护协调并进。

台湾和香港地区虽然隶属于中华人民共和国的行政管辖范围，但由于历史和政治原因，这些地区与大陆几十年分治的政治体制使之经济、社会发展的步伐与大陆地区不一致。港澳台地区由于经济发达，较早地与国际接轨，其城市绿化水平较高。因此，借鉴港台地区的城市森林建设成果和经验，能为中国大陆地区城市森林发展提供模版。

我国进入 21 世纪后，城市化进程高速发展，由此产生的一系列生态环境问题，严重制约了城市的可持续发展。我国经过十几年的城市森林建设，坚持"让森林走进城市，让城市拥抱森林"的建设理念，取得了显著成就。目前，大陆已有 31 个城市被授予"国家森林城市"称号，总结我国大陆地区森林城市建设的成果和经验，为我国城市林业的健康发展提供模板。

一、国外城市森林发展经验与启示

通过借鉴美洲、欧洲及亚洲国家的城市森林建设成功模式，促进我国城市森林建设的健康发展。

（一）制定具有科学性和前瞻性的规划

国外城市森林的快速发展，得益于其对城市森林的科学定位，即把城市森林作为城市有生命的生态基础设施，结合城市规划制定了相应的城市绿化发展规划。

以英国为例，通过科学规划城市森林布局，建设不同层次、类型的城市森林，如花园、公园、自然保育地等，形成科学合理的城市森林生态系统。如大伦敦地区规定每千人拥有 4 英亩绿地，1/4 英里之内应有一块绿地，且该绿地能进行游玩、户外散步，并具有一定的自然保育、景观功能。

日本通过近百年的不懈努力，在市域范围内构建圈层式城市森林网络系统，创造了成功的日本模式，构建三个城市森林生态圈：第一圈以建成区为主，发展精细日式园林、公园绿地和人文遗产绿色保护地；第二圈为自然、优美的乡村田园风光；第三圈是山地森林生态屏障。

新加坡经过四十多年的建设，已经形成较完善的城市规划体系和公园绿地规划系统，并且将城市绿地系统规划贯穿于城市规划体系的每一阶段。在 1991 年新加坡的城市绿地系统概念规划中，提出建设遍及全国的绿地和水体的串联网络；2001 年的概念规划要求在增加更多绿地空间的基础上，提高公园之间的可达性；2003 年的城市绿地系统总体规划将 2001 年概念规划中的长期宏观策略进一步深化。

由此可见，规划具有科学性和前瞻性，一方面保证了城市绿化成为城市建设的重要内容，同时规划的稳定性也确保了城市绿化建设的持续健康发展。①科学编制城市林业用地规划。城市林业必须与城市总体规划相适应，融入城市经济社会发展总目标中，做到同步规划，协调发展。②以人为本，坚持适度的高起点、高标准。立足未来二三十年的长远发展目标，前瞻性地将城市郊区一定范围内的生态用地、自然和人文景观丰富的地区甚至农田加以保护，统筹城乡生态建设。③实施阳光规划。城市林业规划者要与市规划部门携手并进，广开言路，通过各种形式向社会各界人士展示规划内容，最广泛地听取和吸纳社会各层面的意见和建议，使规划进一步完善，具有合理性和可行性，形成良性互动的反馈和参与机制。

（二）在整个市域范围内开展城市森林建设

城市是处在一个区域环境背景下的人口密集、污染密集、生态脆弱的地带，实践表明，环境问题的产生与危害带有跨区域、跨时代的特点，这在客观上要求以森林、湿地为主的生态环境治理也要跨区域、跨部门的协同与配合，按照区域景观生态的特点在适宜的尺度上进行。从国外的城市绿化发展来看，也经历了从景观化与生态化、林业与园林部门管理权限的争论，但随着现代城市化进程的深刻发展，面向包括建成区、郊区甚至是远郊区整个城市化地区开展城市森林研究已经得到广泛的认可，这对中国长期以来以城区为主、过分强调景观效果、过度设计、部门分割管理的问题有非常重要的借鉴意义。此外，通过提高树冠覆盖率，使城市内的片林、林带、单木等多种森林成分与河流、湖泊等共同构成片、带、网相连的森林生态网络系统，使城市森林在整个市域范围内都分布较均匀。

以莫斯科的城市森林布局为例，从 1930 年起开始实施"绿色城市"的城市改建方案，现在，莫斯科市区有 100 条林荫大道、98 个市（区）级公园、800 多个街心花园；在城郊建立了宽

20~40公里的环城森林公园和郊野森林公园近30个，从8个方向楔入城市，其中有17个大型森林公园，9000多公顷的湿地森林，还有一座面积3000多公顷的森林疗养区，构成城市森林覆盖全市的基本格局。

澳大利亚的悉尼、默尔本、达尔文等主要城市，其城市森林空间格局分布均匀，城区绿树成荫且绿量高，城市周围有大面积保存完好的天然林，整个城市镶嵌在茫茫林海之中。无论是城市公园、街头绿地、道路绿带，还是房前屋后，到处都是以高大的乔木为主体构成的城市绿地，建筑掩映在树木之中，从整体上构成了一个森林环境。

美国非常注重提高整个城区的树冠覆盖率，提出了城市树冠覆盖率发展目标，例如密西西比东及太平洋东西部的城市地区，全地区平均树冠覆盖率40%，西南极西部干旱地区，全地区平均树冠覆盖率25%，同时对停车场等也提出了树冠覆盖率的建议。

（三）近自然林模式是绿化建设的主导方向

城市绿化建设的根本任务就是要改善城市生态环境和满足人们贴近自然的需求，因此，近自然林的营造和管理是城市绿化建设的方向。近自然森林的建设理念，是在反思重美化、轻生态的绿化现象基础上提出的，企图通过利用种类繁多的绿化植物，模拟自然生态系统，构建层次较复杂的绿地系统，实现绿化的高效、稳定、健康和经济性，倡导营造健康、自然和舒适的绿色生活空间。俄罗斯、澳大利亚等国家的城市森林建设都体现了近自然林的理念。

俄罗斯注重近自然的植物配置和管理。在俄罗斯的各个城市中常见乡土树种组成的近

自然群落配置模式，主要是在材料、组分、群落结构上体现了近乎自然景观的特点。尽管俄罗斯位于高纬度地区，植物资源相对匮乏，但并不影响当地城市森林建设的发展，在城市绿化大量使用椴树、白桦、欧洲赤松、橡树等地带性树种，即使是林下灌木、草本植物也是乡土植物。此外，在城市森林的管理上也采取了比较粗放的近自然模式，极少有人为雕琢痕迹。管理人员的主要

职责不是除草、浇水等，而是对靠近路边的绿化地带进行低强度的修剪和管护，落叶也被扫进林地里，整个林地处于自然生长状态。

澳大利亚的城市森林也注重采用乡土树种营造近自然城市森林，使整个城市处于森林之中。一些主要城市中，无论是大面积的森林公园，还是带状的道路、河流两侧的林带，以及零散分布与各种建筑物之间的小块绿地，都采用乔灌草相结合的近自然植物配置模式，并注重生物多样性保护，为鸟类以及其他各种小动物提供了栖息场所，因此，在大街上随处可见漂亮的鹦鹉在树木中飞来飞去。在城市森林的树种选择上，大量

使用乡土树种桉树、榕树等阔叶树种，对外来树种使用较少，并且只起点缀作用。

通过借鉴国外近自然城市森林的营造经验，总结出近自然林的建设理念，主要包括以下三个方面：一是树种近自然。注意乡土树种的使用和保护原生森林植被，强调体现本地特色森林景观。二是群落近自然。利用乡土树种，模仿天然森林群落营造近自然林。三是设计管理近自然。城市森林营造遵循树木生长规律，尽量避免过度修剪和移植大树；根据不同城市不同群体居民的需求，在城市或公园中营造生态区，即采用近自然的手法，进行营造和管理，有闹中取静的效果。

（四）建设绿道网络，满足城乡居民日常游憩和低碳出行需求

绿道是指沿着河滨、溪谷、山脊线等自然走廊，或是沿着用作游憩活动的绿地、水岸、风景道路等人工走廊所建立的线型绿色开敞空间。他包括所有可供行人和骑车者进入的自然景观线路和人工景观线路，是连接各类绿地及绿色开敞空间与城镇之间的绿色纽带。绿道是城市森林的一种重要表现形式，他能延伸并覆盖整个城市，使市民能方便地进入公园绿地与郊野林地，同时也提高了绿道沿线各类绿地的景观和生态价值，具有娱乐、生态、美学、教育等多种功能。北美国家的绿道建设开展较早，尤其以美国和加拿大为典型代表。

从20世纪中叶开始，美国各州分别对本州的各类绿地空间进行了连通尝试；70年代开始有了"绿道"（Greenway）概念；1987年，美国总统委员会提出了建立充满生机的绿道网络，

将整个美国的乡村和城市空间连接起来。在美国，根据形成条件与功能的不同，绿道主要分为城市河流型、游憩型、自然生态型、风景名胜型、综合型等5大类。

加拿大的步行生态系统充分体现了人性化。为了满足人们接近自然的要求，整合城市的自然和人文资源，多伦多从20世纪60年代开始构建名为"发现之旅"（Discovery Walks）的生态网络和步行系统。作为一种自助的步行旅行线路，分多个片区将峡谷、公园、历史遗存、湖滨水岸和社区等城市人文、历史和自然资源联系起来，至今已建立起覆盖整个多伦多的七条线路。整个路线上配置了座椅、公共艺术、小型商业、标识系统、卫生间等服务设施。在公共场所，提供随处可以免费取阅的宣传册让市民和游客更好地了解"发现之旅"。

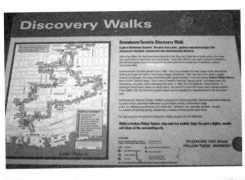  

根据国外的绿道建设经验可知，城市绿道系统建设中，应针对行人和非机动交通，集生态、景观、游憩和健身为一体，利用与城市道路、河流并行的绿色健康走廊相互串联，将城市绿地与郊区风景林有机联结成独立于城市机动交通网络的城市健康森林绿道网络。首先，绿道规划要求层次分明和功能复合，从地区、城市、场所等不同层面开展有针对性的绿道规划与建设，注重兼顾绿道的生态环保、休闲游憩和社会文化等多种功能；通过绿道连接独立、分散的绿色空间，既能形成综合性的绿道网络，同时营造亲民尺度的绿道空间。其次，绿道的生态功能和网络要具有连通性，将绿道与城市公园绿地和开放空间的结合，注重绿道建设对生物廊道的保护和建立、生态环境改善、生态网络的连续性发挥作用。另外，通过网络与各种媒体的宣传教育，营造全民了解绿道、关注绿道的良好氛围。

（五）城郊森林对控制城市的无序扩张发挥了重要作用

城市化的快速发展对城市建设用地产生了前所未有的巨大需求，一方面单个城市的规模不断扩大，城市周边的土地被大量的转化为城市建设用地，另一方面卫星城的不断出现也加剧了城市地区的用地矛盾。而在这个过程中，森林和湿地等生态用地往往成为建筑用地拓展的首先。国外许多国家在城市化过程中都非常注意森林、湿地等保护工作，制订了长期稳定的保护规划，并通过政府、市民以及非政府组织监督落实，许多城市的周围都保留有大片的城郊森林，对控制城市的无序发展，促进现代城市空间扩张由传统的摊大饼式向组团式方向发展，发挥了限制、切割等重要作用。

英国的环城绿带颇为有名，其中以伦敦作为推动世界建设环城绿带的成功典范。伦敦的绿带平均宽度 8000 米，呈楔入式分布，按照顺风方向配置，促进城区与郊区空气的交换，很好地改善了城市小气候。同时，绿道也提供大伦敦最主要的野生生物生境，发展了野生生物廊道。

日本在城郊大力营造保安林（类似于我国的生态防护林），其面积占全国森林总面积的35%，占国土面积的四分之一。目前保安林的综合防护体系已经形成，保安林营建技术和制度也不断改进。保安林体系建设为日本带来了巨大的生态、社会效益。据林野厅公布的数据，日本每年通过森林减少的泥沙流失量约为 58 亿立方米，森林土壤的蓄水量每年达 2300 亿吨。

（六）采用形式多样的立体绿化增加城区绿量

绿量指单位面积所占据空间中所有叶片面积的总和，在一定程度上反映了绿地生态功能，能较准确地反映植物构成的合理性和生态效益水平。国外发达国家由于城市化进程较早，其城市绿化建设已从拓展绿地面积转向提升绿地质量的阶段，增加城区绿量方面已积累了丰富经验。

德国的城市地区绿化率已几近饱和，因此，城区绿化非常重视屋顶和庭院绿化，使城市绿地面积得以偿还。德国的屋顶绿化已经有 30 多年历史，屋顶绿化对资源的再利用以及资源的节约已经积累了大量的研究经验，并取得可观的经济、生态、社会效益，成为世界公认的节能环保国家的典范。目前，德国的屋顶绿化率已达到 80% 左右，取得这样丰硕的成果，与德国政府的相关政策保障系统、总体规划布局、先进的技术支撑以及人们的环保意识息息相关。庭院树木也是德国城市森林的重要组成部分，所占比重大。早在 18 世纪中期，德国颁布的"小农园法"就规定，国民每家每户有义务种植花草、树木、蔬菜等。

新加坡的立体绿化堪称世界城市楷模，其形式多样，城市中的所有空地几乎都被绿色植物覆盖。其垂直绿化植物的栽植不是悬挂种植箱，而是在建筑、桥体的设计和建造过程中，已考虑了植物的种植槽，并安装了自动浇灌设施。新加坡政府采取各种优惠政策，鼓励发展商开辟高楼空中花园，如将向在高楼建造花园的发展商颁发"城市花园奖"，放宽对阳台空间的限制，使屋主可以创造"空中花园"。

通过借鉴国外立体绿化的经验，针对我国城市中人多地少的情况，在我国城市森林建设中应努力增加绿量和优化结构，以充分利用城市宝贵的土地资源，发挥绿地的生态、景观功能。一是采取形式多样的垂直绿化增加城区绿量，如墙体绿化、屋顶绿化、围栏绿化、桥体绿化、河道绿化、立体花坛等，同时也强调与周边环境的协调融合和养护成本的经济合理。二是重视乔木树种、乡土树种、地带性植被的使用，并适当引进优良种源，实行乔、灌、花、草、藤立体搭配，构建复合森林结构，营造近自然植物群落。三是结合旧城改造工程，为了解决绿化用地与城市建设用地的矛盾，通过拆墙透绿、借地建绿、拆违扩绿等措施新建绿地。

（七）公众与社区积极参与是城市森林建设的主力军

城市林业牵连城市的千家万户，涉及众多的社会团体。群众既是城市林业的直接受益者，也是参与者，因此，群众的环境意识对城市林业的理解及其重要性的认识显得格外重要。在许多发达国家中，市民保护生态环境的意识很强，对城市绿化建设给予极大关注，特别是群众组织和积极分子发挥了重要作用，其中以美国的公众参与和英国的社区森林为城市森林建设全民参与的典范。

作为民主体制国家，美国公众对绿化的兴趣、倾向、需求及参与在城市森林建设中起着决定性作用。自1992年以来，超过50.4万的志愿者通过他们的社区植树造林项目与国家树木信托基金建立了伙伴关系，78.3万学生参与了城市森林建设。美国还成立了许多专业性组织机构与民间团体，如国际树木协会、美国林业工作者协会、美国植物花园和植物园协会、美国林业协会等，通过对城市林业的宣传和培训，促进了市民对城市林业重要性的理解和支持。

英国的社区森林主要目的是帮助恢复城郊废弃地区，提供新的就业和休闲场所。早在1989年，英国农村委员会和林业委员会提出发展社区森林活动，宣布在英格兰和爱尔兰主要城市郊区发展12片社区森林。社区森林的迅速扩大，产生了大量的工作岗位，除了需要直接的工程人员外，还需要许多专业技术人员。由于公众的大力支持，促进了社区森林认识的提高，同时也促进了各种志愿者组织的参与。

从国外群众和社区积极参与绿化建设的经验可以看出，城市林业是一项长期坚持的、全民参与的公共建设事业。只有通过立法、行政和宣传发动的手段调动一切积极因素，以便取得各部门、机构、市民的支持与拥护，形成全社会爱绿兴绿的良好氛围。另一方面，通过开源与节流并举，形成一个人、社会参与互动的正反馈机制，城市森林的建设才会有一个美好的、可持续发展的未来。

（八）城市森林建设有比较完善的政策法规支持

由于城市中的树木、森林更易受到各种不良因素的影响，因此，开展植城市森林建设，首先要解决立法先行的问题，必须树立法律权威，增强法制观念。国外的城市森林建设，至始至终都有较完善的法律法规作为支撑和保障。

巴西虽然属于发展中国家，由于城市人口激增带来了一系列环境问题，巴西政府加强城市森林的法制建设，取得了显著成效。在 20 世纪 70 年代，巴西就立法保护城市森林，规定"所有城市森林和自然植被都必须永久保护"；2000 年巴西颁布了《环境保护法》；2006 年又颁布了《亚马逊地区生态保护法》，政府投入大笔资金，用于遏制雨林砍伐，通过立法和多种补偿措施，已基本停止了大规模天然林采伐。

韩国通过制定可持续战略计划推进国土绿化，以法律作为保障，创造了迅速绿化国土的奇迹。从 1962 年开始，韩国政府先后实施了"治山治水"计划、"两个治山绿化十年"计划、"整顿火田"计划"森林资源增长"计划等，造林面积达 410 万公顷。在实施这些计划的过程中，通过制定《山林法》《关于取缔林产品的法律》《狩猎法》《治山治水事业法》《促进绿化临时措施法》《关于整顿火田的法律》等，借助林业立法，采用行政手段，强行贯彻政府的决策和政策，确保了上述计划的顺利实施与完成。

综上所述，通过政府制定相关法律法规，可以有效地保障和推进城市森林建设顺利进行。第一，要从行政管理体制上协调林业、城建、园林的关系，把原本在城区和郊区割裂的城市绿化建设体系纳入一体化管理中，依法行政。第二，要建立健全法律法规制度和管理规范，强化城市绿线管理等法律意识，维护城市树木、森林的健康，达到绿化规划的预期目的，实现城市森林功能和效益的最大化。第三，要坚持依法行政，严格林业执法，综合运用法律、经济、技术和必要的行政办法解决造林、育林和保护森林资源过程中出现的各种问题。此外，还要重视对城市绿化建设的投入，通过立法使城市绿化建设的投入常规化。

二、港台地区城市森林发展经验与启示

香港和台湾地区与大陆山水相连，文化习俗相通，城市发展模式相似，通过借鉴港台地区的城市森林建设经验，结合我国大陆地区的实际情况，有助于更好地指导我国大陆地区城市森林建设健康发展。

（一）开发多功能森林公园，实现城市森林多目标可持续经营

森林公园是一个综合体，具有游憩、疗养、科研、林木经营、环境保护等多种功能。在规划设计和经营管理上充分发挥森林公园的生态、经济、社会和文化功能，可实现森林生态旅游可持续经营管理。台湾的森林游乐区和香港的郊野公园是发展多功能森林公园的典范。

台湾林务局从 1965 年开始规划建设森林游乐区，至今已建成 20 多处，每年接纳游客500 万人次以上，成为台湾林产业的支柱产业和旅游业的重要组成部分。台湾的森林游乐区是非商业化和机械化的游乐场所，其发展方针是体验自然野趣，以发展登山健行、森林浴、自然疗养、观赏野生动植物、自然解说及户外教室等无障碍生态活动为主。另外，根据资源特色及游客需求开设了不同类型的森林步道系统，为游客森林旅游提供方便，同时也有效缓解了森林游乐区在旅游旺季的游憩压力。目前，台湾的森林游乐区发展方向是为公众提供生态、经济、文化、社会等更综合的生态服务功能。

香港建设郊野公园的目的是保护自然环境、发展郊区经济，以及向市民提供郊野康乐和户外教育设施，目前已建成 24 个郊野公园，占香港陆地面积 40%，包括风景怡人的山岭、森林、水库、海滨、离岛和港岛地带。公园内设有形式多样、设计精细的康乐设施，为人们游憩、疗养、避暑、文化娱乐和科学研究创造了良好的环境。通过开设郊游径、长途远足径和越野单车径等多种森林步道，使人们在亲近大自然的同时，也起到康体健身和环保教育的作用。近年来，香港郊野公园每年的游客数量超过 1200 万人次，郊外一日游已成为香港市民康乐的主要内容之一。

由此可见，深入开发森林公园的多种功能，首先要加快城市郊区风景游憩林建设，在原有基础上提升质量并新建一定数量的森林公园、湿地公园、城市郊野公园等生态游憩地，满足城市居民日益增长的生态游憩需求。同时，依托城郊的乡土特色和自然资源，结合生态旅游、观光农业等发展森林生态休闲产业，促使城郊居民的环境改善和收入增加，使郊区城市森林实现可持续经营。

（二）注重发挥城市森林在保护生物多样性方面的作用

人口密集的城市化地区，森林、湿地等自然景观资源的逐渐减少和破碎化，是造成该地区生物多样性丧失的重要原因之一。城市森林作为城市生态系统的主体，既是一些物种的重要栖息地，也是许多动物迁徙的垫脚石。因此，城市森林在维持本地区生物多样性和大区域生物多样性保护方面都发挥着重要作用。

香港地区由于人多地少，为了保护极其珍贵的自然生态资源，政府非常注重对乡土植物的保护和开发，在植被生态恢复和生物多样性保育方面做了大量工作。为了保护野生动植物及其栖息环境，香港在郊区、林区、水域、海滨等地区对自然环境和动植物资源进行

圈地保护，成为植被生态重建和增加生物多样性的成功案例。目前，香港共设立了 14 个特别地区，2 个野生动物禁区，3 个海岸公园，1 个海洋保护区，59 个"具特殊科学价值地点"。此外，香港还设立了专项科研基金和项目组进行生物多样性调查，如香港生物多样性调查项目、香港可持续发展基金等，调查对象以自然生境较好的森林公园、郊野公园、自然保护区、海岛等为主，通过野外调查研究植物区系、植被组成、分布区类型、植物群落特征和生物多样性等。

台湾的相关部门也很重视对植被本底资源的调查研究，为了整合生物多样性资料并与国际接轨，2002 年台湾"中研院"开始建置台湾物种名录数据库，并加入全球生物多样性信息网络。同年，台湾"林务局"在全岛设置了 3188 处长期监测样区，长期监测林木生长发育及其环境因子的动态变化。

由港台地区城市森林建设的经验可知，为了发挥城市森林的保护生物多样性的作用，首先要调查摸清城市森林资源的本底状况。将城市林业作为林业发展中一个新的重要方向，开展城市森林资源的本底数据调查，建立城市森林信息数据库和长期监测站，加强对城市森林乡土资源的管理和监测，为城市森林发展提供真实可靠的数据支持。其次，要建立各类保护区，必要时通过制定相关法律法规对城市森林进行保护，并限制具有破坏性的开发活动。

（三）保护和挖掘森林生态文化

生态文化是人与自然和谐相处、协同发展的文化。在城市森林建设中，通过保护和建设纪念林、乡村人居林、生态风景林、森林公园、湿地公园、民俗风情园、古树名木等，作为森林生态文化得以传承和弘扬的主要载体。港台地区在城市森林建设过程中处处体现着对生态文化的保护和挖掘，无论是生态旅游区的规划设计、旅游产品的开发，还是森林食品、森林保健品的系列化生产，都蕴藏着丰富的绿色文化、土著文化、地域特色和中国传统文化的脉络。

台湾民众对古树名木保护极为重视，具有历史价值的古树名木得到保护，一些被称为"神木"的古树成为旅游开发的重要景点，"神木"蕴含的历史与文化价值得到了很好的挖掘。在台湾的很多森林游乐区，传统的森林游憩产业正在向复合的生态文化游憩产业发展，也就是说游览的是森林环境，感受的是生态文化，促进的是地方经济发展。

香港是我国最早研究风水林的地区，在城市建设过程中注重对风水林的保护，从而保留了当地的村落文化和风水文化。2002 年，香港渔农自然护理署开展了全港风水林调查，对香港 116 处风水林进行考察并建立数据库，为保护风水林提供了依据。

通过借鉴港台地区对森林生态文化的保护和，归结出两条经验：一方面，通过深入挖掘地域生态文化，将现代生态理念与中国传统园林文化相结合，在森林公园、湿地公园、郊野公园等建设中注重体现生态文化特色；另一方面，通过建设各类科普馆，开展自然科普和生态道德教育活动，强化城市森林的生态科普功能，使之成为民众了解自然的窗口和重要的环境教育基地。

（四）开发森林与树木的保健游憩功能

森林不仅能改善空气质量、净化水质，改善居住环境，还是一类重要而独特的保健资源，能够产生负氧离子、消减噪音、调节小气候、散发芳香物、保持眼视觉功能等，对人体有良好的疗养、减压、调节、保健作用。

台湾对森林保健功能的研究和开发应用早于大陆地区，以森林浴、森林精气和森林保健疗养等方面的研究较多，并将许多成果应用于实践。1984 年出版的《森林浴:绿的健康法》和 1992 年出版的《森林浴：最新潮健身法》，介绍和普及森林浴知识，促进了台湾森林浴的发展，至今已建成森林浴场 40 余处。台湾还重视对芳香植物、保健植物及其衍生产品的研究、培育和应用，目前已大力研究和开发利用的芳香植物达到 20 余种，如萃取月桂、相思树、锡兰橄榄等树种的特殊化学成分，应用于医疗、环保用药及生物科技等方面。在阿里山、玉山等森林为主的自然教育园区，这种基于树木保健功能研究的相关产品开发已经成为特色旅游产品的重要组成部分。

借鉴台湾开发城市森林保健功能的经验，把植物、树木以及森林群落的人体保健功能落实到植物选择与配置、森林保健场所建设等方面，培育有利于身心健康的城市森林。一是在风景区、森林公园或条件优越的林区建立综合性森林疗养医院、森林浴场、健康步道等一系列康体休闲设施和场所，深层次开发森林保健旅游资源。二是结合中国传统医学理论，完善森林疗养的技术与服务项目，研究开发森林保健药品与食品。三是结合科普教育、环境保护等，开展森林疗养、卫生、保健效益的宣传活动，提高人们对开发和利用森林保健功能的正确认识。

（五）在森林游憩中融入科普教育

结合生态环境保护和宣传教育，开展具有趣味性、参与性和科普性的生态旅游，已成为香港森林旅游的一项常态化项目，如香港的自然保护区、郊野公园、特别地区、健康教育径等，都是开展环境科普教育的良好场所。此外，香港很注重森林生态文化的常态化宣传，为环保宣传教育的持续发展营造了良好的社会舆论环境，如建立生态导览制度，举办各种自然主题

展览、讲座，出售形式多样、工艺精美的有关自然生态保护的画册、纪念品等。香港还很重视对下一代的环境教育。以香港米埔自然保护区为例，为小学生提供自然教育径，注重以互动教学和亲身体验的方式启发学生欣赏大自然和保护环境意识；对初中生将参观项目与课程相融合，以探索和思考的形式，提高学生对湿地功能及自然保护的认识；对高中生则结合生物课、地理课及环境教育，开展角色扮演、讲解和讨论等教学活动。

借鉴香港的科普教育常态化模式，通过注重趣味、参与和亲身体验的教育方法，鼓励大众支持环境保护工作，提高人们的环保意识，应致力于以下几个方面：一是建设内容丰富的森林博物馆、动植物标本馆、游客中心、自然教育中心、科普长廊等科普教育基础设施，对游客进行寓教于乐的生态宣传与教育。二是在森林公园、生态休闲农园等自然环境较好的场所开展具有地域特色的各类节庆活动，利用环保节日开展科普宣传活动，创造良好的生态文化氛围，通过人们的切身体会和感知，使环保意识深入人心。三是各自然保护区、森林公园等管理部门应积极与教育部门合作，为学生提供参观和教学的场所。

三、大陆城市森林建设经验与启示

切实改善城市居住环境、提高城市绿化水平已成为我国城市建设的一项重要任务，建设森林城市已经成为我国城市向低碳化、现代化、国际化迈进的重要途径。随着我国城市森林的发展，群众和政府的重视及受国外先进建设技术和思想的影响，我国城市森林建设也逐渐步入快速、正常发展的轨道。综观我国当前城市状况，城市森林建设有以下经验和启示：

（一）将"一个理念三个转变"作为中国城市森林的建设理念

根据近年来我国城市森林的建设实践和经验，摸索出适合中国国情的城市森林生态网络建设思路。一是提出了"林网化与水网化"的中国城市森林建设理念：通过林地、林网、散生木等多种模式，有效增加城市林木数量；强调城乡一体，林水结合，使森林与各种级别的河流、沟渠、塘坝、水库等连为一体；建立以核心林地为森林生态基地，以贯通性主干森林廊道为生态连接，以各种林带、林网为生态脉络的林水一体化城市森林生态系统，实现在整体上改善城市环境、提高城市活力。二是提出城市绿化建设要服务城市发展和人居环境改善的需求，实现三个转变：①从注重视觉效果为主向利于居民身心健康观念的转变②从注重绿化建设用地面积的增加向提高土地空间利用效率的转变③从集中在建成区的内部绿化美化向建立城乡一体的城市森林生态系统的转变。

（二）制定城市森林建设规划，以工程建设推进森林城市

科学制定城市森林建设规划，按照森林生态体系、林业产业体系和生态文化体系规划设计森林城市建设工程。在森林生态体系建设方面重点布局规划建设城区绿岛、城边绿带、城郊森林，构建城市—乡村一体化、水网、路网、林网结合的城乡森林生态网络体系；在林业产业体系建设方面重点布局规划生态旅游、种苗花卉、经济林果、工业原料林、林下经济等，通过产业发展促进地方经济增长，增加农民涉林涉绿收入；在生态文化体系建设方面，选择代表性的森林公园、湿地公园、城市公园重点规划建设森林文化、湿地文化、园林文化展示系统，建设生态文化馆，开展生态文化节庆活动。

（三）突出环城绿带的建设，构建中心城区的生态屏障

环城绿带的建设，对于控制城市无序蔓延、改善城市生态环境、美化城市景观、创造游憩场所等方面具有重要意义。随着城市经济的发展和人口的增加，闲暇构成时间的变化，对城市中心城区外环绿带的发展也提出了更高的要求，即环城绿带不仅仅是林带，也是游憩带和景观带。北京、上海、长沙、广州、贵阳等城市相继规划实施了环城林带建设工程，将"生态、景观、游憩、经济"作为建设内容，形成了森林围城、进城的城市森林建设格局，为城市建起了绿色生态屏障，为市民提供了更多更便捷的休闲游憩空间，也促进了郊区观光林业的发展。

（四）遵循森林演替规律进行生态风景林改造

城市周边地区的森林起到自然生态系统与城市生态系统之间过渡的作用，应该是具优美视觉效果和丰富文化内涵的生态风景林。按照森林景观恢复的思想，城市森林建设要考虑把城市地区居民游憩林、自然栖息地、森林公园等生态风景林、贯通性森林生态廊道、污染防护林等在景观尺度上合理布局和科学规划，实现城市树木、森林"主导利用"与"多功能"的有机结合，保障城市森林景观的生态完整性。

（五）注重绿量的增加，提升建成区内部的城市森林质量

绿量指单位面积所占据空间中所有叶片面积的总和，在一定程度上反映了绿地生态功能，能较准确地反映植物构成的合理性和生态效益水平。针对我国城市中人多地少的情况，在城市森林建设中努力增加绿量和优化结构，以充分利用城市宝贵的土地资源，发挥绿地的生态、景观功能。我国各城市在建成区的城市森林建设中，越来越注重提高城市森林的绿量，主要体现在以下几个方面：乔木树种、乡土树种、地带性植被的使用受到重视，并适当引进优良种源，实行乔、灌、花、草、藤立体搭配，构建复合森林结构，营造近自然植物群落；结合旧城改造工程，为了解·决绿化用地与城市建设用地的矛盾，通过拆墙透绿、借地建绿、拆违扩绿等措施新建绿地；垂直绿化形式多样，如屋顶绿化、墙壁绿化、桥体绿化、架棚绿化、阳台绿化、栏杆绿化、篱墙绿化等。

（六）发挥城市森林康体保健功能，建设便捷完善的森林游憩体系

城市森林不同于一般意义上的森林，其中最主要的特点就是满足人们休闲游憩、促进身心健康的需要。绿道（greenway）是一种线形绿色开敞空间，通常沿着河滨、溪谷、山脊、风景道路等自然和人工森林廊道建立，主要由林荫下的人行道、自行车道等非机动车游径和租车店、休息站、旅游商店、特色小食店等游憩配套设施及一定宽度的绿化缓冲区构成。在城市森林建设过程中，许多城市一方面大力加快森林公园、湿地公园建设，在近郊区建设块状森林、经果林等形式发展郊野公园、生态采摘园等，增加城乡居民生态游憩空间的供给；另一方面通过不断完善贯通城乡的绿道系统，连接主要的公园、自然保护区、风景名胜区、历史古迹和城乡居民居住区等，供行人和骑车者更方便的进入景观游憩区。

（七）通过农林复合经营，发展可持续城郊森林建设模式

大力发展生态经济型林业产业，依托区域独特的自然、人文景观和历史文化资源，把林业生产发展和开发二三产业有机统一起来。通过建设特色经济林果基地、发展林木种苗花卉产业、打造生态采摘基地、开发乡村生态旅游等农林复合经营模式，促进林业生产经营模式由传统的单一功能向集生产、生态、旅游、文化、教育等多功能综合为一体的方向发展，引导综合开发，实现一业多赢，把城市郊区环境改善与农民致富相结合，调动农民保护生态林、发展产业林的积极性，提高了郊区农民收入，促进了城郊森林的可持续发展。

专题二　合肥市城市发展生态足迹与减赤对策分析报告

　　生态环境是人类生存的基本条件，是经济社会发展的基础，人类社会要取得发展的可持续性，就必须维持一定的自然资产存量，使发展控制在生态系统的承载力范围之内，否则的话就会出现生态危机。生态危机已经成为了人类面临的最大安全威胁。因此，对区域生态环境的固有特性与经济快速发展协调性的诊断，不仅关系到区域经济的发展和生态安全的维护，也关系到地区经济的可持续发展。

　　自 1987 年世界环境与发展委员会在《我们共同的未来》报告中首次提出可持续发展的概念以来，生态经济学界就一直致力于可持续发展测度指标的设计与开发。自从William Rees 等在 1992 年提出生态足迹概念与测度方法以来，由于其紧扣可持续发展理论，视角独特、可操作性强，因此很快获得了学术界的普遍认可。1999 年生态足迹概念被引入国内后，国内学者也给予了极大的关注并进行了尝试性实践，尤其是对国家、省、市、县等不同空间尺度的生态足迹进行了大量研究工作。

　　生态足迹分析法是 William Rees 等在 1992 年提出和完善的一种对区域可持续发展状况进行定量衡量并告诉人们是否接近或者远离了可持续发展目标的方法。其理论依据人类社会对土地的连续依赖性，并基于以下假设：人类可以确定自身消费的大多数资源及其所产生的废弃物数量，而且这些资源和废弃物是能被折算成相应的生物生产性面积。生产性土地包括可耕地、林地、草场、化石能源地、建成地和水域。任何已知人口的地区或国家的生态足迹是生产这些人口消费的所有资源和吸纳这些人口产生的所有废弃物所必需的生物生产面积的总和；生态承载力是指一个地区或国家实际提供给人类的所有生物生产土地面积的总和。生态足迹分析法通过引入均衡因子和产量因子进一步实现了区域各类生物生产性土地的可加性和可比性，其指标体系为衡量可持续性程度提供了统一的衡量标准，从经济需求的角度计算人类对自然的需求量，从生态供给的角度计算自然供给人类的生态承载力，通过生态供需平衡的比较，确定区域生态经济系统可持续发展状况。如果区域的生态足迹大于区域所能提供的生态承载力，就出现生态赤字，表明该地区人类对自然生态系统的需求超过了系统承载力，人类社会的发展处于相对不可持续状态；如果小于区域的生态承载力，则表现为生态盈余，说明人类生存于生态系统承载力的范围内，生态系统是安全的，人类社会的发展处于可持续范围内。

　　为了测度合肥市对自然资源的利用程度，确定其区域发展是否处于生态可持续范围之内，这里运用生态足迹理论和计算方法，采用 2005~2010 年合肥市统计年鉴、2010 年巢湖市统计年鉴、历年土地面积、世界粮农组织和世界自然基金会的相关数据，对 5 年以来合肥市人均生态足迹和人均生态承载力进行实证计算和分析。以求定量反映合肥市社会经济活动对区域生态环境产生的压力和生态系统的安全程度，客观地评价合肥市可持续发展状态及其主要影响因素，为合肥市可持续发展政策制订和社会经济发展规划提供有针对性的依据和对策措施。

一、生态足迹动态变化

（一）生态足迹需求结构

因为数据的限制，我们仅可以分析合肥市 2005 年和 2010 年的生态足迹变化，从合肥市人均生态足迹需求结构可以看出，在 2005~2010 年的 5 年间，合肥市主要的生态需求用地为草地和化石能源地，草地的生态需求由 2005 年的 44% 下降到 2010 年的 34%，而化石能源地的需求逐年增大，在研究时段之内上升了 7%，成为合肥市主要的生态需求用地；耕地的生态需求降低了 1%，是合肥市较为主要的生态需求用地；建设用地的需求有所加，上升了 4%；水域、林地在研究时段内的生态需求变化很小。以上分析说明合肥市生态消费是以化石能源地和草地为主，生物消费是煤炭、天然气、原油、汽油、煤油等能源消费以及肉、蛋、奶等动物产品的消费为主，人民生活从 2005 年的肉、蛋、奶等动物产品的生物消费逐步向煤炭、天然气、原油、汽油、煤油等能源消费转化。

2011 年巢湖市的居巢区和庐江县划归为合肥市管辖，计算其生态足迹后，可以看出居巢区与庐江县的生态需求结构：生态需求最大的是耕地，所占比率为 44%，其次为化石能源地，占到 28%。水域的生态需求也为显著，占 14%，草地为 13%；建设用地与林地的生态需求较低，说明在该区域，人民的生活消费是以粮食、油、蔬菜等生物消费为主，煤炭、天然气、原油、汽油、煤油等能源消费也占到了相当的比例。

将该区域的生物、能源消费与合肥市的生态消费合并计算，可以看出，耕地是新合肥的主要生态需求用地，其次为化石能源地，草地也占到较为重要的比例，约为 23%；水域的生态需求也提高到 10%，建设用地与林地的生态需求变化不大。说明合并之后，2010 年合肥的主要生态用地由化石能源地转化为了耕地，生物消费超过能源消费占生态消费的主导因素。

随着工业生产的迅速发展，合肥市能源消耗逐渐在增多，加大了其在生态足迹构成中所占比例。同时从人均生态足迹各用地所占比例的变化趋势可以预知，随着合肥城市化的快速发展，经济的持续增长，人们生活水平的不断提高，对天然气、煤炭等化石能源的需求将持续升高，因此，控制高能资源的消耗是合肥未来可持续发展所面临的严峻形势。

（二）生态足迹变化趋势

根据计算结果，合肥市人均生态足迹 2005 年为 1.7083 公顷 / 人，2010 年为 1.5683 公顷 / 人，巢湖市居巢区和庐江县的 2010 年生态足迹为 1.7812 公顷 / 人，合并后的合肥市生态足迹为 1.9609 公顷 / 人，略高于同时期的中国人均生态足迹。

表1 合肥市人均生态足迹（单位：公顷／人）

年份	耕地	林地	草地	水域	建设用地	化石能源地	人均生态足迹综合
2005	0.3085	0.0011	0.7449	0.0859	0.0333	0.5346	1.7083
2010	0.2597	0.0013	0.5245	0.0841	0.0964	0.6023	1.5683
2010 巢湖	0.7784	0.0087	0.2233	0.2428	0.0205	0.5074	1.7812
2010 合并	0.6579	0.0062	0.4561	0.1923	0.0741	0.5743	1.9609

由表1可以看出，在未计算合并的区域生态足迹时，合肥市的生态足迹在2005到2010年是处于下降的趋势，其中，耕地与草地的生态足迹下降的幅度较大，分别下降了15.8%和29.6%；而建设用地和化石能源地的生态足迹则处于增长的趋势，分别增长了65.5%和11.2%；但是耕地和草地是构成合肥市人均生态足迹的主要组成部分。巢湖市2010年的生态足迹表明略高于同时期的合肥市生态足迹，占主导人均生态足迹为耕地和化石能源地，草地、水域也较为重要；将巢湖市区域合并之后，合肥市的生态足迹发生了较大的变化，人均生态足迹较未合并时发生了较大幅度的提高，主要是耕地的生态足迹大幅度提高，成为了合肥市最主要的生态消耗，说明巢湖地区是主要对粮食、油料、蔬菜等生物消费为主的地区，合并后也影响到了整个合肥市的生态足迹各用地的生态需求。

表2 人均生态足迹比较

区域（公顷／人）	2005 年	2010 年
合肥市人均生态足迹	1.7083	1.5683
合并后合肥人均生态足迹	—	1.9609
中国人均生态足迹	1.6	1.8

由表2和图1可以看出，合肥市的人均生态足迹在研究时段内均高于全国生态人均足迹。2000年以后，我国经济社会快速发展和生态建设力度加大，农业结构调整、三农政策的有

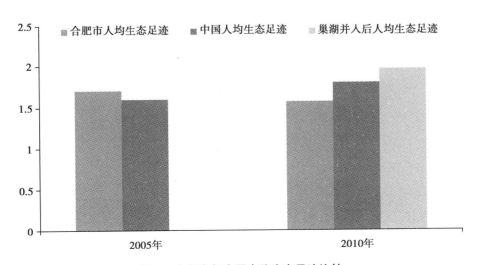

图1 合肥市与中国人均生态足迹比较

力实施、减免农业税，加之近几年的家用小汽车比较普遍，石油消费剧增，2004年、2005年的人均生态足迹出现了急剧上升，到2010年人均生态足迹达到1.8公顷/人，这说明合肥市的人类活动对其周围环境影响相对来说较为显著。合肥市受国家经济快速发展的推动，人民生活水平和生活质量的极大提高，以及源源不断的输出能源和资源，化石能源地、水域、草地的消耗的加速上升，人均生态足迹达到国家的108.93%。

二、生态承载力变化

根据合肥市土地利用类型图分析得出耕地、林地、草地、水域以及建设用地在2005和2010年的面积，通过计算得出不同生物生产性土地的人均承载力（表3）。由于在实际中并没有刻意留出二氧化碳吸收用地，故在计算中取值为零。而生物圈并非人类所有，根据世界环境与发展委员会（WCED）的建议，人类应将生态生产土地面积的12%用于生物多样性的保护，因此需扣除12%的生物多样性保护面积，最终得出合肥市2005~2010年两个时段的人均承载力。由于巢湖市的部分区域并入合肥市后，各土地利用面积及人口数量都发生了较大的变化，对合并前与合并后的生态承载力均进行了计算。

表3 合肥市人均生态承载力 （单位：公顷）

土地类型	产量因子	均衡因子	2005年		2010年		2010年巢湖		2010年合并后	
			人均实际面积	人均均衡面积	人均实际面积	人均均衡面积	人均实际面积	人均均衡面积	人均实际面积	人均均衡面积
耕地	1.66	2.82	0.1126	0.5273	0.0959	0.4490	0.1172	0.5488	0.1022	0.4785
林地	0.91	1.14	0.0081	0.0084	0.0105	0.0108	0.0299	0.0311	0.0162	0.0168
草地	0.19	0.54	0	0.0000	10	0.0000		0.0000	0	0.0000
水域	1	0.22	0.0076	0.0017	0.0067	0.0015	0.0312	0.0069	0.0139	0.0031
二氧化碳吸收地	0	0		0.0000		0.0000		0.0000		0.0000
建筑用地	1.66	2.82	0.02521	0.1180	0.02921	0.1367	0.0290	0.1359	0.0291	0.1365
人均生态承载力				0.6553		0.5981		0.7226		0.6348
扣除12%的生物多样性用地				0.0786		0.0718		0.0867		0.0762
可利用的人均生态承载力				0.5767		0.4490		0.6359		0.5587

根据表3的计算结果，2005年~2010年，合肥市人均生态承载力在合并之前由0.5767公顷/人下降到0.5263公顷/人，下降了0.0504公顷/人。从生态承载力的构成来看，耕地作为生物生产性土地，是合肥生态承载力的主要组成部分，2005年，耕地占总生态承载力的91.4%，2010年，已经下降为85.3%，但起主导地位的总体生态供给能力仍然稳定。建筑用地所占生态承载力在2005~2010年分别为20.5%、25.97%，他提供了合肥生态承载力升高的重要保障。

此外，人均林地生态承载力由0.0084公顷升至0.0108公顷；人均水域生态承载力由0.0017公顷降至0.0015公顷；人均草地生态承载力趋于0，说明合肥市的牧草地面积非常小。由以上数据变化可以看出在2005~2010年，合肥市的人均建筑用地生态承载力与人均林地的生态承载力在增涨，而耕地与水域的人均生态承载力在降低。

虽然近年来合肥市在环境保护方面投入了大量的资金，但随着人口膨胀、环境污染、城市拥挤等现象的出现，合肥市 5 大类生产性土地均出现供不应求的状况，经济发展与生态环境的不协调状况依然存在。

三、资源利用效率

区域国民生产总值万元 GDP 生态足迹需求能较好反映经济发展的质量和区域生物资源的利用效率，万元 GDP 的生态足迹需求量越大，说明资源的利用效率越低；反之，则资源利用效率越高。

为了能直观反映合肥市资源利用效率，利用合肥市、巢湖市 2005 和 2010 年统计年鉴 GDP 数据、巢湖市 2010 年统计年鉴 GDP 数据和合肥市历年生态足迹的计算结果，得到合肥市 2005~2010 年的万元 GDP 生态足迹（表 4）。

合肥市万元 GDP 生态足迹呈较为显著的下降趋势，每万元 GDP 占用生物生产性土地由 2005 年的 0.8410 公顷 / 万元下降到 2010 年的 0.2873 公顷 / 万元，降幅为 65.84%，表明合肥市经济发展的速度远超出生物生产性土地的占用速度，经济的发展与生物生产性土地占用之间的联系正在逐渐淡化，合肥市的资源利用效益在逐步提高，经济增长方式良性转变。但与 2010 年全国万元 GDP 生态足迹 0.7067 公顷 / 万元的平均水平相比，合肥市 2010 年万元 GDP 生态足迹为 0.2873 公顷 / 万元，低于全国平均水平，表明合肥市的资源利用效率处于较高水平。但是合并之后，合肥市的万元 GDP 生态足迹为 0.4617 公顷 / 万元，高于未合并之前，万元 GDP 的生态足迹需求量变大，资源利用效率则降低，但是任低于全国水平，所以说经济增长方式依旧是朝着良性方式转变。

表 4　合肥市与万元 GDP 生态足迹

年份	人均生态足迹（公顷 / 人）	GDP（万元）	人口（万人）	人均 GDP（万元）	人均万元 GDP 生态足迹（公顷 / 万元）
2010 年巢湖	1.7812	1979100	207.05	0.955853	1.863466762
2005 年合肥	1.7083	9256100	455.70	2.031183	0.841037057
2010 年合肥	1.5683	27016100	494.95	5.458349	0.287321295
2010 年合并	1.9609	28995200	702.00	4.1304	0.4617

四、生态可持续发展分析

将一个区域的生态足迹与其生态承载力进行比较，能定量判断该区域社会经济发展是否处于可持续状态。如果生态足迹大于生态承载力，就出现生态赤字，区域处于不可持续发展状态；反之则出现生态盈余，可持续发展状态良好。

表 5 分别计算和汇总了 2005 年和 2010 年合肥市与巢湖市合并之前与之后的生态足迹与生态承载力比较结果。从 2005~2010 年的近 5 年中，合肥市人均生态足迹呈下降趋势，

人均生态承载力均也呈现出下降趋势，但是依旧是生态赤字，但赤字呈下降趋势，人均生态赤字从 1.1316 公顷 / 人下降到到 1.042 公顷 / 人；但是与巢湖市部分区域合并之后，生态赤字明显提高，达到 1.4022 公顷 / 人。

表 5 合肥市 2005 年和 2009 年生态赤字

年份	人均生态足迹	人均生态承载力	人均生态赤字
2005 年	1.7083	0.5767	1.1316
2010 年	1.5683	0.5263	1.042
2010 年巢湖	1.7812	0.6359	1.1453
2010 年合并	1.9609	0.5587	1.4022

2005 年起合肥市人均生态足迹是人均生态承载力的 2.96 倍，2010 年则是 2.97 倍，合并后 2010 年合肥市需求是其自生生态系统可供应能力的 3.51 倍，就是说需要 3~4 个的合肥生物生产性土地来提供居民所消费的资源，说明合肥市对自然的影响已远超出其生态承载力范围，经济发展处于生态不可持续状态。

研究时段的 5 年来合肥市的生态赤字、人地关系矛盾不断加大，其生物生产土地面积的需求量已经大大超过区域生态系统的承载能力，据此合肥市的发展已处于不可持续状态，这实际上是对合肥可持续发展的预警。另一方面，合肥市 5 年来的人均生态足迹始终保持在当地人均生态承载力的 2~3 倍，且仍有增加的趋势，这表明合肥的经济社会发展要从周边地区摄入生态足迹，从而导致有关地区生态承载力的实质性下降，这明显不利于整个区域的可持续发展。为此，需要加快经济增长方式和生活消费模式的积极转变，全面开展合肥市节约型环境友好型社会的建设。近年来合肥市已经开始着力于生态环境的改善，开展生态建设，大力发展植树造林，林业用地的面积开始逐年增加，使得其生态承载力也逐步升高，但是由于增加面积还较小，其影响力较微弱，还要利用更多生产生活方式的转变来降低生态赤字。

持续的经济发展是消除贫困、促进社会福利增加的根本性措施，但经济的发展也会对生态环境产生更大需求，造成潜在生态压力，并最终影响未来经济发展目标的实现。由以上分析可以看出，目前合肥可持续发展状况依旧不容乐观，生态环境改善的任务任重而道远；目前对合肥市而言，控制化石能源地对土地的占用、提高能源利用率、降低能源消耗等，是减少生态赤字的重要措施；同时大力发展生态环境建设，植树造林、增加城市绿量是减少生态赤字的重要策略。

五、减少生态赤字的对策

合肥素有"江南之首，中原之喉""淮右襟喉，江南唇齿"之称，是安徽省政治、经济、文化、信息、金融和商贸中心，国家级皖江城市带承接产业转移示范区的核心城市，是长三角城市群的重要成员。1995 年经安徽省人民政府批准设立合肥巢湖经济开发区，是安徽省首批并于 2004 年经国务院核准保留的规模较大的省级开发区。通过对合肥 2005~2010 年及巢湖市居巢区和庐江县同时期的生态足迹的分析可知，合肥的生态负荷已经远超过其生态承载力，存在较高的生态赤字。2010年合肥市三产业比重4.9∶53.9∶41.7，合肥的第二产业所占比重最高，表明合肥的工业产业是支持国民经济的主要来源；因此，合肥在发展低碳经济、循环经济、绿色产业、最终建设低碳城市过程中，需要充分认清自身的问题及发展机遇，使良好生态环境得以持续，走出一条符合自己特色的发展之路；使之成为一座城市生态系统开放性较强的经济发达型城市。

（一）提高资源利用效率，发展低碳循环经济

循环经济是一种以资源的高效利用和循环利用为核心，以"减量化、再利用、资源化"为原则，以"低消耗、低排放、高效率"为基本特征，符合可持续发展理念的经济增长模式，是对"大量生产、大量消费、大量废弃"传统增长模式的根本变革，是低碳经济的一种非常好的表现方式。通过对合肥生态足迹变化轨迹的分析表明，目前，合肥的资源利用效率与我国平均水平相比相对较高，但是生态承载力较低，致使生产性土地不能满足高消耗的生产、生活水平及快速的人口增长，导致生态不均衡，造成资源、人口、技术、消费等要素构成的复合生态系统平衡被打破。由于合肥市地理位置特殊，地形复杂，气候条件适宜，生物质资源丰富，可因地制宜，发挥自身优势，建立特色生态产业，改变生物生产性土地的面积，提高生态承载力水平。

（1）合肥市经济增长表现为高能耗、高物耗经济增长趋势，因此工业应由资源密集型向技术密集型转变，降低能耗，减少排污量。同时发挥高新技术产业优势，增加科技投入，提高自然资源单位面积的生产产量，保证可持续利用现有资源存量。

（2）改变人们的生产和生活消费方式，资源利用方式应逐步由粗放型、消耗型转向集约性、节约型，提高资源利用效率，建立资源节约型的社会生产和消费体系。

（3）加大可再生资源的开发和利用力度，进行太阳能、地热能等清洁能源的技术开发，如利用光能、太阳能等发电；加强可替代资源的利用，减少对化石能源的过度开发。

（4）大力发展物流、中介等低碳服务业；培养科技服务、文化创新、金融业等低碳高产出的新兴产业。

（5）通过经营管理，使原始的粗放型经营方式向集约型转变，建立特色农业庄园，组织农民进行统一的种植、养殖生产经营活动；提高农户的科学文化水平，发展设施农、林业建设，提高特色产业的标准化生产，建立优质农产品、林产品基地。

（二）建立绿色碳基金，发展碳汇林业

为应对全球气候变化，国际社会通过了《联合国气候变化框架公约》和《京都议定书》，许多国家和非政府组织相应建立了碳基金，并以此为平台开展或基于京都规划或出于自愿行为的减排和碳汇项目，以实际行动应对气候变化。设立碳基金可以对节能减排和清洁能源的发展产生巨大的推动作用。国际实践经验已证实了政府性碳基金的有效性和影响力，合肥可学习和借鉴国外及国内成功经验，建设好自身清洁发展机制基金，为实现应对气候变化，为城市节能减排目标做出贡献。

（1）建立绿色碳基金，积极实施植树造林以及森林经营保护等活动，通过植树造林、固碳减排，改善合肥的气候、环境。

（2）广泛宣传成立绿色碳基金的重要意义和作用，提高公众对林业碳汇事业的认识；积极动员全社会力量，推动合肥市企业、团体和个人志愿参加，特别是大中型企业积极参与到这一利国利民的事业中来，为合肥的林业和生态建设作出贡献。

（3）合肥目前实施文化强市的战略，加快壮大文化产业的同时，可将绿色碳基金与文化产业相结合，可以按比例收取一定的文化碳基金，来购买碳排放。

（三）加快城市森林建设，发挥森林服务功能

森林是陆地生态系统中最大的碳库。资料表明，树木每生长 1 立方米约吸收 1.83 吨二氧化碳，释放 1.62 吨氧气。而减少地球大气中温室气体含量的办法，一是减少碳排放，二是增加碳吸收。因此，积极植树造林，提高森林对碳的吸收和储存能力，是应对气候变化的有效途径。合肥在城市建成区内虽然以绿地为主的城市绿地建设成效最为显著，但总体来看，合肥市林业用地面积较小，城镇人居环境质量发展不够平衡，城市缺少氧源、防风绿地，城市局部热岛效应较为明显等问题。从合肥生态足迹分析可以明显看出，合肥生产性土地的生态功能较弱是导致全市生态赤字的最根本原因。因此，要增强全市的生态承载力、减少生态赤字，除了工业产业的低碳、循环利用外，建设森林城市、发展绿色第一产业是重要的有效途径。

（1）合肥市应以创建国家森林城市为契机，大力开展城市森林建设，在城市绿化建设中多栽种高大乔木，配置灌木与地被，构建完善的城市森林生态系统，提高森林及城市土壤的固碳能力，提高碳密度，从而提升生态环境承载力。

（2）进一步加大生态保护工程实施力度，建设具有地域特色的用材林、速生林、原料林、果林基地，与旅游业结合，建设观光休闲农业园区。

（3）大力增加林地的比重，加强农田林网建设，形成以水土保护为主的防护林体系，加强绿地板块的连通性。

（四）倡导新型旅游理念，降低旅游碳足迹

第三产业在合肥生产总值中占到 41.7%，仅低于第一产业 12.2%，也作为合肥国民经济的主要来源，根据 2011 年统计数据表明，旅游业呈爆发式增长，已经逐步成为合肥第三产业的重要支柱产业。旅游业作为无烟的工厂，带来可观的经济利益，对城市的建设发展也具有巨大的推动作用。但是在旅游活动中产生的对生态环境的不利影响，若管理不当，会成为引发旅游区生态环境失衡的主要因素。作为旅游业赖以生存和发展的基础，生态环境的失衡会制约旅游业的发展，进而阻碍旅游区的可持续发展，因此，合肥市的旅游业必须倡导新型旅游概念，降低旅游碳足迹，减少旅游对城市生态足迹的影响。根据研究：乘飞机 2000 公里，会排放 278 公斤的二氧化碳，需要种 3 棵树来补偿；消耗 100 度电，会排放 78.5 公斤二氧化碳，需要种 1 棵树来补偿；自驾车每消耗 100 公升汽油，会排放 270 公斤二氧化碳，需要种 3 棵树来补偿。一旦明白了"碳足迹"包括什么，就可以设法去减少它，从而制定最环保的旅游计划。

（1）改善旅游交通工具，使用二氧化碳排放较低的交通工具，多利用自行车、公交车、地铁等公共交通工具出行，实施低碳旅游路线。

（2）个人出行携带环保行李，例如：手绢、饭盒、环保筷与布袋等，降低与旅游活动有关的各种资源的消耗和废弃物的排放，实施经济旅游、环保餐饮和低碳购物。

（3）旅游景区可使用统一公交及电瓶车等低碳交通工具，禁止机动车进入自然景区；同时限制景区游客数量，保证其正常承载力。

（4）倡导生态旅游，开发山区旅游，利用特色农业、林下、林木等资源，拓宽旅游市场，提高旅游生态承载力。

（五）倡导低碳生活，减少人均生态足迹

通过对生态足迹的计算分析表明，人类的生产、生活消费模式是影响生态足迹大小的关键因素。有计算表明，一个住着 100 平方米房子、拥有一辆轿车的三口之家，一年的碳排放达到近百吨。从全国来说，城镇居民生活用能已占到每年全国能源消费量的大约 26%，而二氧化碳排放的 30% 是由居民生活行为及满足这些行为的需求造成的。由 2005~2010 年的合肥消费结构可以看出，除化石能源地外，合肥市食物、生活用品、生活用能在城乡居民的环境消费中都占有较大比重，在研究的 5 年间城乡居民在食物、生活污染、生活用品和生活用能等项均有较大的增长，个人的能源意识和行为对自然界产生的影响更加显著，即个人"碳足迹"变大，为合肥市的生态环境带来了较大压力，为缓解生态足迹的压力，应努力转变消费模式和生产模式，合理控制区域城镇化发展速度，合理控制区域人口规模；引导居民节电、节油、节气，从点滴做起，杜绝奢侈和浪费，有效缩减个人的"碳足迹"，为生态可持续发展提供重要保障。

（1）建立资源节约和环境友好型的消费政策体系，遏制消费主义，引导居民杜绝奢侈和浪费，推行新型能源，倡导"低碳"从细节开始，从身边一点一滴的小事做起，改变人们的生产和生活消费方式，向绿色、健康和环境友好型消费模式转变，使能源消费意识和行为对自然界产生的影响逐步降低。

（2）扩大"低碳"生活宣传，对市民进行"节约能源，减少污染"的教育，利用媒体扩大宣传，设置低碳生活宣传海报，设计低碳的生活家居，利用太阳能等可再生能源进行照明和供暖，逐渐转变为"低碳"生活模式，减少人类在生活过程中的资源占用和环境污染等，减少能源生态足迹的消耗。

（3）倡导低碳生活，少用空调，自带饭盒，少乘电梯，减少私车出行，多乘坐公共交通工具等，完善全民低碳健康的生活理念。

（4）降低人口增长率，坚持贯彻执行国家的计划生育政策，严格控制人口增长，逐步减轻生态系统人口超负荷的现象。加强对市内人口分布进行合理引导，促使生态最弱地区的人口向生态环境相对较好的地区迁移，以缓解区域内资源显著贫乏带来的生态压力，这样也有利于生态环境的改善和修复。

（六）优化土地利用结构，提高城市空间利用效率

生物生产性土地面积的变化决定了生态承载力发展趋势，随着合肥市经济的发展和城市化的进程，建设用地和基础设施建设占用了大量耕地和林地，直接减少了生物生产性土地，降低了合肥的生态承载力；同时合肥城市的经济社会发展从周边地区摄入生态足迹，从而导致有关地区生态承载力的实质性下降,出现了较大的生态赤字。加大合肥城市化建设的同时,必须严格控制城市的外延扩张。目前,国际社会开始实施"美国精明增长联盟",其强调环境、社会和经济可持续的共同发展,强调对现有社区的改建和对现有设施的利用,强调减少交通、能源需求以及环境污染。其中,洛杉矶的"中央区建设计划",鼓励居民在市中心建房,靠近轻轨站或商业区,其85%的新住宅都建在了中央区,大多数离轻轨站不到一英里。建成后的中央区将只占全市10%的土地,但却可以缴纳25%的税收。这种集约型城市的建设,对城市用地的充分合理利用是减少人均生态足迹及提高土地生态承载力的有效手段。

(1)效仿"精明增长",合理布局城市中央区。在城市中,通过自行车或步行能够便捷地到达任何商业、居住、娱乐、教育场所等;各社区应适合于步行;提供多样化的交通选择,保证步行、自行车和公共交通间的连通性;保护公共空间、农业用地、自然景观;引导和增强现有社区的发展与效用。

(2)加大合肥旧城区的改造力度,挖潜建设用地的内部潜力,改造旧城中的低矮房屋,充分利用垂直空间,提高城市空间利用效率;合理规划新城区,提高土地利用度;合理安排城乡结合部各类用地,加快农村撤乡并镇,集中居住,以缓解建设用地的短缺。

(3)要尽可能减少对周围地区生态足迹的输入,以免扩大与周围地区的差距,从而导致周围不发达地区的生态进一步恶化。应尽量降低自身资源的消耗及对周围贫困地区的生态压力,推进区域整体发展,以达到整个区域的可持续发展。

(4)必须坚持基本农田保护,保护现有耕地不被破坏;加大力度做好城市化进程中的生态环境建设,优化城市绿地斑块格局,加强绿地斑块的连通性,构建林水结合的生态网络体系。

专题三　合肥市热场与森林植被变化分析研究报告

一、应用遥感技术分析城市热场效应

近年来应用遥感和地理信息系统技术分析城市热岛规律成为当前研究的主流，一般应用卫星资料反演的地表温度资料，建立地表温度和植被指数之间定量关系。城市植被缓解城市热岛效应的作用早已得到普遍的认可及重视，人们一直在探寻城市植被与城市热岛分布之间的关系，企图获得能有效改善城市热岛效应的最适植被数量与分布格局，由此衍生出关于城市绿地斑块的热场效应与面积、分布格局的关系研究。目前一般采用绿化覆盖率、绿地面积、植被指数、叶面积等作为衡量绿地减缓热岛效应的评价指标，但除了这些量的指标外，城市植被的分布格局以及绿地的面积同样是重要的因素。

本专题以合肥市域为研究对象，在比较合肥市热环境的动态演变特点基础上，探讨热力分布格局差异的成因，分析热环境与城市森林景观斑块面积及分布格局间的关系。

应用 TM6 波段来提取地面信息，该波段接收的是与地表温度相对应的热红外辐射强度，其特征表现为地物温度越高、图上相应的色调越亮，而温度越低、色调就越暗。通过 TM6 波段所接收到的地面各处的热辐射值（在图像中以灰度值表示），用普朗克定律（黑体定律）求算出对应的地面温度，该定律认为大气对辐射温度的影响可以忽略。因此，在不考虑大气等各种影响因素并假设地物为全幅射体的前提下，依据测定的地表辐射亮度应用相应公式推算出地表温度、单位为摄氏度，然后在 Arcgis 的空间分析模块中用栅格计算器计算得出热场分布图。

对于两个不同时相的热场分布比较，虽然尽可能选择日期相近的影像，但因具体成像条件不完全相同两时相的绝对亮温不同可比性较差，因此对影像进行标准化处理，将两个时相的亮温分布范围统一到 0~1 之间，将热场强度划分为五个等级；低温区：0~0.2，次低温区：0.2~0.3，中温区：0.3~0.5，次高温区：0.5~0.7，高温区：0.7~1。同时，针对合肥市热岛分布以及城市森林景观格局的特征，选择城市森林斑块破碎度、分离度来分析热岛演变的成因。

地表温度是研究城市热岛效应的重要参数，遥感热探测对象是下垫面地物的辐射亮度；也有些研究者应用 NOAA/AVHHR 遥感数据，作城市热岛空间平面结构和年季变化的研究。本文应用 TM 影像来反演地表温度分辨率更高，在需详细分析城市内部温场结构上具有优越性，同时进行热量反演的过程中不需要反演出地面的真实温度，只需要和地面真实温度的强弱趋势一致的亮度温度就可以定量显示温度的强弱对比。本专题研究包括市域及市区 2

个尺度，市域面积 11449.4 平方公里，市区研究面积为 700 平方公里。

二、合肥市区热场与植被变化分析

（一）合肥市区热量分布及动态格局

本文将研究区定义为市区，包括庐阳、蜀山、瑶海、包河四个行政区；二环路以内为主城区（100 平方公里），一环路以内为老城区（20 平方公里）。据多次观察，合肥市热岛效应显著。

1. 地面热场分布

地面热场是通过测定地表辐射亮度求出的地表温度来表示，经反演后 2003 年的亮温最大值为 34.5℃、最小值 16.72℃，2007 年分别为 35.31℃ 及 20.40℃；2007 年与 2003 年相比，其地面亮温的最大、最小值域分别增值 0.81℃ 与 3.68℃。文中将亮温大于 29℃ 为高温区，25~29℃ 为中温区，小于 25℃ 为低温区。

2003 年合肥市热量总体分布以二环线为分界线，二环路以内热量集聚形成中心城区"热岛"，热量从中心岛以星状向外辐射，且西南片热量高于西北。总体上，研究区面积的 14.6% 为高温区，73% 为中温区，低温区占 12.4%；二环路以内的主城区范围高温区占 19.3%，中温区占 62.6%，低温区占 18.1%；二环路以外高温区占 8.8%，中温区占 78.1%，低温区占 13.1%。因此，合肥市绝大部分地区都为中温分布区，二环内高温分布比二环外多出了 10.5%（图 1）。

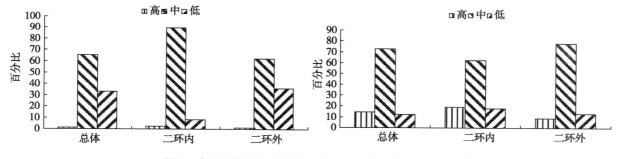

图 1 合肥市热量分布比较（左：2003 年；右：2007 年）

2007 年市区热场以中温区为主的基本格局未变，市区范围热场的高温区占 1.4%、中温区 65.5%、低温区占 33.1%；二环路以内主城区，热场的高温区占 2.5%、中温区占 89.3%、低温区占 8.2%；二环路以外，热场的高温区占 1.2%、中温区占 62.7%、低温区占 36.1%；二环路以内高温分布比二环外高 1.3%，高温区仍集聚在二环以内。

由上可见，2003 年与 2007 年相比，其地面亮温的最大、最小值域分别有所增加，但热环境总体上 2007 年较 2003 年有所改善。表现为，2007 年全市区高温区及中温区比例均显著下降，分别减少 13.2% 及 6.5%，低温占有率增加了 20.7%；但不同地区热场的变化不尽相同，二环路以内的主城区高温区占有率下降了 16.8%、中温区占有率增高显著，二环路以外区域高温区及中温区占有率分别下降 7.6% 及 15.4%。

2. 地面亮温演变

为客观比较 2003 年与 2007 年两个时段的热场变化，将亮温作标准化处理并划分为五个等级：高温区，0.7~1.0；次高温区，0.5~0.7；中温区，0.3~0.5；较低温区，0.2~0.30~0.2；低温区，0~0.2。分别统计 2 个年代不同亮温面积及所占比例，结果表现为中温区及中温区以上的面积降低，其中高温区与次高温区的面积都分别减少 1.8 平方公里，52.1 平方公里，中温区面积减少 96.05 平方公里；且 2007 年高温区，次高温区及中温区占全区的百分比也在降低，比 2003 年分别减少 0.25% 和 7.19%（图 2）。

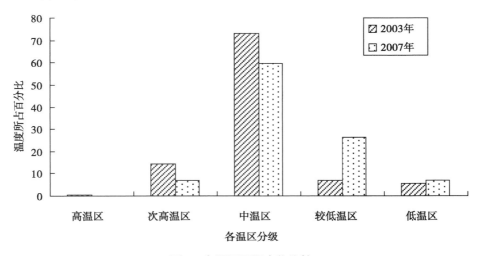

图 2　各温区面积变化比较

两个年份高温区、次高温区、次低温区、低温区的具体位置也略有不同。2003 年，市区内的高温区和次高温区主要集中在（图 3）：① 一环路以内以市府广场、步行街等商业区为主的高温区。② 二环路以内道路、居住区聚集的老城区。③ 城区北部的老工业区，城区西南部的经济技术开发区，城区西部的高新区都分布着明显的亮斑。④ 市区东部及东北部的火车站、汽车站，城区南部的骆岗机场，形成局部的高温区。

城市低温区分布明显与城市绿地及城市森林斑块相符，如树冠覆盖率较高的环城公园，西部大蜀山森林公园是市区范围内面积最大、最重要的一块冷源；市区西北部的董铺岛，高校园区及公园也是低温区的集中带；大面积的水域，如董铺水库，环城公园的大面积水体均形成了较大面积的"冷岛"。

2007 年，地面亮温空间分布的基本格局与 2003 年的大致相同，但高温区与次高温区的分布范围有显著减少（图 3）。表现为：一环路以内市中心的商业中心区与老城区的热岛亮斑有所减少，一环与二环之间区域的亮斑分布不如 2003 年那样集中，呈逐渐分散的分布格局；近市区西南部的政务新区热岛强度有明显减弱，因政务新区历经 4 年建设，绿地面积增加、树冠覆盖率提高显著；而市区东北部的高温区与次高温区却明显向外扩张，这主要与合肥市火车新站综合开发试验区的建设与发展有关；西北角董铺岛的低温区分布明显扩大；建城区南部低温分布面积也逐渐向南扩大；再有，因城市西北角大房郢子水库的建成蓄水，导致低温区明显的增加。

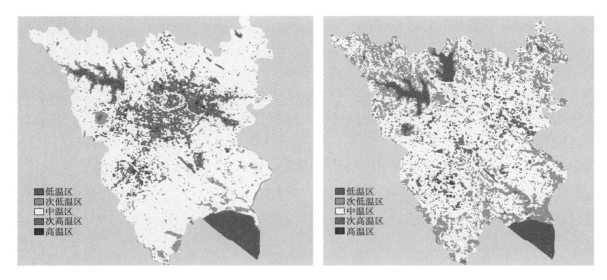

图3　合肥市亮温等级分布（左，2003年；右2007年）

比较期间的热岛差异（图4），正数为暖色表示2007年亮温级别上升的区块，数值越大表示温度级别增加的越多，比如象元的值为4，则说明其在2003年还是低温区，而到了2007年已经转变为高温区了；负数为冷色表示亮温级别降低的区块，绝对值越大，则说明亮温级别降低越多；图中表示为0的过渡色，为两年间亮温级别无变化或变化较小的部分。

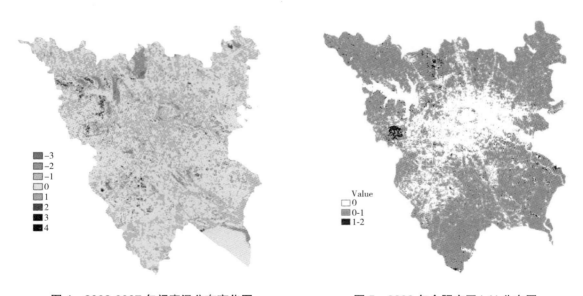

图4　2003-2007年间亮温分布变化图　　　图5　2003年合肥市区LAI分布图

由图可见，2007年绝大部分地区温度级别都比2003年降低了，主要集中在一环以内的老城区、二环外城区的西北片，亮温降低区域明显高于亮温增加区域；而增温部分主要分布在二环以外，集中在西部靠近大蜀山的高新区，西南部的经济技术开发区，东北部的新站区，西北角的董铺岛以及市区南部的骆岗机场附近的区域，市中心一环区域分散着零星的增温带。这说明热岛分布随着城市的扩张而扩张。

3. 城市森林与热岛效应关系

一般情况下，选用高温占有率作为区域的热环境衡量指标，可比较直观的看出该区域的热岛状况的好坏，但在合肥地区若采用高温占有率作为指标，则反映在各区的温度差异较小，而低温百分比反映出的各区热环境差异更显著，因此采用了低温占有率作为表征各区热岛效应差异的指标。

（1）城市森林覆盖率与热岛效应关系。本文中的城市森林覆盖率定义为，面积在 900 平方米（遥感最小分辨率）以上的城市森林斑块所占土地面积之比。城市森林对城市气候的调节有着重要作用，树冠通过吸收及反射太阳辐射减少到达地表的热量，

同时通过叶面蒸腾带走热量、增加空气湿度；另外，城市森林作为城市中的"冷源"形成局部微风，向建筑群吹进凉爽新鲜的空气，有效的调节气温。在合肥市区范围，蜀山区、庐阳区、包河区城市森林覆盖率较高、瑶海区较低；2007 年市区城市森林面积比 2003 年增加 6.08 平方公里，城市森林覆盖率提高 2.91%；除了蜀山区略有下降外，其他区域均有所增加，其中包河区增加显著（图 6）。从 2003 年和 2007 年各区的温度分布的状况分析，低温区的占有率与城市森林覆盖率有一定相关性，而 2007 年的这一相关性明显高于 2003 年（图 7），这显然与城市森林覆盖率的总体提高有关。

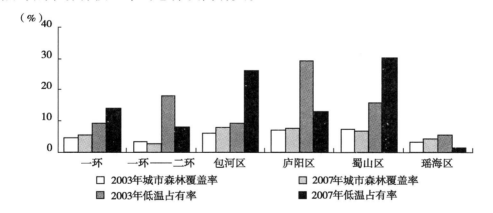

图 6　2003 年与 2007 年热岛效应与城市森林覆盖率对比

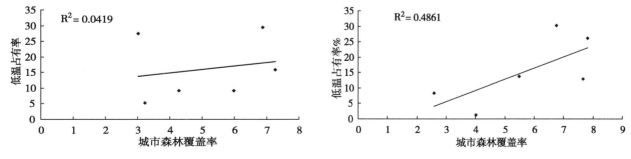

图 7　城市森林覆盖率与低温区占有率的关系（左图：2003 年；右图：2007 年）

（2）城市森林景观格局与热岛效应关系研究。城市森林对城市热环境的改善有着较大的贡献率，影响城市森林热场效应的不仅仅是城市森林的总量，其分布格局是又一重要因素。

本文从城市森林景观格局的角度，来探讨城市森林对热岛效应的影响。提取 2003 年与 2007 年合肥市区城市森林斑块，按市区及各行政区分别计算城市森林景观格局指数，分析各区城市森林景观格局的差异和变化，同时建立各区域的热环境状况与城市森林景观格局与热岛效应的关系。

从表 1 可见，2007 年全市的城市森林面积较 2003 年增加 613.4 公顷、增幅达到 15.3%，但城市森林的斑块数却比 2003 年减少了 4461，整体上城市森林景观斑块的破碎度和分离度分别下降 1.35 及 1.12，各区域城市森林斑块破碎度及分离度也均小于 2003 年；2007 年城市森林景观斑块的破碎化程度有所降低、斑块有增大的趋势，由此调节地面温度的能力增强，热环境较 2003 年明显改善。

表 1 合肥市区城市森林景观格局分析

行政区	面积（公顷）	2003 年				2007 年			
		城市森林面积（公顷）	城市森林斑块数	斑块破碎度	斑块分离度	城市森林面积（公顷）	城市森林斑块数	斑块破碎度	斑块分离度
庐阳区	13105.44	900.27	2527	2.81	3.2	1006.1	894	0.89	1.7
包河区	25887.24	1548.51	4531	2.99	3.58	2021.91	3165	1.57	2.24
瑶海区	13523.31	437.21	1470	4.12	6.24	543.76	1130	2.75	4.75
蜀山区	15565.95	1130.53	2517	2.41	3.24	1058.12	1102	0.95	1.8
全区	68081.94	4016.52	11821	2.94	3.53	4629.89	7360	1.59	2.41

这一作用在不同区域的表现不尽相同：如瑶海区，在 2007 年城市森林面积虽然有所增加，但城市森林斑块的破碎度及分离度均高于全市的平均水平、依然高于其他各区，因此对热环境的缓解能力并未增加，低温区反而有所下降。相比之下，包河区城市森林面积略有增加、而蜀山区稍有减少，但城市森林斑块的破碎度及分离度均明显下降、而低温区则明显增加；庐阳区的城市森林景观斑块的破碎度与分离度较低、分别为 0.95、0.89，庐阳区包含了老城区内的环城公园，它将杏花公园、逍遥津公园、包河公园等城市森林斑块连成一个整体，大面积的城市森林斑块降温作用的辐射范围大、对城市热岛的缓解作用应是十分显著，但 2003 年以后环城公园几经改造、增设了一些大面积的广场及道路立交，导致环城公园对老城区的热岛改善的作用又所下降，从而导致 2007 年老城区的低温占有率比 2003 年降低。

由上分析可见，城市森林在缓解热岛效应的作用不仅取决于面积总量，同时与斑块尺度、其聚集程度有相当大的关系，甚至后者的作用还要高于前者。因此，在城市森林的规划与建设中，不仅要考虑城市森林总量、尽可能提高覆盖率；同时要十分注意城市森林斑块的分布格局，单个斑块面积大、聚集度相对高的城市森林分布更有利于热岛效应的缓解。

（3）城市森林及一般绿地叶面积指数（LAI）与热岛效应关系研究。本文通过遥感技术在判读合肥市区城市森林叶面积指数级分布格局的基础上，建立叶面积指数与城市热岛效应的相关模型，以此进一步分析城市森林对城市气候的调节作用。

图 8 为合肥市区 2003 年城市植被的 LAI 分布图；LAI 最低值为 0，即无植被覆盖区，通常是硬质铺装和建筑表面的覆盖区域；最高值达到 1.4，均值为 0.73；城市森林的 LAI 均值为 0.87，一般绿地（指树冠覆盖低于 <39% 的绿地）LAI 均值为 0.61。一般市区中心植被覆盖较少地区，LAI 值偏低，有城市森林分布区域，LAI 值均偏高。

城市森林斑块的热场温度随着 LAI 值的增高而下降，LAI 每升高 0.1，温度下降 0.297℃；一般绿地的热场温度同样随 LAI 值的增高下降，LAI 每升高 0.1，温度下降 0.188℃。因此，绿地类型不同 LAI 每增加 0.1，温度下降的幅度不同，城市森林的降温效应明显高于一般绿地。一般来说，城市森林的 LAI 均值高于一般绿地的 LAI 均值，相同面积的城市森林的总绿量大于一般绿地，叶面积指数是决定城市绿地生态效益最实质性的因素，因此城市森林斑块调节城市气候的能力大于一般绿地。

4. 城市绿地对周边温度场影响研究

（1）绿地斑块对周边温度场的影响范围。

城市绿地相对于周围环境来说犹如一个冷源，其温度场产生的相对低温空气流向周边空间渗透，其致冷作用导致周边温度有所下降。因此绿地周边必然存在一个受其影响的区域，其影响强度必然会随着与绿地距离的增大而减小，这个绿地周围温度梯度变化的范围即为绿地效应场。

选取两个大型的绿地斑块，即大蜀山森林公园与逍遥津公园，面积分别 345 公顷及 35.8 公顷。从遥感卫片上圈出两公园的斑块轮廓，在热力场图上沿斑块边缘的某个方向作剖线，提取剖线的温度信息随着距斑块边缘距离的增大温度呈递增趋势，但达到一定距离时则表现出无规律变化，且距斑块近的范围内温度递增速度较大，随着距离增大，增速显然变小，最后趋于平缓或无规律。表明随距离增大的温度递增存在一个临界值，与斑块距离超过此临界值、温度的变化无明显规律，可理想的把这个临界值看作冷源斑块向外辐射的最大距离，即绿地斑块周边温度场的影响范围。为了更精确的确定此临界值，将剖线信息导出，建立距离与温度的线性关系，能较好拟合出线性模型的距离终值为此临界值，超过此值、距离与温度不能建立线性模型。距离 <1600 米 时温度随距离的增大呈现明显递增趋势，1600 米的范围内温度增高了 4℃，递增率 0.0025℃ / 米；但 >1600 米时温度变化呈现出不规律趋势、不能较好的拟合为线性，由此可认为 1600 米为斑块在此剖线方向的影响范围。同理，逍遥津公园斑块在此剖线方向的影响范围是 650 米（图 8 ）。显然，绿地斑块的面积与对周边温度的影响有显著的相关性，但一个方向上的温度梯度变化，尚不能真正表明斑块对周边温度场的影响范围。

由此，大蜀山森林公园斑块向外辐射的最大距离为 1830 米，最小距离 1320 米，对周边温度场的平均影响范围是 1575 米，影响辐射面积为 1821.68 公顷；逍遥津公园斑块向外辐射的最大距离为 622 米，最小距离为 124 米，对周边温度场的平均影响范围为 336 米，影响辐射面积 100.57 公顷。

　　大蜀山森林公园占地面积约是逍遥津公园的 10 倍，但热场影响辐射范围是后者的 18 倍，由此可见绿地斑块的面积对周边温度场的影响作用显著。

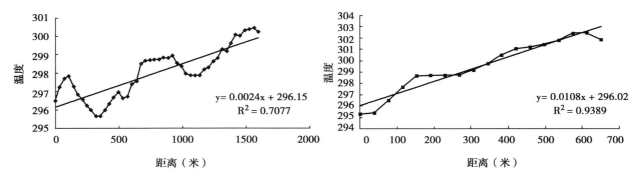

图 8　距绿地斑块距离与温度的线性回归拟合曲线（左：大蜀山公园；右：逍遥津公园）

　　（2）不同面积绿地斑块对周边温度场的影响。用温度百分比来表示受绿地斑块影响的 500 米范围缓冲区内热场信息。将热场信息划分为 3 个等级：低温：<25℃；中温 25℃~29℃；高温：>29℃。地斑块面积大小对周边热环境内的温度差异有一定的相关性。具体表现为：绿地斑块面积与缓冲区内低温占有率呈对数递增，即随着绿地面积的增大，绿地周边温度场出现低温的比例逐渐上升，且上升速度逐渐减慢；绿地面积的变化对温度场中温出现的概率影响不大；绿地斑块面积与缓冲区内高温占有率呈指数下降趋势，即随绿地面积的增大，周边温度场出现高温的概率逐渐减少；绿地斑块面积与中温占有率的拟合效果欠佳，绿地面积的变化对温度场中温出现的概率影响不大（图 9）。

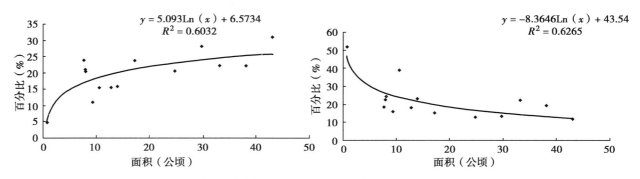

图 9　绿地面积与缓冲区低温区（左）、高温区（右）占有率关系

3. 绿地斑块面积与绿地对周边温度场影响范围相关性研究

　　面积 0.734~38.145 公顷的绿地斑块对周边温度场影响范围比较，统计结果表明，绿地面积与其对周边温度影响的范围呈线性正相关，可建立拟合模型为：

$y=0.0004x+142.8$　R_2 为 0.7883，显著水平 0.0002，为极显著。

　　影响绿地周边温度场的因素除了绿地本身以外，还有很多复杂因素，如绿地周边存在高强度的人为热源如工厂等将削弱绿地的降温效果，另外，绿地附近存在的冷源，如水体或相邻绿地的影响，导致影响范围会偏大，导致少数一些点会偏离拟合线。

但影响绿地的降温效应并非仅仅是绿地的面积，绿地类型、绿地斑块形状、植物生长高度、林分结构、植物组成、绿量等因素的影响，也会导致绿地温度场的辐射范围的差异，需把这些因素综合起来分析。

然而，影响绿地的降温效应并非仅仅是绿地的面积，绿地类型、绿地斑块形状、植物生长高度、林分结构、植物组成、绿量等因素的影响，也会导致绿地温度场的辐射范围的差异，把这些因素综合起来分析绿地的生态效应是一个很有价值的研究。

（二）合肥市区土地利用时空变化

1. 土地利用类型的数量变化

利用 Erdas 的空间统计分析方法，统计合肥市研究区 1989 年、1995 年、2003 年和 2007 年土地利用地类信息。合肥市区 18 年间土地利用情况发生很大变化，总体表现为：建筑用地连续增加且增幅显著，20 年中净增 19404.9 公顷，占土地总面积比例由 11.98% 上升到 39.01%，年变化率为 12.7%；与之相反的是，耕地不断减少且减幅增加，近 20 年间耕地净减 20790.36 公顷，其占土地总面积比例从 1989 年的 73.27% 下降到 44.34%，年变化率为 2.19%；城市森林近 20 年间面积净减 486.18 公顷，但总的变化幅度不大，其占土地总面积比例由 7.7% 下降到 7.03%，年变化率为 0.49%，变化趋势表现为 1995 年前明显下降、1995 年后则逐渐增加；一般绿地总体仅 20 年间总体增加 450.9 公顷，年变化率为 14.6%；水域面积增加幅度也较大、净增 1318.95 公顷，主要是近年在市区建设水库所致，变化率为 1.93%；裸地面积略有增加，但在不同时间段增减不一，主要因为城市扩建过程中出现一些正在施工建设或待建的土地，在卫片的判读上一般按裸地处理（图 10）。

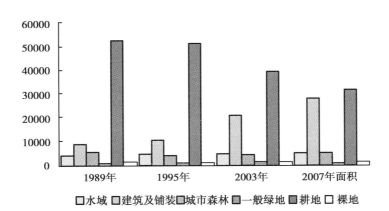

图 10　1985~2007 年合肥市区各土地类型面积变化图

2. 土地利用类型的空间变化

土地利用类型的转移矩阵可全面地表述区域土地利用变化的结构特征及变化方向，应用 Arcgis 空间分析功能，生成合肥市区土地利用转移矩阵（表 2~ 表 5）和土地利用空间变化图（图 11）。

表 2　1989~1995 年合肥市研究区土地利用转换矩阵（单位：公顷）

	水域	建筑	城市森林	一般绿地	耕地	裸地
水域	3357.81	135.36	22.41	0.45	224.10	54.00
建筑	690.03	6009.21	503.82	145.44	1218.51	40.68
城市森林	197.82	722.25	3102.68	192.06	276.72	40.77
一般绿地	0.63	18.36	5.31	7.65	137.25	1.44
耕地	592.20	3091.59	330.82	224.73	47696.15	683.82
裸地	29.61	184.68	21.33	3.51	797.49	55.35

表 3　1995~2003 年合肥市区土地利用转换矩阵（单位：公顷）

	水域	建筑	城市森林	一般绿地	耕地	裸地
水域	3086.10	714.42	208.8	52.74	791.73	17.28
建筑	308.08	7692.86	312.03	218.43	631.16	821.32
城市森林	152.37	627.07	2140.71	105.93	433.47	529.07
一般绿地	4.32	408.24	20.88	24.30	108.54	7.56
耕地	1334.16	10714.68	2994.93	1004.76	34552.35	786.51
裸地	61.74	334.62	40.77	19.98	378.27	41.94

表 4　2003~2007 年合肥市区土地利用转换矩阵（单位：公顷）

	水域	建筑	城市森林	一般绿地	耕地	裸地
水域	3261.42	432.36	192.24	3.87	946.17	7.83
建筑	632.27	17731.02	718.48	339.76	422.78	1016.87
城市森林	371.16	882.16	2367.42	32.58	516.74	44.73
一般绿地	39.51	647.91	100.44	46.08	569.61	22.05
耕地	976.86	10132.71	3255.66	295.56	23617.41	473.04
裸地	32.31	685.89	11.97	3.69	159.75	109.71

表 5　1989~2007 年合肥市区土地利用转换矩阵（单位：公顷）

	水域	建筑	城市森林	一般绿地	耕地	裸地
水域	3319.74	301.86	31.59	0.9	127.35	12.69
建筑	277.92	6681.33	790.88	39.69	244.34	473.08
城市森林	172.89	2261.16	2782.82	143.19	78.19	92.43
一般绿地	1.35	103.5	7.56	9.9	44.55	3.78
耕地	1332.36	18149.4	1885.93	417.42	29823.32	973.62
裸地	8.73	511.11	45.72	10.44	496.89	18.63

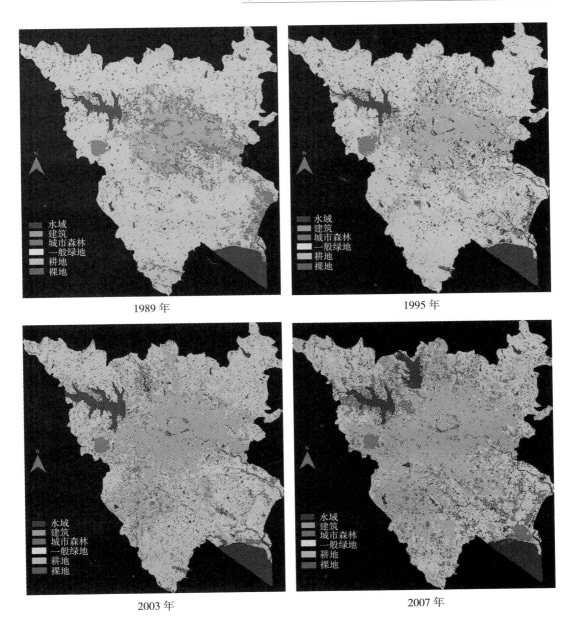

图 11　4 个时期土地利用类型图

在 1989~2007 年的 18 年间，合肥市城市化进程导致土地利用结构的变化在不同阶段表现出不同的变化特征：

① 1989~1995 年间。城市森林斑块的消失较多，其中 13% 的城市森林转化为建筑及其他铺装表面，特别是在原建筑密集区周边一些零星的城市森林斑块都已经转化为建筑用地；农地的转化比较复杂，其中 6.4% 的农地由城市森林斑块转入，同时也有 5.9% 和 4.4% 的农地转化为建筑用地和城市森林，最为典型的是市区西侧大蜀山附近大片农田转化为建筑用地。这段时间市区土地转化过程比较剧烈，平均年转化土地面积 1764.5 公顷。

② 1995~2003 年间。合肥市区土地格局转化的主要驱动力除了城市人口增加因素外，有两个方面的推动：即政务新区的建立、加速了城市发展的重心向西南偏移，同时在市区的

西北方建成大型水库，促使土地利用格局向建筑用地及水体转化。如占城市森林面积 15.7% 的城市森林斑块转化为建筑及水体；同时有 20.9% 农田转为建筑用地。该期间平均年转化土地 3018 公顷，几乎是 1989~1995 年间的 2 倍，土地转化过程的激烈程度远高于前一阶段；但城市森林转化的特点表现为转入大于转出、城市森林在此时段是呈显著增长的。

③ 2003~2007 年间。期间主要因滨湖新区的建设导致城市的又一轮扩张，集中表现在城市森林及农地继续向建筑用地转化，但也有 8.2% 的农地重新转化为城市森林，因此在市区的东南方向毗邻巢湖有很大面积的城市森林得到恢复（图 12）。该期间平均年转化土地 5991.7 公顷，还是上一时间段平均年转化的 2 倍，土地转化的激烈程度继续增加。城市森林转化的趋势基本与上一时段相同，也表现为转入大于转出，与前相比该时段是城市森林年平均转入最多的，城市森林的增长最为显著。

上述的土地利用转化特征表明，近 18 年间合肥市区内土地类型的变化频繁、转化过程复杂，其中城市森林、一般绿地及农田的转入转出率较高，这虽然是城市化进程中的必然，但另一方面也反映在城市发展过程中对城市森林的保护与建设显得不足。虽说在最近 10 余年来城市森林有所增加，但在 2007 年依然未恢复到 1989 年的水平，18 年间面积下降 0.63%。18 年间城市森林涉及转出与转入的面积分别为 5120 公顷 及 8738 公顷；显然，如尽可能在保护现有树林与绿地的基础上制定发展规划，则能在一定程度上减少对城市森林的占有，从而在一定程度上维持林地的相对稳定，则不仅可减少转入林地的建设投入、同时可提高这部分林地的质量。

3. 城市森林景观空间格局动态变化分析

建立城市森林斑块分布图（图 13），并计算城市森林斑块景观特征值（表 6）。

表 6　市区城市森林 1989 年、1995 年、2003 年和 2007 年景观指数指数特征值

年份＼类型	斑块数（NP）	斑块面积（CA）	斑块密度（PD）	边界密度（ED）	景观形状数（LSI）	聚集度（Cohesion）	分维数（FD）
1989	2944	5532.66	2.2841	13.6744	59.2238	90.7309	1.3181
1995	8363	3988.62	6.4885	20.2349	103.0047	79.8605	1.4925
2003	9448	4218.12	7.3303	21.6514	107.4157	77.6591	1.4595
2007	9019	5046.48	6.644	20.8935	109.3692	81.007	1.2873

（1）城市森林斑块面积和数量的变化。市区范围内城市森林斑块数量 1989 年为 2944 个、斑块边界密度为 13.6744，2003 年两者分别为 9448 个及 21.651，达到最高，2007 年斑块数为 9019 个、边缘密度为 20.8935。

近 20 年间城市森林斑块在数量增加的同时平均面积趋小型化，分别为 1989 年 1.88 公顷、1995 年 0.48 公顷、2003 年 0.45 公顷 、2007 年 0.56 公顷。2003 年以年来城市森林斑块面积趋大化表明管理层对绿地建设的理念有所变化，从多方面功能分析面积大的城市森林斑块要优于小面积的斑块，这种趋势更有利于生态效益的发挥。

1989 年城市森林集中分布在市中心区的环城公园外围，但随着城市化进程的加快，位于城市中心的城市森林首先受到冲击，除了环城公园林带得到较好的保护外，其他绿地受到一定程度的蚕食；以后因科学岛绿化卓有成效、植物园建设及环水库绿化，出现了几个大型的城市森林斑块，并与西部的大蜀山城市森林公园相接、呈团聚分布，发挥了巨大的生态功能；上世纪末开始，市区的西南及东南向因政务新区及滨湖新区的建设，逐渐形成一些较大面积的城市森林斑块。从 2007 年的城市森林斑块分布图看，其西北及东南区的城市森林斑块要多于东北及西南方向（图 13）。

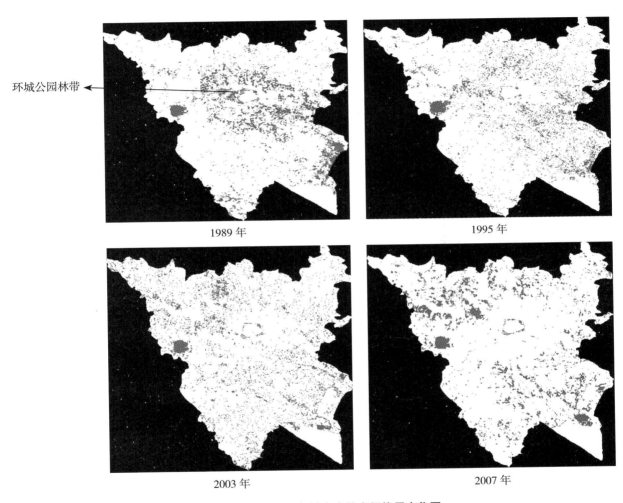

1989 年

1995 年

2003 年

2007 年

图 13　1989~2007 年城市森林空间格局变化图

（2）城市森林斑块形状特征的变化。近 20 年间，合肥市区城市森林景观斑块形状变化特征明显，形状指数总体上呈增加趋势，说明斑块形状不规则程度高、形状复杂。在 1989~1995 年期间，城市森林斑块形状指数变化最为剧烈，以后 2 个时间段城市森林斑块的形状指数增加并不显著。

（3）城市森林景观元素聚集度的变化。近 20 年间城市森林斑块数增加，斑块密度增加了 191%，破碎化程度增高。相反，城市森林斑块的聚集度指数有所降低，在 2003 年以后出现一些面积较大的斑块，使城市森林景观元素的聚集度稍有增加，但总体特点依然是斑块呈散点分布、斑块较小，森林景观破碎化指数依然较高。

（4）城市森林景观类型分维数动态分析。研究区城市森林景观的分维数在各个时段均大于1，说明各斑块的形状较为复杂。2003年以前在城市化进程中未注意积极的维护城市森林的完整性，城市森林斑块遭人为干扰、蚕食破坏，因开发建设而被人为分割，致使斑块形状变的不规则和复杂化。但2003年以后，城市森林斑块分维数有明显的下降，这与这段时间城市森林斑块的聚集度增大有关，显然近几年来在城市建设中已开始注意构建一些面积较大的城市森林斑块，在城市森林聚集度增加、破碎化减小的同时，形状的复杂性也有所减低。

三、合肥市域森林植被与热场的关系

（一）合肥市域其他各县的热场变化

市域范围地面热场变化趋势总的表现为，次高温及高温区均占有一定的面积，两者所占比例分别为1995年11.84%、2003年2.53%、2007年5.72%，其中次高温区的变化幅度大于高温区；低温及次低温区所占比例分别为，1995年11.93%、2003年24.49%、2007年23.14%。一方面，显示与明显的热岛现象；另一方面，总体上热岛现象有所缓解，即中温、次高温及高温区均明显的下降，而次低温及低温区则明显增加（表7）。

但各县地面热场的格局及变化趋势不尽相同，如巢湖市、肥西县、庐江县总体上中温区、次高温区及高温区在10年期间是下降的，且以次温区减少的幅度较大；但肥东县次高温区增长显著、10年间增长了108平方公里，为其县域面积的5%，由此次高温及高温区的面积占了县域面积的12.91%,是5个县中比例最高的（表8~表12），其他依次为：长丰（7.94%）、庐江（4.11%）、巢湖（2.97%）、肥西（0.76%）；另外，长丰县次高温区面积减少显著，但中温区有明显的增长，而其他县市中温区也都是下降的。热场演变的趋势与市域森林面积的增长有着密切的关系，森林斑块的总面积占国土面积的比例，从1995年的6.07%增加至2007年的9.8%，面积净增了429.06平方公里（表13）。由此可见，森林面积的增大对地表热场的作用十分显著。

表7　合肥市域范围地面热场变化（判读面积11080平方公里）

亮温等级	标准值	1995年		2003年		2007年		1995~2003年面积变化	2003~2007年面积变化	1995~2007年面积变化
		面积	占%	面积	占%	面积	所占百分比			
高温区	0.7-1.0	29.49	0.27%	5.57	0.05%	5.17	0.05%	−23.92	−0.40	−24.32
次高温区	0.5-0.7	1282.12	11.57%	275.25	2.48%	628.29	5.67%	−1006.87	+353.04	−653.83
中温区	0.3-0.5	8436.81	76.14%	8085.70	72.98%	7883.51	71.15%	−351.10	−202.20	−553.30
次低温区	0.2-0.3	723.74	6.53%	1699.63	15.34%	1634.07	14.75%	+975.89	+65.56	+910.33
低温区	0-0.2	608.13	5.49%	1014.13	9.15%	929.26	8.39%	+406.00	+84.87	+321.13

表 8　巢湖市地面热场变化（判读面积 2006.9 平方公里）

亮温等级	标准值	1995 年		2003 年		2007 年		1995~2003 年面积变化	2003~2007 年面积变化	1995~2007 年面积变化
		面积	占 %	面积	占 %	面积	所占百分比			
高温区	0.7~1.0	3.43	0.17	2.20	0.11	0.17	0.01	−1.22	−2.03	−3.26
次高温区	0.5~0.7	80.78	4.03	79.00	3.94	59.34	2.96	−1.78	−19.66	−21.44
中温区	0.3~0.5	995.95	49.63	1143.47	56.98	993.22	49.49	147.51	−150.25	−2.73
次低温区	0.2~0.3	480.59	23.95	280.21	13.96	440.57	21.95	−200.38	160.36	−40.02
低温区	0~0.2	446.16	22.23	502.03	25.02	513.61	25.59	55.87	11.58	+67.45

表 9　肥东县地面热场变化（判读面积 2172.97 平方公里）

亮温等级	标准值	1995 年		2003 年		2007 年		1995~2003 年面积变化	2003~2007 年面积变化	1995~2007 年面积变化
		面积	占 %	面积	占 %	面积	所占百分比			
高温区	0.7–1.0	3.20	0.15%	0.53	0.02%	1.98	0.09%	−2.67	1.45	−1.22
次高温区	0.5–0.7	169.98	7.82%	74.88	3.45%	278.51	12.82%	−95.10	203.63	+108.53
中温区	0.3–0.5	1945.25	89.52%	1715.36	78.94%	1721.64	79.23%	−229.89	6.28	−223.61
次低温区	0.2–0.3	14.93	0.69%	281.79	12.97%	90.51	4.17%	266.86	−191.28	+75.58
低温区	0–0.2	39.62	1.82%	100.41	4.62%	80.33	3.70%	60.79	−20.08	+40.71

表 10　肥西县地面热场变化（判读面积 2291.36 平方公里）

亮温等级	标准值	1995 年		2003 年		2007 年		1995~2003 年面积变化	2003~2007 年面积变化	1995~2007 年面积变化
		面积	占 %	面积	占 %	面积	所占百分比			
高温区	0.7~1.0	5.43	0.24%	0.64	0.03%	0.78	0.03%	−4.80	0.15	−4.65
次高温区	0.5~0.7	172.07	7.51%	22.99	1.00%	16.65	0.73%	−149.09	−6.34	−155.42
中温区	0.3~0.5	1980.31	86.43%	1804.30	78.74%	1624.91	70.91%	−176.01	−179.38	−355.4
次低温区	0.2~0.3	65.99	2.88%	329.86	14.40%	517.32	22.58%	263.87	187.47	+451.33
低温区	0~0.2	67.55	2.95%	133.58	5.83%	131.68	5.75%	66.03	−1.89	+64.13

表 11　长丰县地面热场变化（判读面积 2254.52 平方公里）

亮温等级	标准值	1995 年		2003 年		2007 年		1995~2003 年面积变化	2003~2007 年面积变化	1995~2007 年面积变化
		面积	占 %	面积	占 %	面积	所占百分比			
高温区	0.7~1.0	1.45	0.06%	1.49	0.07%	1.22	0.05%	0.04	−0.27	−0.23
次高温区	0.5~0.7	639.96	28.39%	40.67	1.80%	177.86	7.89%	−599.29	137.19	−462.09
中温区	0.3~0.5	1549.96	68.75%	1862.04	82.59%	1865.07	82.73%	312.08	3.02	315.11
次低温区	0.2~0.3	20.06	0.89%	215.41	9.55%	114.73	5.09%	195.35	−100.68	94.87
低温区	0~0.2	43.08	1.91%	134.90	5.98%	95.64	4.24%	91.82	−39.26	52.56

表 12　庐江县地面热场变化 （判读面积 2354.52 平方公里）

亮温等级	标准值	1995 年		2003 年		2007 年		1995~2003 年面积变化	2003~2007 年面积变化	1995~2007 年面积变化
		面积	占 %	面积	占 %	面积	所占百分比			
高温区	0.7~1.0	15.98	0.68%	0.71	0.03%	1.00	0.04%	−15.27	0.30	−14.98
次高温区	0.5~0.7	219.32	9.31%	57.71	2.45%	95.92	4.07%	−161.62	38.22	−123.60
中温区	0.3~0.5	1965.33	83.47%	1560.53	66.28%	1678.66	71.30%	−404.80	118.13	−286.67
次低温区	0.2~0.3	142.17	6.04%	592.36	25.16%	470.93	20.00%	450.19	−121.43	328.76
低温区	0~0.2	11.72	0.50%	143.21	6.08%	108.00	4.59%	131.50	−35.22	96.28

表 13　合肥市域森林斑块数及面积变化

年份	斑块数量	总面积（平方公里）	占土地 %
1995	770412	693.37	6.07
2003	790416	711.37	6.22
2007	1247146	1122.43	9.82

（二）合肥市域森林植被变化

在 1995 年至 2007 年间，合肥市域范围面积大于 900 平方米 的森林斑块的数量及面积均有大幅度的增加，增长了 61.9%；但增长主要发生在 2003 年至 2007 年间，1995 年至 2003 年间增长 2.5%。如上所述，森林面积增长对缓解热岛效应的作用十分明显。

专题四　合肥市森林城市建设潜力分析报告

由于城市化及工业化进程加快，导致全球变化城市出现酸雨、粉尘、温室效应等一系列生态环境问题。而城市森林具有调节生态平衡、改善环境质量、促进人类身心健康等方面具有其他城市基础设施不可替代的作用。因此为了缓解城市生态系统的巨大压力，创造城市环境可持续的未来，世界各国都以增加城市森林资源量为核心，积极开展了以森林城市建设为主题的生态建设活动。

城市森林资源量的增加包括量的增加及质的增加两方面。就我国目前城市森林分布情况而言，我国城市森林总量较世界水平偏低，尤其是人均森林面积更是低于国际平均水平。因此增加我国城市森林资源的数量是我国现阶段森林城市建设的最主要的目标。

森林资源量的增加自然牵涉到土地利用的问题，尤其是能起到净化空气、美化环境、涵养水源、休闲娱乐等具有重要生态服务功能的土地类型—生态用地的利用。由于没有法律法规等的刚性约束，随着经济的快速发展，导致了城市建设用地的极度扩张，大量的农业用地被城市建筑所取代，生态用地的数量与规模虽然在总量上有所增加，但与城市建设用地和人口的增加速率相比，依然不能够满足城市生态保障与人们对健康生活的要求。生态用地被非法占用，具有重要生态服务功能的生态用地不仅数量大幅度减少而且质量也明显降低，城市其他地类与生态用地之间的矛盾日益激化，成为限制现阶段我国城市社会经济发展的重要因素之一。因此如何加强生态用地的保护，从法律、行政、技术、经济、教育等层面出发，增加和保障城市生态用地总量，利用相应的法律手段规定合理的惩罚措施而抑制破坏行为，弥补我国生态用地利用缺乏法律保障的缺陷将其合理优化利用，发挥生态用地的生态潜力是当前森林城市建设的一项艰巨任务，也是解决城市生态环境问题的关键所在。

一、生态用地的概况

（一）生态用地国内外研究现状

1. 国外研究现状

目前，国外生态用地的研究主要集中于生态用地的理论研究，包括相关概念的发展、分类及研究方法等方面。

（1）相关概念的发展。在国外生态用地尚未作为一个独立和明确的类型名称明确提出，但在"open space"——城市开敞空间的相关概念中渗透了生态用地的思想和内涵。开敞空间一词最早出现在 19 世纪的美国和英国。开敞空间指的是城市一些保持着自然景观的地域，自然景观得到恢复的地域，为调节城市建设而保留下来的土地。它强调的是有自然特征的环境空间，是人与社会、自然进行信息、物质和能量交换的重要场所，包括山林农田、河湖水体、各种绿地等的自然空间，以及城市的广场、道路、庭院等的自然与非自然空间。这些空间担负着城市多样的生活活动、生物的自然消长、隔离避灾、通风导流，以及限制城市无限蔓延等多重功能，亦即是展现生态的、社会的、文化的、经济的等多重目标的载体。目前，国外开敞空间研究的理论体系已较为完善，研究内容较为广泛，形成了跨学科、多为研究的格局。

（2）与生态用地相关的土地分类。国外的生态用地分类是从宏观上把土地看作一个整体进行分类。各国的土地分类系统在一定程度上按土地受人类活动影响程度进行分类，强调土地的自然生态属性。欧洲早在 1985 年的土地分类中把土地分为人工地表、农业用地、森林和半自然区、沼泽地和水体，把具备自然生态属性的森林和半自然区、沼泽地和水体区别于以人类活动为主的人工表面和农业用地；美国 1976~1992 年的土地分类有城市或建设用地、农业用地、牧草地、森林、水体、湿地、冰（苔）原、多年积雪或结冰；联合国 1993 年土地利用分类体系中分为内地水域、木本沼泽、裸地、森林和林地、灌木群落、矮灌群落、草地、耕地、建设用地；韩国 1993 年的土地分类有城市地域、准城市地域、农林地域、准农林地域和自然环境保护地域；俄罗斯 2000 年的土地分类有农业用地、居民用地、专业用途用地、特别保护区和它的客体用地、森林资源用地、水资源用地和储备用地；日本现行的土地分类分为农用地、森林地、原野、水面、道路用地、宅地和其他用地。可见，各国的土地分类系统在一定程度上按土地受人类活动影响程度进行分类，强调土地的自然生态属性。

随着 20 世纪 60 年代城市林业的兴起，国外在上述用地分类的基础上，从功能结构内在联系出发，针对城市地区的提出了一个相对较新的土地分类，这种分类以城市树木的树冠覆盖率为基础，其分类包括：乔木树冠覆盖率、灌木树冠覆盖率、草地、裸土地、水体、城市建设用地等，其中前五类均可以纳入生态用地的范畴。而城市建设用地又被划分为城市建筑用地和交通用地两类。

2. 国内生态用地的研究进展

国内首次明确提出"生态用地"概念的是石元春院士，他在 2001 年进行中国工程院西北水资源咨询项目研究时，针对西北脆弱生态问题提出了这一概念。"生态用地"是指生产性用地和建设性用地以外，以提供环境调节和生物保育等生态服务功能为主要用途，对维持区域生态平衡和持续发展具有重要作用的土地利用类型。生态用地是土地利用与生态建设的矛盾博弈过程中相互平衡的产物，直接关系着区域生态系统的稳定性和安全性。近年来随着学科的发展，生态用地的相关概念逐渐被引入城市的相关研究中，但相关的研究工作还刚刚起步，总体看来，主要集中在城市生态用地的概念辨析、分类、功能及保护利用、生态用地控制性详细规划编制技术、指标评价与需求分析、生态用地的景观破碎化与用地保护的法律保障等方面，在指导生产实践方面还有待加强。多数学者是针对研究区的不同而将各区域生态用地划分为不同的类别。岳健认为生态用地应包括所有原生态的自然存在的地类，以及半人工的绿色用地、水域等能够发挥气候调节、涵养水源等生态作用的土地，并从人类利用活动对生态用地的影响程度将其分为自然（或原生）生态用地和人工半人工生态用地。张红旗等结合研究西北干旱区特点，以人类对生态用地的影响程度为分类原则，将各类生态用地分为人工型生态用地和自然型生态用地，且每大类又包括农业绿洲型生态用地、城镇型生态用地、湿地型生态用地等相应的子类型生态用地。张颖等将生态用地分为主导功能型和辅助功能型。黄秀兰根据生态用地的主要功能和人类的干扰程度，将其划分为自然、半自然、人工和其他生态用第四类。邓红兵等将生态用地按照不同生态系统服务分为自然用地、保护区用地、休养与休闲用地和废弃与纳污用地 4 类。土地是万物之母，没有土地供给的森林城市建设是根本无法实施的空中楼阁，因此在各地森林城市的建设过程中，生态用地的保障是一切工作的核心基础，区域生态用地建设潜力的分析，就是在现状土地利用的基础上，通过各类用地需求的平衡，对未来的生态用地规模做出评价的过程，它对区域未来的生态建设起着全局性作用，对指导城市生态建设具有重要的理论和实践意义。

（二）资料来源与分析过程

对于生态用地而言，由于其脱胎于土地利用及其相关学科，因此在研究方法上，它与相关学科具有继承性。传统上它以土地利用分类为基础，将不同的土地利用地类，以不同的统计口径，按照生态用地概念的内涵与外延进行归并，进而得到不同统计单元口径下的生态用地数量规模。由于这种方法完全依赖于土地利用图件等的统计分析结果，因此在时效性上常不能够满足相关研究工作的需要。尤其是在潜力分析时，对于道路、水系沿岸和村庄周边至今无法进行统计分析。因此，随着 RS 和 GIS 技术的发展，一方面利用已有的最新 GIS 格式的土地利用图件，利用 buffer 空间分析技术，以道路、水系、村庄等边沿为界限，根据不同的绿化宽度要求，对不同 buffer 带内的土地进行统计分析，进而得出这些地类沿线的生态潜力。另一种办法，就是直接借助于所获得的最新遥感影像，根据研究的目标要求，通过影像校正、遥感解译等过程，运用 GIS 软件和 Excel 等软件完成生态用地类型的面积等图形与属性数据的处理，并结合社会统计数据对生态用地进行定量统计，获取生态用地的数量，并在空间上直接展示其空间分布。

合肥位于江淮分水岭的独特地理区域，境内河流等湿地分布广泛，如何基于合肥特殊地理位置因素来实施生态建设，借以提升生态用地的数量及质量，最大限度发挥生态用地的生态功能是其最大的突破点。由于目前没有最新的土地利用图件，为此，我们只能根据国家与安徽省的相关政策、规定，基于合肥市提供的《合肥市城市绿地系统规划（2007~2020）》图集及文本、最新森林资源统计数据、国土局提供的土地利用现状数据、林业统计年报、合肥各相关单位提供的项目文本及规划文档等资料经过综合数据分析，从可增加森林覆盖率的林业用地的增加以及增加林木覆盖率的生态用地的增加两大角度出发，来进行合肥市森林城市建设的生态用地潜力分析。具体划分为以下 4 大部分：①森林绿化面积的增加：包括森林生态资源增加、"三网"建设、城市组团生态隔离带绿化、城乡绿化等几个方面的潜力分析；②森林资源质量提升的潜力分析；③湿地保护与恢复潜力分析；④产业富民潜力分析。

二、生态用地面积增加潜力

（一）森林生态资源增加潜力

合肥市是全国首批园林城市之一，生态建设基础良好，但森林资源以人工林和松林为主，总量少，覆盖率低。从森林资源整体质量水平来看，森林资源量有待进一步提高。因此，合肥市森林生态建设要以"江淮分水岭生态体系建设工程"、"长江防护林建设工程"、"退耕还林成果风景林培育"等重点工程为支柱，借以提高森林资源的面积和质量，巩固和发展森林的整体生态功能，发挥森林资源的生态潜力。

1. 宜林林地

合肥市现有林地面积为152805.1公顷，占总面积的13.29%。从土地资源利用潜力的角度看，根据合肥最新的二类资源统计数据，合肥市还有9384.5公顷宜林地可以用于造林绿化，增加森林覆盖率；另外还有783公顷的疏林地、6153公顷灌木林地可通过科学管护、调整林分结构来提高整体森林质量。

若将9384.5公顷的宜林地全部完成造林绿化并且郁闭度达到0.2以上，可使合肥市森林覆盖率提高0.82个百分点。

2. 工矿废弃地恢复潜力

合肥共有矿床400余处，大部分属中小矿床，矿区总面积6896.50公顷，绝大多数位于肥东、庐江及巢湖。丰富的工矿资源为区域经济发展做出了重要贡献，但在工矿资源开发过程中，大量破坏了植被和山坡土体，使得区域生态环境遭到破坏、土地利用率降低及人居环境质量下降。

近年来为恢复矿山环境，市相关部门开始重视矿山环境保护与治理，逐年加大对矿区土地造林绿化力度、提高土地复垦率。工矿废弃地潜力表见表1。

表1 工矿地生态恢复潜力表（单位：公顷）

区县名称	工矿用地面积	拟治理面积
合肥市区	360.17	108.05
长丰县	718.68	215.60
肥东县	1463.53	439.06
肥西县	699.56	209.87
庐江县	1402.07	420.62
巢湖市	2252.49	675.75
总计	6896.50	2068.95

统计表1结果，截至目前，仍亟待治理的面积约2068.95公顷，因此目前合肥工矿废弃地还有一定的土地复垦潜力。若将这些工矿废弃地全部治理，可增加林木覆盖率0.18个百分点。

（二）三网优化潜力

以"路网"、"水网"和"农田林网"为主体的"三网绿化"，是我国城市森林建设的重要理念之一。通过"三网"绿化，一方面可以进一步增加合肥城市绿化空间，增加城市绿量，另一方面也对区域景观的稳定性和景观美化起到了非常重要的作用，这对于农业开垦历史悠久、水网众多的南方平原而言，三网绿化更具有其特殊的意义。

1. 农田林网

根据相关林业统计资料，合肥市自 2003 年至 2011 年期间，每年均发展一定面积的农田林网，截至目前，合肥市共发展农田林网面积 13074.6 公顷。今后至 2020 年，合肥将继续实施农田林网建设，根据《合肥市城市绿地系统规划（2007~2020 年）》规划，到 2020 年合肥将完成农田林网覆盖面积 66666.7 公顷。按照国家防护林体系工程建设技术规范标准，南方平原区农田防护林面积不超过耕地面积的 4%~5%，北方地区不超过 7%~8%，西北地区不超过耕地面积 12%。结合最新试行的浙江省平原农田防护林建设技术规程，考虑土地合理利用及因害设防等因素，其农田防护林带适宜占地比例为 2%~10%。因此合肥农田林网的建设规划按照南方平原区 4%~5% 的规范标准范围比较合理，减去目前合肥农田林网总面积 13074.6 公顷，可计算未来合肥农田林网的建设潜力为 9458.28~15091.49 公顷。

2. 水 网

水系是城市重要的生态廊道，也是城市的生命之源。为了最大限度地发挥河流在城市生态建设和景观塑造中的作用，合肥将实施巢湖沿岸生态建设工程、两河一岸生态工程等水系绿化治理工程，重点打造南淝河生态主轴线，完善派河、店埠河、十五里河等生态廊道建设，积极构建多种生态功能于一体的河湖生态修复工程综合体系，以加强河流生态廊道建设。根据《合肥市城市绿地系统规划（2007~2020 年）》内容，至 2020 年，合肥市主要生态廊道规划建设潜力表见表 2。

表 2 合肥市水岸绿化潜力表（单位：公里）

水系名称	水系长度	适宜绿化长度	适宜绿化宽度（米）	适宜绿化面积（公顷）
派河	60	60	30~200	180~1200
十五里河	32.5	32.5	30~100	97.5~325
二十埠河	27	27	30~100	81~270
板桥河	26.3	26.3	60	157.8
塘西河	11	11	20~300	22~330
四里河	26	26	30~100	78~260
合计	290.8	290.8		616.3~2542.8

根据《安徽省林地保护利用规划（2010~2020 年）》内容，至 2020 年合肥还将对各县区约 8367 公顷左右河道景观带进行绿化美化，主要分布于肥东、巢湖等地区。

在肥东县的岱山水库、南淝河、店埠河等干流两侧和沿巢湖周边大力营造护岸、护渠、水源涵养林等防护林体系，增加林地面积 1170 公顷，其中河渠沿线 360 公顷，水库塘坝周边 810 公顷。

在巢湖沿岸的桥头集镇和撮镇建设水源涵养林667公顷，在东部沿山江淮分水岭长江一级支流滁河的各支流水系源头进行水源涵养林、水土保持林培育改造6000公顷，在店埠河中上游两侧营造护岸林530公顷。

此外，还包括其他县区的护岸、护渠、水源涵养林建设等，以及农村地区水渠、河道的防护林体系建设。结合合肥水系流域绿化现状综合分析，今后合肥市还有约7635.81~12546.27公顷左右河道景观带需要绿化美化。

3. 路 网

合肥市交通发达，铁路、公路横贯境内，截至2010年底，合肥市城市道路总长度8987公里，其中高速公路总里程305公里，农村公路8300公里。多年来合肥一直加强绿色廊道建设，绿化工作取得了一定效果，合肥市2002~2011年已有道路绿化建设情况见表3。道路绿化按照《城市道路绿化设计规范》（GJJ75—97）的规定，红线宽度大于50米的道路，其绿地率不得低于30%；红线宽度在40~50米的道路，其绿地率不得低于25%；红线宽度小于40米的道路，其绿地率不得低于20%。

"十二五"期间，合肥对已经绿化的道路、河流加强管护，对铁路、国道省道县道及高速公路两侧各建设30~50米宽的林带，测算总里程3851.5公里，绿化面积4354.5~5004.5公顷，合肥"十二五"期间新改建道路绿化潜力见表4，国省干线重点项目见表5。

表3 已有道路绿化情况（单位：公里）

道路总长	已绿化长度	未绿化长度	绿化宽度（米）	未绿化面积
8987	5313.68	3673.32	10~20	3673.32~7346.64

表4 十二五期间合肥市新改建路网绿化情况

	铁 路			高速公路	国省道	农村道路		
	客运专线	城际铁路	普通铁路			县道	乡道	其他
总里程（公里）	377.5	87	387	100	400	885	1068.3	546.7
绿化宽度（米）	50			100	30~50	3~15		
绿化面积（公顷）	4257.5			1000	1200~2000	750~3750		

表5 合肥市"十二五"国省道干线公路新改建项目

路线编号	路线简称	绿化长度	性质	绿化宽度	绿化面积
S105	合马路	17.8	改建	30~50m	53.4~89
X038	上小路	25.6	改建		76.8~128
X044					
206	烟汕线	23	改建		69~115
008	合水路	53.65	改建		160.95~268.25
315	桃杨路	26.9	改建		80.7~134.5
311	乌曹路	12	改建		36~60
312	沪霍线	40.2	改建		120.6~201

（续）

路线编号	路线简称	绿化长度	性质	绿化宽度	绿化面积
331	西大路	15.5	改建		46.5~77.5
024	店忠路	33.65	改建		100.95~168.25
006	庞合路	33.4	改建		100.2~167
010	朱张路	21	改建		63~105
其他		97.3	新建		583.8~973
合计		400			1419.9~2486.5

根据《合肥市交通运输发展十二五规划》统计，至"十二五"末，合肥市还需绿化美化的路程总长 3851.5 公里，其中铁路绿化 851.5 公里，包括客运专线 377.5 公里，城际铁路 87 公里，普通铁路 387 公里；新改建公路绿化 3000 公里，包括国省干线 400 公里（新建 97.3 公里，改建 302.7 公里），高速公路 100 公里，农村道路 2500 公里。综上所述，合肥市的道路可绿化面积为 12080.82~18840.64 公顷，包括已有道路绿化 3673.32~7346.64 公顷，新改建国省干线 1491.9~2486.5 公顷，铁路绿化 4257.5 公顷，高速公路绿化 1000 公顷，农村道路绿化 750~3750 公顷，可见道路绿化还有一定的发展空间。

根据上述分析，今后三网绿化建设可增加生态用地 29174.91~46478.4 公顷，如将其全部用于生态建设，则合肥市林木覆盖率可提高 2.55~4.07 个百分点。

（三）城市组团间生态隔离带

2005 年底，合肥市委市政府提出了城市发展的"141"战略，"十二五"期间，合肥将按照"1419"城镇空间发展思路，即 1 个主城区，东部、西南、西部、北部 4 个副中心城市，1 个滨湖新区，9 个新市镇的组团分散式发展模式。在主城区打造商贸、商务、金融和文化中心；4 个副中心城市包括东部的店埠—撮镇；西南部为经济开发区—上派；北部为瑶海经济开发区—庐阳工业园区—双墩；西部为高新区—科技双薪示范基地，涵盖多个经济开发区、工业园及科技园，以混合功能为主，承载城市外围轴向拓展空间，作为各区域辐射与联系的骨架；滨湖新区以行政、会议展览、商务办公、风景旅游及居住为主要功能，拓展合肥发展空间。按照"1419"城市发展战略打造"开发区—产业集中区—农业园区—生态保护区"的新型产业布局形态，拓展合肥经济圈，实现城乡统筹跨越式发展。

但随着 2011 年 9 月巢湖居巢区、庐江县的并入，合肥经济、人口的进一步发展，以及各城市组团之间不同的主体功能定位，加之巢湖复杂庞大的自然社会体系，使合肥在城市组团间生态环境保护与应对环境危机方面又面临着新一轮的挑战。虽然合肥市内原有自然山体植被基础状况良好，对城市发展有一定直接的阻隔作用，但从进一步发挥森林生态修复、生态环境保护功能的角度来看，在减弱工业污染、降低城市噪音、美化城市环境方面还有待进一步提升。对于距离城市组团较近的景观绿化隔离带，进行生态规划建设，开展树种与林相改造，配置多层次的森林群落等方面还有很大潜力空间。根据《合肥绿地系统规划（2007~2020）》统计，到 2020 年末，合肥市城市生态隔离带面积将达到 5730 公顷，减去各组团间原有林地面积 3174.14 公顷，合肥市城市生态隔离带新建面积将达到 2555.86 公顷。

各城市组团间隔离带建设情况见表6，若将这些生态隔离带全部建成，则可使森林覆盖率增加0.22个百分点。

表6　城市组团间生态隔离带规划

位置	隔离带宽度（m）
主城与东部组团	120~200（局部400~500）
主城与西部组团	100（局部300）
主城与北部组团	100~200（局部300~400）
主城与西南组团	200~300（局部400）
主城与滨湖新区组团	200~300（局部400~500）
西南组团与滨湖新区	250~300（局部400~500）
西部与西南组团	200~300（局部400）
北部与西部组团	西北楔形绿地
北部与东部组团	东北楔形绿地
东部与滨湖新区	东南楔形绿地

（四）城乡绿化潜力

随着城乡居民生活水平的提高，居民对绿色住宅环境提出了更高的要求。许多城市都将森林小区、生态村作为住宅区建设的模板。

（1）城区绿化。合肥按照"绿量第一、丰富色彩、提升景观、改善生态"的要求，通过实施公园游园、道路绿化等165个项目，建设生态长廊、道路景观与公园，基本形成"一圈、三环、四楔、五廊"的生态园林格局，推进生态园林城市建设。

2011年，全市完成园林绿化面积1018公顷，其中新增公园绿地733.3公顷；完成植树造林11240公顷。城市建成区绿化覆盖面积由2005年的7021.4公顷提高到2010年的13737公顷；城市建成区绿化覆盖率由2005年的37%上升到2010年末的45.1%。人均公园绿地面积由2005年的8.7平方米增加到2010年的12.5平方米，城市绿地率达40.2%，城市绿化美化取得一定的进展。

根据《合肥市城市绿地系统规划2007~2020》统计，到2020年"141"范围绿地面积将达到34~302.59公顷，公园绿地总面积达到9685公顷，新增绿地面积4230公顷，城区人均公园绿地面积达到14.0平方米，城区绿地率达到40%。

根据2002年的国家城市绿地分类系统标准，它只从权属管理和宏观功能的角度，将城市绿地划分为了公园绿地、单位绿地、防护型绿地、生产绿地等不同类型，并没有从植物生长型的角度对其作出进一步的、可与国外城市植被分类相兼容的划分，因此，对于城市规划的绿地建设中到底有多少是可以真正属于城市森林的植被无法做出界定。因为现在要进行森林城市创建工作，而城市森林对于生态植被建设有一定的、不同于一般生态建设的理念和要求，即要求在城市生态建设过程中应该以乔木植被为主体。因此，根据相关的城市绿地规划建设规模与进度，我们在这里将待建的生态建设规划中的植被面积全部默认为乔木（或少数灌木），将新增的城市绿地面积全部纳入林木覆盖的计算范围。

（2）村镇绿化。"十一五"期间，合肥通过实施"村庄环境整治行动计划"、"清洁家园绿化乡村"等工程，启动行政村 234 个，成功创建国家级环境优美乡镇 1 个，3 个国家级农业旅游示范点，8 个省级环境优美乡镇、22 个省级生态村，村镇绿化取得一定进展。

"十二五"期间，村镇将实施"见地栽树""见缝插绿""路渠绿化"等工程。根据《肥东县林地保护利用规划（2010~2020）》内容，规划期末，肥东县将完成村庄绿化 2720 公顷，肥东县村庄建筑用地面积为 21796.92 公顷，村庄绿化发展面积占村庄用地面积比例为12.48%，按此比例推算合肥市其他县区村庄绿化潜力，肥西县、长丰县、庐江县、巢湖的村庄面积分别为 18895.83 公顷、17061.05 公顷、23602.68 公顷、12068.57 公顷，以此比例计算其村庄绿化面积分别为 2358.20 公顷、2129.22 公顷、2945.61 公顷、1506.16 公顷，可知村庄绿化还有约 11659.19 公顷的潜力空间。

通过上述分析，若将城镇绿化工程全部完成，可增加新的绿地面积 15889.19 公顷。由于城镇绿化用地不是林业权属用地，只能增加林木覆盖 1.39 个百分点。

三、森林资源质量提升潜力

根据最新的合肥森林资源调查数据显示，合肥市有森林面积 13.0 万公顷，占林业用地面积的 84.6%。其中疏林地 783 公顷，森林总蓄积量 872.4 万立方米，位居全省前列，但乔木林单位面积蓄积量仅为 46.3 立方米，只有全国平均水平的 54%。营林措施缺乏，林分结构不尽合理。从林分的年龄结构来看，合肥全市幼龄林、近熟林无论在面积还是蓄积上，都占有较大的比重，尤其以近熟林所占比重最大。而过熟林龄组比重偏小（表 7）。合肥全市幼、中、近、成、过熟林林分蓄积量比例为 5.72：9.50：31.58：8.15：1.07，其中幼、中、近、成、过熟林林分面积比例为 3.29：1.90：5.04：1.30：0.13。

从林业结构现状与生态功能关系来看，合肥市林分结构不合理，成熟林比重低，林种单一，纯林面积过大，占森林面积的 95%。由于森林可采资源少，森林资源的增长不能满足市场发展对木材需求的增长。其次，单位面积森林固碳能力较低，森林碳汇能力差，林地生产力低，应对气候变化能力较弱，生态功能脆弱。

表 7 合肥市森林资源林龄结构统计表

龄组		幼龄林	中龄林	近熟林	成熟林	过熟林
面积	公顷	32878.9	18974.0	50406.1	13001	1314.7
	比例 %	3.29	1.90	5.04	1.30	0.13
蓄积	立方米	572245	950012	3158230	815021	107992
	比例 %	5.72	9.50	31.58	8.15	1.07

根据最新的合肥二类资源调查数据显示，合肥目前经济林中还有 1314.7 公顷的乔木处于衰产期；另外还有 783 公顷的疏林地、6153 公顷灌木林地以及一定数量的低产低效林地；在林分结构方面，合肥 95% 的林分属于纯林。生态效益的发挥取决于面积与结构两个方面，从生态效益发挥的长期性来看，通过林分结构的调整，进而实现森林资源质量的提升才是最重要的。

近年来，合肥通过生态绿化等工程建设项目实施后，森林资源质量已有一定程度的提高。此外，随着造林空间的减少，今后合肥应把林业工作重点放在提升森林质量，加强林业管理等方面，尤其要重视经营、培育森林，适地适树，良种壮苗，大力营造混交林，集约经营，加强对现有森林的培育，加快低产低效林分改造，提高林地生产力。在推进林业经营体制和林权制度配套改革，吸引社会资金对林业的投入，形成社会多元主体投入林业格局等方面还有很大的潜力可挖。

四、湿地保护与恢复潜力

据合肥市 2010 年土地利用现状分类面积汇总表统计，合肥市现有湿地总面积 210579.3 公顷，占合肥市土地总面积的 18.4%。全市湿地资源以湖泊湿地、水库、坑塘等湿地类型为主，其次为河流湿地，沼泽湿地所占比重最少（表 8）。

表 8　合肥湿地情况表（单位：公顷）

区县	河流水面	湖泊水面	滩涂	沼泽	水库	坑塘水面	合计
瑶海区	302.03	0	8.14	0.17	430.94	1524.78	2266.06
庐阳区	187.04	0	211.69	2.92	2470.37	625.19	3497.21
蜀山区	291.07	0	67.27	4.9	135.95	1198.56	1697.75
包河区	497.86	7043.1	127.11	0	0	1590.74	9258.81
长丰县	1594.56	0	142.69	0	5539.39	18600.54	25877.18
肥东县	2078.22	5652.4	209.73	2.04	5097.65	25331.63	38371.67
肥西县	3473.55	10825.85	337.58	0.21	1405.94	19073.81	35116.94
庐江县	5181.23	10525.37	1057.61	3.67	1454	15592.52	33814.4
巢湖市	1124.63	46416.62	243.92	0	920.23	11973.89	60679.29
合计	14730.19	80463.34	2405.74	13.91	17454.47	95511.66	210579.3

"十二五"期间，合肥将针对湿地污染、萎缩及功能退化等问题走湿地保护和恢复重建并举之路。针对不同湿地类型启动湿地恢复重建工程，加大污染治理力度的同时恢复植被、控制水土流失、优化湿地植被组成，通过湿地保护与管理、湿地自然保护区建设等措施，使合肥大部分重要湿地得到有效保护，基本形成自然湿地保护网络体系。"十二五"末将建成 5 大湿地资源保护区和 11 个大型湿地公园，至 2020 年合肥湿地规划建设表见表 9。若相关湿地保护项目全部完成，届时将使 13362.4 公顷湿地面积得到保护与恢复。

2020 年后，合肥还将采取一系列对湿地资源的保护与管理工作，力争使退化湿地得到不同程度恢复和治理，实现湿地资源的可持续利用。包括湿地保护区建设、污染控制以及完善湿地保护与合理利用的法律法规等措施。全面维护湿地生态系统的生态特性和基本功能，使合肥市天然湿地的减少趋势得到有效遏制。通过湿地资源监测、建设管理体系等提高合肥市湿地管护水平，最大限度地发挥湿地生态系统的各种功能和效益。

表9 合肥湿地建设潜力表

项目名称	位置	建设规模（公顷）	建设内容
环巢湖湿地景观带	肥东县、肥西县、包河区、滨湖区		以巢湖边岸为线，沿线部分区域为点，分期实施，建设国家湿地公园
少荃湖湿地公园	瑶海区	761	湿地公园
五湖连珠景观风貌区	长丰县	3660	生态廊道
派河生态廊道	西南组团	1727	生态廊道
店埠河生态廊道	肥东县	631	生态廊道
二十埠河生态廊道	瑶海区	38.4	生态廊道
塘西河生态廊道	滨湖区	0	生态廊道
王咀湖公园	高新区	145	
董铺、大房郢水库二级保护区	庐阳区	5700	水库资源保护区
南淝河源头保护区	肥西县		资源保护区
众兴水库保护区	长丰县、瑶海区	700	水源保护区
合计		13362.4	

五、生态产业发展富民潜力

近年来随着城市的发展，林业特有的生态、经济功能以及蕴藏其中的巨大潜力逐渐被人们所认识。合肥结合现有区域经济、区位优势特点和林业产业发展现状，以科学发展观为指导，以重点项目为支撑，优化产业结构，科学合理布局，大力发展林业富民产业。截至2011年，合肥市以经济林、商品用材林、苗木花卉、森林旅游等为主的林业产业总产值达到了50.50亿元其中：第一产业产值32.20亿元，第二产业产值12.53亿元，第三产业产值5.77亿元，林业产业结构比例为3.2∶1.3∶0.6。

至2020年，合肥各县区将根据《合肥市林地保护利用规划（2010~2020年）》加大林业调整力度，重点布局林业产业带，实施16大林业产业工程项目，力求改变林业"小产业、低效益"的问题，其中加强了森林旅游、经济林及林下立体经济、苗木花卉等产业带的建设。

（一）名特优经济林产业

截至2010年，合肥市共有经济林面积5559.7公顷，占合肥各林种面积的1.91%，主要经济林种为桃树、李树、梨树、板栗、油茶、银杏等。其中乔木经济林面积2264.9公顷，占合肥各林种面积的0.78%，主要以桃树、李树、板栗、银杏、枣为主；灌木经济林面积3294.8公顷，占合肥各林种面积的1.13%，主要以葡萄为主。

根据合肥市2002年至2011年林业统计年报资料，近10年合肥每年新发展经济林情况见图1，从该折线图可以看出，虽然合肥市不同年份发展经济林面积的数量有高有低，其中以2006年最低只有13公顷，2011年最高，新发展经济林面积1515公顷，2009年以后经济林面积发展较快，但平均而言，每年至少有326公顷的发展空间。

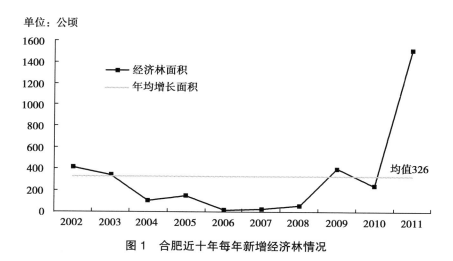

单位：公顷

图1 合肥近十年每年新增经济林情况

根据《安徽省林地保护利用规划（2010~2020年）》内容，规划期内各县区将通过实施各类重点林业项目，扩大经济林面积（见表10），"三化"特色经济林产业。

肥东县：做大做强经济林产业。规划期内通过重点林业项目实施，成片发展银杏、桃等经济林520公顷。

肥西县：建立高效经济林基地。在南分路、官亭、小庙等地建设油桃、早黄李、杏等优良品种水果生产基地66.67公顷，在严店、三河建设葡萄、食用香椿生产基地各66.67公顷。

巢湖市：建立经果林基地。届时，巢湖经果林将重点分布在巢湖市坝镇、庐江县同大、包河区大圩等乡镇，建立经果林6666.7公顷。

其余各县区经济林建设则主要以精品经济林发展方向，着重利用科技，优化品种，突出经济林地域特色，将经济林产业规模化、专业化和标准化，实现经济林产业由粗放型向集约型发展的转变。

表10 规划期内（至2020年）合肥经济林增长情况（单位：公顷）

	肥东	肥西	长丰	庐江	巢湖	包河	蜀山	瑶海	庐阳	合计
现状	141.2	1109.4	370	2293	937.5	266.5	65.3	31.9	344.9	16317
新增面积	520	266.7	0	3000	6666.7	0	0	0	53.76	7453.4

将合肥近十年每年经济林增长情况结合《安徽省林地保护利用规划（2010~2020年）》内容进行分析，至2020年，合肥各类经济林发展还有7453.4公顷的潜力空间。

（二）苗木花卉产业

近年来，随着国家重大建设工程的拉动以及城市化进程的助推，各地区城市建设、道路绿化等绿化美化工程迅速推进，苗木花卉市场走俏，苗木生产得到了迅猛发展，并已成为一些地区农业增效、农民增收的重要项目之一，苗木花卉产业潜力巨大。

目前，合肥市通过实施政府补助、社会资本引进等措施，逐渐发展了合肥市现代化苗圃、苗木园艺集团公司及示范园等苗木花卉基地。合肥苗木花卉主要分布在肥西县的花岗、上派、紫蓬、小庙、高刘、官亭，庐江县的冶父山、盛桥、白山，长丰县的岗集、双墩，肥东县的众兴，庐阳区的三十岗，蜀山区的南岗镇等乡镇。截至 2010 年，合肥市苗木总面积达 18666.41 公顷；共有 227 家企业、大户在合肥投资植树造林，合同造林面积 8700 公顷，投资额超过 10 亿，2010 年合肥苗木自给率为 85%，规划至 2020 年合肥市苗木自给率达到 100%。

根据合肥市 2002 年至 2011 年林业统计年报资料，近 10 年合肥市苗木产业发展情况见图 2。从该折线图可以看出，合肥市不同年份发展苗木的数据量高低不同，其中以 2008 年达到最低谷只有 1081 公顷，2004、2007、2011 年达到波峰，其中以 2004 年最高，新发展苗木面积 4313 公顷，但整体上呈峰谷型波动增长，2008 年以后呈较稳定增长趋势。平均而言，每年至少发展 2019.4 公顷的苗木基地。主要是由于近年苗木市场前景广阔，而合肥地处江淮分水岭地区独特的地理区位使其兼具发展南北方苗木品种的优势，因此合肥苗木产业受南北地域差异影响较小，有一定的市场，进而合肥近几年苗木产业的发展呈稳定增长趋势。

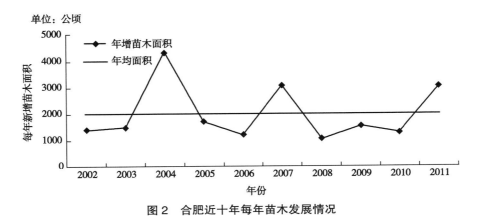

图 2　合肥近十年每年苗木发展情况

根据合肥市林业保护利用规划资料，至 2020 年合肥市将再扩大苗木花卉生产规模，各县区苗木花卉建设工程如下（见表 11）：

肥东县：到 2020 年，在合六、合宁高速公路和合宁铁路等主要道路两侧形成面积为 540 公顷的绿化苗木花卉产业带。

肥西县：通过"提质"、"增量"、"引资"三措并举，继续扩大苗木花卉种植面积；启动各级苗木花卉产业科技研发中心建设和百亩精品花卉生产基地建设等工程；加快产业核心区提质升级。到 2020 年，分别在 302、216 线上各建设万亩苗木花卉生产基地，其中在 302 线官亭段建设现代苗木花卉产业园区。

庐江县：加快全县苗木花卉产业发展步伐，规划新增苗木花卉面积 3500 公顷，到 2020 年全县苗木花卉基地面积达 5000 公顷。

蜀山区：积极招商引资，大力发展苗木花卉产业。至 2020 年，优化、建设南岗镇北部苗木花卉基地 400 公顷

环巢湖：坚持生态修复、产业发展的有机统一，加快发展苗木花卉、经济林果和生态林，规划苗木花卉 14000 公顷。

瑶海、包河等区：规划建设东大圩和牛角圩苗木花卉基地，苗木花卉产业以发展高档精品苗木花卉重点，加强基地建设，提升苗木花卉整体水平，力求实现规模化生产和集约化经营。

表 11　至 2020 年合肥各县区新增苗木花卉面积概况　（单位：公顷）

	肥东	肥西	长丰	庐江	巢湖	包河	蜀山	瑶海	庐阳	总计
现状	970.29	13048.47	636.46	2258.47	287.70	144.36	675.11	38.93	606.62	18666.41
新增	3500	5000	3500	6000	8500				1000	27500

通过对近十年合肥苗木发展情况分析(图 3-2)，可得苗木年均增长面积为 2019.4 公顷(不含庐江、巢湖)，以此作为苗木市场每年发展的潜力均值，将计算出的至 2020 年合肥苗木产业新增面积 34694 公顷作为其发展的最大值。将《合肥市林地保护利用规划(2010~2020 年)》中对苗木具体的规划面积作为至 2020 年的发展最低值，可得至 2020 年苗木发展新增面积为 27500~34694 公顷，随着这些新的苗木花卉基地的建立，苗木与花卉产业必将迎来更大的发展，老百姓势必从中得到更大的收益。

（三）林下经济产业

林下立体经济作为促进林区稳定、林农增收、林业增效的一项主要营林方式，使林业产业从单纯造林营林转向了林木资源、林产资源和林地资源综合利用，大大延伸了林业产业化的内涵，是生态、经济和社会效益综合体现的最好产业之一，具有广阔的发展前景和空间，2011 年合肥市林下经济产值达到 0.15 亿元。根据《安徽省林地保护利用规划(2010~2020 年)》内容，规划期内合肥将建立林下经济生产基地、中药材示范区和珍贵阔叶树种示范区等。预计到 2020 年，合肥市将发展林下立体经济面积共 5000 公顷，并将辐射带动一定规模的以林药、林油、林菜等复合经营模式的林下经济发展。

（四）森林生态旅游业

森林生态旅游主要包括森林公园、依托森林开展的休闲文化业和"农家乐"等。2010 年，合肥旅游接待量已突破 2694 万人次，其中森林旅游接待 241.6 万人次，占总接待量的 9.0%。2011 年，合肥市森林旅游业年产值达到了 4.11 亿元（其中林业旅游年产值 3.91 亿元，林业疗养与休闲 0.20 亿元）。此外，森林旅游业的快速发展带动了交通业、餐饮业、加工业、种养殖业等一系列相关产业的发展，辐射带动其他产业产值 2.10 亿元，推动了林区产业结构的合理调整，有效缓解了林区的就业压力，极大地带动了地方经济的发展，成为林区群众脱贫致富的重要途径。按照合肥市"十二五"旅游发展规划内容统计，到 2015 年，休闲观光农业发展到 280 处，星级农家乐发展到 250 家，乡村旅游经营收入达 15 亿元，合肥休闲农家乐主要以观光果园、采摘园形式为主，不同于成都等城市的以苗木花卉产业为依托的大农家乐形式，因此森林旅游业所增加的森林面积按照其农村增加绿化面积的 5%~10% 计算，为 582.96~1165.92 公顷。通过多样化的辐射发展，使合肥逐步形成"农游兼顾，以农为主，以游为辅，以农生游，以游促农"现代休闲产业体系。

1. 森林公园

近年来合肥市森林生态旅游产业发展迅速。"十一五"期间，依托合肥市森林公园以及以巢湖为重心的湿地公园，森林旅游业迅速发展。同时，充分利用合肥近郊丰富的山水资源、自然与人文景观，使休闲山庄、农庄、渔庄、观光园等生态旅游业初具雏形。

截至目前，合肥市已建立国家级森林公园 2 个，省级森林公园 3 个，经营总面积

30325.75 公顷。2011 年合肥森林公园旅游统计人数为 250 万人，上半年，合肥市森林公园门票收入 5890 万元，旅游收入年均增长 20.94%。目前合肥市共有公益林 66375.7 公顷，占合肥国土面积的 5.77%，其中，国家公益林面积为 21346.7 公顷，占国土面积的 1.86%；一般公益林面积 45029 公顷，占国土面积的 3.92%。从森林资源利用角度看，可将生态公益林开辟为森林公园等，实现生态保护与资源利用相结合、实现效益最优化。从需求缺口与可挖掘的资源数量对比来看，潜力依然很大。

2. 特色生态文化发展潜力

合肥因东淝河与南淝河在此汇合而得名，素以"淮右襟喉、江南唇齿、三国旧地、包拯故里"文明于世，自东汉末以来，一直是江淮地区重要的行政中心和军事重镇，是一座有两千多年历史文化的古城。漫长的历史遗留下了丰富的文化遗址，境内有教弩台、逍遥津张辽墓、包拯墓园、包公祠、明教寺等珍贵的历史遗迹。目前有旅游景区景点 30 家（其中国家 A 级以上景区点 29 处），星级农家乐和乡村旅游点 120 多家，全国农业旅游点 3 家。此外，还有六家畈镇、三河古镇、巢湖风景名胜区等重要的自然、历史文化旅游资源、不同等级的森林公园以及自然保护区与形式多样的农家乐等，它们使合肥市的旅游资源更加丰富多彩、优势明显。

"十一五"期间，合肥市共接待国内游客 7565.72 万人次，年均增长率达到 34.92%；接待入境旅游者 78.22 万人，年均增长率发展到 30.62%；国内旅游收入 689.3 亿元，年均增长率达到 38.43%；旅游创汇 4.51 亿美元，年均增长率达到 32.54%；合肥旅游总收入 719.82 亿元，年均增长率达到 38.14%。由此可知，合肥市的旅游产业呈现出持续、健康、快速的发展态势。根据合肥《"十二五"旅游发展规划》统计，到 2015 年，国内旅游人数突破 6000 万人次，国内旅游收入 520 亿元；入境旅游人数达到 60 万人次，旅游外汇收入 3 亿美元；旅游总收入突破 600 亿元。

随着经济发展和社会不断进步，市民对休闲、娱乐、旅游、文化、教育等方面消费日益扩大，尤其是休闲生态消费需求日益增加。2006~2010 五年间，合肥市旅游收入、旅游人数变化情况见图 3、图 4。其中 2007~2011 年林业休闲旅游收入、人数变化见图 5。

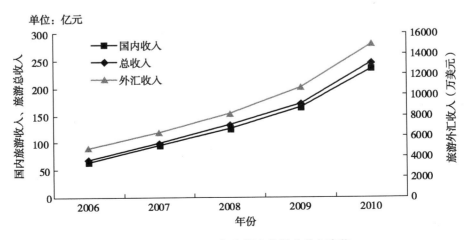

图 3　2006~2010 年合肥市旅游业收入变化

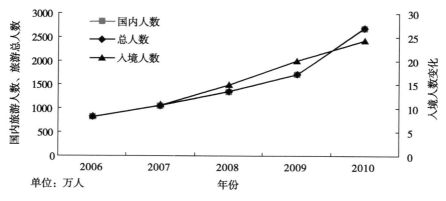

图 4 2006~2010 年合肥市旅游者人数变化

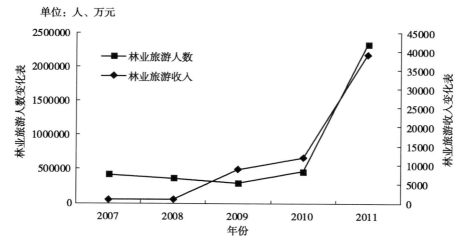

图 5 2007~2011 年合肥市林业旅游者人数、旅游收入变化

从图 3、图 4 可以看出，2006~2010 五年间，合肥市旅游收入、旅游人数等指标呈稳定上升趋势，特别是 2008 年以后，上升幅度较大，主要是与近几年城乡居民人均收入呈稳定直线增长趋势相关。从林业旅游人数及收入变化表来看，2007 年到 2009 年期间，林业旅游收入及人数均相对较少，至 2009 年中后期呈同步稳定增长趋势，尤其是 2010 年后，林业旅游人数及旅游收入增长幅度较大，这与合肥城市绿化工作的深入开展、以森林公园为主的城市绿色空间的扩展，以及经济发展使得市民对绿色生活空间的渴望增强息息相关。

从上述分析，近五年来合肥旅游业产业发展主要呈现三大特点：

（1）旅游业发展水平呈上升趋势。

（2）旅游业发展速度较快。

（3）旅游业产业地位不断提升。

2001~2010 年间，合肥市城乡居民人均收入指标呈稳定上升趋势，尤其是 2004 年以后，上升幅度明显加快（图 6）。至 2010 年，城镇居民人均可支配收入达到 19050.5 元，农村居民纯收入达到 7117.47 元，城镇居民家庭恩格尔系数已由 1995 年的 50.20% 下降到 2010 年的 35.80%，人民生活水平有了很大提高和改善。发展经济学研究发现：当人均 GDP 达到 3000 美元时，旅游由观光游览型向追求舒适、享乐的休闲度假型转变，精神支出占居民消费总支出比重达到 23%。休闲正日益成为大众消费形式。从合肥目前收入增长趋势看，合肥的旅游业发展空间及潜力巨大。

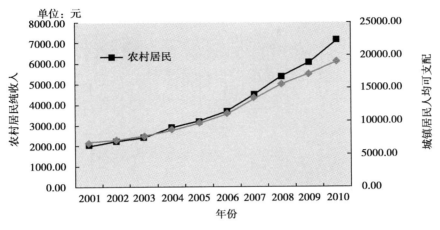

图 6　2001~2010 年合肥城乡居民人均收入变化表

自 2006 年以来，合肥市旅游产值占 GDP 的比重越来越大，旅游业在合肥经济地位日益提升，现已成为支柱产业。但从合肥市发展现状看，旅游还处在服从和服务的地位上。合肥旅游业还可从调整产业结构、激活传统资源、引领新兴产业等方向提升旅游业的地位，在现有森林公园、湿地自然保护区的基础上，以资源与生态保护为主，观光休闲与经济收益相结合，加强森林公园的规范化管理和建设，加大景区景点设施建设，积极发展以森林公园为依托的休闲生态文化产业、农家乐、观光果园、苗圃等，整合森林生态休闲旅游资源，改善生态环境，增加经济收入，丰富游客旅程，从而拉动旅游消费内需，开发旅游业多元发展潜力。

综上所述，若将各项土地绿化潜力完全挖掘开发后，则可以使合肥市域林木覆盖率增加 8.22~10.37 个个百分点，包括宜林林地 0.82 个百分点，三网绿化增加 2.55~4.07 个百分点，工矿废弃地提高 0.18 个百分点，生态隔离带增加 0.22 个百分点，城镇绿化增加 1.39 个百分点，林业产业增加 3.06~3.69 个百分点（其中经济林 0.65 个百分点，苗木产业 2.41~3.04 个百分点）。

专题五　合肥市森林资源结构特征分析研究报告

一、森林资源现状

（一）合肥市森林资源概况

合肥位于安徽省中部，江淮之间，全市海拔多在 10~80 米之间，江淮分水岭自西南向东北横贯全境。合肥市总面积 11429.68 平方公里（其中，巢湖水面面积 769.5 平方公里），市区总面积 838.52 平方公里，建成区面积 360 平方公里。合肥市植被属亚热带常绿阔叶林植被带，安徽中部北亚热带落叶与常绿阔叶混交林地带，兼有南北特色。

据 2011 年森林资源调查数据，全市拥有林地面积 152805.1 公顷，占土地总面积 13.3%；有林地面积 129331.4 公顷，占林地面积 84.6%；灌木林地面积 6153 公顷，占林地面积 4%，其中国家特别规定灌木林 4378.9 公顷；未成林地 5132.7 公顷，占林地面积 3.4%；宜林地 9384.5 公顷，占林地面积 6%；其他包括疏林地、苗圃地、无立木林地等合计 2803.4 公顷，占林地面积 2%。四旁树木折合面积 119854.3 公顷。活立木总蓄积 8724182 立方米，全市乔木林地面积 121627.1 公顷，林分蓄积 5626861 立方米，单位蓄积每公顷 46.3 立方米。全市森林覆盖率为 22.20%。有林地主要分布在市区东南部的巢湖市与庐江县、肥东县和西部的肥西县境内。

全市拥有国有林场 6 个，国营肥东林场、国营肥西林场、国营长凤县洞山林场、巢湖市巢南林场、庐江县东顾山林场和百花寨林场。现有森林以人工纯林为主，主要造林树种有柏类、阔叶树、马尾松、外松、杉木、杨树等。

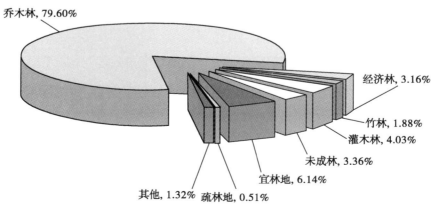

图 1　合肥市林地结构图

（二）林种结构

林种结构统计表明，现有有林地面积129331.4公顷。其中防护林面积最大，61553.3公顷，占森林面积的47.24%；其次为用材林，面积5901公顷，占森林的45.3%，两者合计达120569.3公顷，占林地面积的92.54%；另外，经济林面积5553.7公顷，占各林种林地总面积4.26%；特用林占3.17%，其中风景林占2.35%。按森林功能分类划分，生态公益林面积为66365.7公顷，占林地面积的46.26%，而商品林的面积为77092.3公顷，占林地面积的53.74%，商品林比例稍多。

表1　合肥市林种结构表

林种	面积（公顷）	占林地面积（%）
用材林	58056.7	44.89%
防护林	61553.3	47.59%
水源涵养林	29753.3	23.01%
水土保持林	28127.3	21.75%
经济林	5553.7	4.29%
果树	2872.1	2.22%
特用林	4123.9	3.19%
风景林	3066.4	2.37%
薪炭林	43.8	0.03%
合计	129331.4	

合肥市的林种结构为：

防护林：用材林：经济特用林为4.5：4.7：0.8

生态公益林：商品林为4.6：5.4

按此分析，合肥市林种结构表现为，商品林及用材林比例偏高，而防护林、生态公益林所占比例较低。

表2　按功能划分的森林结构表

	林　地	
	林地面积（公顷）	占林地面积的（%）
生态公益林	59828.71	46.26%
商品林	69502.69	53.74%
合计	129331.4	

（三）树种结构

全市121627.1公顷的乔木林中，树种以杨类、阔叶类（栎、榆、刺槐等）、马尾松、杉类为主。杨树林面积与蓄积量均最大，面积占38.75%，蓄积量占53.84%；阔叶类林分面积次之，占 25.54%、蓄积占 25.73%；松类居第三，面积占 24.02%、但其蓄积量贡献率达 25.24%；以后依次为杉类（6.58%）、柏类（2.82%）、经济林（2.20%），泡桐（0.08%）。

表 3　乔木林树种结构表

树种	面积（公顷）	面积百分比（%）	蓄积量（立方米）	蓄积百分比（%）	蓄积/面积
杉类	7999.6	6.58	667805.0	11.83	83.48
松类	29217.8	24.02	1424609.0	25.24	48.76
阔叶树	31066.0	25.54	799259.6	14.16	25.73
柏类	3431.8	2.82	207207.0	3.67	60.38
杨类	47134.3	38.75	2537601.9	44.96	53.84
泡桐	98.1	0.08	488.0	0.01	4.97
乔木经济林	2679.5	2.20	7629.0	0.14	2.85
合计	121627.1		5644599.6		

另外，乔木林中纯林面积大，达到 109687.9 公顷，占面积的 90.18%，混交林的面积仅为 11939.2 公顷，占的 9.82%；还有竹林 2873.3 公顷。

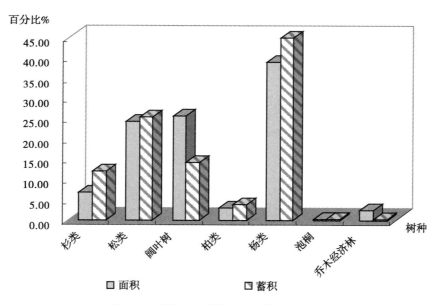

图 2　合肥市人工纯林面积、蓄积百分比

（四）林龄结构

乔木林林龄结构为（按面积）：中幼龄林：近熟林：成过熟林为 4.3：4.6：1.1。

具体为：幼龄林面积 35560.3 公顷，蓄积 618375.6 立方米，分别占 29.24%、10.96%；中龄林面积 17376.4 公顷，蓄积 942227 立方米，分别占 14.29%、16.69%；近熟林面积 55513.7 公顷，蓄积 3188978 立方米，分别占 45.64%、56.50%；成熟林面积 11862.7 公顷，蓄积 787605 立方米，分别占 9.75%、13.95%；过熟林面积 1314 公顷，蓄积 107414 立方米，分别占 1.08%、1.90%（图 3）。

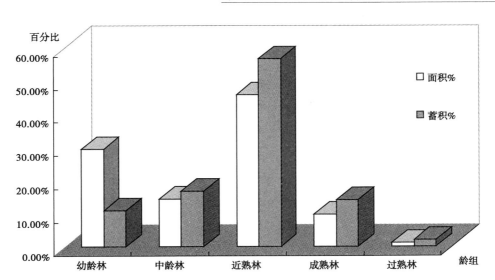

图3　乔木林按龄组面积蓄积比例图

（五）竹林资源

合肥市竹林总面积为 2873.3 公顷，主要分布在庐江县和巢湖市，分别占全市竹林面积的 94.87% 和 3.64%（表4）。从竹种看，竹林以毛竹林为主，占 98.23%，其中，幼龄毛竹占 2.13%，壮龄竹占 92.11%，老龄竹占 5.76%，而其他竹种林分占 1.77%；从其起源看，天然竹林占 0.68%，人工竹林占 99.32%；从林种看，防护林占 39.02%；特用林占 0.10%；用材林占 60.88%。

表4　竹林面积分布比例

区县	肥东县	肥西县	长丰县	庐阳区	蜀山区	包河区	瑶海区	庐江县	巢湖市	合肥市
面积公顷	9	30.5	0	0	3.4	0	0	2725.9	104.5	2873.3
比例/%	0.31%	1.06%	0.00%	0.00%	0.12%	0.00%	0.00%	94.87%	3.64%	

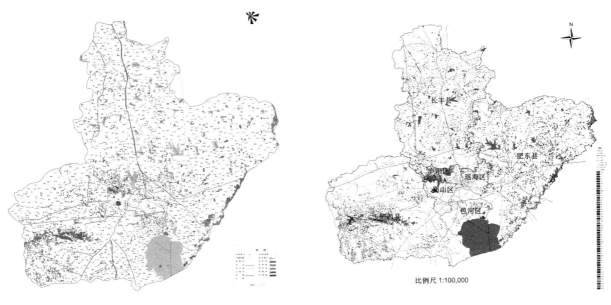

图4　合肥市原行政区森林资源分布图（左：林种分布；右：树种分布）

二、森林资源分布及各县市森林资源分析

（一）森林资源分布

在市辖4区4县1市中,各区县拥有的林地和森林资源有较大差别;庐江县林地面积最大、41249.8公顷，占全市林地面积的27.0%；其次是巢湖市，林地38578.0公顷，占25.35%；最少的为瑶海区，林地2019.3公顷，只占1.32%。市域森林覆盖率低于全省水平，各区（县、市）自7.59%至17.13%不等。其中，庐阳区、庐江县、蜀山区高于15%，分别为17.13%、15.88%、15.52%；巢湖县12.27%，居第四，其余不足10%，肥东县9.19%、肥西县8.74%、长丰县8.48%，包河区8.18%，瑶海区7.59%。林木绿化率在13.84%~26.50%，蜀山区最高，其次是庐阳区，瑶海区最低（表5）。其中，肥东县、肥西县和长丰县的林木绿化率与森林覆盖率的比值较大，反映了三县域内四旁植树较多，村镇绿化较好。

表5　合肥各区（县、市）森林资源分布

区、县、市	林地		森林覆盖率（%）	林木绿化率（%）
	面积（公顷）	占全市林地比例		
肥东县	21679.3	14.19%	9.19	19.06
肥西县	19927	13.04%	8.74	24.14
长丰县	17177.1	11.24%	8.48	20.09
庐阳区	2533.6	1.66%	17.13	26.35
蜀山区	4693.7	3.07%	15.52	26.5
包河区	4947.3	3.24%	8.18	16.13
瑶海区	2019.3	1.32%	7.59	13.84
庐江县	41249.8	27.00%	15.88	24.95
巢湖市	38578	25.25%	12.27	15.02
合肥市	152805.1		11.63	22.2

具体来说，合肥市森林植被主要分布在东南部的巢湖市与庐江县境内，以及肥西县西部山区。即原合肥市与巢湖的交界区域浮搓山、龙泉山、四顶山一线；肥西西部的大潜山、园洞山、紫蓬山一带；巢湖市境内的银屏山、龟山、岠嶂山；庐江县的中南部，集中在万山镇与柯坦镇西部片区、冶父山区域以及南部龙桥镇以南山区范围内。而在北部，江淮分水岭区域经过多年的造林绿化，林业用地共计约35.2万亩。同时，在市区范围内，存在多处点状分布的山丘，如大蜀山、土山、岱山湖等，森林植被较好。

（二）各县市森林资源比较

合肥市各县市森林资源具体情况如下（表6，图5）。

1. 肥东县

肥东县有林地面积19735.58公顷，占林业用地总面积的92.6%，活立木总蓄积927692立方米；疏林地面积15公顷，占林业用地总面积的0.1%；未成林造林地面积225.5公顷，占林业用地总面积的1.1%；苗圃地面积194.7公顷，占林业用地总面积的0.9%；无立木林地面积46.8公顷，占林业用地总面积的0.2%；宜林地面积1083.4公顷，占林业用地总面积的5.1%。

表 6　合肥市各县市森林资源统计表（公顷）

县区市	林地	有林地	乔木林	经济林	竹林	疏林地	灌木林地	未成林造林地	苗圃地	无立木林地	宜林地
肥东县	21679.3	19841.3	19641.3	192	8.0	15	2.6	396.8	64.3	46.9	1294.4
肥西县	19927.0	17452.86	17015.26	400.4	37.2		731.9	1498.9	71.4	29.1	96.8
长丰县	17177.1	15478.5	15315.9	162.6			138.5		55		1505.1
庐阳区	2533.6	2506.3	2055.4	450.9			27.3				
蜀山区	4693.7	4211.0	4152.3	55.2	3.5		214.2	268.5			
包河区	4947.3	2241.6	2121.4	120.2			427.0	2041.9	236.8		
瑶海区	2019.3	1672.1	1672.1				4.7		333.7		8.8
庐江县	41249.8	34974.7	31566.4	682.4	2725.9	178.1	2498.8	376.6	27.8	624.5	2475.4
巢湖市	38578	30953	28087	2761	105	590	2108	550	108	225	4004

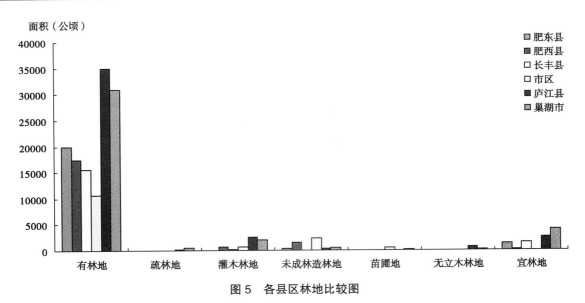

图 5　各县区林地比较图

在有林地面积中，乔木林地面积 19735.58 公顷，占有林地面积的 100%。乔木林地面积中，纯林面积 19072.78 公顷，占乔木林地面积的 96.6%；混交林面积 662.8 公顷，占乔木林地面积的 3.4%。乔木林单位面积蓄积量为 47.9 立方米/公顷。

有林地按林种划分：防护林面积 12401.72 公顷，占有林地面积的 67.5%；特用林面积 62 公顷，占有林地面积的 0.3%；用材林面积 5908.41 公顷，占有林地面积的 32.2%。

林地面积按森林分类经营体系划分：生态公益林地 1099.5 公顷，占有林地面积的 5.2%，其中，国家级公益林地面积 1037.5 公顷，占生态公益林地面积 94.4%；特种用途林地面积 62 公顷，占生态公益林地面积 5.6%。商品林地 20137.08 公顷，占有林地面积的 94.8%，其中，用材林（含部分用材、防护两用林）18857.98 公顷，占商品林地面积 93.6%；经济林 148.9 公顷，占商品林地面积 0.8%；其他林地 1130.2 公顷，占商品林地面积 5.6%。

2. 肥西县

全县有林地面积 16841.2 公顷，占林地面积的 94.27%；灌木林地 731.9 公顷，占林地面

未成林造林地面积 2020.68 公顷，占 5.14%；苗圃地面积 15.67 公顷，占 0.04%；无立木林地面积 412.01 公顷，占 1.05%；宜林地面积 853.59 公顷，占 2.17%；林业辅助生产林地面积 18.07 公顷，占 0.05%。

在有林地中，乔木林地面积 31089.37 公顷，占 90.92%；经济林地面积 1008.37 公顷，占 2.95%；竹林地面积 2095.67 公顷，占 6.13%。（注：有林地面积包括乔木林地、经济林地和竹林地面积，乔木林地面积不含乔木经济林地，经济林地包含乔木经济林地和灌木经济林地。）。

有林地按林种划分：防护林面积 15358.26 公顷，占 42.71%；用材林面积 19597.58 公顷，占 54.34%；经济林面积 1008.37 公顷，占 2.95%。

林地按主导功能划分：生态公益林地 15533.92 公顷，占全县林地面积的 39.50%，均为重点公益林地，其中国家级公益林地 10733.54 公顷，占 69.10%；省级公益林地 4800.38 公顷，占 30.90%。商品林地面积 23750.31 公顷，占全县林地面积的 60.50%。

林地面积按森林起源划分，天然次生林面积 14033.65 公顷，人工林面积 25293.69 公顷，天然次生林与人工林面积所占比例分别为 35.68% 和 64.32%。

4. 庐阳区

庐阳区林地面积 1393.73 公顷，全部为人工林，占全区国土面积的 10.1%。森林蓄积 99460 立方米。有林地面积 1377.53 公顷，占林地总面积的 98.8%；苗圃地面积 16.2 公顷，占林地总面积的 1.2%；有林地全部为乔木林地面积。全区无国家和省级公益林，地方公益面积 1377.53 公顷，占 98.8%。商品林面积 16.2 公顷，占 1.2%。

现有林种结构划分为防护林、特用林两类。其中，防护林面积 1205.72 公顷，占有林地面积的 87.5%；特用林面积 171.81 公顷，占有林地面积 12.5%。庐阳区

5. 蜀山区

蜀山区林地面积 1815.28 公顷，占国土总面积的 12.59%，活立木总蓄积 112149 立方米，森林覆盖率 12.59%，林木绿化率 23.50%。均为有林地，占 100%。

在有林地面积中，乔木林地面积 1815.28 公顷，占有林地面积 100%；其中，乔木经济林地面积 7.80 公顷，占有林地面积 0.43%。

有林地面积按林种划分：防护林面积 820.00 公顷，占有林地面积 45.17%；用材林面积 987.22 公顷，占有林地面积 54.38%；经济林面积 7.80 公顷，占 0.43%。

林地面积按主导功能划分：生态公益林地 820.00 公顷，占全区林地面积的 45.17%，全部为重点公益林地，均为省级公益林地面积，占公益林地面积 100%；全区商品林地 995.28 公顷，占全区林地面积的 54.83%。

商品林地面积按地类划分，均为有林地。

林地面积按森林起源划分，全区现有天然次生林面积 820.00 公顷，人工林面积 995.28 公顷，天然次生林与人工林面积所占比例分别为 45.17% 和 54.83%，以人工林为多。

6. 瑶海区

瑶海区林地面积 769.85 公顷（新站区 536.75 公顷），占全区国土面积的 3.5%，全部为人工林。其中，有林地面积 715.45 公顷（新站区 490.10 公顷），占林地总面积的 92.9%；苗

圃地面积 54.4 公顷（新站区 46.65 公顷），占林地总面积的 7.1%；有林地全部为乔木林地面积。

区内无国家和省级公益林，地方公益林面积 709.29 公顷（新站区 490.10 公顷），占 92.1%；商品林面积 60.56 公顷（新站区 46.65 公顷），占 7.9%。全部为集体，面积为 769.85（新站区 536.75 公顷）公顷，无国有林地，占林地总面积的 100%。

现有林种结构划分：防护林面积 678.68 公顷（新站区 490.10 公顷），占有林地面积的 99.0%；特用林面积 0.68 公顷，占有林地面积的 0.1%；经济林面积 6.16 公顷，占有林地面积 0.9%。瑶海区森林蓄积为 46500 立方米（新站区 31900 立方米）。

7. 巢湖市

巢湖市林地面积 39739.46 公顷，占国土总面积的 19.26%，活立木总蓄积 819947 立方米，有林地面积 26842.68 公顷，其中，竹林 38.93 公顷，乔木林 26803.75 公顷，疏林地面积 488.96 公顷，灌木林地面积 3453.96 公顷，未成林地面积 365.89 公顷，苗圃地面积 68.18 公顷，无立木林地面积 496.22 公顷，宜林地面积 8023.57 公顷。

按森林资源划分，现有天然林面积 3570.63 公顷，人工林面积 27580.86 公顷。按林种划分：防护林面积为 11874.59 公顷，用材林面积 14647.44 公顷，薪炭林面积为 43.46 公顷，经济林面积 238.27 公顷。

全市生态公益林地 13751.29 公顷，占全市林地面积的 34.60%，重点公益林地 8514.35 公顷，一般公益林地 5236.94 公顷。商品林地 26218.11 公顷，其中，重点商品林面积为 1451.24 公顷，一般商品林面积 24766.88 公顷。

8. 长丰县

全县林地面积 10051.0 公顷（不含划归瑶海区的三十头镇 665.0 公顷林地），占土地总面积的 5.46%。全为人工林地和集体林地。全县森林覆盖率为 5.43%，林木绿化率为 15.82%。

在林地中有林地面积 9993.0 公顷，占林地总面积的 99.4%，灌木林地面积 18 公顷，占林地总面积的 0.2%，苗圃地面积 40 公顷，占林地总面积的 0.4%。

按森林类别和林种面积：公益林面积 333.3 公顷，占林地总面积的 3.1%，全部为国家重点公益林；商品林面积 9717.7 公顷，占林地总面积的 96.9%，其中：用材林面积 9636.7 公顷，占林地总面积的 95.9%，经济林面积 81.0 公顷，占林地总面积的 1%。

三、森林资源特点

（一）森林资源总量不足

合肥市森林总量低，森林覆盖率仅 11.63%，低于全国（20.36%）及本省（26%）水平，与省内部分城市相比，合肥市的森林覆盖率远低于芜湖、安庆和池州（表 7），当然安庆、池州两市拥有大面积的山区，具有发展林业的优势，可比性差。与周边省会城市相比，也存在较大差距，仅为武汉（21.3%）、上海（22%）、郑州（25%）、南昌（23%）、南京（26%）等城市的 1/2 以下，更远远低于长沙（53.6%）与杭州（64%）（表 8）。

人均森林面积 0.01 公顷，是全省平均水平的 1/5 左右，不及全国水平的 1/10；人均森林蓄积 1.2 立方米，仅为全国人均占有量的 1/10。

表7　合肥市与省内主要城市的森林覆盖率比较

合肥			芜湖			安庆			池洲		
人口（万）	面积（平方公里）	覆盖率（%）	人口（万）	面积（平方公里）	覆盖率(%)	人口（万）	面积（平方公里）	覆盖率（%）	人口（万）	面积（平方公里）	覆盖率（%）
916	11443	11.63	226.88	3317	28.35	610	15348	41.3	154	8272	56

表8　合肥市与周边省会城市的森林覆盖率比较

城市	合肥	武汉	长沙	郑州	南昌	南京	杭州	上海
森林覆盖率（%）	11.63%	21.30%	53.60%	25%	23%	26%	64%	22%

（二）森林资源质量不高

（1）林分平均蓄积低

仅以乔木林地计算，乔木林面积 121627.1 公顷，蓄积量 5 644599.6 立方米，平均蓄积量为 46.3 立方米，仅为全国水平的 47%，安徽省的 74.7%。在乔木林中不同树种的林分蓄积量的差异较大，依次为：杉木、83.48 立方米 / 公顷；杨、60.38 立方米 / 公顷、柏类 53.84 立方米 / 公顷、松类 48.76 立方米 / 公顷、阔叶类林分 25.46 立方米 / 公顷。（林种蓄积量是有问题的，尤其是杉木，查查皖南、大别山的）

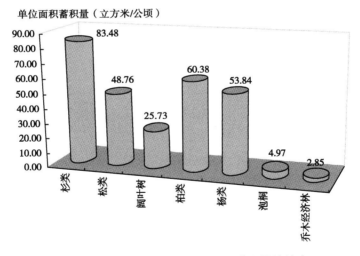

图7　合肥市各类树种的单位面积蓄积量统计表

（2）森林生物量与生产力低

森林生物量取决于森林生态系统的总生产力和呼吸消耗，反映了生态过程的能量功效，因此是森林生态功能的重要指标，能较好地反映森林生态系统的质量状况。采用蓄积量平推的方法计算，合肥市平均蓄积量约为 22 吨 / 公顷，我国亚热带主要森林群落类型的生物量平均为 35.9~427 吨 / 公顷，安徽省为 12.9~228.4 吨 / 公顷。据估算，合肥乔木林的平均生物量（生产力）为 8.41 吨 / 公顷，约为我国亚热带森林群落平均生物量（生产力）的 46%。一方面说明合肥市森林质量之低下，另一方面也反映林业生产的潜力很大。

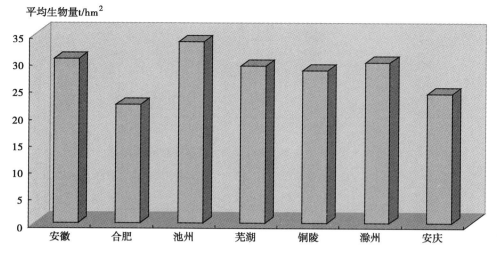

图 8 合肥与安徽省主要地区的森林平均生物量比较（其他地区资料来自安徽省生态环境报告）

（三）森林树种简单，经济效益不高

主要树种集中在杨类、杉、马尾松、侧柏、国外松，且纯林面积占了 90.83%，混交林的比重仅 9.17%（表 ），现有森林的景观效果较差，同时，杨树纯林易受天牛危害，部分松类感染了松材线虫病，杉类在江淮之间一直生长不好，形成许多"小老头树"，阔叶类林分建群树种不明显，林分蓄积量低，林分稳定性差，经济效益不高。

（四）森林资源分布不均

合肥市的森林资源分布不均，主要分布在东南部的庐江县、巢湖市境内，林地面积占全市的 52.35%；四区中的庐阳区、蜀山区森林覆盖率较高，包河区和瑶海区较少；而位于中北部的肥东县、肥西县、长丰县森林覆盖率也较低，尤其是江淮分水岭区域森林较少，易干旱。

森林分布格局的形成主要有两个原因：其一，庐江、巢湖境内山体较多，可用作林地的面积较大，蜀山区内有大蜀山坐落其中，森林分布较多，而且合肥市是国家园林城市，在建成区内环城公园的存在也显著提高市内森林覆盖量；其二，江淮分水岭区域一直是造林的重点，但由于土壤下层是粘盘黄棕壤，地下具有较厚的不透水层，易旱又易淹，造林成活率和保存率均较低。

（五）林龄结构不合理，中幼林比重过大

合肥市乔木林面积 120510 公顷，乔木林各林龄的比重为幼龄林面积 34443.2 公顷、中龄林面积 17376.4 公顷、近熟林面积 55513.7 公顷、成熟林面积 11862.7 公顷、过熟林面积 1314 公顷，近熟林面积占乔木林面积的 46.07%，幼龄林占 28.58%，这一结果显示，合肥市大部分森林接近成熟，后期森林营造力度较大，但成过熟林面积较小，反映了历史上森林破坏严重，之后进行了短暂森林植被恢复，近年来又开始重视造林绿化。

与安徽省森林林龄结构相比较可以看出，两者的中龄林与近熟林比重差别显著，合肥的中龄林比重仅为全省的 1/4 倍，而近熟林比重则接近是全省的 4 倍，其原因主要是市区内的大蜀山等山体多在上世纪的六七十年代绿化造林，许多树种一般接近成熟年龄，且保护较好。

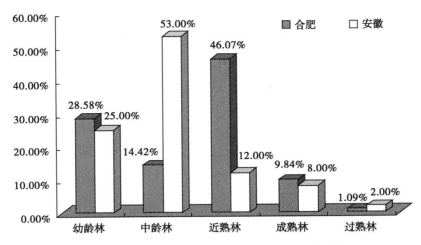

图 9　合肥乔木林龄结构与安徽森林林龄结构比较

（六）防护林与生态公益林的功能不高

　　林种结构统计表明，合肥市森林中防护林的比重达到 48.35%，而生态公益林占了林地面积的 46.3%。这一结果显示，这两类森林的比重远高于安徽省的平均水平。但由于其质量不高，如防护林的平均蓄积量 47.12 立方米 / 公顷，生态公益林的平均蓄积量 30 立方米 / 公顷，虽高于合肥森林的平均水平，但与安徽省相同林种比较均处于较低的水平，安徽生态公益林平均蓄积量 44.9 立方米 / 公顷，防护林平均蓄积量 39.8 立方米 / 公顷。

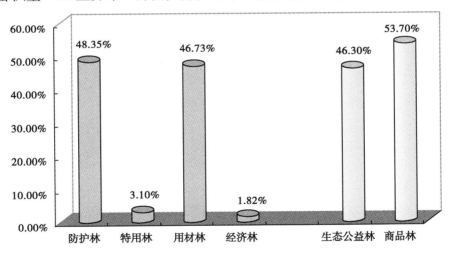

图 10　各类森林面积百分比

（七）廊道植被的生态功能弱

　　道路绿化、河（湖）岸植被是一种重要的生态廊道。道路绿化可有效降低污染、噪声，净化空气；河岸植被能有效地控制水流，过滤调节由陆地生态系统向河溪的物质，控制工业地区的水污染、河水富营养化，减低洪灾危害，保护河堤受到冲刷及水土流失，进而影响水质，也是重要的游憩资源。因此，要加强道路林带、河岸植被建设，保护河溪两岸的森林。

合肥市内水系十分发达，水体面积占到国土面积的 10.59%，河渠的总长度达到 3116 公里，特别是河流源头、环巢湖周边森林建设能有效涵养水源、减少面源污染，防止巢湖水浪冲刷，治理蓝藻污染。然而，原先建造的环巢湖柳树防浪林已破坏殆尽，面源污染严重，河流水源地保护林尚未建设。合肥市道路总长度 10835 公里，绿化总面积为 11666.67 公顷，占全市造林总面积的 8.16%，然绿化质量有待进一步提升，绿带宽度有待加宽，通过绿带加宽和质量提升构建合肥市道路森林生态廊道和网络。

专题六　合肥市生态文化建设分析报告

生态文化是人与自然和谐相处、协同发展的文化。广义的生态文化是指人类历史实践过程中所创造的与自然相关的物质财富和精神财富的总和；狭义的生态文化是指人与自然和谐发展、共存共荣的意识形态、价值取向和行为方式等。生态文化建设着力于生态文化的具象表征，通过对生态文化载体的塑造，使生态文化成为社会主流价值观，凝聚社会生态实践之力，从而缓解工业时期遗留的生态危机，促进社会文明形态的转变，推动人类社会持续良性发展。

中国正处在经济转型的关键时期，增加国内市场需求，产业结构调整升级、清洁能源开发利用等发展急需社会意识形态的深层次转变。国家统计局预测，"十二五"和"十三五"期间，随着采矿业和低技术产业比重的下降，第二产业比重将逐步回落，而随着居民收入水平的上升，居民对服务业消费需求的不断增加以及工业快速发展带来的对生产性服务业需求的增长，将使得第三产业比重不断上升。中国经济转型，需摒弃靠自然资源和要素投入驱动的传统经济发展模式，把经济发展引导到更多地依靠提高资源配置效率和各类创新活动上来，实现传统的经济发展方式到现代经济发展方式的转变，使得经济发展与民众幸福共同提升，经济、社会、环境协调发展。

在此背景下，生态文化建设既是对发展理念的提升，也能够辅助发展路径的转变和发展体制制度的创新，是贯穿在生态城市建设过程中的灵魂。发展生态文化，有利于贯彻落实以人为本、全面协调可持续发展的科学发展观，推动经济社会又好又快发展；有利于建设生态文明，推动形成节约能源资源和保护生态环境的产业结构、增长方式、消费模式；有利于增强文化发展活力，推动社会主义文化大发展大繁荣。

本专题主要针对合肥市生态文化建设问题开展研究，在分析合肥生态文化本底特征的基础上，为合肥的社会、经济、环境的生态文化建设提供理论依据和实践指导，明确提出合肥市生态文化发展的总体目标、空间布局、建设重点。

一、合肥市生态文化建设的背景与意义

（一）合肥市城乡统筹发展概况

1. 城乡一体化发展的内涵

城乡一体化发展是指在保存城市和乡村鲜明特色的前提下，建立的一种效益共享、责任共担、相互协调、共同发展的新型城乡关系，其终极目标是实现城市与乡镇经济社会一体化的新格局。这个进程是经济社会的巨大变迁，本质是利益格局的调整。在经济全球化、

社会文明化的大背景下，城乡交融发展，将不断减轻或消除城乡二元化结构，建立和谐、互促互进的城市和乡村稳定持久的结合的城乡关系体系。

2. 城乡一体化与生态文化建设

城乡一体化包括统筹城乡产业经济、公共服务、社会保障、文化教育、环境保护等方面的多元平衡发展。一方面，提高农民教育水平、文化素养，是我国建设生态文明社会的必然要求，特别是近些年乡村生态旅游等休闲型旅游形式所继承和延续的生态文化需要一个城乡和谐的环境作为载体，从而推动城乡文明社会的前进，保护城乡生态环境。另一方面，城乡统筹治理保护环境是城乡一体化改革新的切入点和历史任务，农村的环境治理和保护不仅关系到农村的发展，也直接关系到城市和全社会生态文明进程。

3. 合肥城乡统筹发展与生态文化

2009 年，合肥市被省委、省政府批准为全省城乡一体化综合配套改革试验区。经过几年的探索实践，合肥已牢固确立了城乡一体化发展的鲜明导向，初步构建了城乡联动发展机制，加快建立了城乡一体的政策体系，形成了以新型工业化推动农村发展、以农业产业化促进农业转型升级、以农村土地整治提升新农村建设水平、以体制机制创新激发农村发展活力、以"全域合肥"理念推动"141"城乡一体化发展的新格局。

合肥市推进城乡一体化水平，加快新农村建设，不断施行农村土地使用制度改革。推进土地节约集约利用，优化土地资源配置，积极探索完善集体建设留用地、农田综合整治等政策措施；加大农民住宅和宅基地置换新规划区集中住房的力度，提高土地利用效率，加快推进土地流转，发展适度规模经营等一系列改革措施。2011 年，合肥市市级以上新农村示范村发展到 223 个，其中省级示范村 137 个。肥东、肥西、长丰三县进入中部百强县，肥西县连续两年跻身全国百强县。全市土地流转面积达 164 万亩，乡镇土地流转管理服务中心实现全覆盖；以现代农业园区建设为载体，大力推进"合作化、农场化、园区化"建设，累计建成市级以上农业产业园区 224 个。

（二）合肥市经济产业发展方向

1. 产业结构调整

产业结构调整包括产业结构合理化和高级化两个方面。产业结构合理化是指各产业之间相互协调，有较强的产业结构转换能力和良好的适应性，能适应市场需求变化，并带来最佳效益的产业结构，具体表现为产业之间的数量比例关系、经济技术联系和相互作用关系趋向协调平衡的过程；产业结构高级化，又称为产业结构升级。是指产业结构系统从较低级形式向较高级形式的转化过程。产业结构的高级化一般遵循产业结构演变规律，由低级到高级演进。

我国产业结构的优化升级是要形成以高新技术产业为先导，基础产业和制造业为支撑，服务业全面发展的新格局。因此，将我国的经济增长方式由粗放型向集约型转变，大力发展第三产业是城乡产业结构战略调整的重点。

2. 经济转型与生态文化建设

在新的时代背景下，城乡产业结构的调整和升级需要强化生态经济发展理念、进一步转变经济发展方式，建立生态经济体系，不断改善生态环境，培养生态文化，走新型工业化和生态城镇化建设道路，最终实现经济社会全面协调可持续发展。第一产业在调整和整合过程中，也向着生态文明方向不断迈进。种植业的比重呈下降趋势，林业从单纯提供林产品资源转向注重其环境生态功能，保持和提高森林覆盖率越来越受到重视；渔业日益从单纯依靠捕捞转向适度捕捞、注重养殖，后者比重稳步上升。生态文化建设的根本目的就是促进经济社会的可持续发展，在生态文明理念的指导下调整产业结构，有利于实现生态经济发展。

3. 合肥产业结构调整与生态文化建设

合肥市着眼于建设绿色现代化大都市的远景目标，提出将城市发展建设与生态环境改善紧密结合，以切实提升首都可持续发展能力为核心，把发展绿色经济、循环经济、建设低碳城市作为城市未来发展的战略方向；深入推进节能减排，积极开展低碳经济试点，全力打造绿色生产体系，积极创建绿色消费体系，加快完善绿色环境体系，把合肥建设成为更加繁荣、文明、和谐、宜居的绿色城市。

（三）合肥市生态文化建设需求分析

1. 社会环境意识转变

在全球气候变化的大背景下，发展低碳经济正在成为各级部门决策者的共识。节能减排、促进低碳经济发展，既是救治全球气候变暖的关键性方案，也是践行科学发展观的重要手段。低碳城市建设是节发展低碳经济与节能减排有着密切的关系。因此，城市通过率先发展低碳经济，可以吸引资金和技术，促进产业升级和优化，提高能源效率，促使消费者行为更加低碳化。目前，国家发改委计划出台低碳经济指导意见，说明低碳经济的相关政策即将出台，表明国家试点示范工程即将在各地开展。合肥市需要抓住低碳城市建设这个城市发展的新机遇，促进经济社会的可持续发展。生态文化建设可以为社会的可持续发展和低碳经济的实现提供精神动力。

2. 公众生活方式转变

人类对生活方式的选择和追求是有规律递进的，他大致和人类社会生产力和人类文化发展水平，以及社会生产方式变革的状况相一致。今天的中国正处在现代化、工业化、城市化快速发展的时期，改革开放的丰硕成果惠及全国各族人民，有了物质上的保障，人们的人生观、价值观与世界观发生了根本性的转变。现代化的社会经济、文化内涵引导着人们从以工业文明为基础的生活方式向以生态文明为基础的现代生活方式转变，人们渴望亲近自然，并从衣、食、住、行各个方面向绿色进军，营造清新自然的生活氛围。

通过生态文化建设，帮助人们更好地感受自然生态环境与人类发展的紧密联系，更全面地了解生态系统，更自觉地选择绿色生活方式。生态文化建设有利于人类文明程度的提高，引导人们树立绿色、环保、节约的文明消费模式和生活方式。

3. 生态文化产业发展

随着经济社会的不断发展，人们在物质生活得到极大满足的基础上，越来越追求精神文化生活的丰富多彩，并且开始注重用特定的物质形式来承载无形的精神文化，以达到身心愉悦的目的。目前，我国正处在生态文明社会建设时期，人们的生态意识不断提高，对生态文化建设提出了更高的要求。生态文化产品是生态文化建设的重要组成部分，形式多样的生态文化产品不仅可以满足人们群众多方面、多层次、多样性的精神文化需求，按照产业模式从事生态文化产品生产和生态文化服务，还可以作为新的经济增长点，取得直接经济利益和带动城乡就业，缓解就业压力。

生态文化产品是一个宽泛的概念，包括物质产品和精神产品两种形式。前者具有一定的物质形态，以某种物质材料为载体，承载生态文化的内涵，如带有生态绿色标示的商品、生态旅游产品、展示生态文化的展馆等；后者是非物质性的，直接体现在人们的精神生活之中，如与生态文化相关的文学、艺术、影视作品，生态文化培训、咨询、论坛、传媒、网络等信息形式也属于生态文化的精神产品。生态文化产品是人们精神存在的一部分，作为人的文化素质得以保存和巩固。

二、合肥市生态文化的本底特征与主要载体

（一）合肥生态文化资源本底特征

1. 自然资源

合肥市位于安徽省中部，跨长江、淮河两大流域。地理坐标为东径 116° 40′ ~117° 52′，北纬 31° 30′ ~32° 37′。周边毗邻为：东至肥东县元祖山与滁县地区为邻，西至肥西县金牛乡与六安地区交界，南临巢湖隔湖与巢湖地区相望，北抵舜耕山与淮南市接壤。东西横距 133 公里，南北纵距 124 公里。全市总面积 7055.18 平方公里。

合肥市地处江淮丘陵地带，境内具有丘陵岗地、低山残丘、河湖低洼平原三种地貌，以丘陵岗地为最大地貌单元。土壤以黄棕壤、水稻土两类为主要土壤，约占全部土壤的85%。其余为石灰（岩）土、紫色土和砂黑土。全市境域内土壤酸碱度适中，一般中性偏酸，较适宜各种作物生长。

合肥市自然植被以落叶阔叶林为主，兼有落叶阔叶林和常绿阔叶林混交成份。经过长期人工造林活动，人工林树种已逐步替代原生植被。

合肥环抱国内五大淡水湖之一的巢湖，成为国内独具特色的省会城市。环巢湖区域旅游资源丰富、品质高，奇峰、秀水、溶洞、湿地、温泉与巢湖共同组成旅游资源特色优势明显的环湖观光旅游区。主要资源有半汤温泉、姥山岛、东庵森林公园、紫薇洞等以及其他处于半开发与尚未开发状态（巢湖湿地、四顶山、孤山岛等）的旅游资源。大型湖泊、湿地、温泉和山体在一个不大的区域范围内的有机组合，旅游资源独特与高度集中在省域乃至整个华东地区均不多见。总体看来，环巢湖地区旅游资源品质优良；旅游资源沿湖呈串珠状组团分布，类型多样，空间联系紧密，部分资源仍有较大开发潜力。

温泉是合肥另一大特色，是开展休闲度假旅游的重要资源。半汤温泉与汤池温泉品质优良，知名度较高，半汤温泉位于巢湖风景名区东侧近巢湖城区汤山上，汤池温泉位于市域南部庐江县汤池镇大别山余脉处，两大温泉区域内自然山水与人文景观资源丰富，目前，已开发并形成一定规模的主要为深业半汤御泉庄与金孔雀温泉旅游度假村，且两处同为 4A

级国家旅游景区，未来仍具有较大的开发潜力。

合肥市现有湿地绝大多数是人工库塘，其次是天然人工河流和天然河流，人工沼泽面积较少。各类湿地在城市不同区域分布各具特点：主城区主要是天然河流南淝河及其衍生的湿地，是维系合肥城市生态系统正常运转的母亲河；政务区和经济开发区主要是一些大型的人工湖泊，湿地的生态旅游功能日益凸显；蜀山区和城北部主要是水库湿地，提供城市水源；包河区和滨湖新区是巢湖和一些湖滨湿地所在地，湿地功能有待进一步挖掘。池塘湿地遍布各区，是净化城市的湿地"细胞"。湿地植物丰富，湿地植物绝大多数均为广布种，城区人工栽植的绿化种类也占到了一定比例。主要湿地植被可划分为5个植被组型，9个植被型，15个群系。其中主要的植物群系类型包括：意杨群系、芦苇群系、水花生群系、狗尾草群系等。

2. 人文历史资源

合肥，古称合淝、庐州、庐阳，是一座具有两千多年历史的古城，以"三国故地、包拯家乡"而闻名海内外。地处长江中下游江淮丘陵地区中部，江淮分水岭南测，巢湖之滨，淝水穿流而过，素有"淮右襟喉，江南唇齿"之称。

虽然合肥旅游业起步晚，但是还是凭借自身的历史资源，形成了具有人文特色的旅游资源。如包公园中的包公祠、包公墓；三国时期古战场逍遥津如今已是一座具有历史文化特色，设施完善，环境优美，景色宜人的综合性公园；三国时期曹操练兵的教弩台；佛教重地明教寺、开福寺等。徽园于2001年9月开放，园内共约有45个景点，包括合肥园、六安园、曹操运兵道等。人文景点还有淮河路的李鸿章故居和大兴镇的李鸿章享堂。还有环城公园，包河公园，杏花公园，三国遗址公园，及新开幕的海洋公园等景点。

古庐阳八景的提法从清代就开始，一直传承了很多年，已嵌入合肥历史，人们记忆和传承时非常方便，也更能集中弘扬合肥的历史人文特色。庐阳八景包括：蜀山雪霁、淮浦春融、镇淮角韵、梵刹钟声、藏舟草色、教弩松荫、巢湖夜月和四顶朝霞。

1995年，经市民推荐、专家甄选，选出合肥十景，2010年合肥市对外公布的新十景包括了：五湖连珠、蜀山森林、翡翠秋韵、陶冲春色、天鹅湖畔和淝河之源。可以说，合肥不仅有深厚的历史文化资源，随着时代发展，合肥也在不断创造具有新时代特色的景点和风光。

3. 农业生产概况

合肥是安徽省省会，是全省政治、经济、文化中心。合肥居皖之中，位于长江淮河之间。现辖肥东、肥西、长丰、庐江、巢湖、瑶海、庐阳、蜀山、包河4县1市4区，合肥高新技术产业开发区、合肥经济技术开发区、合肥新站综合开发试验区3个国家级开发区。全市总面积1.14万平方公里，总人口745.7万人。截至2010年年底，全市共有87个乡镇，1288个行政村；乡村户数117.58万户，乡村人口447.49万人；耕地面积509.1万亩。

合肥属亚热带季风气候，雨量适中，光照充足。主要农作物有水稻、油菜、小麦、玉米、大豆、山芋等。近年来，合肥农业紧扣市委、市政府"大发展、大建设、大环境"主题，围绕加快现代化滨湖大城市建设、建设现代农业示范基地和新农村建设全省领先的目标，取得了积极成效。林业方面，努力增加森林资源总量，壮大林业经济，搞活森林经营，加强服务体系建设，增强林业服务经济社会发展的功能。

（二）合肥生态文化主要载体

生态文化的具象属性使生态文化的核心价值观，能够通过一定的物质实体和非物质事物进行表达，并且从功能角度看，这些物质实体和非物质事物还具有教育功能、使用功能、感知功能、社会功能。

1. 感知类生态文化载体

感知类生态文化载体，是指以感知功能为主导的生态文化载体，且多以自然资源为依托，这类载体是连接人和自然的纽带，能够使人亲近自然，充分感受到人与自然的和谐，以切身的感受使人内化生态文化，也诱导人将其外化为生态化行为，这类载体主要包括：森林公园、湿地公园、城市公园、社区生态空间等等。

2. 教育类生态文化载体

教育类生态文化载体，是指以教育功能为主导的生态文化载体，这类载体包括：生态文化科教场所、生态文化论坛、生态文化户外讲堂、生态文化学术讲堂等等。

3. 社会活动类生态文化载体

社会活动类生态文化载体，是指以社会功能为主导的生态文化载体，这类载体主要是生态文化的社会活动，如生态文化嘉年华、生态文化知识竞赛、花文化节、义务植树、保护母亲河行动、生态文化创意设计大赛等等。

4. 产品类生态文化载体

产品类生态文化载体，是指以使用功能为主导的生态文化载体，这类载体可以满足公众日常生活的审美需求、信息需求、情操需求、艺术需求、康体需求，可以包括生态文化工艺品、生态文化出版物、生态文化歌舞剧、生态文化书画展、植物香薰等生态保健产品等。

特别地，生态文化载体功能的划分不是对立的，很多时候，同一个生态文化载体亦涵盖上述的双重或者多重的功能，这类生态文化载体具有较强的综合性。

三、合肥市生态文化建设目标与总体布局

（一）建设目标

针对合肥市为实现现代化滨湖大城市发展目标和城乡一体化的发展态势，围绕保障生态安全、普惠城乡居民、建设生态文明的总体目标，突出生态文化建设在森林城市建设中的重要作用，为提高城乡居民幸福指数的基础地位、引导优化城乡产业结构配置，建设繁荣的生态文化体系，全面推进森林城市建设，为合肥环境经济社会的全面可持续发展提供服务。

（二）布局依据

1. 地域背景的基本特征

地域环境是承载外来文化的载体，也是本土文化孕育的温床。合肥市山、田、城、湖交融，赋予了合肥市深厚的生态文化特质。从生态文化的现实与潜在环境载体资源来看，合肥市的山川、湖泊、河流、森林、湿地等自然资源，为发展丰富多彩的生态文化提供了良好的

环境资源基础。

2. 城乡居民对生态文化的需求

唯物主义认为物质是第一性，精神是第二性，世界的本原是物质，精神是物质的产物和反映。当人们的物质需求得到满足后，必然产生对精神文明的意识追求。这种精神追求集中体现在人们对森林环境的向往、对大自然清新气息的渴望，反映了现阶段人们对森林生态文化的追求，体现了区域文化发展的方向。随着合肥市对周边地区环境、经济、社会全面快速发展的带动作用，人们对绿色、健康、休闲、环保等生态文化建设将产生更多更高的需求。

（三）布局原则

1. 坚持可持续发展原则——保护优先，充分利用

可持续发展，就是要统筹人与自然和谐发展，处理好经济建设、人口增长与资源利用、生态环境保护的关系，可持续发展在科学发展观中处于基础的、前提的、决定性地位。可持续发展是生态文化建设的基石和理论基础，生态文化建设是践行可持续发展的推动剂，两者相互依存、相互促进，是实现城乡经济社会与生态环境相协调发展的必由之路。

2. 坚持市场机制与生态文化理念相融合原则——适应需求，前瞻引导

生态文化建设项目的策划不但要满足市场和公众需求，唤起人们对自然的"道德良知"和"生态良知"，使人们全面认识人和自然的关系。要建立起全新的生态文化理念：人既有改造自然的权利和自由，同样也有保护自然的义务和责任。

3. 坚持发挥区域优势原则——因地制宜，特色鲜明

突出特色是合肥生态文化发展的魅力。一个地区的生态文化有着深厚的资源基础和历史积淀，无论对本地区还是周边地区的吸引力，其活力都在于突出特色，突出合肥资源和历史文化特色，注重内涵与形式的结合。无论是有形的山川河流、森林湿地、海洋湖泊、历史古迹等载体，还是无形的历史故事传说、重大事件、诗词歌赋、地方戏曲等载体，都可以深入挖掘地方特色，以开发其经济社会效益，服务于社会和地区经济发展。

4. 坚持集约资源原则——城乡一体，优化配置

城乡一体是合肥生态文化发展的要求。城市是文化的中心，乡村是文化的发源地和新领地。随着城镇化的快速发展，城乡一体发展成为一个必然趋势，这个过程中，城市中环保、科普、卫生等生态文化向乡村渗透，乡村的自然、民俗、低碳等特色生态文化得到进一步弘扬，趋同与趋异并存。对生态文化建设项目进行统一规划，有效整合；对发展区位、区域进行科学计划，提高土地资源的利用率和基础设施配套的投入效率。

（四）总体布局

合肥市生态文化建设总体以主城区和巢湖为双核心布局，生态文化社区与观光农林产业园繁荣发展，郊区康体生态旅游基地重点建设，节庆会展活动为重要辅助，构建城湖共生主题城市。依托包公、三国文化，科教、佛教文化，促进生态旅游文化与人文历史题材相融合；以滨湖新区、三河古镇、紫蓬山、冶父山、汤池等为重点，构建精品景区群，加快巢湖生态文化建设项目开发。

加速产业融合，适应绿色低碳环保理念深入人心的态势，推进旅游与三大产业的融合，培育生态文化传播新业态，以生态文化惠民。

四、合肥市生态文化建设重点工程

（一）环巢湖山水景观圈

1. 建设理念

青山碧水，城湖共生

2. 建设目标

2011年8月以来，行政区划调整后的合肥市成为全国唯一怀抱五大淡水湖之一的省会城市。巢湖是合肥独特的资源、靓丽的城市名片。结合滨湖新城开发，深入挖掘巢湖及周边地区的自然、人文特征和富有生态文化内涵的景观资源，将巢湖打造成集景区景点旅游、餐饮、娱乐、住宿、养生于一体的环湖综合性观光游结构。构建自然风光旖旎，生态环境佳绝，水文景观、生物景观、文化景观等资源组合时空分布有序，城湖共生的大景观生态文化圈。

3. 建设内容

依托环湖交通系统发展环湖观光游，依托河湖水体、山体、湿地发展生态旅游，依托四顶山滨湖度假区、半汤温泉度假区等资源发展巢湖休闲度假游，依托巢湖渔家、姥山、中庙等民俗和人文旅游资源发展巢湖文化体验游，把环巢湖地区打造成为合肥市的蓝色花园。

（1）巢湖第一胜境——湖心亲水人居文化休闲旅游核心区开发。依托姥山岛、中庙镇等生态休闲文化载体建设，丰富湖心区资源的自然景观、人文民俗特色。姥山岛位于巢湖中部湖心，地处中庙镇西南方向，是湖中最大的岛屿，周长约4公里，面积1平方公里。姥山岛地险景秀，全岛有三山九峰，山地植被覆盖率达80%，以黑松、毛竹、杉木、板栗林为主。苍松翠竹，花柳相应，果木成林，四季飘香。同时，岛上人文景观丰富，南麓有一天然避风港，旧称"南塘"；山腰有始于晋朝望湖而建的圣妃庙；山顶矗立着姥山塔，初建于明代，清代由李鸿章续建。中庙初建于汉代，坐落在巢湖北岸延伸出湖面百米的巨石矶上，原中国佛教协会会长赵朴初曾盛赞中庙（湖天第一胜境）。而中庙镇是位于巢湖中部北岸的千年古镇，属国家级重点开发景区。目前，中庙—姥山岛观光度假旅游区已列入全市旅游业重点打造对象之一，览姥山胜境、拜中庙、中庙古镇渔家乐将成为展现巢湖生态景观与人居特色的一大生态旅游品牌。

表1　湖心亲水人居文化休闲旅游核心区开发建设内容

建设区域	建设主题	建设载体
姥山岛	湖上仙山、世外桃源 孤悬于湖上的天然动、植物园，鸟类天堂	国际观鸟基地（鸟类博览馆、百鸟园、鸟语（文化）广场 岛屿生态旅游基地
中庙镇	千年古镇，巢湖渔家	巢湖水岸渔家乐，特色旅游度假小镇
中庙	中庙祈福人寿年丰，巢湖山水得天独厚	中庙庙会；巢湖游船观光体验

（2）滨湖湿地公园链。环巢湖有约12条河流水系注入或流出巢湖，其中南淝河、派河、杭埠河、兆河、柘皋河为其中五条主要河流，河口均匀分布于巢湖周边。合肥市的河流湿地承接了大量的城市污水，同时，巢湖湖区水质为重度污染，水体呈中度富营养状态，很大程度是由于城市废水和污水超标排放入湖，河口地区成为湖泊水生态的最后关卡。一方面，城市的排污和污水处理率与达标率影响着湿地生态的安全；另一方面，湿地也具有蓄洪防旱、净化水质、控制水土流失、降解污染物、保护生物多样性和为人类提供生产生活资源等多种功能，是独特的生态系统，重要的自然资源和人类生存环境资本。同时，湿地还有休闲和生态旅游等功能。因此，河口地区成为了建设湿地、发挥自然净化功能、改善巢湖水质的绝好关键点，也是合肥生态旅游新的增长点。

目前，合肥市现有湿地绝大多数是人工库塘，其次是天然人工河流和天然河流，人工沼泽面积较少。滨湖新区及巢湖周边湖滨湿地保护利用不充分，农田占据河口滩涂地或湖岸现象普遍，缺乏系统的湿地生态保护利用规划，湿地功能有待进一步挖掘。

表2　合肥市滨湖湿地公园链建设

科普公园	建设区域	建设主题
南淝河新城　湿地公园	塘西河湿地—南淝河河口—大张圩湿地	新区人民的后花园，放松心灵的天然驿站；展示湿地净化功能，增强湿地景观观赏性和可游性，凸显"水、绿、人共生"主题
杭埠河湿地公园	三河镇至杭埠河口灵台圩湿地	游三河古镇，观巢湖湿地；观鸟基地，湿地生态文化体验和自然科普教育特色
兆河口　湿地保护区	兆河口槐林湿地	结合湿地建设和新农村建设，发展特色湿地生态产业；万亩荷花湿地
柘皋河湿地公园	柘皋河口孙村湿地与龟山景区至裕溪	营建林水相依，净水、游憩、科普等多功能于一体的湿地森林景观；湖泊景观生态巢湖市城市景观过渡带，巢湖市市民的水景花园
派河口　湿地保护区	派河口	结合滨湖森林公园规划设计，充分挖掘风景资源；退耕还湿，开展湿地净化农业用水科研项目；发展特色湿地生态产业

（3）名山大湖览秀旅游资源整合。巢湖周边有银屏山、凤凰山紫薇洞、四顶山、龟山等植被茂盛的山体旅游资源，绿色山水生态资源品质优良。银屏山在巢湖市银屏镇南，巢湖南岸，以石灰岩溶洞和钟乳石著称，海拔约500米。银屏山洞口悬崖生长着千年生的奇花"银屏牡丹"，每当谷雨花开之时，各地百姓纷纷自发前来观赏牡丹花，现已形成一年一度的观花省会，开展远近闻名的牡丹观花节。紫薇洞位于巢湖东岸紫薇山，是一座国内罕见、特色鲜明的地下河型洞穴。洞穴全长约1500米，洞体宏阔，结构繁复，景观奇特，以雄、奇、险、幽著称，为江北第一大洞。四顶山位于肥东县六家畈镇境内，巢湖北岸，海拔174米，距离姥山、中庙景区仅2公里距离。四顶山以自然景观、人文景观两全其美闻名皖中，清庐州八景中便有一景为"四顶朝霞"。

紧邻巢湖的银屏山、紫薇洞、四顶山，展现了独特的地文景观、植物景观、水域风光等景观资源类型，湖光山色交相辉映。整合山、湖旅游资源，完善基础设施建设，提升生态环境健康度，延长游客停留时间，打响名山大湖旅游这个合肥旅游的响亮名片，打造环巢湖休闲旅游观光带。

表3　名山大湖览秀建设内容

建设区域	建设主题	建设载体
四顶山	登四顶山—揽湖光，探姥山遥望山色	四顶山—姥山—中庙景区旅游综合体；人文、自然景观集中展示；
银屏山	生态理疗养生圣地	银屏牡丹节观花；自然生态体验游；森林休闲养生度假
紫薇洞	绿色山水生态旅游	紫薇洞—龟山—巢湖楔形景观序列；地文知识科普展示

（二）城市生态文化走廊

1. 建设理念

绿荫碧水相映成趣，历史文脉源远流长

2. 建设目标

市区范围内依托环城河、匡河、南淝河、天鹅湖、南艳湖、、翡翠湖、蜀山湖等水体，开展绿化、彩化等生态景观建设，结合历史文化、地域民俗文化等挖掘展示城市文脉，形成集滨水景观与沿河历史人文景点于一体，纳交通、生态、景观、休闲、文化于一系，营建出彰显合肥城市风貌和人文精神的生态文化走廊，使合肥的历史文脉以水文化为载体得以传承。

3. 建设内容

南淝河河生态文化走廊：南淝河流经合肥人文历史资源集中的老城区，具有丰富的生态文化资源。在生态防洪水利建设的基础上，重点打造南淝河生态文化走廊，以滨水生态文化公园为依托，融入其浓厚的文化内涵，可提升滨水景观走廊的景观效果和文化底蕴，将南淝河生态文化走廊打造成集历史与现代、景观与生态、休闲与文化为一体的多功能滨水景观带，营造"人在廊中走，宛如画境行"的意境。

表4　南淝河生态文化走廊建设内容

功能分区	建设项目	建设方式
蜀山湖河段	蜀山湖生态水源区	蜀山湖水源地风景提升；解密科学岛科普活动
	生态河道	营造生态驳岸绿色廊道；沿岸建设景观生态苗圃及森林公园；景观以自然原生为主，保护河岸植被，水岸绿化贴近自然
环城河河道	环城北路	各公园定位、功能、展示内容等方面形成各自特色；依托公园自然、人文资源举办形式多样的科普教育、文化民俗、健身比赛活动，丰富市民生态文化体验
	杏花公园	
	逍遥津公园	
	包河公园	
	银河公园	
城市休闲段	中天左岸公园	加强植物养护与公园景观提升；增强公园游憩、健身、休闲、娱乐功能
	元一柏庄	
	南淝河码头	淝河城市水上观光游
下游河段	河道清理段	橡胶坝下游河道环境治理；农区段河岸生态改造
	生态林段	拓宽河道，沿岸种植湿地植物，两岸绿地种植乡土树种，绿带宽50米以上。
	生态湿地	在保留原有树林的基础上，配置湿地植物，重建湿地林带；展现河流入巢湖的自然风景

（三）生态文化社区

1. 建设理念

生态社区，宜居家园。

2. 建设目标

在城市地区，依托居住区、学校、机关、军营等场所，开展以"弘扬生态文明，共建绿色社区"为主题的生态文化活动与载体建设，增强生态文化对广大群众特有的亲和力、凝聚力和生命力，向广大市民宣传生态文化，倡导绿色生活理念，普及低碳的生活方式。到2015年，建设绿色社区60个；到2020年，建设绿色社区100个。

在乡村开展生态文化建设，增强村民的生态保护意识，养成文明行为，珍惜自然资源，发展绿色产业，建设绿色家园。到2015年，建设市级生态文化村25个，国家生态文明村5个。到2020年，建设市级生态文化村50个，国家生态文明村10个。

3. 建设内容

（1）城市生态文化社区。

社区生态科普：以机关单位、军营、学校和居住型社区为重点区域，通过构建生态文化长廊、开展生态文化讲座、植物挂牌和树木领养等生态科普实践活动，向广大市民宣传普及生态文化知识，培养市民对社区绿色环境的认识与保护参与热情。

表5 社区生态科普建设内容

建设内容	建设方式	建设主题	重点建设区域
生态文化长廊	在社区公共活动区开辟专栏，宣传以低碳生活、绿色消费、爱护自然等为主题的展览活动	宣传普及生态文化知识，倡导绿色生活理念，普及低碳生活方式	机关单位、军营、学校和居住型社区
生态文化讲座	由社区与有关部门联合举办定期或不定期的以环境保护、低碳生活、植物养护、园林花卉文化等为主题的生态文化知识讲座	宣传普及生态文化知识，倡导绿色生活理念，普及低碳生活方式	机关单位、军营、学校和居住区
植物挂牌	标注植物名称，主要用途、花期等基本特征	普及植物学知识，培养市民对社区绿色环境的认识与参与热情	机关单位、军营、学校和大型居住型社区
树木领养（社区绿色奖章）	为认植树木挂牌，或为领养人颁发绿色奖章	培养市民对社区爱绿意识和参与缓解建设的热情	居住型社区

社区公共生态文化体验空间：依托现有居住型社区，按照社区居民的数量比例需求，专门设置供儿童进行植物种植活动的自然生活体验区，以及适宜社区居民开展群体性文化娱乐活动的林荫花香游憩区，丰富社区居民的公共生态文化休闲空间。

表6 社区公共生态文化体验空间内容

建设内容	建设方式	建设主题	重点建设区域
自然生活体验区	在有条件的社区开辟一定面积的自然场地，为儿童进行草本花草植物种植提供体验。最低面积要求：10平方米	儿童体验自然生活的最进场所，培养少年儿童的"爱绿、护绿"意识，进一步影响成年人的绿化意识形态	居住型社区

（续）

建设内容	建设方式	建设主题	重点建设区域
林荫花香游憩区	按居住区人口密度要求，建立和改造现有公共活动场地，建设具有林荫花香环境、适宜社区居民开展群体性文化娱乐活动的文化阵地	在健康的自然环境中进行有氧锻炼与游憩，让自然环境为人们的紧张生活舒压	居住型社区 按个/1000人设置，每个活动区域面积不小于100平方米。

地域生态文化社区公园：为弘扬传播插秧歌、划旱船、八月节等人民群众喜闻乐见的民间艺术。依托现有城市公园，建立民俗文化展示窗，开发民俗文化工艺品，搭建群众表演小舞台，进一步打造具有地域生态文化社区公园。

绿色消费行为引导行动：在居住型社区，通过形式多样的载体平台建设和宣传活动，开展以绿色出行、绿色购物、垃圾分类等绿色消费行为为主导内容的社区生态文化活动，引导居民改变消费观念，逐步养成绿色环保的生活和消费习惯。

（2）生态文化村。

建设生态环境：加强围村林、道路林、庭院林建设，村庄林木覆盖率达到35%以上；生活垃圾、人畜粪便、农业废弃物等得到有效处理，村容整洁，环境优美，空气清新。

传承民俗与文化：具有民族特色或地方特色的生态文化传统得到有效保护与传承。这些文化传统在村落布局、民居建筑、庭院设施、文物古迹、生态景观、历史典故、文献资料、口碑传说等方面得到充分体现。

健全乡规民约：建立比较完善的乡规民约，传承良好的环保习俗，农田、林地及自然资源得到有效保护和合理开发利用。

发展生态产业：因地制宜，采取生态经济型、生态景观型、生态园林型等多种模式，发展立体种植、养殖业，发展乡村旅游、观光休闲、花卉苗木等生态产业。

（四）观光农林产业园

1. 建设理念

品味现代农业文化，享受绿色田园生活

2. 建设目标

现代农业发展是合肥加快社会主义新农村建设、实现农业农村经济发展新跨越的必由之路。构建以特色种植养殖业和休闲观光为主体的现代农业体系，形成由都市型农业圈层、近郊型农业圈层和远郊型农业圈层构成的"三圈"、由环巢湖生态农业发展构成的"一环"、江淮分水岭生态脆弱地区构成的"一带"、各区县农林特色产业园构成的"百园"形成的现代都市农业总体布局，最终实现与新的合肥城市发展相协调、具有鲜明地域特色的现代农业产业体系。

其中，重点在合肥全市范围内，依托经济林果基地和农家乐、森林人家等农村经济第三产业的发展，以生态、阳光、健康、科普、民俗为特色，调整、完善和新建不同规模、形式多样的农林产业园，充分发挥其农业生产、生态平衡、休闲观光、科普教育和经济增收的综合效益。并定期在各园区举办主题活动，加大宣传，不断将生态文化内涵融入农业产业。至 2015 年使合肥市域内的农林产业园的数量达到 100 个以上，每年举办观光采摘、休闲健身、民俗文化展示等活动 30 次以上。至 2020 年使合肥市域内的农林产业园的数量达到 160 个以上，每年举办观光采摘、休闲健身、民俗文化展示等活动 50 次以上。

3. 建设内容

（1）城市现代农业发展"三圈"。

三圈：都市型农业圈层、近郊和远郊型农业圈层。

都市型农业圈层：主要包括绕城高速以内的庐阳、蜀山、包河和瑶海四个城区。围绕生态建设产业化、产业发展生态化的发展目标，坚持退出传统种养业，重点发展园区农业、体验农业、科普农业、精品农业等多功能城市农业，达到改善生态、优化环境、吸引市民的目的。主攻景观农业、农业主题公园、园区农业、体验农业、会展农业等现代都市农业，建设一批生态旅游农业示范区、农业高新技术示范区、现代高效农业示范区、循环农业发展示范区等现代农业示范区。

近郊农业圈层：主要包括环城高速以外至 50 公里区域范围。以建设集生产、生态、生活功能于一体的复合农业为目标，大力发展规模化、标准化、精品化的优质高效农业，适度控制畜禽养殖规模，重点发展规模化、专业化、区域化的设施农业、高档苗木花卉、休闲观光农业和农产品加工、现代农业物流等，建设成为合肥现代农业发展的先导示范区，承接城区的技术、资金、人才等资源转移，辐射带动远郊农业圈层发展。

远郊农业圈层：主要包括距离城区 50 公里以外的合肥市域以内的所有地区。以建设规模化、区域化、标准化和优质高效农业、丘陵特色生态农业为目标，重点发挥农业生产和生态功能，兼顾生活休闲和辐射带动作用。

（2）环巢湖生态农业发展"一环"。

为保护巢湖一方碧水，合肥市特别提出了环巢湖生态农业建设和发展"十二五"规划加强通过环巢湖地区生态农业建设。通过农业产业结构调整、新技术及适宜品种推广、农业生态修复工程等手段，在保证或提高农业生产效益的基础上，综合治理环巢湖地区农业生产项目，改善沿岸生态环境。以村镇为单位，宣传通过控制农业生产行为改善巢湖生态环境的意义，普及巢湖湿地野生动植物保护知识，鼓励举报破坏巢湖生态环境行为，帮助区域内村民树立"依巢湖、爱巢湖、护巢湖"观念，让巢湖人家成为守护巢湖生态环境的一线卫士。

（3）江淮分水岭特色农林产业"一带"。

江淮分水岭，又称江淮丘陵，为秦岭、大别山向东的延伸部分，长江流域与淮河流域的分界线。地处安徽省中部，面积约 2 万平方公里，海拔在 100~300 米之间，分水岭脊线自西北向东南斜向横穿合肥市，合肥市分水岭脊线长度 140 公里，省级重点治理乡镇 39 个，区域面积 5315.34 平方公里。该地区易旱、缺水且土壤不肥沃，传统农业在分水岭上前景不容乐观。但分水岭地区水源洁净，降雨是从这里往长江或淮河"分流"，南麓流往长江，北麓汇入淮河。岭上没有大工业，无污染。是建立无公害基地、发展林业、种草养畜都是绝佳境地。该区是我国农村家庭联产承包责任制的发祥地，是安徽省重要的粮、油、肉、奶、菜的主要产区之一。江淮分水岭地区有着丰富的森林植物资源和悠久的苗木种植历史，多年来不断为大江南北的造林运动，绿化建设，城市园林绿化，新农村供应多类绿化苗木。

以"十二五规划"为统领，结合江淮分水岭综合治理开发工作，以增加农民收入为核心，以转变农业发展方式为主线，推进江淮分水岭地区农村基础设施体系建设，推进以结构调整、产业转型升级为重点的现代农业体系建设，推进以国土绿化为重点的农村生态体系建设，大力发展以丰乐生态园为代表的集科技示范、旅游观光、运动休闲、科普教育、餐饮娱乐为一体的农业生态旅游休闲观光园建设。通过第三产业发展，带动地处生态脆弱地区人民建设幸福家园。

（4）特色农林产业观光园。

围绕"森林合肥"建设，坚持以农为本、以家为主、以乐为基，大力挖掘农村自然、人文资源，着力建设一批市民农园、民俗农庄、民俗观光村和农业公园等农业旅游重点区，逐步形成近郊农家乐体验游，远郊乡村特色游，滨湖风情观光游，湖岛渔家风情游的现代休闲农业空间格局，构筑多元化、复合型休闲观光农业体系。

合肥具有发展农林产业园的巨大潜力和优厚条件。通过发挥片区优势、突出特色与品质，在合肥各区市县近郊地区，特别是旅游景点沿线、休闲中心周围打造农林产业园基地。在不同地区利用优势水果品种，建立特色鲜明的农林产业园。农林产业园的项目设计以传统文化为内涵，以休闲、求知、观光、采摘为载体，建立：

观光采摘园（如特色果园、农业大棚）；

民俗生态园（如生态餐厅、民俗体验、特色戏剧）；

农事体验园（如人拉犁、牛拉磨、水冲碾米、人踩水车提水）；

垂钓渔家乐（如垂钓、捕鱼体验）；

科普教育园（如设施农业园、生态恢复区）。

合肥市形成特色养殖休闲体验园的潜力也是巨大的。目前，肥东县形成以生猪、奶牛、商品鱼为重点，肥西县形成以家禽、生猪、黄鳝、泥鳅养殖为重点，长丰形成以奶牛、生猪、家禽、黄鳝、龙虾养殖为重点，城郊形成以观赏休闲渔业为重点，沿湖（巢湖、瓦埠湖）形成以水产水禽养殖为重点的区域布局。进一步挖掘养殖休闲体验园发展潜力，建设一批以肥西老母鸡生态家园、大圩休闲农庄等为代表的体验项目丰富多样、特色鲜明的星级农家乐。

（五）康体生态旅游基地建设

1. 建设理念

碧荫下享受绿色健康生活。

2. 建设目标

合肥拥有丰富的自然资源，市区、肥西、肥东、环湖周边、庐江五大片区均有高品质山体旅游资源。蜀山区大蜀山森林公园是合肥城市居民重要的旅游休闲地，肥西紫蓬山、庐江冶父山已开发成为国家级森林公园，并与肥东岱山湖共同发展为国家 4A 级旅游景区；浮槎山未来将建设成为国际养生度假示范区，成为城东、巢湖北部重要的绿色山水生态旅游资源。以现有森林公园和生态旅游区为基础，将运动养生、休闲、科普教育、保健理疗等康体文化，融入自然景观，进行富有人文参与和生态文化内涵的游憩化改造与建设，打造风格各异的综合型运动休闲基地或温泉森林理疗基地，以生态健身产业带动生态文化的发展。

3. 建设内容

（1）绿色运动休闲基地。结合合肥城区及城市周边山区特色和景观资源，选择适宜区域，规划建设迂回于山地森林间的运动路线，开展健步、登山、自行车、攀岩、溪谷漂流等山地运动，开发绿色自然资源的社会效益。

表 7　合肥市绿色运动休闲基地建设

建设地点	建设定位	建设方式
环城公园健身系统改造	市民绿色健身馆	环城河沿线公园增加运动场地、设施器材或健身步道
大蜀山森林公园	城市森林氧吧	加强城市森林、火山构造等自然科普知识解说系统；结合野生动物园进行野生动物保护、森林生态系统科普教育宣传；完善健身步道标识系统
南淝河绿道	巢湖绿色通道	从城区中心沿南淝河完善人车分离的绿道建设；增加绿化宽度并保护河流自然岸线机理
繁华大道—紫蓬山风景区绿道	合肥森林运动示范基地	结合紫蓬山水上运动中心、高尔夫球运动场打造高端运动基地；举行紫蓬山山地运动嘉年华
环湖路绿道	巢湖山水风情大道	根据环巢湖道路规划建设具有游憩功能的景观绿道；保护湖滨自然景观；以绿道形式串联沿湖各景点

（2）山地森林（温泉）理疗保健基地。根据森林所具有的植物精气、负氧离子及景观魅力对人类在高血压、神经衰弱、心脏病、偏头痛、焦虑症、肥胖症、慢性支气管炎、慢性鼻炎、肾病以及焦虑症、忧郁症等疾病上的间接治疗作用，结合享受森林浴已经成为都市人亲近自然的时尚需求，在现有森林公园和生态旅游区的基础上，选择适当林型、树种建设负氧离子和植源性保健气体丰富、具有华东地区森林特色的森林理疗保健基地。

温泉是一种自然疗法，泉水中的有益成分会沉淀在皮肤上，改变皮肤酸碱度，故具有吸收、沉淀及清除的作用，其化学物质可刺激自律神经，内分泌及免疫系统，还可治疗皮肤病、消除疲劳。充分利用温泉资源，打造理疗保健基地，设立疗养机构类型的特色医院，扩大合肥温泉知名度，挖掘温泉理疗文化内涵，增加温泉体验附加值。结合自然景观，打造高品质的自然疗法保健基地。

合肥市森林（温泉）理疗保健基地建设

银屏山风景区；

岱山湖风景区；

冶父山风景区；

汤池温泉度假区；

半汤温泉度假区；

金孔雀温泉旅游度假村。

（六）生态文化节庆

1. 建设理念

宣传生态文化，让绿色走进生活。

2. 建设目标

节庆会展活动在旅游发展、传播生态文化方面，具有不可替代的作用。要不断完善政府引导、市场运作的办节方式，使节庆活动相互串联，实现一年四季不落幕，一年四季有看头，使节庆会展成为合肥生态文化建设的核心吸引力之一。增强公众对城市生态及可持续问题的共识，自觉形成健康的低碳生活方式，带动产业经济增长。

3. 建设内容

（1）节庆活动。

通过设立折射出人类活动与人类文明同自然协调交融的生态文化节庆，创造良好的生态文化氛围，让市民有所感知，有所体会，有所共鸣。

长丰陶楼桃文化主题乐园：每年定期在陶楼举办桃花节，以桃花的美丽和浪漫为观赏亮点为市民提供一个陶冶情操、休憩身体、拍摄艺术照的平台，充分发掘桃花的观赏美学价值、休闲娱乐价值形成以桃花节为主体带动形成赏花、摄影、度假、民俗活动于一体的高品质旅游节庆。

长丰草莓采摘节：长丰草莓是安徽省特色水果，也是安徽省特产之一。其产地长丰县位于安徽省合肥市北部，属于合肥市三县之一，是国家无公害草莓生产示范基地。主要草莓品种是日本的"丰香"和"女峰"及"香菲"、"鬼怒甘"，果实色泽鲜艳，体大而多汁，远销日本、韩国以及热销国内的北京、上海、天津等大中城市。结合合肥市生态新农村建设，建立内容和形式多样、布局合理、管理科学、园内园外交通便利、服务设施配套的生态采摘园。春节举办采摘节，同时还可以配合周围农家乐的发展，为游人提供自助的绿色有机餐饮、农家住宿等服务，使其在返璞归真时体验到农耕文明中人与自然和谐依存的简单快乐。

银屏牡丹观花节：每年春季谷雨前后举办银屏牡丹观花节，着力展示地方民俗与人文风情，增加巢湖民歌、戏曲表演、诗词展等展示形式，以花为媒，给美好传说赋予新的内容。

大圩葡萄文化旅游节：7月举办包河区绿色大圩葡萄文化旅游节。目前大圩镇的都市农业和乡村旅游达到一定的规模和档次，已经形成万亩果园、万亩菜园、万亩荷园、万亩森林等四大景区，四季有采摘，四季有美景。大圩镇先后荣获"全国生态乡镇""全国农业旅游示范点""全国民间文化艺术之乡""全国农业标准化示范区""国家无公害农产品生产基地""安徽省文明村镇""安徽省新农村建设示范镇"等荣誉称号，如今的大圩镇已经成为中部地区最耀眼的明星乡镇。进一步发展农业观光采摘旅游，开发农产品深加工产品，创出大圩绿色农副产品品牌。

肥西三岗中国中东部花卉苗木交易博览会：进一步提升苗交会的展会规模、内容和层次，加强交易交流，突出产销结合。通过苗交会这个载体打造苗木花卉品牌、拓展苗木花卉市场、推动苗木花卉产业创新、建设生态森林城市。延伸苗木花卉产业链，增加苗交会的展区设置，将苗交会打造成苗木花卉、花木资材、农林产品、园林景观、园林机械、赏石盆景等相关产业为一体的专业主题展。

合肥植物园四季赏花节：合肥植物园地处合肥市蜀山风景区，是合肥市的天然氧吧和绿色之肺，也是距离城区居民最近的植物主题生态文化科教阵地，计划建成科普资源型、生态环保型、旅游效益型于一体的综合性植物园。结合相关科普宣传教育，能够显著提高公民的科普知识和生态、环保意识。每年定期举行梅花展、梅花盆景展、中国桂花展览会、春季花展节、赏荷会等活动，吸引游客感受鸟语花香。

（2）环保节日科普宣传。

以环保节日为载体和契机，开展一系列科普宣传活动，使生态环保意识深入人心，使公民从日常生活的点滴开始做起，积极主动促进人类社会与自然的和谐发展。

植树节（3月12日）：在市域各区县开展全民义务植树活动，为城市增绿创造绿色环境。每年在植树节定期举办宣讲访谈会，邀请政府官员概述市域绿化现状和林业相关政策，学者解读林业对于人类栖居环境、城市发展等的重要作用，民间人士讲述植树造林、保护山林的亲身经历。建立植树节基金，每年植树节向社会提供低成本的树苗，浅显易见但实用性强的技术教材、植树节纪念品（如植树节徽章）等资源，并评选绿化贡献荣誉单位和个人。

爱鸟周：在南湖生态湿地等鸟类栖息地开展面向社会的观鸟活动，并配备专业的解说员，让公众亲近鸟类、了解鸟类。举办文娱活动，如音乐会以歌曲、舞剧等多种形式宣扬爱鸟护鸟的主题，游园会以趣味性的活动普及鸟类知识，群众集会观看鸟类科教影片、幻灯片。组织市民亲自参与鸟类保护，争做爱鸟志愿者协助鸟类保护工作，建鸟巢挂鸟箱等。发布鸟类保护通告，强化法律意识保护珍稀的鸟类品种保护。

湿地日（2月2日）：在湿地日期间举办科普摄影展，在市域各个区县巡回展览，影展主要通过从各界征集的优秀摄影作品来反映湿地之美、湿地之伤、湿地保护成果这三大主题，唤起人们对湿地的关注、情感、忧患和保护行动。每年定期在湿地日举办对公众开放的湿地论坛，一方面向公众普及湿地相关知识，另一方面政府向公众汇报本市湿地建设和保护情况。在湿地日开展青少年湿地教育，由学校牵头开展相关主题的征文比赛、组织青少年参观湿地调查湿地保护现状，指导青少年走出校园对公众对湿地的认识和态度进行社会调研，鼓励青少年协同家人从不食湿地水禽等生活小细节做起保护湿地。

地球日（4月22日）：根据当年地球日的主题举办全市范围的演讲比赛，鼓励各行各业，各个层次的人积极参加，围绕地球日主题，谈谈对生存环境的认识。每年定期在地球日由政府牵头各个环保组织在车站、广场、公园等城市开放生活空间举行大型宣传活动，免费发放宣传资料，介绍环境与人类的相互关系、全球环境问题等等，以覆盖面最广阔的宣传方式让市民认识到地球环境需要关爱，人与自然和谐需要每个人的努力。呼吁在地球日当天市民进行绿色生活体验，吃素、步行、白天尽量日光照明、减少生活用水等等，从衣食住行各方面感受自然生活状态。

专题七　合肥市生物多样性保护研究报告

一、合肥市生物多样性的现状研究

（一）合肥市生态系统多样性概述

1. 森林生态系统

由于城市化进程中人类诸多活动的影响，绝大部分森林早已被开垦为农田，或受到城市扩展的破坏，目前较完整的森林生态系统已消失殆尽，残留的森林生态系统规模较小，主要是天然次生林，缺少良好的空间连续性。人工林地受政策和市场影响，变化较大。合肥市森林生态系统受到人为的干扰，在时序上生态过程发生中断，在空间上存留残缺，表现在群落构成和食物链上均不具典型性和完整性。

2. 湿地生态系统

湿地（wetlands）是分布于陆地生态系统与海洋生态系统之间的过渡性生态系统。作为人类最重要的环境资本及自然界富有生物多样性和较高生产力的系统，湿地的生态效益体现在：维护生物多样性；调蓄洪水，防止自然灾害；降解污染物；调节小气候四大方面。湿地的经济效益体现在提供丰富的动植物产品；提供水资源；提供矿物资源；能源和水运四大方面。

合肥市现有湿地绝大多数是人工库塘，其次是天然人工河流和天然河流。各类湿地在城市不同区域分布各具特点：主城区主要是天然河流南淝河及其衍生的湿地，是维系合肥城市生态系统正常运转的母亲河；政务区和经济开发区主要是一些大型的人工湖泊，湿地的生态旅游功能日益凸显；蜀山区和城北部主要是水库湿地，提供城市水源。合肥市在2011年将巢湖并入，巢湖自此成为合肥的重要湿地资源。

（二）合肥市生物物种多样性研究

1. 合肥市生物物种多样性概况

（1）植物资源。合肥植物区系表现出由亚热带向暖温带过渡的特征，植被兼有南北特色，常绿林和阔叶林组成的混交林是合肥的主要植被类型。根据相关资料调查表明，境内有蕨类植物11科、12属、12种，种子植物147科、625属、1208种，其中，裸子植物7科、20属、47种，被子植物140科、605属、1161种。属于国家和省级保护的珍稀植物8种，其中属于国家一级保护植物有银杏、水杉、水松；国家二级保护植物有杜仲、鹅掌楸、流苏树、胡桃、金钱松等。

（2）动物资源。动物资源中兽类 15 种、鸟类 133 种、鱼类 9 种、爬行类 14 种、两栖类 10 种。属于国家保护动物 13 种，其中有白鹳 1 种国家 Ⅰ 级保护的野生动物；虎纹蛙、鸢、普通䴓、白肩雕、红隼、鸳鸯、灰鹤 7 种国家 Ⅱ 级保护的野生动物；豹猫、环颈、雉鹌鹑、针尾鸭、中华蟾蜍 5 种国家 Ⅲ 级保护的野生动物。

2. 合肥市区城市森林生物多样性

据实地调查，合肥市露地栽培的树种有 241 种，属 61 个科、146 属，其中针叶树种 30 种、阔叶树种 211 种。阔叶树种中乔木 120 种、灌木 91 种，常绿乔木 22 种、常绿灌木 28 种。

（1）不同类型城市森林树种丰富度。不同类型城市森林树种丰富度有显著差异，市内公园树种最多（156 种），其次为高校校园（113 种）、环城林带（70 种）、住宅（61 种）、近郊风景林最低（21 种）。各类型城市森林乔木树种比例均高于灌木，其中：住宅区的乔木比例最高（80%），其次为环城林带（73.3%）、高校校园（62.4%）、市内公园林（61.7%）、近郊风景林（67%）。常绿树种的比例较低，如近郊风景林常绿树种仅马尾松 1 种，环城林带乔木中常绿树种比例为 21.7%，其他类型城市森林的常绿树种比例在 30% 左右。环城林带营造时栽植的马尾松及侧柏等针叶树种，因其高生长不及落叶乔木生长衰退而逐渐被伐除，目前只有少数常绿树种如桂花、棕榈、女贞等居林冠亚层。市内其他类型中常绿乔木主要为香樟、女贞、广玉兰、桂花、柏类、棕榈、杜英等。

（2）不同类型城市森林树种相似性。从表 1 可看出，不同类型区城市森林树种相似性总体较低。公园与校园林分的树种相似性程度最高（0.55），其次为公园与环城林带（0.32）、公园与住宅区（0.30）、公园与近郊风景林最低（0.05），其他类型之间树种组成相似性均 <0.4；除了环城林带与高校校园及住宅区外，其他类型之间乔木树种的相似性均略高于灌木树种，但差异不大。另外，市内各类型城市森林与近郊风景林树种相似性系数均很低（≤ 0.1），市内城市森林与近郊风景林的树种组成差异最为显著。

表 1　不同类型城市森林树种相似性系数

城市森林类型	环城林带			高校校园			住宅区			近郊风景林		
	全部	乔木	灌木	全部	乔木	灌木	全部	乔木	灌木	全部	乔木	灌木
市内公园	0.32	0.37	0.25	0.55	0.56	0.52	0.30	0.35	0.24	0.05	0.08	0.01
环城林带				0.38	0.37	0.39	0.31	0.30	0.34	0.10	0.15	0.00
高校校园							0.33	0.35	0.28	0.08	0.13	0.00
住宅区										0.04	0.05	0.00

同时出现在市内公园、环城林带、高校校园、住宅区的树种有 29 种，占全部树种的 12.0%，其中乔木 21 种、灌木 8 种。这些树种应用频率较高，均列在按重要值排列的前 15 位中（表 2），且多为长江流域城市绿化中最常见的树种。如悬铃木、女贞、圆柏、侧柏、水杉、雪松、重阳木、香樟、乌桕、泡桐、广玉兰、国槐、刺槐、构树等乔木树种，以及紫叶李、桂花、紫薇、木槿、石榴、蜡梅、火棘、小蜡等小乔木或灌木树种。

表 2　不同类型城市森林乔木层主要树种比较（按重要值排列）

按重要值排序	市内公园	环城林带	高校校园	住宅区	近郊风景林
1	三角枫	刺槐	圆柏	女贞	马尾松
2	朴树	女贞	女贞	棕榈	枫香
3	侧柏	雪松	龙柏	香樟	刺槐
4	国槐	棕榈	水杉	雪松	朴树
5	广玉兰	构树	枫杨	龙柏	榔榆
6	毛白杨	枫杨	雪松	广玉兰	麻栎
7	悬铃木	三角枫	广玉兰	黑松	五角枫
8	水杉	侧柏	棕榈	香椿	棠梨
9	青冈栎	乌柏	重阳木	泡桐	白榆
10	棕榈	国槐	悬铃木	马尾松	桑树
11	银杏	银杏	三角枫	构树	丝棉木
12	杜英	青桐	香樟	国槐	南京椴
13	女贞	朴树	乌柏	乌柏	构树
14	雪松	栾树	泡桐	白榆	栾树
15	麻栎	香樟	喜树	侧柏	化香

（3）不同类型城市森林树种多样性及均匀度。

不同类型城市森林 Shannon-Winner 指数值排序为：环城林带（3.7）＞高校校园（3.3）＞市内公园（2.8）＞近郊风景林（2.5）＞住宅区绿地（2.1）。均匀度值排序为：环城林带（1.03）＞住宅区绿地（0.93）＞高校校园（0.81）＞近郊风景林（0.80）＞市内公园（0.61）。环城林带具有最高的物种多样性及均匀度，高校校园的物种多样性指数列位第 2，均匀度低于住宅区而略高市内公园及近郊风景林；住宅区绿地物种多样性指数最低，但均匀度仅低于环城林带；近郊风景林多样性指数略高于近郊风景林、均匀度略高于市内公园林分。此结果表明，环城林带的群落特征优于其他类型的城市森林。理论上说，近郊风景林应最接近天然林，但因少数树种的种群数量较多，其群落特征并不优于其他类型的城市森林。其原因是：该城郊的风景林是在 20 世纪 50 年代群众植树造林的基础上发展形成的，当时主要营造马尾松、刺槐、枫香等少数树种，林分结构相对简单。今后经营的重点应尽量引栽具有较高景观价值的阔叶树种，以增加林分的景观丰富度。

3. 合肥市区景观多样性

总体上，1989~2007 年，景观多样性指数由 1.1953 增加到 1.3612，而景观均匀度则由 0.6143 增加到 0.6995，表明合肥市景观多样性水平得到了提高，各类型斑块分布均匀程度加大，进一步说明在受城市化进程和人为干扰的情况下，各景观之间产生镶嵌、分割、破碎、缩减和损耗等空间过程，从而造成景观格局的异质性逐渐增高，具体变现为：

（1）景观斑块数量变化。合肥市区范围内 1989 年斑块数量为 8530 个，斑块边缘密度为 29.7791，而到了 2003 年两者都达到最高，斑块数量增加到 34727 个，边缘密度增加至 76.1376，到 2007 年稍有回落。这些变化表明合肥市景观受到的各种干扰影响加大，景观被边界分割的程度和破碎化程度加大，景观组合格局由简单变得更为复杂。

（2）景观形状指数变化。1989~2007年，景观形状指数从27.7216增加到70.5503，说明合肥市景观边界趋于复杂，边缘地带增大，面积有效性减小，斑块形状不规则程度增加。

（3）景观斑块形状的复杂性。由表3可知，合肥市1989、1995、2003、2007年景观分维数分别为：1.3167、1.455、1.4777、1.3049。因此，合肥城市景观水平分维数1989~2007年波动很小，其中2003年的分维数最大，表明在18年内的城市发展过程中分维数变化不明显，该趋势与合肥市城市景观格局演变过程有关。合肥市土地利用格局起初基本以环城公园为市中心向外围逐渐扩展，而后一直保持基本框架不变，所以合肥城市景观水平上，各景观类型在该时期内斑块形状未发生大的变化。

（4）景观多样性指数变化。1989~2007年，景观多样性指数由1.1953增加到1.3612，而景观均匀度则由0.6143增加到0.6995，表明合肥市景观多样性水平得到了提高，各类型斑块分布均匀程度加大，进一步说明在受城市化进程和人为干扰的情况下，各景观之间产生镶嵌、分割、破碎、缩减和损耗等空间过程，从而造成景观格局的异质性逐渐增高。

（5）景观破碎度变化。破碎度用景观斑块密度来表达，从1989年到2003年一直呈上升趋势，从1989年的6.618上升到2003年的26.9431，为近20年来的最大值，以后略有所回落，2007年景观破碎度为25.486（表3），这反映出人类活动对于景观的干扰程度。景观破碎度增大，说明景观类型分布趋于分散。1989~2003年期间的城市发展模式导致景观斑块小型化、数量增加，景观斑块密度一直呈上升趋势，景观破碎化程度增加；而在2003~2007年间，在城市发展中出现一些较大型的斑块，如政务新区、滨湖新区等得建设，未利用地和耕地向城市建设用地大量转化，使景观斑块数量与密度略有下降，主要景观类型趋于简单且分布趋于集中，所以景观破碎度略有减小。

表3　合肥市1989年、1995年、2003年和2007年景观水平上景观指数指数特征值

年份＼类型	斑块数（NP）	斑块密度（PD）	边界密度（ED）	景观形状数（LSI）	分维数（FD）	多样性指数（H）	均衡度（E）
1989	8530	6.618	29.7791	27.7216	1.3167	1.1953	0.6143
1995	23782	18.4514	50.4194	46.2425	1.455	1.2171	0.6255
2003	34727	26.9431	76.1376	69.3198	1.4777	1.3414	0.6894
2007	33241	25.486	68.5037	70.5503	1.3049	1.3612	0.6995

二、合肥市生物多样性评价

（一）评价方法

1. 评价指标的归一化处理

评价指标的归一化方法为：

归一化后的评价指标＝归一化前的评价指标 × 归一化系数

归一化系数 =100/A 最大值。

A 最大值：指某指标归一化处理前得最大值。

通过试点研究，部分指标的 A 最大值（表 4 ）。

表 4　相关评价指标的最大值

指标	A 最大值
野生维管束植物丰富度	4253
野生高等动物丰富度	654
生态系统类型多样性	124
植被垂直层谱的完整性	100

2. 各项评价指标权重

采用专家咨询法确定各评价指标的权重（表 5 ）。

表 5　各指标的权重

评价指标	权重
野生维管束植物丰富度	0.20
野生高等动物丰富度	0.20
生态系统类型多样性	0.15
植被垂直层谱的完整性	0.05
物种特有性	0.20
外来物种入侵度	0.10
物种受威胁程度	0.10

3. 生物多样性指数（BI）计算方法

生物多样性指数（BI）是野生高等动物丰富度、野生维管束植物丰富度、生态系统类型多样性、植被垂直层谱的完整性、物种特有性、外来物种入侵度、物种受威胁程度 7 个评价指标的加权求和。其中外来物种入侵度、物种受威胁程度为成本型指标，即指标的属性值越小越好，应对其作适当转换。

BI= 归一化后的野生高等动物丰富度 ×0.2+ 归一化后的生态系统类型多样性 ×0.15+ 归一化后的植被垂直层谱的完整性 ×0.05+ 归一化后的物种特有性 ×0.20+（100– 归一化后的外来物种入侵度）×0.10+（100– 归一化后的物种受威胁程度）×0.10。

4. 生物多样性状况分级

根据生物多样性指数（BI），将生物多样性状况分为四级，即:高、中、一般和低（表 6 ）。

表 6　生物多样性状况的临时分级标准

生物多样性	生物多样性指数	生物多样性状况
高	BI ≥ 65	物种高度丰富，特有属、种繁多，生态系统丰富多样
中	40 ≤ BI<65	物种较丰富，特有属、种类多，生态系统类型较多，局部地区生物多样性高度丰富
一般	30 ≤ BI<40	物种较少，特有属、种不多，局部地区生物多样性较丰富，但生物多样性总体水平一般
低	BI<30	物种贫乏，生态系统类型单一、脆弱，生物多样性极低

（二）合肥市市域生物多样性现状评价结果

表 7　合肥市植物生物多样性评价指标值

序号	县（区）名	蕨类植物	裸子植物	被子植物	物种丰富度	生态系统类型	植被垂直层谱	中国特有种数	入侵种	受威胁程度				
										极危	濒危	易危	近危	合计
1	合肥市区	4	3	602	609	33	4	88	48	0	1	0	0	1
2	巢湖市	11	3	551	565	34	4	80	39	1	1	0	0	2
3	长丰县	4	3	498	505	31	4	70	40	0	1	0	0	1
4	肥东县	7	3	544	554	33	4	80	40	1	1	0	0	2
5	肥西县	7	3	545	555	33	4	82	40	1	1	0	0	2
6	庐江县	7	3	584	594	34	4	98	36	1	1	1	0	3

表 8　合肥市各县（区）动物生物多样性评价指标值

序号	县（区）名	爬行类	两栖类	鸟类	鱼类	哺乳动物	合计（物种丰富度）	中国特有种数	入侵物种	受威胁程度				
										极危	濒危	易危	近危	合计
1	合肥市区	13	8	222	86	15	344	38	2	1	4	17	13	35
2	巢湖市	7	4	97	84	17	209	35	1	1	4	18	11	34
3	长丰县	3	3	12	56	6	80	14	2	0	2	5	1	8
4	肥东县	7	5	80	86	12	190	36	2	1	4	16	7	28
5	肥西县	7	6	165	86	15	279	39	2	2	5	19	10	36
6	庐江县	7	5	86	86	12	196	36	1	2	4	17	6	29

表 9　合肥市各县（区）动植物生物多样性评价指标值（种）

序号	县（区）名	动物丰富度	植物丰富度	生态系统类型	植被垂直层谱	物种特有性	外来入侵度	受威胁程度
1	合肥市区	344	609	33	4	0.039	0.052	0.027
2	巢湖市	209	565	34	4	0.036	0.052	0.026
3	长丰县	80	505	31	4	0.019	0.072	0.006
4	肥东县	190	554	33	4	0.037	0.056	0.022
5	肥西县	279	555	33	4	0.039	0.050	0.028
6	庐江县	196	594	34	4	0.039	0.047	0.023

表 10　合肥市市域各县（区）归一化生物多样性评价指标值

序号	县（区）名	动物物种丰富度	植物物种丰富度	生态系统类型	植被垂直层谱	物种特有性	外来物种入侵度	物种受威胁程度	生物多样性指数 BI
1	合肥市区	52.6	13.99	26.61	80	32.77	50.49	41.54	38.661
2	巢湖市	31.96	12.98	27.42	80	30.25	50.49	40.00	34.102
3	长丰县	12.23	11.60	25.00	80	15.97	69.90	9.23	27.797
4	肥东县	29.05	12.73	26.61	80	31.09	54.37	33.85	33.744
5	肥西县	42.66	12.75	26.61	80	32.77	48.54	43.08	36.466
6	庐江县	29.97	13.65	27.42	80	32.77	45.63	35.38	35.290

表 11　合肥市市域各县（区）生物多样性评价结果

地区	生物多样性指数（BI）	评级
合肥市区	38.661	一般
巢湖市	34.102	一般
长丰县	27.797	低
肥东县	33.744	一般
肥西县	36.466	一般
庐江县	35.290	一般

评价结果：按照国家环保部出台的生物多样性评价方法，通过对合肥市生物多样性的评估，合肥市生物多样性除长丰县表现为生物多样性低，其余基本表现为生物多样性一般（表 11）。

三、生物多样性建设目标和重点

（一）生物多样性建设目标

维护现有的动植物稳定性和动态平衡，实现自然资源可持续发展利用。控制与减缓生态环境恶化和自然资源衰竭，使人类生存的环境处于良好的状态。建立健全生物多样性保护监管体系，贯彻可持续发展战略，生态园林绿化工程与城市建设同步发展，建成区域性绿色生态网络，形成生态绿地格局，维持生物栖息地的连接性和生物群体多样性。

（二）生物多样性建设重点工程

1. 合肥市植物园调整及扩建

合肥市植物园建于 20 世纪 60 年代，后经多次扩建已具规模，目前占地 70 余公顷，是江淮丘陵乃至大别山北坡地区唯一的城市植物园。园区依邻董铺水库、略有地形变化、自然条件优越，建有梅、木兰、桂花等专题园。然而，园区收集植物种类不够丰富、未充分展示地带性植物区系及植被的特点。

植物园调整及扩建工程包括：①开辟树木园区。设专项资金最大程度的收集江淮地区的皖东、皖中及大别山北坡地区的树种。②建森林生态区。适度改造地形，构建江淮丘陵及大别山北坡地带性植被的主要森林群落类型。③开辟湿地植物园区。在邻近董铺水库一侧的园区水面，打造人工湿地，收集引种当地湿地植物区系种类。④建设种子库及种质研究基地。

2. 珍稀树种繁育基地

建设珍稀树木培育苗圃，大量培育江淮丘陵及大别山北坡亚热带植物区系的树种，主要为其他生产性苗圃提供幼苗，目的是扩大城市绿化树种的来源。

3. 城市绿地迁地保护点

合肥市区众多城市绿地具有典型的城市森林群落特点，但组成树种不够丰富，常规绿化树种比例过高，可在大蜀山、环城公园、各城市公园、单位庭院等拥有较好城市森林环境的绿地，采取相应生态工程措施，引栽地带性植被的区系种类，使这类绿地同时具有树木园的异地保护功能。如安农大校园引自大别山的树种，巨紫荆、紫楠、枳椇、黄丹木姜子、阔叶槭、雪柳、南京椴等生长表现均良好。

4. 生物多样性监测及评估体系

确定重点保护地区及对象，建立动态监测网络，对区域性生物、陆地、河川、湿地，以及重要的城市公园等进行分类、监测和评估，开展城市植物区系的历史变化研究。

四、生物多样性保护规划对策和发展措施

（一）确定重点保护地区及对象，建立动态监测网络

根据合肥市的具体情况，城市园林绿地规划倡导生态原则，对区域性生物、陆地、河川、湿地等进行分类、监测和评估；保护城市中具有地带性特征的植物群落，保护乡土树种及区域性稳定植物群落，进行有计划的引种。模仿合肥市当地自然植被结构，导入原来分布的历史悠久的种类以及目前濒危的野生植物种类，开展种子库的建设和研究。

（二）重视生境的维护，引入自然群落的生态结构机制

维护野生动植物区域，禁止滥砍滥伐和破坏森林植被、污染自然水体和破坏湿地的现象。加强生态敏感区的保护，保护次生林，恢复潜在植被区域，改造人工化纯林、同龄林，营造近自然混交林。

（三）合理布局，改善生境

加强合肥市绿色斑块和绿色廊道的建设，建设滨湖新区临湖岸线及相关水系生态廊道，巢湖沿岸及其支流沿线、董铺水库、大房郢水库水源保护地以及其他水库水源保护地和渠道沿线生态湿地。加强城乡生态一体化建设，使城市生态系统具有良好的生境结构，为动植物提供合适的栖息地及迁徙通道，以便维护和促进生物多样性和丰富度。

（四）建立生态网络，疏通瓶颈

通过城市绿色网络（绿楔、绿脉、绿色市政工程等），恢复城市外部生物基因的正常输入和城市内部生物基因的自然调节，疏通城市生态系统的物流、能流、信息流，增强城市中自然生态系统的抗干扰能力和自我修复能力，扩大对生物多样性的保存能力和环境承载容量，促进城市的可持续发展。

（五）划分生态功能区

在城市中存在人工强烈干扰、一般干扰和弱干扰等不同区域。城市中引入自然群落结

构机制时，宜划分正常生态区、过渡生态区、变异生态区、人工自然区等不同区域，因地制宜地运用群落规律建立起从原生群落、次生群落到人工群落的过渡型体系，用以协调城市开发与生态保护的关系。在此条件下，各级生态功能区之间、城市生态区与外部生态区之间的生境通道，将能为不同丰度、不同干扰承载力的生物群落之间的自然调节创造条件。

（六）完善与新建城市生态公园网络

充分发挥紫蓬山国家森林公园、江淮分水岭生态保育区及山林生态保育区等生态敏感区的就地保护作用，建立以自然保护区、风景名胜区、森林公园及湿地公园为面，以及其他自然保护地位点，以湖泊、林带、河流为保护廊道，将点、线、面结合，形成综合保护网络体系。

（七）加大生态环境保护的资金力度

坚持国家、地方、集体、企业、个人共同参与，多形式、多渠道筹集生态环境保护资金。建立以保护和改善生态环境为导向的经济政策。

（八）加强环境保护宣传

加强环境保护教育。充分调动广大人民群众参与生态环境保护的积极性。加强新闻舆论监督。

（九）加大行政管理力度

遵循相关的法律法规对生物多样性进行管理;同时加强行政部门、各单位的协调、合作，共同管理。

（十）加强法规性措施

加强生态环境保护执法力度，严格执行国家和安徽省现有环境保护和资源管理的法律、法规。严厉打击破坏生态环境的为，力求有法必依，执法必严，违法必究。健全地方性生态环境保护法规。加强监督管理体制创新。

专题八　合肥市湿地保护与建设研究报告

一、合肥市湿地概况及评价

（一）湿地资源概况

湿地是地球上具有多种功能的独特的生态系统，是重要的自然资源和人类生存环境资本，是陆地上的天然蓄水库。湿地在蓄洪防旱、调节气候、控制水土流失、降解污染物、保护生物多样性和为人类提供生产生活资源等方面起到重要作用。同时，它还拥有丰富的野生动植物资源，是众多野生动植物特别是珍稀水禽的繁殖和越冬地。湿地还可以向人类提供大量的粮食、肉类、药材、能源及工业原料。湿地还具有休闲和生态旅游等功能。

合肥湿地资源丰富，主要有河流湿地、湖泊湿地、沼泽和沼泽化草甸湿地、库塘湿地、水稻田湿地五大类，巢湖为最重要的湖泊湿地。

1. 主要大型湖泊湿地

（1）巢湖，亦称焦湖，为我国五大淡水湖之一，是五大湖中唯一位于一个市域内湖泊。巢湖为地质陷落所成，呈鸟巢状故有此名，巢湖流域总面积1.29万平方公里，湖区面积约780平方公里（820平方公里），周长167公里、容积40亿~52亿立方米，四周的巢湖支流年平均入湖水量为39.8亿立方米，湖水可下泄长江，1958年建巢湖闸调节洪水。巢湖湖岸曲折，港汊密布，姥山、孤山兀立湖心岛上，湖光山色、风景宜人，为旅游胜地。

（2）瓦埠湖，长丰、寿县、淮南市交界，湖面积200平方公里，长丰占45平方公里。有发源于大别山的河流供水，出水流入淮河。

（3）高塘湖，位于凤阳、淮南、长丰三县交界处，地处江淮分水岭以北，长丰境内占10平方公里。为窑河下游河段两岸低陷积水而成，是冲积平原地区的湖泊和毗邻的沼泽地，由区域径流供水，向北流入淮河。是淮河南岸未经开发的湖泊，受干扰和威胁的程度较轻，主要污染源为农业面污染，是保存完好的湿地，是迁徙水禽和徙禽的重要越冬地。

（4）黄陂湖，位于庐江县城东南6~15公里，纵径10公里、宽3.5公里。水位10米时，相应水面积37.9平方公里。由于多年来围湖造田建圩占原水面10余平方公里，使湖面积减少约三分之一。该湖纳瓦洋河、失槽河、黄泥河、县河诸水，过缺口大桥后分流:东流入西河，北流经塘串河过白湖、兆河入巢湖。

2. 主要河流

合肥市域河流众多，分属长江及淮河水系。长江水系的主要河流有南淝河包括其支流、丰乐河、派河、滁县河；淮河水系的有东淝河及池河。

（1）南淝河，是合肥最重要的河流，源于肥西县将军岭，东南流进大蜀山北麓、贯穿市区东、北，于肥东县施口注入巢湖，全长70公里，流域面积1700平方公里，是合肥通江达海的重要通道；南淝河有6条支流，即四里河（15公里）、板桥河（20公里）、龙塘河（27公里）、店埠河（37公里）、常乐河（21公里）、十五里河（21公里）。

（2）丰乐河，发源于六安县张家店、中点一带丘陵，东流至双河镇入肥西境，于岗头寺汇合杭埠河注入巢湖，河南为舒城、庐江，肥西境内河堤长68公里，流域面积881平方公里。

（3）派河，源于肥西周公山，东流经上派、中派河、下派河注入巢湖，全长60公里，流域面积571平方公里。派河有9条支流，均为季节性河流。

（4）滁河，源于肥东同心乡江淮分水岭南侧，东经梁园、三官地区进入滁县，与讲述六合注入长江。在合肥境内长45公里。

（5）东淝河，源于肥西大潜山北麓，北流经瓦埠湖入淮河。在肥西境内有3条支流，天河、金河、王桥小河。

（6）池河，源于长丰县杜集，境内流长20公里，流经肥东经定远、嘉山进洪泽湖入淮河。

3. 主要水库

（1）董铺水库，位于合肥市西北近郊，巢湖支流南淝河上游，大坝座落在二环路旁，是一座以合肥城市防洪为主，结合城市供水、郊区农菜灌溉及发展水产养殖等综合利用的大型水库，集水面积207.5平方公里，同时通过淠史杭灌溉总渠引入大别山水。1956年建库时，设计总库容1.73亿立方米。1978年加高加固后，提高到2.42亿立方米。

（2）大房郢水库，位于合肥市南淝河支流四里河上游，坝址距二环路800米，以防洪为主，结合城市供水。控制面积184平方公里，总库容1.77亿立方米。

（3）众兴水库，位于肥东县城北15公里，店埠河上游，属巢湖水系南淝河支流，是淠史杭灌区滁河干渠上的反调节水库，控制流域面积114平方公里，蓄水能力6850万方，是肥东县城、镇的主要水源地，灌溉农田面积大35万亩。

（4）龙门寺水库，位于长丰境内杜集，属淮河水系，主要汇集池河上游来水，集水面积90平方公里，蓄水2542万立方米。

4. 市区湿地公园

已建成主要大型湿地公园：天鹅湖、翡翠湖、南艳湖、蜀山湖、少荃湖等（表1）。

表1　合肥湿地公园一览表

序号	湿地公园名称	面积（平方公里）	类型	补给水源
1	大张圩湿地公园	8.10	天然湿地	巢湖
2	繁华大道湿地公园	0.29	人工湿地	
3	派河湿地公园	12.60	天然湿地	派河
4	王嘴湖湿地公园	1.45	人工湿地	王嘴湖
5	蒙城北路水源地湿地公园	2.50	人工湿地	大房郢水库

（续）

序号	湿地公园名称	面积（平方公里）	类型	补给水源
6	梅冲湖湿地公园	3.83	人工湿地	梅冲湖
7	双凤湖湿地公园	1.56	人工湿地	双凤湖
8	少荃湖湿地公园	7.61	人工湿地	少荃湖
9	双龙湖湿地公园	1.96	人工湿地	双龙湖
10	宣湾湿地公园	0.33	人工湿地	宣湾水库
11	万亩荷花塘湿地公园	9.80	天然湿地	丰乐河、巢湖
	合计	50.03		

合肥湿地生态系统复杂多样，是众多野生动植物栖息地。另外，合肥市湿地正处在我国候鸟东部迁徙路线上。越冬水鸟资源丰富生物多样性特点突出。

（二）湿地资源利用现状评价

1. 提供工业及生活饮用水

合肥市丰富的水资源保证了人们的生活需求，同时为工农业的生产提供便利。以巢湖和董铺水库为例，每年分别为合肥市提供城市用水约 1 亿吨和 0.7 亿吨。

2. 蓄洪防旱

合肥市所有水库和大多数湖泊均建造了控制闸，人为控制水位。合肥市（除巢湖和庐江以外）湿地总蓄水量达 45.8 亿立方米，有万亩以上灌区 26 个，有效灌溉面积 2560 平方公里。巢湖市有万亩以上灌区 59 处，湖容 20.7 亿立方米，有效灌溉面积达 2770 平方公里。

3. 渔 业

仅巢湖既有养殖面积 75500 公顷，年捕鱼量达到 4000 吨。

4. 运输业

目前已形成了以巢湖为中心，由裕溪河、西河两条干流连接众多支流的水运网络，北接合肥，南通长江，湖面航线四通八达，航线总里程 569 公里，年货运吞吐量达 130 万吨以上。

5. 旅游业

湿地旅游目前已成为旅游业的新热点。合肥市的逍遥津、包河、董铺水库等均人们旅游休憩的好去处。巢湖作为安徽境内第一大湖，在并入合肥以后，更是巨大的提升了旅游开发的潜力。目前环巢湖旅游观光巴士实施方案已出炉，"环湖生态观光游""环湖人文景观游""环湖水上文化游"和"环湖水上风光游"四条环巢湖旅游线将一并推出。

6. 教育与科研基地

多样的湿地生态系统和丰富的动植物群落，为环境教育和科学研究提供了良好的实验材料和基地。

（三）湿地保护管理现状评价

1. 相关法规相继颁布

国家及省内先后颁布了许多与湿地保护有关的法律法规，同时一些地方性法规也相继出台，例如《巢湖水源保护条例》等，为保护湿地资源提供了一定的法制保障。

2. 管理机构渐趋完善

根据国务院确定由国家林业局负责"组织、协调全国湿地保护工作"的职能界定，合肥市明确由林业和园林局负责全市湿地保护工作。2011年，在合肥市各县（区）林业局（林业和园林局、农林水务局）共同合作下，合肥市进行了湿地资源调查。

自2011年巢湖市归入合肥是管辖后，已新建巢湖管理局，单独管理巢湖水体，为巢湖控制及治理污染、为有序及可持续的利用巢湖资源提供有力的保证。水利部门在各水库建立了水库管理站，并在重点河段设立水文监测站。环保部门在部分湖泊、河流建立了水质监测站，以监测水体污染状况。

3. 宣传工作逐步深入

合肥各级林业主管部分通过各种形式开展关注湿地、爱鸟护鸟的宣传教育活动，倡导人与自然和谐相处，以提高全民的自然保护意识。环保、水产、水利等部门在水质保护、水产养殖、水资源合理利用方便也开展了一些宣传教育活动。

二、合肥市湿地植物

据三县四区实地调查结果总结，合肥市湿地植物丰富，湿地植物绝大多数均为广布种，城区人工栽植的绿化种类也占到了一定比例。主要湿地植被可划分为5个植被组型，9个植被型，15个群系。其中主要的植物群系类型包括：意杨群系、芦苇群系、水花生群系、狗尾草群系等。

三、合肥市湿地动物

鸟类共有15目38科133种。其中，白鹳为国家Ⅰ级保护动物；属国家Ⅱ级保护的有鸢、普通鵟、白肩鵰、红隼、鸳鸯、灰鹤6种；属省Ⅰ级保护的有四声杜鹃、家燕、金腰燕、灰喜鹊等4种。

鱼类主要有4目5科10种。银鱼为"巢湖三珍"之一，是巢湖声明远扬的优特水产。巢湖原有的一些国家和省级保护动物，随着巢湖闸和裕溪闸的建立，江湖洄游鱼类通道受阻，保护鱼类几乎在湖中绝迹。

两栖类共有2目10科10种。其中，属国家Ⅱ级保护的有虎纹蛙；属省Ⅱ级保护的有中华蟾蜍、黑斑蛙、金线蛙等。

爬行类有2目6科16种。其中，属国家Ⅱ级保护的有乌龟、黑眉锦蛇、乌梢蛇等。

兽类4目8科15种。其中，属国家Ⅱ级保护的有水獭；属国家Ⅱ级保护的有黄鼬、狗獾和猪獾。

四、湿地建设工程

（一）建设目标

坚持湿地保护与开发利用相结合的原则，以恢复湿地生态、维护湿地生态平衡、保护湿地生物多样性、培育湿地资源、提高湿地功能为最终目标，使湿地真正成为"城市之肾"。

　　主要在巢湖、黄陂湖、高塘湖等主要湖泊的沿岸滩地，低洼滞洪区、水库、河道周边的重点地域建设湿地保护区、湿地公园；在原属巢湖、黄陂湖滩地的圩区，部分实施退耕还滩、退田环湖。

（二）建设内容

1. 湿地保护和恢复工程

　　对已遭到不同程度破坏的湿地生态系统进行恢复、修复和重建，对功能减弱，生境退化的各类湿地采取以生物措施为主的途径进行生态恢复和修复，对类型改变、功能丧失的湿地采取以工程措施为主的途径进行重建。遏制湿地资源退化的趋势，使湿地生态系统功能效益得到正常发挥，实现湿地资源的可持续利用。

　　除了对一般湿地的保护与修复外，重点规划筹建《黄陂湖湿地保护区》，划定保护区范围、临湖圩区实施部分退耕环湖，扩大黄陂湖湖区及滩地，保护及恢复滩地植被，保护水禽栖息地。

2. 湿地公园建设工程

　　建设一批湿地公园，对湿地保护和修复、改善区域水质、保护湿地生态系统和珍惜濒危野生动物、维护区域生态平衡具有重要意义。

　　（1）在城区重点建设一批湿地公园。主要是扩建、完善、提升城市湿地公园，包括王咀湖湿地公园、梅冲湖湿地公园、蒙城北路水源地湿地公园、宣湾湿地公园、双凤湖湿地公园、少荃湖湿地公园。

　　（2）重点规划建设《城市中央湿地公园》。在滨湖新区东侧、巢湖北岸，依托大张圩万亩湿地森林，建设城区大型湿地公园。设想将十五里河景观带、南淝河近巢湖段、南艳湖湿地、大张圩农田及水产基地、村庄及巢湖北面湖区整合，形成围绕滨湖新区的森林湿地景观带。南淝河实施拓宽河道、恢复河岸植被，大张圩区实施部分退耕还滩、还水，建成后的《城市中央湿地公园》将与大蜀山《城市中央森林公园》遥相对应，成为城市的两颗明珠。

3. 能力建设工程

　　建立资源监测体系，完善湿地资源调查与监测网络，提高合肥市湿地资源动态监测能力和技术水平；加强基础设施建设，开展湿地资源调查与监测的技术研究，提高湿地保护、管理和研究水平。主要建设内容：

（1）查清湿地资源现状，建立资源数据库，并进行长期动态监测，全面、准确、及时地掌握动态变化趋势，分析变化原因，提出保护管理和合理利用对策；

（2）全市湿地资源监测体系有市湿地资源监测中心站和设在各地的定位监测站点组成。市中心站负责资源调查和监测工作，定位监测站点负责各种信息的采集和上报；

（3）在市林业和园林局建立市级湿地资源监测中心站1处，在大张圩湿地、双凤湖湿地、双龙湖湿地建立定位监测点配备必要的监测、通讯、采集和信息处理设备，加强人才引进和培养，确保资源数据准确、及时、全面。

五、湿地资源的保护、利用中存在的问题

长期以来，由于对湿地保护宣传不够，社会大众对湿地的价值和重要性认识不足，重利用、轻保护湿地资源的思想普通存在，加之不合理的利用，致使湿地不断萎缩，生态功能持续退化。同时，合肥市涉及湿地保护、开发利用的部门有林业、农业、水利、环保、水产、规划、建设、旅游、土地等不同部门在湿地保护和开发利用中，存在各行其事，各取所需现象，矛盾突出，难以形成合力，严重影响对湿地资源科学统一的保护和合理利用。

（一）污染和富营养化

湿地污染源主要来自工业废水、生活污水和农业面污染。随着经济的快速发展，环境污染越来越成为湿地保护的重要威胁因子，而湿地动植物是污染的直接受害者。巢湖受污染程度及单位湖容接纳的废水居全国五大淡水湖之首，其不同于其他林地湖泊，沿湖四周均是农田，农田面源对巢湖污染越来越严重。由于水质污染，蓝藻疯长，高温季节腐烂腥臭，不仅影响水产养殖，观光旅游，还影响水源的供给。

环巢湖的主要河流中，十五里河、派河和双桥河水质重度污染；南淝河、白石天河水质中度污染；兆河、裕溪河水质轻度污染；杭埠河、柘河水质良好。根据抽样调查结果分析，远离城市密集区的人工库塘水体状况较好，而今城市密集区或者承接城市排污的河流和库塘水质明显较差。水库整体水质较好，高于湖泊和河流，例如董铺水库和大房郢水库除总氮、总磷超标外，其余均符合Ⅱ类水标准；湖泊、河流水质差异较大，如南淝河银河公园段西山公园段水体清澈透明，水质较好。而包河公园段，水质较差，富营养化严重，包河浮庄处水体已呈现出深绿色甚至发黑。

（二）围　垦

盲目开垦，不惜代价破坏、征占湿地，在湿地挖沙取土，改变天然湿地用途，直接造成天然湿地面积减少，功能下降，致使许多水生生物丧失了天然栖息地，导致种类和数量减少。

（三）泥沙淤积及沼泽化

20世纪80年代末，因滥伐森林、毁林开荒造成生态环境恶化，水土流失严重。而严重的水土流失直接导致湖泊的萎缩和湖床、河床的抬高，进一步导致洪水泛滥。30多年来，流入巢湖的泥沙总量达到了1240万立方米。泥沙淤积加剧了湖泊沼泽化进程，沼泽化的后

果是使挺水植物区向浮水和沉水植物区延深，并加剧了围垦。另外，淤积也减小了湖容，降低了湖泊的调蓄能力。

（四）城市化进程

湿地旅游的兴旺，致使来湿地参观游览的人逐渐增多，在利益的驱使下，各项建设活动及城市化进程成为了威胁湿地安全的重要因子。首先，建设活动带来的生活垃圾，对湿地环境造成了污染，同时干扰了动物的栖息；另外，城市化造成了湿地自然景观的丧失；而城市人口日益增长和经济的发展也进一步加剧了城市地区湿地的萎缩和丧失。

（五）生物入侵

入侵生物在在被传入本地后，成为野生状态，将对本地生态系统造成一定危害。

（六）拉闸建坝

由于兴修水利，大多数天然湖泊都建了水闸，导致江湖隔绝，阻塞了鱼虾等水生动物的洄游，破坏了鱼类等水生动物的栖息地，导致湿地水文状况改变，降低了水体自净能力，加速湖泊富营养化进程。

（七）经费投入不足

人们历来对湿地索取多，对湿地保护投入少。目前合肥市在湿地保护、湿地研究、湿地监测、人员培训等方面均缺少资金支持，有待进一步落实。

六、湿地资源的保护、利用规划与建议

（一）明确合肥市湿地保护和利用的原则与目标

（1）针对合肥湿地资源逐年减少和不断萎缩的现状，在上述思想的指导下，第一，加强现存湿地保护；第二，对于重要的湿地要进行修复。从总体上保持湿地的平衡。第三，强化人工湿地的生态自然机制和自我调节功能。第四，科学合理地利用现有湿地资源，使合肥市湿地的生态效益，社会效益和经济效益得到综合体现。处理好城市化建设和湿地保护的关系。

根据有关法律法规和借鉴国内外湿地保护和利用经验，合肥市湿地保护和利用首先应当遵循最小干预的原则。城市的文明建设和持续发展应以生态环境的安全为前提。处理好合肥市现代化大城市的建设发展，满足城乡居民的生活和生产需要以及生态自然的安全和持续发展的关系，对于合肥市湿地生态环境的保护极为重要。

（2）合肥市湿地保护和利用应当遵循治污和减排防治相结合的原则。合肥市湿地保护和利用亟待解决的首要问题就是如何尽快地切断对湿地有害的污染源的问题。防治污染更是使湿地得到持续保护的前提。

（3）科学规划与协作实施的原则。合肥市的湿地保护和利用必须以科学规划为基础。湿地生物多样性及其栖息特征和生活习性有待于进一步系统地进行研究。湿地不仅仅涉及城乡社会经济各个方面，也与生态自然动植物的保护密切联系。湿地的保护和利用是个系统工程，常常涉及到不同的行政区划和地方政府。其规划的制定和实现也有赖于城乡各相关政府和部门的协作实现。

（4）以民为本的原则。湿地保护的目的不是抑制人们的合理需求，而是为了在保证人们赖以生存的生态资源得到更科学、合理和持续地利用的前提下，寻求社会和生态环境的协调发展从而最大限度地满足社会的需要。

（5）可持续利用原则。自然生态资源有其自身发展和演变的规律。很多属于不可再生资源。如何利用湿地将影响到生物多样性乃至人类生存的整体生物链。合肥市湿地保护和利用应当遵循可持续地利用原则，以保证湿地自然生物的健康持续的发展。

（二）提高治污和综合治理的科学性，坚持"治理"和"保护"同步实施

治理污染有利于社会也有利于湿地保护。但如果不注重采取科学的技术措施在治理污染的同时制定和实施保护湿地计划和措施，那么，治理工程的实施本身将对现存湿地造成极大的损害和不利影响。例如，如何建设河堤，如何尽可能地不破坏河道周边的植物生存环境，如何不截断湿地生态廊道，如何处理污染物等等，均有待于细致、深入地研究，最终付诸实践。

因此，在实施综合治理规划之前，应当同时制定治理工程所实施到表中河流湿地的保护规划和具体保护技术措施，结合综合治理的方案制定治理与保护同步实施方案，以真正避免治理和改造建设过程中对于湿地资源的破坏。

（三）湿地保护和利用实施对策

1. 建立湿地保护的知识普及体系

湿地科学是一门年轻的学科，湿地保护是一项新兴的事业。因此，在技术层面上，湿地科研亟待深入，湿地保护工程技术尚待提高，目前我省还没有专门的湿地科研机构。在思想认识上，社会大众对湿地的功能效益认识严重不足，一些地方为经济利益所驱动，不能正确处理眼前利益和长远利益的关系，重开发轻保护、填湖修路、蚕食湿地和破坏湿地生态环境的现象仍然存在，湿地保护往往是少数部门的单项行动。因此，要进一步加大宣传力度，充分发挥新闻媒体、文化宣传的大众传媒作用，开展形式多样、讲求实效的宣传教育活动；要逐步将宣传教育目标群体从城市转向农村，开展湿地保护、湿地建设。教育部门应从小抓起，培养儿童保护湿地的意识，通过制定教育计划、野外实践活动，开展基本常识教育。要在合肥的主要湿地和易受威胁的湿地处，设置"保护湿地""保护自然之肾""保护生命之河"等宣传标牌，在湿地旅游点，建立湿地生态系统演示厅。通过宣传，提高全社会对湿地价值的认识，形成保护湿地的强大声势，使保护湿地成为社会大众，尤其是各级领导的自觉行动，使湿地保护规划决策真正落到实处。

2. 完善湿地保护机制

做好湿地保护立法工作，实现湿地保护和利用管理的法制化、规范化。目前国家和省市都没有湿地保护与合理利用的专项法规，已有的少数与湿地资源保护相关的地方规定和条文不成体系。责任主体和相关部门之间的职责划分没有明确。

完善编制合肥市湿地保护和利用相关规划。编制《合肥市湿地保护和利用专项规划》以及《合肥市湿地景观总体规划》。在编制规划过程中，根据具体湿地所在行政区划的情况，协调解决有关湿地保护和利用的问题。相关部门要加强配合，并做好与土地利用总体规划的衔接，确保湿地能够得到有效保护和恢复。

　　合肥市所辖三县要参照合肥市的湿地保护专项规划编制相应的湿地保护规划。合肥市各相关部门制定相应的近期实施计划，明确保护的目标任务、重点项目和具体措施。

　　实施湿地分类规划保护。如巢湖作为长江中下游的重点大型天然湖泊，对维护区域乃至全国生态安全具有十分重要的意义，通过保护巢湖湿地，达到维护合肥湿地生物多样性、维护合肥生态安全、提供丰富水生动植物产品的目的；董铺水库和大房郢水库主要是为合肥提供安全卫生的城市饮用水；天鹅湖、翡翠湖、包河、逍遥津公园等人工湿地主要是提升城市居住品位和作为市民休憩场所；郊区水库作为农业灌溉用水地等。规划中，要明确各湿地保护利用部门的责、权、利，要明确规定不容许开发的特殊类型湿地；要明确可以开发的湿地资源的类型、最大开发限度等，使开发利用不超过湿地的最大承受力，做到开发适度和因地制宜。

　　建立湿地保护责任制和公务协商机制。在管理体系上，应根据国务院职能划分，明确与湿地资源保护利用有关部门的职责权限，建立起完善统一、高效运作的管理体制，各部门要密切配合，协调行动，认真履行好各自与湿地保护有关的工作。鼓励非政府组织、社区居民参与湿地保护的宣传和活动。

　　建设工程规划控制过程中加强湿地开发影响评价。根据合肥市的湿地保护和利用规划，合理选择和定位建设项目。以确保合肥市的湿地能够健康持续地发展。为了实现湿地自然资源的保护和可持续利用，在建设开发活动中，针对影响湿地环境质量的建设项目进行环境影响评价。通过论证使不利的可能性影响降到最低，保证湿地资源可持续利用。

　　建立湿地保护和利用资金保障和鼓励制度。要建立社会各界多层次、多渠道的湿地保护投入机制。湿地保护是重要的社会公益事业，国家和各级政府是湿地保护的主体，是湿地保护资金投入的主要渠道。政府预算内基本建设投资、财政资金等，应把湿地保护与生态建设作为一项重要内容，统筹安排；政府应设立生态保护基金。按照市场经济体制，进一步拓宽融资渠道，广泛吸引社会力量参与湿地保护与生态建设，引导和鼓励社会各界和个人投资保护与合理开发利用。湿地公园、湿地自然保护区实验区、外围保护带的开发建设，按市场机制运作，在不破坏湿地和有利于保护湿地的基础上，实行多样的经营形式，增强湿地保护与合理利用的活力。对在湿地保护管理工作中作出突出贡献的单位和个人予表彰与奖励。

　　拟定公众参与湿地保护和监督行动计划。通过立法和相关制度的建设搭建公共参与湿地保护的平台，使更多的人能够参与到湿地保护行动中来。建立湿地共同管理与社区参与机制。市民参与可以实现民众想法意见的上行，监督政府对于民众的需求作出积极地响应，是一种民众更为积极的生活态度。提升市民的参与程度，一方面通过媒体、网络、海报等各种信息传播手段，通过设定"合肥市湿地保护日""合肥市小型库塘湿地认责保护日""中小学生湿地资源宣教课"等等具体可行的办法，使市民真正了解湿地的价值，让湿地保护成为市民的自觉行动；另一方面市民在湿地景观建设规划中提出见解、发表建议，通过反馈机制，政府、规划师、设计师能够从市民参与中获得有益的信息，进而体现在湿地规划与建设中，获得真正适合民意的"市民湿地"。

目前我国湿地保护区中已有部分湿地开始探索与当地居民进行"湿地社区共管"的管理形式。社区共管是指当地社区共同参与保护区保护管理方案的决策、实施和评估的过程，其主要目标是生物多样性保护和社区可持续发展的结合。湿地资源是湿地周边居民生存和发展的基础。湿地社区居民的生产和生活对湿地保护产生不同程度的影响。通过湿地社区居民参与湿地共管，吸引当地社区居民参与项目的计划、确定、设计、实施和评估，培养居民的湿地保护意识，真正使湿地保护工作落实到每个社区，成为每个社区居民的自觉行动，从而有效地保护湿地健康持续的发展。就目前而言，对湿地社区共管应作好以下两个方面的工作：①整治湿地社区，包括景观和排污，使其在景观上与湿地和谐，并无害于湿地生态环境。在条件允许的情况下，可以利用现代科技对社区进行改造，创建既有传统风格又以现代技术为支撑的具有时代特征的湿地生态社区。②尽量利用规划手段赋予湿地社区在湿地中的功能定位，使得湿地社区居民能够积极参与湿地旅游业，使得湿地保护目标顺利达成。

3. 实施湿地恢复重建工程

从调查结果分析来看，合肥市湿地保护面临的主要问题是环境污染和功能退化，要走湿地保护和恢复重建并举之路，以实现湿地资源的可持续利用。第一，要加大污染治理力度。一方面要采取预防措施，控制污染源。要完善环境立法和加大执法力度，对排污超标的部门、企业和单位给予约束和处罚，并限期整改；按照国家有关规定，对那些严重污染环境的单位，坚决实行关、停、并、转、迁。另一方面要采取积极的治理措施。尽快提高城市的生产和生活综合污水处理率，对已受到污染的湿地，实施综合治理。如引水工程，将外部清洁水引入湖泊中，通过清洁水的稀释作用，减轻湖泊内源的负荷；生物治污，许多水生植物能够在其组织中富集重金属，从而参与金属解毒过程，如香蒲和芦苇都已被成功地用来处理污水，浮萍、凤眼莲可作为含汞、砷、镉污水的净化植物，或利用微生物分解水体中的污染物；通过技术革新、种植业调整，改变依靠化肥、农药和除草剂来增加农业收入的状况，以减轻农业面源对湿地的污染，大力推广生态农业；植被修复技术：通过栽植大型植物，降低水体的富营养化程度，提高水体自净能力。第二，要针对不同湿地类型，实施恢复重建工程。如恢复植被、控制水土流失、优化湿地植被组成、调整种养模式、清淤扩湖、疏浚河道等工程措施。

专题九　合肥市江淮丘陵及江淮分水岭地区森林生态体系研究报告

一、基本情况

（一）江淮分水岭区域范围

江淮分水岭为秦岭、大别山向东的延伸部分，地处安徽省中部包括合肥、六安、滁州、淮南4市。合肥市江淮分水岭地区，自西南向东北斜向穿越全市，岭脊线长达140公里，总面面积5330平方公里，耕地15万公顷，全市80%的乡镇、91%的农村人口和耕地分布于此，沿线经过的乡镇包括，肥西县：陈集乡、古城镇、响导乡、八斗镇、杨店乡、元疃镇、白龙镇、7个乡镇，长度51公里；肥东县：官亭镇、小庙镇、铭传镇乡、高刘镇、山南镇，长度53公里；长丰县：吴山镇、下塘镇、双墩镇、岗集镇、陶楼乡，长度36公里。

（二）地形地貌

该地区西高东低、丘陵起伏、岗冲相间、地形破碎，地貌类型以岗地（台地）为主，间有一定面积的丘陵、平原和水面。

（1）丘陵。受沉降运动的差异，形成局部丘陵，呈间断分布，海拔100~500米。合肥市域内的江淮分水岭丘陵包括江淮分水岭南部丘陵区及江淮分水岭北部丘陵区。

南部丘陵区主要分布于肥西县中部及肥东县东南部。肥东县中部丘陵呈东西向带状排列，包括莲花山、大潜山、防虎山、园洞山、李陵山、周公山，长20余公里，宽1~3公里，面积约15万亩。一般海拔100~200米，最高大潜山海拔289米。基岩以紫色砂页岩、花岗岩、片麻岩、云母片岩及下蜀黄土为主。肥东县东南部丘陵从文集—桥头集—忠庙一线，呈西南至东北走向，窄带状排列，有大小山头57座蔓延60公里，面积10余万亩，一般海拔200~300米，最高浮槎山海拔413米。基岩以玄武岩、石灰岩、砂岩、页岩为主。

北部丘陵区，主要分布在长丰县北缘丘陵，与淮南接壤，包括舜耕山、龙王山、洞山、罗山等，呈东西走向，面积1.8万亩，一般海拔高100~150米，最高洞山海拔207米。基岩以石灰岩、石英岩、紫色岩类为主。

（2）岗地（台地）。岗地是一种上升了的平面，本区岗地呈现岗冲起伏、垄贩交错，但地势比较平缓，坡度大多<5度，海拔40~90米。整个江淮分水岭地区，岗地面积约占总土地面积的82%，岗地的大面积出现是本地区地貌的一大特点，一般分为剥蚀岗地和剥蚀沉积岗地两类。合肥市域范围内主要是剥蚀沉积岗地，及地面先沉积后上升的岗地。西从六

安的苏家埠，跨肥西、长丰、肥东东至定远池河，东西绵延200公里，南北伸展10~70公里。台地脊部即八斗岭—罗集南—将军岭一线，即淮河与长江的分水岭。由于地面为不易透水的黏土、亚黏土，基岩为缺少孔隙的红色泥岩或下蜀黄土，因此降水易流失而少下渗，地下水一般深达30~50米以下，且分布零星、储量少。

（三）气候特点

江淮分水岭一线历年平均气温14.8℃~15.7℃，≥10℃的天数221~233日，无霜期210~224日，年日照时数2150~2250小时，年极端最高温达41℃，最高气温≥35℃的日数达17~21日，平均降水量为876~1090毫米，年蒸发量1462~1730毫米。

影响该地区树种生长及分布的主要气候因子：包括低温，高温及干旱。

低温：有间隔性出现寒流低温的情况，如1954年、1959年、1996年、2001年等，极端低温可下降到-20℃（1959年）。

高温，夏季35℃以上的高温天气常常多见，持续高温常给作物生长造成热害；同时该地区夏季多雨，高温高湿天气不利于温带树种的生长。

干旱，该区水资源不足，平均地表产水量是全省平均值的52%，其中长丰东部、肥东北部缺水最为严重，是安徽省农业用水最缺乏的地区之一。年降水量虽平均在900毫米以上，但各年差异较大且全年降雨分布不均匀，主要集中在6~8月；而该地区日照充足导致蒸发量大（1538.9毫米），土壤持水性能差、有效水资源不足。

（四）土 壤

大部分为粗骨土、黄棕壤性和石灰土等低产土壤，一般土层浅、石砾含量高。该区土壤中有机质含量低、一般只有1.32%~1.62%。并且养分结构不平衡，缺磷少氮，钾中等。碱解氮的含量为76~79毫克/公斤，速效磷的含量一般在5~6毫克/公斤，速效钾的含量一般在120毫克/公斤以上。微量元素不足，缺硼少锌。

合肥市域江淮分水岭易干旱地区土壤面积，708.3万亩，黄棕壤面积最大（227.8万亩），其中粘盘黄棕壤占91.3%；另外有水稻土（455万亩）、紫色土（8.8万亩）、粗骨土（9.9万亩）、石灰土（4.9万亩）以及部分潮土（3.1万亩）、砂姜黑土（0.8万亩）。

二、植被分区及区系特点

（一）植被分区

据中国植被区划，合肥市地属北亚热带常绿、落叶阔叶混交林地带，江淮丘陵植被区的江淮分水岭南北植被片，分水岭以北为落叶阔叶林，以南为落叶常绿阔叶林。

江淮北部丘陵、岗地含有少量常绿灌木的落叶阔叶林植被片。

自霍山经肥西、肥东梁园及滁县、来安、全椒三县的丘陵南缘一线以北。以丘陵岗地为主，年均气温14~15℃、降水量800~1000毫米，土壤多为粘盘黄棕壤。北界与马尾松、油桐、毛竹的分布北界一致。

主要植被类型：马尾松林、黑松林、火炬松林、侧柏林、水杉林、麻栎林、枫香林、栓皮栎林、黄檀林等纯林，及马尾松—栎类，马尾松—黄檀、山槐、枫香，侧柏—黄连木、刺槐等以及刚竹、毛竹林等。

②江淮南部丘陵、岗地含有少量青冈栎、苦槠、石砾等落叶、常绿阔叶林植被片。

上述南街以南，西接大别山。以起伏岗地为主，少量丘陵与低山，海拔一般 50 米；年均气温 15~16℃、降水量 1000 毫米，岗地土壤多为黏盘黄棕壤，局部石灰性土壤。森林植被丘岗地以马尾松为主，林下短柄枹、茅栗等；人工林有马尾松林、黑松林、火炬松林、侧柏林、水杉林即少量的油桐、油茶。巢湖以南丘陵有局部小面积的苦槠、青冈栎和落叶栎类组成的落叶常绿阔叶林。人工栽培的香樟、棕榈等可在本区正常生长。

（二）植物区系

1. 区系及区系成分

该地区植物区系是我国南北方植物区系交汇过渡地带，为南方植物分布的北界，如马尾松、白栎、杉木、油桐、枫香等。从一些残留的天然森林组成来看，该地植物区系组成大体上华北、华东地区系成分为主，与安徽省北部南温带区系组成较为相似，森林植被以榆科、壳斗科的落叶栎类为主。

主要木本植物区系成分包括：世界分布的悬钩子属（Rubus）、猫乳属（Rhamnella）；泛热带性质分布的属：朴属（Cehis）、山矾属（Symplocos）、黄檀属（Dalbergia）、叶下珠属（Phyllanthus）、乌桕属（Sapium）、柿属（Diospyros）、菝葜属（Smilax）、卫矛属（Euonymus），南蛇藤属（Celastrus），防己属（Cocculus）；旧世界热带分布属：合欢属（Albizia）、吴茱萸属（Evodia）、野桐属（Mallotus）、扁担杆属（Grewia）；热带亚洲分布的属：山胡椒属（Lindera）、柘属（Cudrania）、樟属（Cinnamomum）；温带分布属：松属（Pinus）、柏属（Platycladus）、园柏属（Sabina）、榆属（Ulmus）、榉属（Zelkova）、朴树属（Celtis）、白蜡属（Fraxinus）、栎属（Qercus）、盐肤木属（Rhus）、李属（Prunus）、海棠属（Malus）、桑属（Morus）、构树属（Broussonetia Vent.）、蔷薇属（Rosa），女贞属（Ligustrum）等；东亚和北美间断分布，枫香属（Liquidambar）、胡枝子属（Lespedeza）。地中海区，黄连木属（Pistacia）、栾树属（Koelreuteria）等。

本地区主要树种有：马尾松、侧柏、园柏、垂柳、旱柳、枫香、化香、麻栎、栓皮栎、小叶栎、白栎、短柄枹、青冈、苦槠、黄檀、合欢、山槐、皂荚、黄连木、苦楝、枫杨、榔榆、白榆、朴树、榉树、三角枫、八角枫等。

目前主要造林树种有：麻栎、栓皮栎、枫香、刺槐、山槐、槐树、小叶栎、枫杨、苦楝、乌桕、胡桃、板栗、刚竹、淡竹；经果林主要有板栗、柿、枣、桃、石榴等。历年来从外地引种的主要造林树种有：刺槐、欧美杨、火炬松、湿地松、黑松、水杉、池杉、杉木、柳杉、薄壳山核桃等，多成为该地区的主要造林树种。

2. 乡土树种分析

在本地区尺度：天然分布的树木 157 种，分属 53 科，占所属植被区区系的 25.1%。其中：乔木 71 种、灌木 86 种，常绿乔木 12 种、常绿灌木 8 种。各科拥有的树种数量都较少，只有蔷薇科超过 10 个树种，有 5 个树种以上的科包括榆科、豆科、杨柳科、卫矛科、山毛榉科、胡颓子科、鼠李科、木犀科、禾本科、大戟科等。

在所处的植被地带：木本植物种类 605 种，分属 82 科、235 属，其中针叶树种 5 科 9

属，阔叶树种 77 科 226 属；乔木 261 种、灌木 344 种，其中常绿乔木 53 种，常绿灌木 50 种。蔷薇科拥有种类最多、有 22 属 67 种，其次为豆科、11 属 37 种。此外，拥有 10 种以上的科分别为樟科、忍冬科、山茶科、鼠李科、榆科、山毛榉科、卫矛科、葡萄科、大戟科、槭树科、木犀科、杨柳科、禾本科、杜鹃花科、五加科、马鞭草科、椴树科。

比较上述 2 个尺度的树种分析，选择植被地带尺度作为合肥市乡土树种的依据，以有利于城市绿化树种的选择及生物多样性的保护，但对有些树种的分布及生长立地还需作具体分析。

植被区内一些具有良好潜质的可用于城镇绿化的树种至今未得到利用的如：常绿类的粗榧、苦槠、甜槠、细叶青冈栎、润楠、天竺桂、黄丹木姜子、木荷；落叶类的阔叶槭、长柄槭、天目槭、临安槭、茶条槭、白栎、槲栎、化香、天目木姜子、马鞍树、水榆花楸、山桐子、山拐枣、糙叶、野茉莉类等。增加对这类树种的应用，不仅可提高乡土树种的应用率、增加生物多样性，使城市森林更具地方特色，而且更有利于为当地野生动物提供栖息环境。

三、主要森林群落类型

（一）乔木林

（1）麻栎群丛。一般为天然次生群落,主要伴生种有化香、黄连木、黄檀、栾树、山合欢等，也有少量的马尾松；灌木层主要是胡枝子、白鹃梅、白檀、荚迷等；草本层植物以白茅、野古草、三脉紫菀、蛇莓为主（图），在肥西县紫蓬山有成片树龄数百年的麻栎林，弥足珍贵，为当地典型的地带性植被类型，为江淮地区恢复森林植被提供了最有力的依据、也是在该地区重建森林的主要参考类型。

（2）栓皮栎群丛。栓皮栎为我国特有树种，在本省主要分布在大别山北坡及六安地区，在江淮丘陵有少量分布。

栓皮栎林的一般特点:共建种主要为栓皮栎、麻栎，一般高度 11~14 米，胸径 11~14 厘米；其次为黄檀、尖齿槲栎、白栎、山槐、马尾松等，一般高度 6~10 米，胸径 8~13 厘米；灌木层发达，多为山胡椒、盐肤木、胡枝子以及栓皮栎、白栎、山槐的更新幼苗；草本层以白茅、黄背草、野菊、三脉叶马兰等，说明林地较为干燥瘠薄。

栓皮栎对土壤的适应性较广，但在土层厚度 <50 厘米，石砾含量 >70% 的立地条件则生长不良。栓皮栎的实生苗一般在幼树期（2~5 年）生长较慢，高生长期出现在 10~20 年。

（3）马尾松群丛及马尾松栎类群丛。马尾松为当地的乡土树种，本区一般为人工纯林及封山育林后形成的与麻栎、化香、枫香等构成的次生混交林，郁闭度 0.5~0.7，林木平均高 6.5 米、胸径 8 厘米。主要伴生树种有：栓皮栎、麻栎、短柄枹栎、小叶栎、枫香、山槐等；灌木层主要有山胡椒、大叶山胡椒、杜鹃、野蔷薇等。封山育林形成的马尾松林，是不稳定的森林群落类型，处于演替的初级阶段;本地区马尾松人工林，一般林相较差、树干曲折、生长量较低，且多病虫害，尤其是 20 世纪 80 年代后期发生松材线虫，大多数马尾松林被其他树种取代，多年该种森林类型的重要性与上述麻栎林相同。

图1　马尾松林（大蜀山）

图2　马尾松麻栎林

（4）大叶榉群丛。一般在封育时间较长、立地条件较好的低山有少量分布。乔木层主要树种有马尾松、山槐、枫香，另外伴生野桐、乌桕、榔榆等；林冠层平均树高 13.00 米，平均胸径 16.88 厘米；亚林冠层高 6~8 米，平均胸径 8.25 厘米；灌木层：绿叶胡枝子、扁担杆、白檀、野桐、柘树、盐肤木、郁李、窄叶山胡椒、构树等。

（5）朴树、构树群丛。在低山、丘陵地经封育后，常见出现朴树、榆树、构树群落，一般组成种较多，朴树虽为建群树种，但优势并不十分显著，有多种伴生树种，如山槐、榔榆、白榆、麻栎等，而构树在群落中常居亚冠层、生长十分旺盛，因其萌蘖及更新能力极强，在林下更新层占极大优势、影响其他树种的侵入或更新，林下树种还有叶下珠、窄叶山胡椒、白檀、构树、鼠李、茅莓等。

图3　马尾松榔榆

图4　麻栎林

（6）椴、榔榆、三角枫群丛。这类群落主要在江淮丘陵东部，立地条件较好，封育时间较长的地域，常小片状，椴树包括短毛椴、南京椴，一般少见大树，群落冠层连续性差，林中多见小块空地，林下灌木及更新树种较多，如扁担杆、山麻杆、卫矛、胡枝子、野蔷薇、构树等。

图 5 麻栎、榆、朴群落

图 6 朴树构树

（7）黄檀群丛。伴生种有化香、黄连木、朴树和三角枫；灌木层树种主要是竹叶椒，草本层植物以茅叶薹草为主。

（8）茅栗群丛。一般是原有森林植被破坏后形成的次生群落，在江淮丘陵分布不多，主要在低山丘陵因经常砍伐形成次生灌丛，常见以茅栗、短柄枹栎、化香为主的类型，伴生树种有尖齿槲栎、山槐、黄檀等。群落层次不明显，密度大，郁闭度 0.7~0.9；灌木层树种主要是胡枝子、山胡椒、野山楂、白檀、山莓等。

（9）平基槭群丛。为次生群落，分布范围很小，只要在低山下坡林地条件较好，人为干扰较少的地域，如小蜀山等地。伴生种有马尾松、麻栎、榔榆；平基槭的平均胸径为 15.6 厘米，平均高度为 10.4 米；灌木层树种有白檀、菝葜、榔榆小苗等；草本层植物有矛叶薹草、双穗飘拂草等。

图 7 短毛椴

（10）枫香林，主要在本区的庐江低山丘陵有少量分布，其为深根性树种，适应性强，喜光，黏重的土壤也能生长，在土壤较深及排水良好的立地生长势数百年不衰，能长成大乔木。多半与其他树种组成混交林。

①枫香、栓皮栎、青冈群丛。在本区南仅零星少量分布，主要在庐江、巢湖低山立地条件较优越，封山育林年限较长的地方。组成树种较为丰富，群落结构也较复杂。主要冠层树种为栓皮栎、枫香、麻栎、化香、山槐及亚冠层伴生树种青冈、苦槠等；灌木层树种有山胡椒、白檀、山矾、杜鹃等。

②枫香、黄檀、山槐群丛。如在庐江等低山，枫香优势一般并不明显，或仅为伴生树种。

在江淮丘陵地区，当林地遭受破坏，枫香、化香、山槐、黄檀等能首先同时侵入，构成混交林但结构极不稳定，在演替过程中分化强烈，枫香速生幼苗有一定程度的耐阴性更新良好，能逐步成为优势种。

（二）灌　丛

江淮丘陵地区次生灌丛林现已少见，主要在庐江、巢湖一些土壤贫瘠、立地条件差的丘陵地有少量分布，一般为原有的森林植被遭受多次破坏、或为村民薪樵之地。

1. 野山楂、算盘珠、柘树群丛

在该地区丘陵岗地分布较广，一般在阳坡，黏盘黄棕壤、微碱性、土壤瘠薄干燥的立地环境，是过度放牧及反复樵伐、水土流失而形成的一种退化植被类型。灌丛组成简单、植株矮小，优势种山楂及柘树高度80~100厘米。其他树种有：野蔷薇、扁担杆、山麻杆、卫矛、毛胡枝子、竹叶椒、酸枣、一叶荻；草本多为黄背草、野菊、夏枯草、地榆等。

2. 酸枣、柘树群丛

在江淮丘陵海拔300米以下的山坡岗脊有分布，一般在土层瘠薄、地表干燥、水土流失严重之地，同上类型是森林经反复破坏后逆向演替系列中的灌丛类型。伴生树种有一叶荻、圆叶鼠李等。

灌丛在江淮分水岭地区是十分重要的植被类型，是封山后最初出现的演替序列，在人工造林困难的丘陵陡坡、土层浅薄贫瘠的立地，可考虑先恢复灌丛、控制水土流失，在逐步提高土壤肥力后再恢复乔木森林。

（三）主要人工林

（1）杉木林。杉木原产我国南方，是主要的用材树种。在本省的皖南及大别山区栽培历史悠久、为主要杉木产区。在本省杉木栽培范围内的气候，日平均气温 ≥ 10℃的年活动积温约4800℃，一般要求土层深厚、轻壤或重壤土、有机质含量较高、湿度适中、pH5.6~7。

江淮丘陵地区不属于杉木的自然分布范围，20世纪70年代号召发展杉木林，曾一度在皖中丘陵地区引栽，本市范围主要在庐江及巢湖两地较为多见，目前在合肥市域还有杉木林约7999.6公顷、占乔木林地面积的6.48%。但大多保存率不高，有的虽成活但生长不良，除掉可惜、留下又不能成材。但在小地形优越的丘间洼地、少寒风侵袭的低地等立地条件较好的地方，杉木长势较好。如庐江冶父山20年生杉木林分平均高10米、胸径14.1厘米。

（2）侧柏林。侧柏适应性强、分布广、繁殖容易是石灰岩山地的主要造林树种，也是水土保持林的重要树种。在合肥地区有侧柏林3430公顷、占林地面积的2.8%。主要分布在石灰岩岗地及丘陵黄棕壤岗地，一般平均树高6~7米、平均胸径9~10厘米。林中有阔叶树混生，主要有黄檀、山槐、棠梨、柘树、山楂等。

（3）松林。本地区松林面积比重较大，约有各类松林29218公顷、占林地面积的23.68%，主要包括马尾松林、火炬松林、湿地松林及少量黑松林。

①火炬松。及湿地松林，在本地区主要分布在丘陵黄棕壤立地，生长较快、干形良好，是用材、采脂及薪碳林的良好树种，但耐寒性较差。在立地条件较好的林地，10年生的树高可达9米、胸径12.4厘米；连年高生长量为0.84米，直径生长量1.1厘米。

②黑松林。黑松是外来树种约在20世纪初从日本引入，适生于温暖湿润的温带海洋性气候、中性至微酸性及轻盐土。20世纪60年代后在江淮丘陵大量种植、合肥有成片林分，在江淮丘陵地区黑松林的群落组成大致与马尾松林相似，合肥地区黑松林的主要立地环境

主要是土壤较为深厚的黏盘黄棕壤，生长一般较差，18 年生黑松平均高为 6.5 米、平均胸径 8 厘米，一般密度为 148 株 / 亩，蓄积量 35 立方米 / 公顷。林木个体生长不良、树形弯曲。

③马尾松林。20 世纪六七十年代在江淮丘陵地区营造大面积马尾松林村林，但生长不及大别山及皖南，以后因松材线虫的危害，很多马尾松纯林被更新，如合肥大蜀山砍伐了成百亩马尾松，导致森林景观发生很大变化。江淮丘陵的马尾松人工林一般密度范围 90~180 株 / 亩（19 年生），树高平均 19.3 米、胸径 11.7 厘米。

（4）杨树林。20 世纪 90 年代以后，人工杨树林发展迅速，一般为农田防护林、道路林带、村镇绿化、短周期及速生丰产林的首选树种，特别是实施退耕还林的地区均营造杨树纯林，面积达 46910 公顷，占乔木林地面积的 38%。主要种类：以前以加杨为主、后期大多选择黑杨派杨树无性系，为美洲黑杨南部种源的各个品系，如 I–69、I–72、I–63 等，以及国内近年培育的品系如中林、南林 95 杨等。合肥是杨树的亚高产区，但该地区平均温度较低、立地质量较差、春秋易出现干旱，故影响林分生产力，必须提高造林成活率与增加土壤肥力。杨树林蒸腾作用强、需水量较大，如 5 年生杨树林（I–69）年需水量约为 700 吨 / 公顷。目前本地区杨树林分一般密度偏大（1100 株 / 公顷），长势良好，但高生长优于直径生长。

（5）水杉林。安徽省引种水杉始于 1948 年屯溪的博村林场，1972 后年在合肥市普遍栽植，一般作为农田林网、低湿地、河岸水库周围，城镇及村庄绿化，常见成片的水杉纯林。在低湿、时有水淹的地方生，23 年生树高可达 11 米，平均胸径 13 厘米、年生长量 0.57 厘米；而在河边湿润地，23 年生树高可达 19 米、平均胸径 27 厘米，年生长量 1.17 厘米；但在岗地等土壤干燥的立地则生长不良。但由于水杉的木材至今未有突破，故近年来种植面积逐渐减少。水杉适应性较广、生长快、树形优美、林相整齐，是很好的城市绿化树种。与其相近的有池杉，在江淮丘陵区栽植较多。

（6）刺槐林。刺槐原产北美，1901 年引入我国后广为栽种、现已归化几乎成野生状态，多数人认为是乡土树种。江淮丘陵是其适生地区，1960 年前后刺槐是江淮丘陵地区的造林主栽树种之一、出现大面积的人工林。在丘陵缓坡，8 年生树木平均高 10 米、胸径 12 厘米。刺槐为先锋造林树种、可固氮，故最适合在江淮分水岭立地环境差的地域造林，刺槐林相比较整齐，在本区刺槐林常见有山槐、黄檀、栎类、棠梨等伴生，但为构成结构稳定的混交林；灌木层树种主要有酸枣、算盘子、胡枝子、紫穗槐、莞花等。

刺槐

（7）竹林。一般分布在巢湖市东部低丘，庐江低山丘陵，多为人工营造，以毛竹为主；以刚竹、淡竹、水竹为主的小片竹林则主要分布在村庄附近。

四、森林生态体系评价

（一）森林植被有所恢复但森林生态体系不完善

该地历史上也曾有过茂密的森林，但这里人类经济活动较早的地区，因是兵家必争之地，历史上经历长期的战火烽烟，毁林屯田、过度樵采、兴建土木，至民国初年已是荒山连片；至 1949 仅存林地 647 公顷，仅在一些庙宇禅林、风水林地、风景古迹保留有小片天然林外成片森林已消失殆尽。20 世纪 50 年代后开始植树造林，通过国营人工造林育林，森林植被逐渐恢复，主要营造马尾松、黑松、侧柏等；1953~1957 年累计造林 4200 公顷，以后因大跃进和三年自然灾害、以及 10 年动乱，林业发展迟缓。直到 1972~1977 年，造林进入一个高峰期，但在 1981 年开始的三定却导致对林木的乱砍乱伐。90 年代，实施五年消灭荒山、八年绿化安徽的"五八"规划，及林业二次创业，该地其实现宜林荒山荒地的绿化，平原绿化达标，进入本世纪来，合肥林业走上稳定、健康、快速发展之路，取得显著的成绩。

目前，合肥市域内江淮分水岭林业用地共计约 35.2 万亩，其中肥东 12.2 万亩、肥西 18.4 万亩、长丰 4.6 万亩，但有林地所占土地面积的比例甚低，仅为 3.45%，肥东占 3.7%、肥西占 5.6%、长丰县占 1.3%，加上四旁绿化的树木折算面积，森林覆盖率为 11.61%，其中肥东县 11.6%，肥西县 13.9%，长丰县 10.1%。

但在江淮分水岭岭脊带森林生态系统极不完善、十分脆弱，该地区历史上一直以农耕为主、比较贫困，由于水资源的严重不足，农业生产受到制约，耕地亩均水资源仅为全省平均水平的 35%，通常以旱作为主、农业产业单一化。林业生产的比重很低，土地利用格局表明，在岭脊地区林地面积占农业用地的 13.7%，其中肥东 8.1%、肥西县 24.5%、长丰县 7.6%；人均拥有林地仅 0.61 亩，其中肥东县 0.36 亩、肥西县 0.93 亩、长丰县 0.43 亩。

由此，至今在江淮分水岭地区森林植被虽在一定程度上得以恢复，但总体水平低，特别是因森林覆盖率低、在整个地区大型的森林斑块少、在景观尺度上还未形成良好的森林生态系统，森林作为控制环境的作用依旧很低。

（二）森林资源总量少、森林覆盖率较低，森林类型单一、生态效益不高

该地区森林总量少、覆盖率仅为 11.6%，远低于全省平均水平，营造林成效有待提高。人均拥有立木蓄积 0.25 立方米，多年来一些林分成为小老树。这除了土质黏硬、瘠薄、干旱等自然因素外，因林业周期长，农民短期内得不到效益故积极性不高，也是林业难以发展的原因，但林地生产力的发挥还有较大潜力。江淮分水岭天然森林类型少，人工林纯林、用材林及经济林的比重较高；用材林中又以人工杨树林、马尾松纯林所占份额较高，林分稳定性较差；资源质量较低，材种商品率不高。本区地处过渡地带，非多数树种最适生长区，加之自然灾害频发，人工造林成效受到明显影响，当年成片造林平均成活率较低，一般较全省平均水平低 10 个百分点。

（三）农田林网连接度有待提高

21 世纪初该地区农田林网达标（按国家规定淮河以南 70% 的最低标准），但低于江淮其他地区，各乡镇之间发展不平衡。农田林网以杨树为主、树种单一易引发大面积的病虫

害危害；林网断带现象较为常见、效益受到影响。

（四）天然森林群落结构不稳定、人工森林生产力不高

如上所述，该地区天然森林类型少，现存的一些次生林，如麻栎、马尾松、黄檀、大叶榉等面积较小，一般群落结构不稳定、林相极不整齐，受人为干扰大，多数处于逆向演替状态；而人工林树种简单，多数为杨、松、杉、柏类纯林，在维持野生动物栖息环境、支持及保护生物多样性的功能相对较弱；大多数林分密度过大，加之缺少抚育间伐，树木生长受到影响，单株立木材积偏低，总体上生产力不高。

（五）森林生态系统的经营水平还较低

近年来通过林权改革、林业科技支撑，以及发展苗木生产等，该地区的林业经营水平有所提高，但总体而言，森林经营的水平、林业生产技术及经验，都还相对落后于本省其他地区。主要表现在：林业建设规划滞后，林地管理粗放、缺少抚育，经济林管理技术含量低、忽视立地盲目引种、栽培模式单一、效益较低下，造林良种种苗储备不足、苗木质量不高，科技支撑不能及时到位。

因此，总体来说该地区的森林从生态体系及产业体系两个方面评价，都存在较大的不足，但从另一方面也显示其有很大的发展潜力及提升空间。

专题十 合肥环巢湖地区森林
生态系统研究报告

一、环巢湖地区基本情况

（一）地理位置

环巢湖地区主要是指濒临巢湖湖岸线的 16 个乡镇（街道），主要包括合肥市包河区的烟墩街道、义城街道，巢湖市的天河街道、卧牛山街道、槐林镇、散兵镇、银屏镇、夏阁镇、中垾镇、烔炀镇、黄麓镇和中庙街道，肥东县的长临河镇，肥西县的三河镇、严店乡，庐江县盛桥镇、白山镇、同大镇。国土面积 1670.28 平方公里（图 1、表 1），其中巢湖水面面积 769.50 平方公里。

环巢湖地区既是造成巢湖污染的重要污染源区，但同时又是恢复巢湖生态环境的重要地区，有极其重要的生态地位，恢复森林植被的重要性不容置疑。

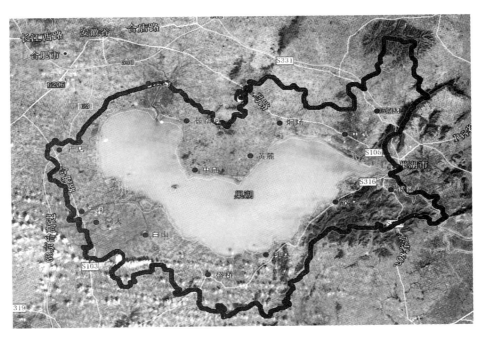

图 1 合肥环巢湖地区地理位置图

表1　环巢湖地区各乡镇森林植被现状一览表（单位：公顷）

所属区县	乡镇	土地总面积（平方公里）	林地面积	森林面积	林木绿化面积	林木绿化率（%）	森林覆盖率（%）	四旁绿化率（%）
包河区	烟墩	62.00						
	义城	75.39						
巢湖	槐林镇	134.15	220.8	1441.2	2374.46	17.7	10.7	7.0
	散兵镇	119.30	6779.6	5810.8	6287.11	52.7	48.7	4.0
	银屏镇	87.03	3945.7	3061.0	3489.9	40.1	35.1	5.0
	夏阁镇	186.27	3764.0	2464.5	3762.65	20.2	13.2	7.0
	中垾镇	66.48	205.4	187.2	717.984	10.8	2.8	8.0
	烔炀镇	147.14	924.4	680.6	1662.68	11.3	4.6	6.7
	黄麓镇	82.40	669.9	587.3	1301.92	15.8	7.1	8.7
	中庙街道	42.33	163.3	153.4	457.164	10.8	3.6	7.2
	卧牛山街道	28.50						
	天河街道	41.20						
肥东县	长临河镇	100.00	1293.0	915.1	2597.9	26.0	9.2	16.8
肥西县	三河镇	78.77	336.7	301.7	720.731	9.1	3.8	5.3
	严店乡	73.25	296.3	252.4	1364.36	18.6	3.4	15.2
庐江县	盛桥镇	128.32	1251.6	1018.2	1675.86	13.1	7.9	5.1
	白山镇	99.98	838.7	745.0	867.826	8.7	7.5	1.2
	同大镇	117.77	635.1	203.4	1268.38	10.8	1.7	9.0
环巢湖	合计	1670.28	21324.5	17821.8	28548.9	37.2	23.2	

（二）地形地貌

本区地形主要有2种（图2）：东部及东南部的槐林镇、散兵镇、银屏镇、夏阁镇一带为低山丘陵地带，其他西部、南部、北部地区除极少部分残丘外，多为沿湖沿圩平原区，2种地形比例接近3∶7（低丘∶平原）。

a. 低丘岗地　　　　　　　　　　　b. 沿湖沿圩平原

图2　合肥环巢湖地区主要的地形地貌

（三）气　候

巢湖地处中纬度地区，位于江淮之间，全年气候冬寒夏热、春秋温和，为亚热带和暖湿带过渡性季风气候,年平均气温 15.7℃,年降雨量近 1100 毫米,日照 2000 多小时,无霜期 224~252 天,四季分明、气候温和、雨量适中、春温多变、秋高气爽、梅雨显著、夏雨集中,适合南北等多种作物生长。

（四）水　系

巢湖入湖主要河流有:南淝河、派河、丰乐河、杭埠河、十五里河、白石天河、双桥河、兆河、柘皋河等。这些河流都源于山丘区,一般集水面积都大,河道流程较短,比较陡,汇流快,穿过湖周圩区后,进入巢湖,经湖泊调节容蓄后,出巢湖闸经裕溪河于裕溪闸下注入长江。汛期若长江水位过高,裕溪河受顶托倒灌时,裕溪闸、巢湖闸将关闭,拒江倒灌。巢湖四周诸河来水,仰赖巢湖容蓄,防洪压力很大。

（五）土　壤

本区土壤大部为水稻土,成土母质为下属黄土及第四纪堆积物,分布于平原区;东部低丘土壤主要类型有黄棕壤、石灰土、紫色土等。

（六）植　被

1. 植被分区

环巢湖地区属于芜巢沿江沿湖圩区植被区的巢湖沿湖圩区植被片,这个地区主要为冲积平原,河湖交织,圩田水乡,植被类型为落叶常绿阔叶林。

2. 主要森林群落类型

环巢湖地区目前只有个别残丘有次生植被。残存的次生林中主要建群树种为枫香、化香、麻栎、黄檀、山合欢等;次生灌丛有窄叶山胡椒、盐肤木、茅莓、野鸦椿、山胡椒、山姜等。

（1）麻栎天然次生林:主要伴生种有化香、黄连木、黄檀、栾树、山合欢等,也有少量的马尾松;灌木层主要是胡枝子、白鹃梅、白檀、荚迷等;草本层植物以白茅、野古草、三脉紫菀、蛇莓为主。

（2）黄檀天然次生林:伴生种有化香、黄连木、朴树和三角枫;灌木层树种主要是竹叶椒,草本层植物以茅叶苔草为主。

（3）野山楂、算盘珠、柘树灌丛:在该地区丘陵岗地分布较广,一般在阳坡,黏盘黄棕壤、微碱性、土壤瘠薄干燥的立地环境,是过度放牧及反复樵伐、水土流失而形成的一种退化植被类型。灌丛组成简单、植株矮小,优势种山楂及柘树高度 80~100 厘米。其他树种有:野蔷薇、扁担杆、山麻杆、卫矛、毛胡枝子、竹叶椒、酸枣、一叶荻;草本多为黄背草、野菊、夏枯草、地榆等。

（4）酸枣、柘树群丛:在江淮丘陵海拔 300 米以下的山坡岗脊有分布,一般在土层瘠薄、地表干燥、水土流失严重之地,同上类型是森林经反复破坏后逆向演替系列中的灌丛类型。伴生树种有一叶荻、圆叶鼠李等。

a. 阔叶林　　　　　　　　　　　　　　b. 灌丛

图3　天然植被

3. 主要原生树种

枫香、化香、麻栎、栓皮栎、白栎、短柄枹、黄檀、山槐、黄连木、枫杨、八角枫、榔榆、马尾松、黑松、青冈、苦槠等。

二、环巢湖地区森林生态体系建设现状及评价

（一）现　状

1. 森林植被现状及其分布

环巢湖地区国土总面积1670.28平方公里（表1），其中巢湖水面面积769.50平方公里，占总面积的46.1%，陆地面积900.78平方公里，占总面积的53.9%。包括银屏镇、槐林镇、散兵镇及夏阁镇在内的东部及东南部低山丘陵区，由于有大量山体存在，森林覆盖率和林木绿化率相对较高，分别达到24.3%和30.2%，主要植被是通过山体造林形成的人工林，以及一些残存的次生林或灌丛，主要树种为杉木、马尾松等，由于反复樵采，森林生产力不高，生态功能低下；南部、北部、西部的平原圩区是重要的农业生产区（除合肥及巢湖市区），森林植被主要是农田林网、村镇、道路、沟渠绿化及退耕还林形成的，整体绿化率偏低。整个环巢湖地区林地总面积21324.5公顷，占本区总面积的12.8%；森林面积17821.8公顷，森林覆盖率23.2%（不包括巢湖水面、合肥市区与巢湖市区，下同）；林木绿化面积28548.9公顷，林木绿化率37.2%；森林覆盖率及林木绿化率均高于合肥市域平均值。

a. 山地绿化　　　　　　　　　　　　　b. 平原绿化

图4　合肥环巢湖地区主要地形的绿化

2. 经济林、苗木花卉及生态林建设发展迅速

由于环巢湖地区的重要生态地位，合肥市本着坚持生态修复、产业发展的有机统一原则，充分利用区域内的资源优势、区位优势和竞争优势，结合环巢湖旅游大道建设、矿山修复和巢湖崩岸修复等工程，近几年内在环巢湖地区大力发展苗木花卉、经济林果及防浪护堤林，取得了很好的建设效果，大大提高了区内的森林覆盖率。

3. 主要的森林类型

目前本区主要是以杉木、马尾松、杨树等人工造林的森林类型为主，只有个别残丘有次生植被。主要的森林类型有：

（1）马尾松纯林及马尾松栎类混交林：马尾松属亚热带树种，要求温暖湿润的气候，对土壤要求不严，能耐干旱瘠薄的土壤，是安徽省重要的荒山造林先锋树种。马尾松是本区的乡土树种，一般为人工纯林及与麻栎、化香、枫香等构成的混交林；灌木层主要有山胡椒、大叶山胡椒、杜鹃、野蔷薇等。本地区的马尾松林，一般林相较差、树干曲折、生长量较低（图5），且多病虫害，尤其是20世纪80年代后期发生松材线虫，大多数马尾松林被其他树种取代。

图5 马尾松纯林

（2）杉木林：杉木是亚热带树种，喜温、喜湿、怕风、怕旱，在年降雨高而分布均匀、风小多雾和生长期长的地区，杉木生长快，是安徽省的重要的用材树种。本区杉木主要在庐江及巢湖两地的残丘上有分布，但由于土壤质地黏重，有机质含量少，土壤结构和通气性差等原因，本区杉木生长不良，林分质量低下，多数形成低产低效林，急需进行改造。

（3）麻栎林：麻栎在安徽省分布较广，适应性强，适宜栽植于山沟、山麓和丘陵坡地上，被广泛应用于荒山造林。本区的麻栎林保存率较低，人工造林的麻栎林由于抚育管理不善，生长不良，枝多干弯，多呈灌木状。天然麻栎次生林生长较好但只在一些残丘上有少量分布，其主要伴生种有化香、黄连木、黄檀、栾树、山合欢等，也有少量的马尾松；灌木层主要是胡枝子、白鹃梅、白檀、荚迷等；草本层植物以白茅、野古草、

三脉紫菀、蛇莓为主。

（4）野山楂、算盘珠、柘树灌丛:环巢湖地区次生灌丛林现已少见，本类型主要在庐江、巢湖一些土壤贫瘠、立地条件差的丘陵地有少量分布，是过度放牧及反复樵伐、水土流失而形成的一种退化植被类型。灌丛组成简单、植株矮小，优势种山楂及柘树;其他树种有野蔷薇、扁担杆、山麻杆、卫矛、毛胡枝子、竹叶椒、酸枣、一叶荻;草本多为黄背草、野菊、夏枯草、地榆等。

（5）侧柏林:侧柏属温带树种，常绿高大乔木，适应性强、分布广、繁殖容易，耐干旱瘠薄，是石灰岩山地的主要造林树种，也是水土保持林的重要树种。环巢湖地区的侧柏林主要分布在石灰岩岗地及丘陵黄棕壤岗地，林中有阔叶树混生，主要有:黄檀、山槐、棠梨、柘树、山楂等。

（6）杨树林:杨树是喜光的阳性树种，在安徽省的淮北、沿江地区生长良好，可广泛应用于生态防护林以及工业用材林。自 20 世纪 90 年代以后，本区的杨树就被广泛应用，一般为农田防护林、道路林带、村镇绿化、短周期及速生丰产林的首选树种，特别是实施退耕还林的地区均营造杨树纯林，在本地区有较大面积。

（7）竹林:一般分布在巢湖市东部低丘，庐江低山丘陵，多为人工营造，以毛竹为主;以刚竹、淡竹、水竹为主的小片竹林则主要分布在村庄附近。

4．主要树种

主要原生树种有枫香、化香、麻栎、栓皮栎、白栎、短柄枹、黄檀、山槐、黄连木、枫杨、八角枫、榔榆、马尾松、黑松、青冈、苦槠等。

人工林及村旁绿化树种有柳、杨、刺槐、槐树、枫杨、臭椿、苦楝、毛泡桐、桑、水竹等;

主要造林树种有旱柳、苦楝、刺槐、槐树、枫杨、桑、白榆、重阳木、黄檀、合欢、臭椿、山槐、朴、榉、黄连木、马尾松、杉木、刚竹、水竹、乌桕等。

经济林及苗木类树种有:桃树、李树、板栗、银杏、枣、柿、香樟、桂花、广玉兰、白玉兰等。

（二）森林生态体系建设评价

1．森林分布及四旁绿化发展不均衡

由表 1、图 4 可以看出，本区的东部低山丘陵区，森林覆盖率和林木绿化率相对较高，分别达到 24.3% 和 30.2%，而南部、北部、西部的平原圩区的森林覆盖率与林木绿化率则相对较低，平均只有 5.4% 和 13.5%，只有前者的四分之一和一半不到;而在各个乡镇之间发展也不平衡（表 1、图 6），各乡镇最小的森林覆盖率和林木绿化率只有 1.7%、8.7%，而最大的乡镇则可达到 48.7%、52.7%。这种现象除了受各乡镇的地形条件限制外，与各乡镇的四旁绿化有很大关系，由表 1、图 6 可以看出，四旁绿化率最低的乡镇只有 1.2%，最高的乡镇可达到 16.8%，说明一些乡镇还具有较高的四旁绿化潜力。

a. 好　　　　　　　　　　　　　　　　b. 差

图 6　村庄绿化

2. 农田林网连接度有待提高

21 世纪初该地区农田林网达标（按国家规定淮河以南 70% 的最低标准），但低于江淮其他地区，各乡镇之间发展不平衡。农田林网以杨树为主、树种单一易引发大面积的病虫害危害，同时杨树具有较大林冠，影响农作物生长，不受当地老百姓喜爱，因此导致林网断带现象较为常见、效益受到影响，急需更换窄树冠的树种，保证林带的连接度。

3. 矿山开发严重破坏森林植被，导致区内生态环境恶化

本区东部的低山丘陵区，由于开采矿石，森林植被遭到严重破坏，水土流失严重而且造成大量矿物质流入巢湖，使得巢湖泥沙淤积、富营养化加重，严重破坏了巢湖流域生态环境，降低了森林覆盖率及人居环境质量，同时也对环巢湖的景观造成了重大影响，影响巢湖的旅游发展。

4. 林地利用率有待提高

如表 1 所示，本地区林地总面积 21324.5 公顷，森林面积 17821.8 公顷，尚有 3502.7 公顷林地未转化为森林，且有林地中，其郁闭度也有待提高，应加快宜林地造林及幼林抚育使其尽快郁闭，发挥森林的生态效益。

5. 森林类型单一、生态效益不高

本地区天然森林类型少，人工纯林比重高，人工纯林中，又以人工杨树林、马尾松纯林、杉木纯林所占份额较高，生长单一，林分生产力低下，稳定性差，生态效益不高，而经济林和苗木花卉又是刚大面积发展起来的，其生态效益有限。

6. 森林生态系统的经营水平还较低

近年来通过林权改革、林业科技支撑，以及发展苗木生产等，该地区的林业经营水平有所提高，但总体而言，森林经营的水平、林业生产技术及经验，都还相对落后于本省其他地区。主要表现在：林业建设规划滞后、林地管理粗放、缺少抚育，经济林管理技术含量低、忽视立地盲目引种、栽培模式单一、效益较低下，造林良种种苗储备不足、苗木质量不高，科技支撑不能及时到位。

因此，总体来说该地区的森林从生态体系及产业体系两个方面评价，都存在较大的不足，但从另一方面也显示其有很大的发展潜力及提升空间。

三、环巢湖地区森林生态体系建设启示

（一）环巢湖地区的重要作用和地位

巢湖是全国五大淡水湖之一，是合肥市的重要饮用水水源区，也是第四批国家重点风景名胜区，沿岸有很多著名景点，2011年7月，经国务院批复同意，原巢湖市居巢区、庐江县划归合肥市管辖，将巢湖及其主要流域集中于合肥市，使巢湖成了合肥市独特的自然资源。但随着多年来工业化的高速发展及城镇的快速扩张等，使得巢湖面临前所未有的环境压力，湖泊面积萎缩、富营养化严重，湖水污染严重、生态调节能力锐减，国家和政府每年均投入大量资金进行综合治理，虽然取得一定成效，但总体水质及生态环境尚未基本恢复，这对合肥的从"环城公园"时代迈向"环巢湖"时代的发展战略，是一个巨大障碍。

环巢湖地区既是造成巢湖污染的重要污染源区，但同时又是恢复巢湖生态环境的重要地区，无论从国家还是合肥市都有极其重要的生态地位。

（二）环巢湖地区的发展定位

依据《合肥市国民经济和社会发展第十二个五年规划纲要》、《合肥市现代农业发展第十二个五年规划》、《合肥市土地利用总体规划（2006~2020年）》、《巢湖流域水环境综合治理总体方案》、《合肥市环巢湖生态农业建设和发展"十二五"规划》以及《安徽省林地保护利用规划（2010~2020年）》分区规划成果，环巢湖地区将主要用于发展生态农业和林业旅游，这为本地区森林植被的提升和发展提供了广阔的空间。

（三）环巢湖地区森林生态建设的潜力

由于环巢湖地区的发展生态农业的定位，使得本区可以有大量土地用于发展生态林、经果林及苗木花卉，同时通过四旁绿化、矿山植被恢复、林地利用、森林质量提升等方式，提高本地区的森林覆盖率、林木绿化率及森林质量，全面提升本地区的生态环境质量。

专题十一 合肥市森林景观营造研究报告

一、概 述

城市森林的建设，在城市化进程对改善城市生态环境起到重要的作用。既是城市绿化的主要组成部分，又是城市生态系统中最关键、最重要的组成部分。通过建设城市森林来改善城市环境，维持和保护城市生物多样性，提高城市综合竞争力，是城市实现可持续发展的根本保证和迫切需要，是现代城市生态环境建设的重要内容和主要标志，是我国现代林业发展研究的重点之一。其中，有必要运用生态学、规划学原理辨识城市森林中的各种组成结构和空间格局，深入分析各种景观生态过程，强化城市森林在城市结构中发挥的生态效益、社会效益及视觉景观效果。

目前，我国城市森林建设面临的主要问题是：

（1）城市森林、树木和绿地资源总量不足，质量不高，城市公共绿地偏低，远远落后于发达国家，难以满足城市可持续发展的要求。

（2）城市森林建设尚未完全纳入城市整体规划。城市森林的发展滞后于城市发展速度，城市绿地和森林被征占和毁坏的情况还比较严重。

（3）城市森林结构不合理。特别是在树种选配上的树种单一，使许多城市形成"多街一树"的单调景观。立体绿化效果差，因而难以充分发挥三大效益。

（4）由于认识和技术上滞后，特别是历史原因和传统林业生产习惯，导致我国城市森林经营管理粗放，使城市森林生态系统在生物多样性、持续稳定性及再生能力等方面表现不良，对环境压力的承受力还很脆弱。

（5）全民对城市森林的参与和认识不足。目前城市森林在城市可持续发展的作用还没有引起足够重视，城市绿地和城市森林环境对城市经济社会的影响还没有得到城市居民及全社会的认识，这是城市森林可持续发展的重要障碍。

城市森林作为城市林业和城市园林一个新的发展方向，他的建设是一项浩大而艰巨的工作。在生态功能方面，有公益防护林建设的技术要求和指标进行约束，在视觉景观效果方面则有园林艺术的相关技法进行指导。由于地处城市范围，城市森林往往处于复杂的环境之中，污染比较严重，人为干扰剧烈，气候、土壤、光照等条件较为恶劣，很难有精细的养护管理条件，所以，建设一定要树立生态科学思想。一方面，城市森林的布局要遵循景观生态学原理，形成合理的生态空间格局。另一方面，城市森林也是主要的自然景观，城市森林建设的艺术性也是个不可忽视的因素。

由于不同时间和空间尺度上林业或森林经营管理有不同的目标，就城市森林来说，景观规划的最终目标就是在实现城市森林防护功能和生态效益的基础上，最大限度地满足人对于视觉美感的需求，从形态、色彩、质地等要素着手，运用对比、聚合或交汇、框景等设计手法，充分考虑尺度、比例、光线、大气、视点、时间、季节等变量因素，通过每一个城市森林单元的组合来实现整体上和谐、统一的城市景观。

二、相关支撑理论介绍

（一）景观规划理论

景观规划起源于景观建筑学（Landscape Architecture），是 21 世纪 50 年代以来从欧洲及北美景观建筑学中分化出来的一个综合性应用科学领域。他不仅一直作为景观建筑学的一个主要分支，由于其对自然特性和过程的综合性要求，他也是地理学的一个重要研究和应用领域，且随着景观生态学向应用领域的发展，也逐渐将景观规划作为其主要应用方向，并已形成景观生态规划方法体系（LANDEP）。景观规划不但与人类日常生活、生产活动直接相关，同时又要基于人们对景观形成的自然过程和作用规律的深刻理解。因此，景观规划是一个多学科的综合性应用领域，是连接地质学、地理学、景观生态学、生态学、景观建筑学等学科，以及社会、经济和管理等学科领域的桥梁。

城市景观规划的开拓者 F.L.Qlmsted 于 1863 年提出 landscape Architecture 的概念，将生态思想与景观设计相结合，使自然与城市环境变得自然而适于居住。他所设计的纽约中央公园至今仍是城市公园绿地系统的典范。其后 D.S.Crowe 将景观规划定义为从事创造性保护的工作，既要最佳利用地域内的有限资源，又要保护其美景度和丰厚度。

①景观规划的概念及演变。

景观规划以人为中心，将各种土地利用方式有机结合起来，以构成和谐有效的地表空间的人类活动方式（Turner，1987）。最初的景观规划只是服务于园林设计与建筑的一个环节，关注的是某一片直接与居民日常生活、生产等活动密切相关的区域内各种土地的利用方式、空间布局、不同风格建筑的搭配以及区域整体和局部所产生的社会影响和美学效果等（Haber，1990）。这种注重实效的目的，为景观规划提供了强大的生命力，也使得他所基于的"景观"理解得到了广泛深入的接受，这里的景观，虽也泛指构成环境的实体部分，但主要强调其中土地的经济价值和美学价值，使其能直接服务于具体的生产实践活动和生活需要。基于此，可将所有造成景观形式或组分发生改变的规划设计活动都可称之为景观规划活动，如城镇建设规划、交通规划、土地利用规划、风景园林规划等都可纳入景观规划的概念范畴，而且从这个意义上来看，景观规划可以追溯到人类的早期文明时代为农业及其他社会需求服务的有目的的土地分配和规划、风景园林设计等。

但作为学术术语的景观规划还是 20 世纪以来才开始出现，并以 60 年代为主要起点逐渐蓬勃发展起来。他与以往单目标的规划设计有本质的不同，主要体现在他将景观作为"资源"并从"整体"上看待，并将人类需求与景观的自然特性与过程相联系，主要关注宏观尺度上的资源配置。他不仅关注景观的"土地利用"、景观的"土地肥力"以及人类的短期需求，更强调景观供人类观赏的美学价值和景观作为复杂生命组织整体的生态价值及其带给人类的长期效益。同时，景观规划中的景观不仅要以现在的格局，而且要以新的格局为各种生命形式提供持续的生息条件。景观规划的直接来源和服务目的之一是土地利用规划，但二者又有根本不同。其区别在于景观规划将景观的资源与环境属性作为景观开发利用的首要考虑因素。

随着 GIS 的广泛应用，以景观生态学作为方法指导的景观生态规划出现并作为景观规划一个主要分支得到了广泛的接受。同时，也使景观规划中景观的概念逐渐趋于景观生态的理解。麦克哈格所著的《设计结合自然》与 C.A.Smyser 所著的《自然的设计》在书中详细讨论和介绍了将生态规划应用于城市环境空间设计的案例。

②现代景观规划的目标和分类。

肖笃宁（1998）根据地域将现代景观规划划分为城市景观规划、乡村景观规划、园林风景区景观规划、自然保护区景观规划。刘滨谊（2004）根据对象将之分为面向大众群体的景观规划、面向风景旅游区的景观规划、面向资源环保的景观规划。不同分类方式的景观规划的共同目标是人与自然关系的协调，时空结合意义上的可持续发展，即建立生态可持续的景观。因此，景观规划也是区域可持续发展的重要组成部分。通过经济规划、环境规划与景观设计的结合，使区域开发、资源利用与生态保护相衔接与配合，生产建设、生活建设与生态建设相适应，达到经济效益、社会效益与生态效益的高度统一，实现总体人类生态系统的整体最优化这一景观规划的最终目的。

③景观规划的原则。

生态原则：尊重自然、保护自然景观，注重环境容量，增加生态多样性，保护环境敏感区，环境管理和生态工程相结合；人文景观和自然景观的有机结合，增加景观多样性；建设绿化空间体系，增加绿化空间和开敞空间。

社会原则：尊重地域文化和艺术，使人文景观的地方性和艺术性相结合；城市景观的建设与促进城市经济发展相结合；使改善居住环境，提高生活质量与促进城市文化进步相结合。

美学原则：使城市形成整体而连续的景观系统；赋予城市性质特色与时代特色；符合美学与行为模式，观赏与使用。

在城市森林景观营造中融入景观规划的理念和方法，则更多的表现为林业规划的主体——林地规划从景观视角的理论和方法的创新，促进经济效益、社会效益与生态效益的高度统一，强调城市森林景观供人类观赏的美学价值和景观作为复杂生命组织整体的生态价值及其带给人类的长期效益。

（二）城市园林规划理论

城市园林规划是综合性很强的学科，既属于自然科学的范畴，又与社会科学有联系；既属于工程技术的范畴，又与文学艺术有联系；是美学、艺术、绘画、文学、行为学、心理学、建筑学等多学科理论的综合运用。

①园林美学。园林美是人们对生活、自然的审美意识和优美的园林形式的有机统一，

是自然美、艺术美和社会美的高度融合。园林美源于自然而又高于自然，是大自然造化的典型概况，是自然美的再现。他随着我国文学绘画艺术和宗教活动的发展而发展，是自然景观和人文景观的高度统一。

②形式美法则。自然界常以形式美取胜而影响人们的审美感受，各种景物都是由外形式和内形式组成的。外形式由景物的材料、质地、线条、体态、光泽、色彩和声响等因素构成；内形式是上述因素按不同规律而组织起来的结构形式或结构特征所构成。形式美是人类在长期社会生产实践中发现和积累起来的，随着人类社会的生产实践和意识形态的不断改变而改变，存在着民族、地域及社会阶层意识的差别。因此，形式美又具有相对性和差异性。但形式美发展的总趋势是不断提炼与升华的，表现出人类健康、向上、创新和进步的愿望。

③中国传统园林艺术理论。有学者综合各家之说，把中国传统园林艺术理论总结为：造园之始，意在笔先；相地合宜，构园得体；因地制宜，随势生机；巧于因借，精在体宜；欲扬先抑，柳暗花明；启程开合，步移景异；小中见大，咫尺山林；虽有人作，宛自天开；文景相依，诗情画意；胸有丘壑，统筹全局。

④中国传统造园技法。中国园林的艺术特点之一，是园林创意与工程技艺的融合，以及造园技法的丰富多彩。总结归纳起来包括：主景与次（配）景；抑景与扬景；对景与障景；夹景与框景；前景与背景；俯景与仰景；实景与虚景；近景与借景；季相与色彩等。

⑤空间布局原理。包括不同景物空间的视角视距规律；景物空间的展示程序；景观序列的创作手法等等。

⑥色彩构图原理。城市园林中的色彩千变万化，不同的色彩会给人不同温度感、距离感、面积感、兴奋感。了解色彩规律，运用色彩手段就能创造出丰富多彩的园林景观。

（三）城市森林美学与文化

1. 城市森林美学

任何景观的营造都离不开一定的美学原则，而美学思想又建立在深厚文化基础之中的。人类与自然关系的不断发展，因而对美的探讨不断深入。

我国的城市森林起步较晚，传统的环境美学研究集中于中国古典园林的美学特征和美学序列上。中国的古典园林多为文人园林，除了受到儒、道、佛、文学思想的影响，还受到诸如玄学、风水学等思想的影响，形成了"崇尚自然，师法自然"的特点。古典园林的创作遵循自然美境界—形象美境界—心灵美境界的三个递进的美学序列，也即生境—画境—意境的序列，传统园林美学与城市森林美学有着密切的联系。

相比之下，我国的城市森林虽然起步较晚，但短短的20多年里，在理论和实践两方面都取得了长足的进步。城市森林的蓬勃发展给我们提出了这样一个课题，即：如何恰当地评价森林景观资源？城市居民需要什么样的森林环境？

1713~1788年间，森林美学的先驱 Carlowitz Suckow 和 Trunk 等人首先对森林的美学问题进行了探讨。1791年，英国林学家 William Gilpin 的《森林风景论》问世，该著作专门论述了森林风景的构成和美的特征，标志着人们对森林功能的认识提高到了一个新的水平。进入19世纪以后，参与这方面研究的林学家越来越多，其中最有代表性的是一批德国林学家。

如 Prediger 和 Thormahen 在《森林美论》中特别讨论了森林的开放问题，认为美化森林本来就是为了让民众游憩和观赏，所以森林应该向民众开放，特别在游人多的地区和城市郊区更为必要。1885 年，德国林学家 V. Salisch 在继承前人森林美学思想和总结自己实践经验的基础上，写成了《森林美学》一书，并在柏林出版，他标志着森林美学作为一门独立学科的诞生。

美是一个抽象的概念，需要一个可操作的客观标准。与其他森林研究相比，森林景观较难用科学的方法进行评价，原因在于森林景观评价并不仅依赖于森林的景观特性和其深广的内涵，而且很大程度上取决于观赏者的主观评定。常用的几种方法为描述因子法、调查问卷法和心里物理学法。其中目前被认为最可靠和最客观的景观评价方法有两种，一种是景观评价值评判法（Scenic Beauty Estimationmethod，简称 SBE），由 Daniel 和 Boster 于 1976 年提出。另一种方法是比较评判法（Law of Comparative Judgement，简称 LCJ），由 Buhyoff 等人提出。两种方法本质上没有多大区别，都是将心理测量得来的等计量表转化为等距量表，只是心理测量过程中试验程序有所不同而已。两者都是建立在心理物理学理论基础上，而心理物理学理论已经历了 150 年的发展和检验。LCJ 法是通过成对比较，所提供的信息量大，精度最高，是最稳定的一种方法。但是受到供示景观数量的限制，最多不应超过 15 种，否则会使观察者产生疲劳，影响判别结果。而 SBE 法较省时，适用于大量群落样方的景观评价。

2. 城市森林文化

文化作为一种意识形态，总是同一定的生产实践和生产方式相联系。同农耕社会相联系的是农耕文化,同工业社会相联系的是工业文化。而在农耕社会之前,同原始渔猎社会（石器、木器时代）相联系的则是森林文化。人类在史前曾经历了一个森林文化阶段。森林文化孕育并催生了农耕文化。森林文化的发生发展历经渊源（渔猎社会）、萌芽、形成、成熟（农耕社会）和拓展（工业社会）等五个阶段。

把"森林文化"作为一个概念提出来，一则是这种文化形态的客观存在，另一个目的是使人们从文化与文明高度来审视和经营森林。如果说，可持续经营是一种重点从技术、经济角度上的经营技术体系，那么从文化角度上来经营森林是一种社会技术手段。它们相互结合，才能产生完美的科学经营系统。森林文化源远流长，博大精深。他不仅影响着远古的农耕文明与现代文明，而且涉及到自然科学与社会科学的许多领域。由森林文化引伸出来的竹文化、花文化、茶文化、园林文化、森林美学、森林旅游文化等若干分支构成了森林文化完整的架构体系。

（四）生态规划理论

伴随着城市化和工业化的进程，人类活动对自然界的影响与日俱增，地球上几乎找不到一块不受人类影响的景观，而景观生态规划已经发展成为综合考虑生态、社会过程以及二者之间时空耦合关系，利用景观生态学的知识及原理经营管理景观资源以达到既要维持景观生态功能，又要满足持续利用土地的一个重要分支学科。要强调景观空间格局对过程的影响，通过格局的改变来控制景观功能、物质流和能量流，这种思想是景观生态规划方法论的又一次思维转变。

景观生态规划的原则遵从以下的原则：

①自然优先原则。保护自然景观资源（森林、湖泊、自然保留地等）和维持自然景观过程及功能，是保护生物多样性及合理开发利用资源的前提，是景观资源持续利用的基础。

②持续性原则。景观生态规划以可持续发展为基础，立足于景观资源的可持续利用和生态环境的改善，保证社会经济的可持续发展。

③针对性原则。景观生态规划是针对某一地区特定的农业、城市或自然景观，不同地区的景观有不同的结构、格局和生态过程，规划的目的也不尽相同，针对规划目的选取不同的分析指标，采用不同的评价及规划方法。

④综合性原则。景观生态规划是一项综合性的研究工作。景观生态规划需要多学科合作，包括景观规划者、土地和水资源规划者、景观建筑师、生态学家、土壤学家、森林学家、地理学家等。在全面和综合分析景观自然条件的基础上，同时考虑社会经济条件、经济发展战略和人口问题，以及规划方案实施后的环境影响评价。

在城市森林景观营造中运用生态规划的理念就是要辨识城市系统中的各种生态关系和组成成分，遵循生态控制论原理，通过对城市森林空间资源合理配置，来达到调控城市各种生态关系，提高城市系统的自然调节能力，创造良好生态环境，使城市走向可持续发展之路。他不是单一地从城市森林资源入手，而且更注重以生态机理的内生规律和与之相应的调控手法，从而达到城市森林资源合理配置的目的。

三、城市森林景观规划

城市森林景观规划是针对城市生态环境的现实问题和城市森林景观质量提升的迫切性，侧重从自然生态、景观及人文因素的角度来探索作用于城市森林规划的理论。通过城市市域范围内城市建设，实现自然生态空间与物质景观空间协同共建，以达到城市森林系统最优的目的。

（一）城市森林景观规划的三个尺度

尺度是指观察研究对象（物体或过程）的空间分辨度或时间单位，他标志着对所研究对象的了解水平。在生态学研究中，空间尺度是指所研究生态系统的面积大小或最小信息单元的空间分辨率水平；而时间尺度是其动态变化的时间间隔。随着研究空间尺度的增大，占优势的斑块（面积大、数量多）容易被过度重视，而小的、破碎的斑块容易被忽略。为了揭示这个问题，在城市森林规划研究中将研究区以不同的空间尺度对比研究。

1. 群落尺度下的城市森林景观规划

从生态系统水平上，城市森林可以理解为一个具有相对同质性的群落或林分，在城市中发挥着一定的生态功能。在这个层面上进行的城市森林景观规划主要研究群落内种类组成、组成种之间的关系（生态位），群落结构与景观及生态、游憩功能；动态稳定问题；涉及城市森林树种的选择与配置。群落尺度下的城市森林可在市区或郊区出现，平面布局表现为点状。

2. 城市型风景区（公园）尺度下的城市森林规划

城市型风景区是指与其所依托的城市空间交错，功能互补的风景区。一般具有如下几方面特征：①空间上与城市接壤或被城市所包围；②对城市环境的美化、城市特色的形成等具有重要作用；③在城市未来的人居环境、城市文化、生态建设等方面具有深刻影响；④已成为城市形象的标志或在未来具有成为城市形象标志的潜力。

城市型风景区尺度强调了地方性。针对的是城市市域范围内相对规模较小，但仍具备完整和独立的结构形态和外部特征以及生态功能的诸如城市森林公园、风景名胜区内的城市森林。城市型风景区尺度下的城市森林一般应分布在市区，平面布局表现为带状或片状。

城市型风景区尺度下的城市森林功能结构或景观特色的建构应能有效促进城市特色的形成。其发展方向与城市的发展方向相互协调。为避免争夺有限的环境资源和发展空间，两者可以选择平行发展或在不同方向拓展各自的发展空间。城市型风景区在注重提升城市形象、优化城市环境品质的同时，必须与市民生活紧密结合，在使用功能方面体现其"城市型"特征，即城市型风景区应考虑市民的日常休闲娱乐等活动的需要，积极融入市民生活。比如合肥的环城公园景区、杭州西湖景区的城市森林、马鞍山采石风景区的城市森林等。

城市森林景观规划的三个尺度都有自己的特性，但也并不是割裂的，相互之间联系紧密，总的是一个层级递进的关系。

3. 景观尺度下的城市森林景观规划

景观尺度是比群落尺度更大的时空尺度，在这一尺度上，着重考虑在整个城市地区层面上的城市森林布局问题，需要理解和规划城市森林的景观结构、景观格局、功能和过程，充分考虑满足景观尺度下对生态功能、服务功能和美学文化价值的要求。景观尺度下的城市森林一般广泛应分布在整个市域范围，平面布局表现为面状。

（二）城市森林景观规划的内容

结合前文论述，城市森林景观规划是通过对城市及其近郊的森林群落景观或林地内各景观要素组成结构和空间格局以及动态变化过程和趋势进行分析和预测，确定城市森林景观结构和空间结构的管理、维护、恢复和建设的目标，制定以保持和提高景观效果、生态效益、社会效益在内的多重价值，维护林地内景观的稳定性、景观生态过程连续性和森林健康为核心的城市森林景观经营管理和建设规划。进行城市森林景观规划是为了塑造一个组成结构合理、生态功能高效、系统关系协调、能反映城市文化风貌和提高城市居民生活质量的城市森林生态系统，具体可以概括为以下几个方面：

①调查、分析城市森林的范围、组成结构、空间格局和景观风貌现状。

②研究确定城市森林的合理规模、组成结构、空间结构和理想格局。提出城市森林景观结构和空间格局调整、恢复、建设和管理的技术措施。

③确定城市森林景观规划的范围、期限、指导思想、原则、依据、目标、指标。

④制定功能分区以及分类规划，确定各区发展的目标和指标，分类制定规划导则。

⑤开展城市森林游憩规划、树种及植被规划、生物多样性保护与建设规划，以及重点地段的城市森林设计。

⑥确定重点建设工程，研究其发展定位、用地规模和建设范围，进行分期建设规划、经费概算及效益分析等。

⑦提出实现城市森林管理和建设目标的资金、政策和其他外部环境保障。

四、案例分析——合肥环城公园城市森林营造

基于群落尺度的城市森林主要指的是在城市中发挥一定生态功能的具有相对同质性的群落或林分。包括：①城市河流（或其他水体）森林；②城市道路森林③城市自然生态风景片林等。其空间结构为线性或片状。线性结构需具有一定的宽度、长度和系统连接性；片状结构需具有一定的规模。

合肥环城公园历经 50 余年的发展，经多次改造仍保存比较完好的林分结构，具有初步的森林生态效益和景观效果，同时融合城市社会文化历史和城市居民休闲游憩于其中，可以说是当前我国城市森林较为成熟的范例，值得加以深入研究。

（一）自然和社会经济概况

合肥地处江淮丘陵，东经 117°11'~117°22'，北纬 31°38'~31°58'。合肥环城公园最高处海拔 38.4 米，最低处海拔 27.5 米，土壤为黏盘黄棕壤，土层大多浅薄，土质黏重，土壤呈微酸性至弱碱性，pH 值为 6.5~7.5。气候属北亚热带湿润季风气候，地带性植被为落叶与常绿阔叶混交林，计有 450 余种木本植物，分属于 73 科 170 属，其中裸子植物 22 属、被子植物 148 属。年平均温度 15.7℃，7~8 月平均气温为 28.5~29℃，1 月份平均气温为 1~2℃，年降水量 988 毫米，平均相对湿度 76%，无霜期 233 天。

合肥市行政辖区总面积 7029.48 平方公里，辖长丰县、肥东县、肥西县和瑶海区、庐阳区、蜀山区、包河区，全市常住人口为 462.73 万人。市区建成区面积为 224 平方公里。全市常住人口 562 万人，2007 年全市国民生产总值 1073.86 亿元，人均 GDP 2975 美元，人均收入 11013 元。

（二）总体布局及森林分区分析

1. 总体布局

合肥环城公园是在原环城林带基础上建设形成的带状敞开式公园。20 世纪 50 年代初，市政府发动群众沿环城路植树绿化。1984 年，环城公园在环城林带和护城河水系的基础上开始建设，1990 年基本建成。他抱旧城于怀，融新城之中，城中有园，园中有城，绿树碧水宛如丝带，束在新城旧市之间，被人们誉为"翡翠项链"。连接城区内几个块状绿地，如"项链上的明珠"，为合肥市获得"园林城市"奠定了基础，1986 年被国家建设部评为全国优秀设计、优质工程一等奖，并被全国统编中学地理教科书引为范例。公园总长 8.7 公里，最宽处 200 米，面积 137.6 公顷，其中水面 52.6 公顷，陆地 85 公顷绿地。

环城公园还是中国第一个能综合反映新中国城市绿化 50 多年发展史的公园。"虽由人作，宛自天开"，在继承中国古典园林传统的同时创新了敞开式园林布局，成为中国现代园林的

发端。合肥（2007~2020）市域绿地系统结构为一核、四片、一带。一核为中心城区，绿地建设重点是就是环城公园。

2. 分区分析

①包河景区。景区大体分为东西两部分，东部为浮庄、包拯墓、清风阁等景点。西部为包孝肃公祠，及茶社一处。此部分建筑密度相对较高，颇具徽派风格，文化氛围很浓。景区内水面广阔，又广植莲花，以欣赏夏景为主。

经过调查统计，包河景区内有81种植物，共44科。在包河景区还有箬竹板块60平方米，刺柏板块240平方米，映山红板块1235平方米，金丝桃板块153平方米，栀子花板块783平方米，黄杨板块166平方米，海桐板块115平方米，丝兰板块157平方米，十大功劳板块32平方米，佛竹380平方米。包河中的植物主要以小乔木、灌木和半灌木等为主，如忍冬科，这符合人文景观区植物配置的特点，使一些风景名胜处在若隐若现之中，能见其形，却不能观其全貌。

②银河景区。以"银河"水景为中心，突出春夏景色。景区呈一狭长形状，桐城路桥从中穿过，将景区分为东西两部分。该景区地形起伏较大，具有一定气势。设计风格上较为自然、秀丽、开阔、明朗，此景区驳岸线曲折舒展，变化丰富，小桥、小岛、半岛突出水面空间层次，拉长景深，避免一览无余。驳岸处理形式也较为多样，有砌体水泥驳岸，有湖石驳岸，还有延伸至水中的亲水平台。园林建筑随势就坡，错落点缀于林地水面之中。据统计，其中的植物有83种，共47科。银河景区较其他景区明显多了一些女贞绿篱、花草假山、茂林修竹，这正好符合此景区以水见长的特点。在植物配置上主要以半灌木为主，重点突出"水"景，以起烘托的作用。

③西山景区。西山景区的特色是结合环境布置几处动物雕塑群。如在入口处布置了"醒狮"雕塑，在草坪、水面、山坡上布置了象、鹤、鹿、虎、恐龙、鸵鸟等雕塑，既增添了景区的山林野趣，又独自构成了西山景区的另一特色。在植物配置上保留了原有的水杉的，种植了一些红叶树种如紫叶李、三角枫、五角枫、鸡爪槭等，以突出秋景主题。据统计，其植物有70种，共41科。西山有著名的稻香楼和雨花塘，植物品种丰富，其间林丰树密，且树木不像前几景以灌木为主，而是有很多乔木，并以片状栽植为主，并且配置以植物板块及经修剪的灌木球形植物种类。

④琥珀潭景区。该景区以大规模的开阔水面为主，以对岸琥珀山庄为主要借景对象，结合南岸大型城市广场构成景区结构。琥珀潭有植物64种，共36科。植物配置较为清幽自然，植物种类丰富。水面空间经营的也很巧妙，滨水驳岸的处理形式比较活泼，有众多亲水平台，还有一些石矶的处理手法。南部广场落差很大，台阶处理采用了模糊边界的处理手法，但广场规模过大，植物配置层次感和空间感欠缺，以至显得空旷。

⑤环东、环北景区。这两区由于开发改造较晚，以及所处的地理区位劣势，休闲娱乐和历史人文景观稍逊于西南四区。风景林主要以松科、柏科、杉科、杨柳科、豆科等种类植物为主，旨在隔音、吸尘、防风，起到一个屏障作用。所以配置主要以成片的高大乔木为主，并且栽植了一些具有吸尘和吸收污染气体能力较强的灌木丛，花木配置较少。

（三）树种组成及风景林资源现状

环城公园拥有的城市森林面积为42.5公顷，乔木密度达到651株/公顷，生物量126.94吨/公顷。Rowantree（1984a；1984b）的研究指出，当一个群落的树干基部断面积之和达到5.5~25平方米/公顷时能发挥类似森林的功能，经测算环城公园的该项数值为20.8/平方米/公顷，显然已具有发挥森林功能的基础。对合肥城市森林分析发现，环城公园虽然只占其研究区土地面积的1.8%、树木数量的7.9%，但生物量却拥有全部生物量的16.9%，每公顷生物量可以达到126.4吨，接近天然森林的水平。

应用样方调查方法，在整个环城公园共出现树种67种，分属32个科，54个属，按株树排在前10位的有女贞、刺槐、紫叶李、雪松、石楠、桂花、樱桃、椤木石楠、银杏、构树，其中样方中出现频率最高的是刺槐，为68%；出现频率高于15%的树种依次为刺槐、雪松、女贞、紫叶李、石楠、三角枫，其中女贞、刺槐、紫叶李、雪松、石楠等无论是株数还是在样方中出现的频率都位于前5名。

与历史记录的树种比较发现，环城公园建成初期原有的一些树种已基本消失，如黑松、金钱松、盐肤木、火炬树等。另外一些树种生长表现差、个体数目少如梅花等，未进入排名前30种中。而目前排名前30种的树种组成中，银杏、构树、绣线菊、栾树、木槿、黄杨、泡桐、火棘，在建园初期却未包含在主要树种组成名单中。造成主要树种组成结构的变化主要有两个原因：其一，一些树种高生长较缓慢，一段时间后即处于林冠亚层，生长受到限制，逐渐衰退死亡，如金钱松、黑松等；另外一些树种如盐肤木、火炬树为林缘树种，萌发力强。

（四）群落结构

环城公园的的城市森林是在园林的环城林带的基础上经过几十年的改造更新而成的。植物群落类型多，结构比较复杂。根据群落的垂直结构基本上可以划分为两大类型：单层群落、复层群落。

1. 单层型群落类型

（1）单层型针叶林模式 主要为水杉、雪松单个树种的配置以及水杉+雪松的混交。一般密度较大，树木生长表现较差，出现明显的自然疏枝现象。

（2）单层型阔叶林模式 主要如栾树、枫香、紫叶李、女贞等单个树种配置，或由刺槐+栾树；女贞+紫叶李；女贞+椤木石楠组成的小面积的单层群落。在整个景观中形成具有不同色彩和质地的镶嵌。

（3）单层针阔混交模式 主要为刺槐+雪松；雪松+五角枫等类型。其中前者在环城公园中占据较大面积，多为原环城林带保留发展下来的。

2. 复层型群落类型

（1）复层型针阔混交模式 主要为水杉、雪松、侧柏、圆柏与一些阔叶树种的混合配置形成的复层结构。这类模式如针叶树种与阔叶大乔木配植，由于针叶树种高生长不及阔叶树种，多位于林冠亚层或群落中层，接受光照不足，一般生长表现差，有的濒于死亡。典型的如刺槐—雪松—红叶李；栾树—圆柏—女贞；重阳木—侧柏等。但如与小乔木配置，针叶数目能占据林冠层，则可以正常生长，典型的有侧柏—紫叶李—桂花。

（2）复层型阔叶树种混交模式。这是该景区分布最广的配置模式。常形成2层、3层及多层结构，如无患子—桂花；刺槐—女贞；枫香—构树；刺槐—紫叶李；刺槐—银杏—石楠，加杨—女贞—桂花；国槐—女贞—黄杨；青冈—蚊母树等。这类模式的主要组成种大多生长表现良好，主要因为树种配置在垂直向的结构合理。一方面一些阳性树种多数能占据林冠层生长正常，如刺槐、栾树、无患子、枫香等，其生长指数均在0.9左右，表明多数个体的健康状况良好；另一方面占据林冠亚层、或下层的常绿树种如桂花、石楠、椤木石楠、蚊母等基本为阴性或中性树种，一般能维持正常生长，群落结构表现相对稳定，但树木个体的健康状况不很理想生长指数一般在0.6~0.7，位于平均水平。这一现象表明，尽管是中性或耐荫的树种在林下仍受到一定的影响，而不能达到最理想的生长状态。

（五）廊道特征和生态效益分析

景观生态学认为，景观是由斑块、基质和廊道组成。廊道（Corridor）简单地说，是指不同于两侧基质的狭长地带。几乎所有的景观都为廊道所分割，同时，又被廊道所联结，这种双重而相反的特性证明了廊道在景观中具有重要的作用。廊道在运输、保护资源和美学等方面的应用，几乎能以各种方式渗透到每一个景观中。廊道基本上有线状廊道、带状廊道和河流廊道。城市绿色廊道具有以下5个主要特性：①其空间形态是线状的。他为物质运输、物质迁移和取食提供保障，这不仅是绿色廊道的重要空间特征，而且也是他与其他景观规划概念的区别。②绿色廊道具有相互联结性。不同规模、不同形式的绿色廊道、公园等构成绿色网络。③绿色廊道是多功能的。这对于绿色廊道的规划设计目标的制定具有重要的指导意义。当然，很难在同一绿色廊道中很理想地实现所有的功能，因此，绿色廊道中生态、文化、社会和休闲观赏的不同目标之间必须相互妥协达成一致。④绿色廊道战略是城市可持续发展的组成部分。他协调了城市自然保护和经济发展的关系，绿色廊道不仅保护了自然，而且是资源合理利用和保护，实现城市可持续发展的基础。⑤绿色廊道只是代表了一种具有特殊形态和综合功能的城市绿地形式。对绿色廊道的关注只是因为很多城市在发展过程中，城市绿地系统没有形成有效的网络，同时，城市中自然环境的丧失、生物多样性的降低和环境的恶化也是引起人们对建立城市绿色廊道关注的重要原因，但这并不能排除其他形式绿地的重要性。城市中绿色廊道首要功能是他的生态功能，他不仅形成了城市中的自然系统，而且对维持生物多样性、为野生动植物的迁移提供了保障。其次是廊道的游憩功能，尤其是沿着小径、河流或以水为背景的绿色廊道。第三是绿色廊道的文化、教育、经济功能，绿色廊道在形成了优美风景的同时，还能促进经济发展，提供高质量居住环境。

合肥环城公园是典型的植被带状廊道，是合肥内城城市森林生态系统的重要组成部分，由于环城内为合肥老城区，绿化覆盖率较低，因此环城公园绿色廊道的建设对城市环境质量起着重要的作用。环城公园包围中心城区约5.2平方公里，其一侧为环城水系，以环带状的形式构成城市中心的绿色廊道。合肥环城公园发展的绿线范围，基本上是以水为中心，两侧为陆地，总宽度在百米以上，全境地形起伏，水面开阔，富于变化。林木在宏观上已形成一定的森林气势和自然风貌。随着建设过程中游憩功能的日益融入，环城公园已由保护性绿带上升为城市公园，但在这一过程中，仍注意保持绿带已形成的自然生态环境，并以环状林地串联四个块状林地，形成一种新型的结构，结合几条放射的林荫路，构成全市绿地系统骨架，在全市绿化基质的"面"中，起到"点""线"穿插的网络作用。

合肥环城公园作为一种典型的廊道景观，可以看成是一种被道路割断的带状廊道，在大尺度范围，合肥环城公园带状廊道景观可以看成一个有机点；在群落尺度来看，他是环城内外斑块和周边基质的边界。

由于环城公园座落在合肥一环，其森林对合肥中心区景观结构及功能的影响更大，在人类活动和物质、能量交流过程中起到重要的作用，又有利于廊道功能的有效发挥。特别是水面与风景林带廊道的结合，成为城区污染物吸收与预滞留主要场所，同时是连接其他自然与人工景观的通道，在生态上维持和保护自然环境中现存的物理环境和生物资源（包括植物、野生动物、土壤、水等），并在现有的栖息区内建立生境链、生境网络，防止生境退化与生境的割裂，从而保护生物多样性及水资源。具体体现在以下几方面：

①完善城市生态系统结构，强化城市生态系统功能。环城公园的自然闭合绿化使合肥老城区林地面积增加，既补充了合肥市城市生态系统的初级生产者生物量，使得城市生态系统的基础得到加强，又增强了城市社会—经济—自然生态系统中的自然生态子系统的物质、能量流动与循环的强度，这样有力地强化了城市生态系统功能。

②容纳大量乡土树种，保护生物多样性。合肥环城公园带状廊道的存在，克服了城市缺乏大面积绿色森林的缺陷，通过提高景观连接度，起到通道作用而保护物种多样性。在人工构筑与群落演替的互相作用下，逐渐形成乔、灌、草相结合的结构，垂直层次分异明显。这样既丰富了群落结构，充分利用了资源，又为生物的栖息地提供了多样的环境。

③改善区域生态环境状况。环城公园带状廊道景观不仅对其中心地带——合肥文化商业中心区发生作用，而且对整个区域生态环境产生影响。如对城市热岛效应有减弱作用，可削减市区大气污染物的浓度，同时可调节城市小气候。环城公园区域生态群落完善，年滞留尘量 1400~2800 吨，吸收二氧化碳 1.7 万吨以上，吸收其他有害气体约 300 吨，释放氧气 1.3 万吨以上，成为合肥老城区的一块"绿肺"和迁徙性鸟类的保护地。

（六）环城公园森林斑块及生态效益分析

结合相关地形图，通过合肥市区航空影像图进行人工目视判读。根据对城市森林概念的理解，将树冠覆盖率 30% 以上、林木面积 0.1 公顷以上的地块作为城市森林处理，即是把人眼能分辨出的成片状或带状分布，且具有颗粒感均匀分布的斑块视为城市森林。手工勾绘彩色航片二环以内的城市森林斑块于绘图纸上，在 GIS 平台上通过数字化仪完成其数字化，根据城市森林斑块位置不同，对不明地类的实地踏察，增加判读准确性。最后运用 GIS 软件，生成相对应的数据库，完成城市森林斑块的矢量化。

1. 景观构成分析

分析结果表明，环城公园总面积 149.04 公顷，其中城市森林景观斑块面积 65.44 公顷，占整个景观的 43.91%，一般绿地景观斑块面积 1.39 公顷，占整个景观 1%，水体景观斑块面积 53.38 公顷，占整个景观 35.82%，裸地景观斑块面积 1.13 公顷，占整个景观 0.76%，建筑及硬质铺装面积 25.82 公顷，占整个景观 17.33%（表 1）。

表 1　环城公园景观构成

土地利用类型	生态风景林	建筑及硬质铺装	水体	裸地	农田	一般绿地
环城公园面积（公顷）	65.44	25.82	53.38	1.13	0	3.24
占总面积比（%）	43.91	17.33	35.82	0.76	0	2.18

2. 森林碳存储与碳吸收分析

继续运用 CityGreen 模型分析，结果表明环城公园城市森林可以有效的固碳，减少空气中碳含量，其固碳效益折合人民币价值 8050407 元。其中城市森林树木木质部中的碳存储总量为 6958.38 吨，价值 7988220 元；另外，森林每年还可吸收碳 54.17 吨，价值 62187 元（表 2）。

表 2　环城公园城市生态风景林固碳效益

环城公园生态风景林	存储量		吸收量		价值
	Carbon storage		Carbon resumption		合计
	总量（吨）	价值（元）	总量（吨）	价值（元）	Total
	Subtotal	Value	Subtotal	Value	
数值 Value	6，958.38	7988220	54.17	62187	8050407

环城公园的城市森林位于合肥市一环以内，周边居住区、商业区集中，森林对降低环城带周边区域空气中 CO_2 含量，具有有效作用，可以明显降低其周边热岛效应。

3. 森林净化空气功能分析

CITYgreen 模型分析结果显示，环城公园森林每年清除有害气体总价值 271164 元，其中吸收 O_3 2352.38 公斤，价值 121383 元；吸收 SO_2 789.26 公斤，价值 9944 元；吸收 NO_2 1218.36 公斤，价值 62867 元；吸收 CO_2 60.39 公斤，价值 1900 元，清除 PM10 的尘埃 2182.21 公斤，价值 75068 元。环城公园带状森林可以减少老城区内空气中有害气体含量，减少空气中漂浮的尘埃颗粒，有效净化老城区内空气（表 3）。

表 3　环城公园城市生态风景林净化空气效益

O_3		SO_2		NO_2		CO		PM10		价值合计（元）
总量（公斤）	价值（元）	总量（公斤）	价值（元）	总量（公斤）	合计价值（元）	总量（公斤）	合计价值（元）	总量（公斤）	合计价值（元）	
2352.38	121383	789.26	9944	1218.36	62867	260.39	1900	2182.21	75068	271164

4. 森林减少暴雨后地表径流功能比较分析

CITYgreen 模型分析结果显示环城公园森林有效截流暴雨径流总量 34162.85 立方米，价值人民币 18468438 元。从曲线指数可以看出，环城公园曲线指数较大，差值也较大，表明该区域森林的生态重要性较高，对环境发挥的作用较显著，这是因为环城公园所覆盖的范围较大，景观变化较丰富，且地形变化幅度较大，特别是地形变化较大，平均坡度较大，风景林对暴雨的截流就更显著。反之，一旦该区域的森林遭到破坏，其对整个区域生态环境的影响剧烈度也较大。另外，公园具有大面积水面，水面本身就可以削减暴雨径流，其效益也很显著（表4）。

表4 环城公园森林削减暴雨径流效益

环城公园	曲线指数	地表径流升（厘米）	径流持续时间（小时）	最大径流量（立方米/秒）	削减径流量（立方米）	价值（元）
现状	81	5.232 4	1.77	8.092 668	34 162.85	18 468 438
无植被	93	8.001	1.13	17.029 242		

（七）环城公园森林的景观和游憩功能

目前国内只有济南、西安和合肥拥有环城公园。前两座城市的环城公园分别以"泉水"和"古城墙"为基础，并非环状，只有合肥的环城公园是国内第一个真正意义上的环状公园，以"城在园中，园在城中"为特色。国内没有任何一个公园能像合肥环城公园那样如此亲近市民环城公园以风景林绿化基质为基础，以生态效益为根本，同时将城市的历史文化融入其中。根据不同地段的历史人文和自然条件形成不同特色的六个景区：纪念宋代清官包拯、弘扬包公文化的包公文化园；以水景为特色的银河景区；以动物雕塑为特色的西山景区；以现代化大型广场设施为特色的琥珀潭景区；以自然野趣为特色的环北景区；以提供娱乐服务为中心的环东景区。环城公园包围中心城区约5.2平方公里，其一侧为环城水系，以环带状的形式构成城市中心的绿色廊道。为了体现便民利民原则，环城公园的各种配套设施和娱乐设施越来越齐全，像健身器、石头棋盘等，并在改造时把园林的围墙改为现在通透式、开放式的，方便市民进入。在森林景观和人文景观的双重感召下，环城公园的游憩价值充分展现，已成为合肥居民的后花园，直接受益人口达60多万，占全市总人口的三分之一。

（八）环城公园森林综合分析及发展对策

1. 综合分析

（1）布局上，整个环城公园森林平面环状分布明显，整体的生态廊道功能和景观延续性较好，但西南片区与东北片区从景观效果和游憩功能上差异明显，西南片区由于固有的许多历史古迹和近年来新建的人文景观，如包公祠、浮庄、包公文化园、清风阁、琥珀潭广场等大大提升了风景林的景观游憩价值，同时也争取了更多的政府财政支持，无论从游憩设施档次、养护管理水平均优于东北片区。这也提出了建设城市森林所需要考虑的景观均好度问题。包括两个方面，其一，风景林景观资源的均好性（包括自然景观和人文景观）；其二，对城市居民提供的风景游憩资源的均好性。这就要求在进行城市森林规划时要充分挖掘、利用和创造各种类型的环境景观资源，同时对这些资源进行合理规划布局。

（2）功能上，环城公园较为全面地体现了城市森林所涵盖的生态、景观、游憩三大功能，但随着城市的扩张、周边高层建筑开发建设的势头不减，导致环城公园的生态功能停滞不前甚至降低，而同时由于城市园林的形式和内容不断融入，游憩功能逐渐加强并有逐渐成为主导功能的趋势。环城公园的景观功能在逐年的建设中不断加强，已成为合肥城市的绿色名片。但近年在改造修缮过程中出现了很多潮流化的绿化元素，比如：模纹色叶灌木板块、进口的草坪、夜景亮化等等，存在着园林化的趋势。

（3）树种结构及种群，在整个环城公园共出现的 67 种树种，个体数目最多而占显著地位的只是少数几个种，例如水杉、雪松、龙柏、刺柏、圆柏 5 个针叶树木占全部针叶树的 77.1%；而女贞、香樟、红叶李、广玉兰、刺槐、泡桐、二球悬铃木、乌桕、槐树、香椿 10 种阔叶树则占了整个阔叶树木的 81.9%。按种群大小排在前 10 位的树种是女贞、水杉、雪松、香樟、龙柏、红叶李、广玉兰、刺槐、泡桐、槐树，几乎占全部树木数的 80%，而其他的 70 余种树木只占 10%。另外种类组成中常绿乔木的比例相对较高，占总数的 63%，针叶树种占 37%，常绿阔叶树种占 26%。由于种类组成的这一特点，植物景观的丰富性仍显不足，而且容易引发一些种类的病虫害发生。

（4）树木的健康状况，树木的健康状况是城市森林的重要指示，他反映了对现有树木的养护水平，指示了树木是否适合现有的立地环境，在经营管理上是否需要加强。经调查，环城公园树木濒于死亡的树木比例达 4.4%，造成这一现象的原因主要有，环城公园中主要的树种是刺槐、女贞、水杉，这些树种中女贞频繁发生病虫害，刺槐则由于树龄较高有相当一部分树木显得衰弱。调查表明 6% 的水杉濒于死亡，在合肥一般栽植 10~15 年后生长逐渐衰退。其次是种植配置不当，一般在初植时为了体现效果尽量密植而没有充分考虑以后的空间，几年后树木长大又不及时加以调整，树木间竞争加剧而影响树木的生长，相当一些树木处于受压的状态，比较典型的如三角枫、刺槐、柏类，树冠出现自然稀疏、缺损严重。另外一个重要原因是缺乏管理与养护，目前环城公园的树木养护缺乏系统性，一般不施肥、很少修剪、没有系统的病虫防治计划，一些受损严重的树木仍然没有及时地处理，使树木总体的健康水平下降。

（5）硬质驳岸过多，风景林中水体的边缘效应没有充分体现。

2. 发展对策

（1）提倡城市森林建设过程中的公众参与。从环城公园森林的发展历程可以看出，城市森林的建设是动态的，其随着时代的更新发展是不可或缺的。这种更新富有挑战性，机会与问题共存。帮助森林更新发展的一种重要方式是使城市居民参与到对其发展方向的决策之中。在环城公园 50 余年的发展中，从早期政府的修建环城保护性绿带的决策到后来规划部门或城建部门主导的改造修缮，森林真正的服务对象城市居民从未参与到规划、建设过程中来。

随着城市居民生活水平的提高，他们对自己居住生活环境的关注度越来越高。从环城公园的管理部门了解到，每天都有热心市民打热线电话举报公园里的不法或不道德行为，如毁坏树木、违章垂钓等等。更有在网络论坛里对公园建设的种种评论和建议。让市民参与到城市森林建设发展方向的决策中来，能起到事半功倍的效果。詹姆斯·克雷顿（James Creighton）阐明了公众参与的八个好处：①提高决策质量；②减少成本；③达成共识；④减少实施阻力；⑤避免严重的冲突；⑥保证政策的可信度和合法性；⑦预测公众的关注程度和态度；⑧提高公众的专业水平和创造性。

在实际操作中，可以制定如下的六个操作程序进行城市森林规划建设的公众参与：①方案准备阶段—向市民公布；②方案形成阶段—市民意愿调查；③初步成果完成阶段—公众评议；④成果审查阶段—市民听证会；⑤成果完成阶段—公众展示会；⑥规划实施阶段—公众监督。

（2）城市森林是最经济的城市绿地建设手段。绿地是城市公益性用地中涉及面最广，用地面积最大的一个部分，涉及财政投入、土地开发、城市景观形态、生态环境保护等多个方面。尤其是在现阶段，城市绿地建设仍是非赢利性，以财政投入为主。从环城公园的建设和在城市生态景观体系中发挥的作用来看，城市森林是最经济的城市绿地建设手段，其建设成本远小于目前流行的欧式广场、花坛喷泉等园林造景方式，而在发挥综合生态效益，形成城市地域景观风貌，城市居民的参与性等方面却远远高于后者。更为可贵的是，城市森林随着城市的发展而动态更新，永不落伍。所以规划建设城市森林是城市可持续发展和建设生态园林城市的首选的和必须的手段。

（3）城市森林的游憩规模和容量问题。城市森林之所以区别与城市园林绿地和城市森林就在于他在具有森林景观风貌和生态效益的同时又具有一定的休闲游憩功能。但在建设和经营过程中必须把握好主次之分，即城市森林的生态效益优先原则，游憩功能不能起主导作用，过量的游憩行为必然对城市森林的经营管理造成很大的压力，超过其生态忍耐性，导致对城市森林系统的破坏和森林景观质量的下降。这就要求我们在城市森林的规划和建设中合理的预测其环境容量，设置适度的休闲游憩设施，从而达到其生态效益、社会效益的共赢和可持续性的协调发展。

专题十二　合肥市森林旅游开发及生态利用研究报告

合肥是一座历史悠久的古城。自秦朝置合肥县，合肥已有2200多年的历史，素以"三国故地、包拯家乡、淮军摇篮"著称。合肥是国家首批园林城市。作为国家首批三个园林城市（北京、珠海、合肥）之一，有"绿色之城"的美称。城内环城公园长8.7公里、面积137.6公顷，是全国最大、环带最完整的敞开式公园，像一条美丽的"翡翠项链"，抱旧城于怀，融新城之中，形成了"城在园中，园在城中，城园交融，浑然一体"的独特城市风貌。2004年，环城公园水系荣获"中国人居环境范例奖"。合肥城郊有紫蓬山、大蜀山两座森林公园以及徽园、三国遗址公园等主题公园，森林景观引入城市，适宜人居。合肥环抱巢湖于怀中，是美丽的滨湖城市。

一、合肥市生态旅游资源概况

（一）环巢湖

环湖四周有多处温泉疗养度假胜地，有人称江北"四块翡翠"的太湖山、鸡笼山、冶父山、天井山四个国家森林公园；还有"双井洞"地下长河，王乔洞"摩崖石窟"，"江淮奇观"泊山洞等，洞洞称奇；名人有三国名将周瑜、抗法名将刘秉璋、清朝海军提督丁汝昌、援朝统帅吴长庆、抗日名将孙立人，近代"巢湖三上将"冯玉祥、张治中、李克农，为后人称道；三河镇、汤池镇等古镇特色鲜明；中庙、鼓山寺、佛虎寺和明教寺为佛教名刹；平顶山、马家山的中生代三叠纪地层鱼类、双壳类、爬行类以及著名的"巢湖龙"等多种化石，被国际地学界列为全球下三叠纪印度阶——奥伦尼克阶界线层型首选标准剖面；红色旅游资源如撮镇瑶岗的渡江战役总前委旧址、渡江纪念馆等。

（二）森林公园及风景区

1. 肥西紫蓬山风景名胜区及国家森林公园

自西向东绵延25公里、为大别山的余脉，以李陵山、圆通山、大潜山三峰连线为主轴，70多个山峰罗列其间，绵延50余华里，总面积达120平方公里。一脉群山中，古树参天，竹林清幽，更有10万只鹭鸟上下翻飞。主要名胜有三国古庙西庐寺、三国魏将李典之墓、宋抗金名将葛升之墓，以及白云寺、潜山庙、文昌阁、周瑜读书处、洗砚池等。

2. 肥东龙泉山

合肥东15公里，为大别山余脉，海拔281.5米，位于肥东县桥头集镇，因山腰有清澈古泉绵延千年而得名，龙泉之水常年保持 18 度，甘甜爽口，唐朝张又新著有《煮茶水记》，评价此泉为"庐州第一水"。

3. 肥东浮槎山

肥东县境内、为大别山余脉，海拔 419 米是合肥地区最高峰，山上泉水汩汩，欧阳修曾写下《浮槎山水记》,誉为"天下第七泉"。主峰四周罗布九座山峰，山峰峦叠嶂，怪石峥嵘，松柏挺秀，景色奇丽。顶峰有清白二泉并悬，水位稳定，久旱不涸；充雨不涨，取之不尽，用之不竭，为安徽名胜之一。

4. 庐江冶父山

庐江冶父山距庐江县城东约 9 公里、海拔 380 米，相传因春秋战国时铸剑之父欧冶子在此为楚王铸龙泉剑而得名，峰峦叠翠，庙宇辉煌，古迹遗存，佳传甚多，被誉为"江北小九华"。山有八大胜景，如山上的铸剑池，就是八景之一的"龙池映月"。相传春秋时有个叫欧冶子的在这里铸过剑，他曾为赵王铸过湛卢、巨阙、胜邪、鱼肠、纯钩五剑，又与干将共为楚王铸过龙泉、泰阿、工布三剑。冶父山的最高峰所以叫欧峰，也是来源于这个传说。

5. 舜耕山国家森林公园

舜耕山国家森林公园是长丰县与淮南市的界山，面积 2100 公顷。境内林木繁茂，林相整齐，林间林荫夹道。主要有以洞山和罗山为主的秀峰、怪石、涌泉、洞穴、湖潭（泉山湖和老龙潭）、古树等自然景观以及古寺庙遗址、古寨及跑马场遗址、革命活动遗址、日本碉堡群、古战场遗址、古建筑等人文景观。

6. 长丰卧龙山风景区

据合肥 70 公里，县境西北部曾为战国后期楚都寿春的畿辅之地，王侯墓葬多集于此。县境中南部两汉时期设置的成德故城至今遗迹尚存。被史家称为"古代文化地下宝库"，如出土的青铜器铸客大鼎、四兽平府鼎等堪称国宝。

7. 大蜀山森林公园

大蜀山是合肥建成区附近唯一的一座山体,据市中心 10 公里,海拔 284 米,面积 8500 亩。大蜀山是大别山的余脉，呈椭圆形。古人评蜀山为"春山艳冶如笑，夏山苍翠欲滴，秋山明净如故，冬山惨淡如卧。"而蜀山的四季景色，尤以冬令雪景为最美，"蜀山雪霁"被列为古"庐州八景"之一。如今的蜀山森林公园，是以大蜀山为主体的大型园林，经过多年的建设，现已占地 7000 多亩，其中成片林地 6525 亩，苗圃 1100 多亩，共有各类木竹、果树、花卉等 200 多种 450 万株。

（三）古 镇

（1）包公镇的小包村，为包公故里，包拯故居现有保存完好的景点有：包氏宗祠、包公出生地的荷花塘、花园井、凤凰桥、九留十三包；曹操大兵南下时发掘的旱马槽、水马槽、望梅亭、棋盘石等。其中包氏宗祠和"大城头遗址"同被省人民政府公布为省重点文物保护单位。

（2）三河古镇，为丰乐河、杭埠河、小南河在此汇合，后形成 300 米宽的水道径 10 公里水路直下巢湖。有 2500 多年历史所积淀的丰厚的文化，构成了现代人们寻古觅幽、纵情释怀的景致，现存除几条古街道外，还有太平军城墙遗址、城隍庙、古碑等。太平天国后期太平军在三河镇歼灭湘军精锐李续宾部的一次著名战役，史称三河大捷，也是太平天国战争史上集中优势兵力打歼灭战的著名范例。

（3）淮军庄园，肥西县淮军将领有 1000 多人，其中提督、总兵级别的高级将领就有 130 多人。著名淮军将领的庄园主要分布在紫蓬山周边，如台湾首任巡抚刘铭传故居，占地六公顷，古木浓荫，曲水环绕，深壕如渊，攻守兼备，是一座集居住和防卫于一体的百年圩堡，兼具北方建筑粗犷之气和江南园林灵秀之美。周边还有张树声、周盛波、唐殿魁等淮军将领在家乡建造的"张老圩""周老圩"和"唐老圩"等圩堡，形成了完整的淮军圩堡群。

（四）温　泉

1. 汤池温泉

热田面积大，水温高（63℃），水量大（日涌量达 4000 吨），化学成分稳定，堪称华东一绝。汤池温泉历史悠久，文化内涵丰富。公元前 164 年，汉文帝始建庐江国时就曾有"坑泉"分东西之说。宋神宗时，王安石被贬舒州，途径此地，曾入池沐浴，留下千古绝唱："寒泉时所咏，独此沸如蒸。一气无冬夏，诸阳自发兴，人游不附火，虫出亦疑冰。更忆骊山下，高欠然雪满塍。温泉闻名遐迩，被安徽省政府批准为"汤池风景名胜区"，60 平方公里的风景区内，63 峰 72 景，分布着九寺十三庵。

2. 半汤温泉

半汤温泉是我国四大名泉之一，位于巢湖市东北的汤山脚下，距合肥 70 公里，此温泉由两口流量较大的温泉汇聚而成，两泉相距不足千米，一为冷泉，一为热泉，两泉汇合处，冷热各半。人们惊叹此泉之奇，遂称之为"半汤"。

二、市场分析及定位

（一）市场分析

（1）客源市场地域分布：合肥旅游客源半数以上来自省内和长三角地区。

（2）人口学统计特征：从性别特征上，男性游客多于女性游客；从年龄特征上，中青年游客占大多数，老年游客和青少年游客较少；从职业特征上，企业管理人员所占比例较高；从家庭收入特征上，游客中家庭月收入在 2000 元以上的占大多数。

（3）基本出行特征：从重访次数上，合肥市游客的重访率总体较高；从决策媒介上，游客决定来合肥旅游的决策媒介多样，但分布较不均匀；从组织方式上，以自助游散客为主，其次是团体游客；从交通方式上，游客以大巴、火车为主，自驾车日趋增多；从出游动机上，以游览观光为主要出游动机。

（二）市场定位

旅游需求是影响旅游业发展的至关重要因素。只有满足了消费者旅游需求，才会产生旅游动机，进而发生旅游消费活动。按照需求内容，可将市场定位为（表 1）：

表 1 市场定位

市场重要性	市场定位	市场定位描述
基础市场	游览观光需求	一日游、公园游、博物馆游、城市观光与购物
	商务会议需求	商务考察、差旅会议、公务招待、团队拓展
	探亲访友需求	传统节日家庭聚会、纪念日聚会、亲友串门、扫墓
重点市场	文化体验需求	历史文化体验、考古修学、红色旅游、古镇休闲
	乡村休闲需求	山水观光、农家乐、现代农业观光、休闲采摘
	城市旅游需求	主题公园游、地方美食游、古城观光游、滨湖休闲游
拓展市场	度假旅游需求	温泉、高尔夫、钓鱼、游艇、森林生态度假
	购物旅游需求	商品集散市场购物、土特产购物

三、发展目标预期

充分利用合肥市域丰富的旅游资源，加大招商引资力度，进一步完善生态旅游基础设施，重点加强精品景点、景区开发建设，大力发展生态游、休闲游，引导不同类型的生态旅游向特色化、个性化、精品化发展。规划到 2020 年，合肥市生态旅游人数达到 6000 万人次，全市旅游收入达到 800 亿元。

四、旅游分区规划与发展定位

根据合肥市生态旅游资源分布特征及旅游市场需求，综合考虑合肥市交通大格局的变化，结合"141"的新合肥城市发展规划，将合肥生态旅游分为：中部环城游憩带、北部乡村生态旅游区、西南自然风光带、滨湖人文休闲区、环巢湖休闲度假带、南部人文休闲区、东部山水观光区。

（一）中部环城游憩带建设

空间范围：以主城区为核心，包括庐阳区、包河区、蜀山区、瑶海区四区大部分。

功能定位：环城公园观光，城市休闲游憩中心，旅游集散中心

规划思路：以城市森林为本底，以城市基础设施为依托，以整个城市为休闲旅游吸引物，重点发展都市休闲游、综合接待旅游。

以"珍珠项链"环城公园的河滨资源、周边文化资源为核心，利用几条环路，串联合肥市内四区的旅游景点，加强都市休闲时尚文化、运动康体等相关项目的建设，形成"多点成线"的布局。

加强旅游管理和服务的建设，提升整合现有购物、餐饮、文艺娱乐等设施，加强夜景观的营造和夜休闲旅游项目的打造，构筑现代生态旅游休闲中心。

（二）滨湖人文休闲区建设

功能定位：宜居宜游的生态型、综合型的现代化滨湖旅游区、滨湖商务休闲

规划思路：滨湖新区是打造现代化滨湖城市、提升合肥省会形象和影响力的重要区域，

标志着合肥将从环城时代走向滨湖时代，将滨湖新区的城市建设与旅游相结合，以进一步彰显合肥的城市个性和特色，塑造合肥城市旅游新形象。

以绿色、生态、科技为滨湖旅游的最大特点，充分运用合肥的科技资源，注重建设材料的环保，生态环境的营造，水资源的充分利用，基础服务设施凸显科技特性，将滨湖新区打造成中国首个零碳城，成为未来合肥的标志性区域。

（三）西南自然风光带建设

空间范围：主要包括大蜀山，紫蓬山，三岗，大圩等部分地区。

功能定位：农业观光休闲，运动休闲，康体养生旅游。

规划思路：以西南部自然风光为基础，串联各个景区，整合资源，突出特色，错位经营，差异化发展。

加强对相关基础设施的建设和配套服务设施的规划，对沿线农业生态环境建设进行综合规划农田生态景观效果，对整条景观带上的人文景观进行全面打造，将人文景观融入乡村景色之中，发展山地运动、乡村休闲和度假产品。

结合地方民俗，注重对乡村民俗文化的挖掘与传承，保持淳朴原生态的乡村旅游，大力发展乡村创意产业，开发民俗手工艺等产品，增强游客的文化体验。

（四）环巢湖湿地度假带建设

空间范围：肥东、包河、肥西的环巢湖区域。

功能定位：滨湖观光休闲度假旅游。

规划思路：依托巢湖，对巢湖水质进行整治，营造良好的生态环境，在保护良好滨湖生态环境的前提下，整合环湖资源，如三河古镇、沿湖湿地、历史文化、四顶山区域等，灵活开发古镇文化、巢湖民俗文化、湿地生态文化等，旅游产品由观光型向度假型转化，主要发展以文化观光、滨湖休闲度假和与水上运动有关的专项旅游为主，并且重视满足较长时间停留旅游者需求的产品和服务设计，打造合肥旅游的拳头产品。

根据不同区域的资源特色和周边区位特质进行现有产品提升和新产品开发，以滨湖新区为龙头，与周边区域互动发展，构建环巢湖湿地旅游圈，从而带动整个合肥大旅游的发展。

（五）北部乡村旅游区建设

空间范围：主要包括长丰县。

功能定位：乡村休闲。

主要构想：依托北部乡村旅游资源，根据地域空间特色，采用南北互动发展战略，开展以乡村体验休闲旅游、高档城郊度假为主的特色旅游。

长丰县北部：发挥全国草莓第一大县、全国龙虾养殖示范基地等农业品牌优势，实施农旅合一战略，结合科技创新型生态农业发展和新农村建设，全面推进现代乡村休闲旅游发展，将草莓采摘基地南移，与长丰南部现有乡村旅游进一步结合；做好鸟岛规划与开发，打造特色旅游。

长丰县南部：依托一山五湖（卧龙山、双凤湖、双龙湖、鹤翔湖、梅冲湖和大官塘水库）及滁河干渠丰富的河流与水库资源，做足水文章，大力发展以五湖连珠为特色的生态休闲项目、养生项目，打造合肥北翼主要的乡村休闲度假基地，形成集养生度假、生态农业、高品位居住等高端服务于一体，以"五湖连珠"为特色的休闲旅游区。

（六）南部人文休闲区建设

空间范围：主要包括肥西县，以紫蓬山森林公园、三河古镇、肥西老母鸡、淮军圩堡等为重点。

功能定位：文化休闲、生态度假。

主要构想：以争创全国旅游经济强县为目标，瞄准省城、省会都市圈和长三角地区巨大的客游市场，突出城郊休闲娱乐健身游主定位，依托西南山地生态资源、历史文化资源及乡村资源，进一步完善各景区景点的旅游基础服务设施，发展以历史文化体验和乡村休闲度假产品为主导，主题品牌化乡村旅游为特色，生态旅游和宗教旅游为补充的深度体验型旅游区。

（七）东部山水观光区建设

空间范围：主要包括肥东县，以岱山湖和四顶山为重点。

功能定位：文化观光、山水休闲。

主要构想：依托肥东包公故里、岱山湖、龙泉山等自然山水资源，以岱山湖和四顶山两个项目为龙头，加强以点带面的景区建设，大力发展一批成规模、够档次的山水休闲度假旅游产品和文化体验产品。

利用历史文化提升片区知名度和文化品位，以山水休闲度假与历史文化体验为核心，打造集山水观光、红色旅游、乡村旅游于一体的旅游区，成为合肥旅游区块的重要组成部分。

表 2　各区县旅游发展定位

区县	特色资源	发展方向	定位	主要项目
庐阳区	集自然、人文资源于一体，以庐阳古城、环护城河为重点	文化休闲、商务休闲	绿色古城，休闲天堂	庐阳古城（城隍庙、李府、中央商业游憩区 RBD、淮河路步行街、明教寺）、三国新城遗址公园、三国魏营度假村
瑶海区	李鸿章故里、王亚樵、少荃湖、磨店豆腐、瑶海公园等	商贸美食休闲	名人故里，商贸瑶海	李鸿章故里旅游区（磨店休闲美食街、李府主题酒店、少荃湖文化旅游区、李鸿章享堂）、元一时代广场
包河区	包公园景区、巢湖、大圩乡村旅游、滨湖新区等	观光休闲游、滨湖商务旅游、生态乡村旅游	生态包河，未来之城	未来之城、包公文化园、大圩生态农庄旅游区、义城生态林野营基地、巢湖义城水上娱乐中心
蜀山区	科技资源丰富，包括安徽科技馆、合肥科技馆等，大蜀山森林公园、鸡鸣山等	科技体验旅游、森林观光休闲、乡村旅游	绿色蜀山，科技之城	大蜀山中央公园、高新技术产业园区、科学岛、安徽省民营博物馆群、合肥之源旅游区、徽园、百乐门、天鹅湖、翡翠湖、合肥海洋馆
肥东县	包公故里，巢湖，浮槎山，岱山湖，四顶山，曹植墓、六家畈古民居、瑶岗渡江战役总前委旧址纪念馆长临 2814 渔场、吴复墓雕群	山水生态游、民俗风情游和乡村休闲度假旅游	包公故里山水肥东	岱山湖国际旅游度假区、四顶山旅游度假区、肥东温泉养生度假村、龙泉山旅游区、长临 2814 渔场渔家乐旅游区、包公文化旅游区、渡江战役总前委旧址、浮槎山旅游区

（续）

区县	特色资源	发展方向	定位	主要项目
肥西县	三河古镇、紫蓬山森林公园、肥西老母鸡、中国中部最大的苗木花卉基地三岗、淮军故里"四大圩堡庄园"、小井庄等	人文休闲、生态度假旅游	人文肥西休闲胜地	紫蓬山康体避暑度假基地、五彩三岗、淮军圩堡、三河古镇、三汊口湿地公园、小井庄乡村旅游区、聚星湖生态庄园等
长丰县	蝶恋花草莓采摘观光园、魏老河休闲垂钓中心、丰乐生态园、元一高尔夫别墅度假区、梅易·景泰园等	特色餐饮、休闲农业	北部花园生态乡村	五湖连珠、元一高尔夫别墅度假区、中国（合肥）非物质遗产园、吴山庙镇、丰乐生态园、长丰草莓基地、鸟岛

五、发展策略

（一）开发建设管理模式

（1）行政方面。由合肥市政府统一决策领导协调指挥合肥市生态旅游的开发建设活动。

（2）投资方面。合肥市人民政府应以促进旅游发展为目的,投资建设关键性的基础设施,为旅游商和地产商的进入创造平台。政府应力争上级相关部门资金并配套上级财政预算内资金,进一步加大对合肥市生态建设的投资力度。

（3）法律方面。制定相应的旅游规划,并争取得到当地政府、人大常委会的通过,作为贯彻执行规划的依据。

（4）政策方面。合肥市政府应当对旅游区的投资、用地、税收、工商、人事、交通等方面给予更多优惠政策。

（5）招商引资方面。在搭建起良好的开发平台后,政府应以招标、协议、指定等多种形式,将规划中的项目交给各类企业进行建设。

（二）品牌推广

在项目前、中、后期都要做好品牌推广工作,扩大区域旅游影响力和知名度,以吸引更多的游客。

（1）广告宣传。利用电视、广播、报纸、杂志、标牌、印刷品等大众媒体和特定媒体进行各种类型的广告宣传。制作电视风光片、幻灯片、多媒体光盘及录像带,出版合肥市生态旅游图和旅游指南。

（2）公关宣传。包括制作电视宣传片;在重大节日和节庆活动进行专题宣传活动;邀请有关媒体参观访问,做专题、专版、专栏报道;邀请著名学者、文化名人休闲度假,举办各类学术研讨会、诗会、笔会、书画展、摄影展等;邀请著名企业家、运动员进行生活体验等活动;积极承接企事业单位、政府职能部门的会议;与高校建立良好的合作关系,进行科学考察、试验等学术活动,建设科研教学基地。

（3）其他宣传方式。主要包括设计发行或赠送画册、明信片、邮票、挂历、台历;出版有关学术著作、史料、小说;创作推广地方民歌、器乐曲等。

专题十三　合肥市城市植被风貌与独特地域条件关系

一、合肥市城市条件概况

（一）合肥市自然条件

1. 气候特点

合肥地处中纬度地带，位于江淮之间，全年气温冬寒夏热，春秋温和，属于暖温带向亚热带的过渡带气候类型，为亚热带湿润季风气候。年平均气温 15.7℃，降水量 900~1100 毫米，日照 2100 多个小时。

合肥的气候特点是四季分明，气候温和、雨量适中、春温多变、秋高气爽、梅雨显著、夏雨集中。春天冷暖空气活动频繁，常导致天气时晴时雨，乍暖乍寒，复杂多变。夏季季节最长，天气炎热，雨量集中，降水强度大，雨量主要集中在 5~6 月的梅雨季节。秋季季节最短，气温下降快，晴好天气多。冬季天气较寒冷，雨雪天气少，晴朗天气多。

2. 地形地貌

合肥是属于低山丘陵地带，合肥市境内地势较平。合肥市北半部位于江淮丘陵带，南半部位于长江沿岸平原带。合肥市北半部地处江淮丘陵区，江淮分水岭横贯东西，形成较低缓的鱼背状地带。南部部位于长江沿岸平原带，地势低平，残存少量低山丘陵，仅巢湖北部、庐江东部及肥东等地有间断低山分布，其中位于巢县、肥东边界的太子山海拔高 327 米。合肥市区地势较平。西部大蜀山为市区地形制高点，朝巢湖方向地势逐渐降低。

3. 水资源状况

合肥城市内大部分水体水质一般，南淝河、十五里河等河流水质较差，全年综合评价为劣 V 类，主要污染物为总磷、氨氮、高锰酸盐指数。

地下水资源，区内大多数被第四纪黏土覆盖，渗透性能较差，地下水资源贫乏，地下水可开采资源总量 3.434 亿吨 / 年。区内地下水主要有四种类型：松散岩类孔隙水、红层孔隙水、碳酸盐类裂隙水、基岩裂隙水。

董铺水库位于合肥市西北近郊，巢湖支流南淝河上游，大坝座落在二环路旁，是一座以合肥城市防洪为主，结合城市供水、郊区农菜灌溉及发展水产养殖等综合利用的大型水库，集水面积 207.5 平方公里。1956 年建库时，设计总库容 1.73 亿立方米。1978 年加高加固后，提高到 2.42 亿立方米。

大房郢水库，位于合肥市南淝河支流四里河上游，坝址距二环路 800 米，以防洪为主，结合城市供水。控制面积 184 平方公里，总库容 1.77 亿立方米。

4. 土壤状况

全市土壤主要分为 7 个类别，分别是黄棕壤、水稻土、粗骨土、紫色土、黑色石灰土、潮土和沙姜黑黑土。与农林关系较密切的有四个类别：黄棕壤、水稻土、粗骨土、紫色土。黄棕壤为本市地带性土壤，广泛分布于波状平原和低山丘陵的中下部，占全市土壤面积的 31.9%。水稻土为本市面积最大、分布最广的一种土壤类型，多位于海拔 50 米以下的岗、土旁、冲、圩畈区，占全市土地面积的 64.20%。粗骨土占土壤总面积 1.4%，分布于海拔 200~400 米的丘陵中上部。紫色土占土壤总面积的 1.20%，分布于肥西县的大潜山等丘陵中上部及肥东、长丰县境内江淮分水岭部分剥蚀垄脊上。

（二）合肥市地带性植被风貌

1. 植物区系

据中国植被区划，安徽中部为北亚热带落叶与常绿阔叶混交林地带，合肥市地属北亚热带常绿、落叶阔叶混交林地带，江淮丘陵植被区的江淮分水岭南北植被片，分水岭以北为落叶阔叶林，以南为落叶常绿阔叶林。

2. 地带性植物群落

在城区内自然植物群落不复存在，主要是人工群落为主，地带性植物群落只能从周边地区来了解。

江淮北部丘陵、岗地含有少量常绿灌木的落叶阔叶林植被片。主要植被类型：马尾松林、黑松林、火炬松林、侧柏林、水杉林、麻栎林、枫香林、栓皮栎林、黄檀林等纯林，及马尾松—栎类，马尾松—黄檀、山槐、枫香，侧柏—黄连木、刺槐等；以及刚竹、毛竹林等。

江淮南部丘陵、岗地含有少量青冈栎、苦槠、石砾等落叶、常绿阔叶林植被片。森林植被丘岗地以马尾松为主，林下短柄枹、茅栗等；人工林有马尾松林、黑松林、火炬松林、侧柏林、水杉林即少量的油桐、油茶。巢湖以南丘陵有局部小面积的苦槠、青冈栎和落叶栎类组成的落叶常绿阔叶林。人工栽培的香樟、棕榈等可在本区正常生长。

二、合肥市城市植被概况

1. 调查方法

对安徽合肥城市景观生态林进行随机调查，根据生态林的模式组合，确定每片样地为 20 米 × 20 米，共计样方 141 个，无效样方 7 个。调查时，采用"每木调查法"，记录各植物的种名、胸径、树高、冠幅、枝下高等。根据调查资料，对各主要组合模式的相对密度、相对频度、相对显著度、重要值、物种多样性等进行统计分析。

2. 群落模式类型

根据调查 141 个有效样方，将每个样方模式进行整理归类，通过计算样方的频度及相对频度，得到的模式共计 22 种，按频度排序，结果见表 1。

表1　群落模式频度排序

模式	频度	相对频度（%）
雪松＋构树＋三角枫	12	8.51
香樟＋雪松	11	7.8
香樟＋无患子＋桂花	10	7.1
女贞＋法梧	9	6.38
重阳木＋马褂木	9	6.38
法梧＋香樟	8	5.67
垂柳＋香樟＋紫叶李	8	5.67
香樟＋石楠	7	4.96
重阳木＋广玉兰＋白榆	7	4.96
法梧＋紫叶李	7	4.96
香樟＋法梧＋石楠＋冬青	6	4.26
池杉＋雪松＋重阳木＋乌桕	6	4.26
法梧＋女贞＋紫叶李＋国槐	5	3.55
朴树＋桂花	5	3.55
雪松＋蚊母树	5	3.55
苦楝＋海桐＋石楠＋板栗＋鸡爪槭	4	2.84
杨树＋八角金盘	3	2.13
银杏＋蜀桧＋香橼＋柞木＋火棘	3	2.13
黑松＋香樟＋蜀桧＋金钟花	3	2.13
桂花＋黑松	3	2.13
雪松＋池杉	3	2.13
湿地松	2	1.42

3. 群落模式特征

模式1：雪松＋构树＋三角枫。常绿乔木针叶有雪松，落叶乔木有构树、三角枫。雪松和三角枫生长表现优势，冠幅大树型高。该模式组合常见路边遮阴处，秋季成不同颜色，为游人观赏。

模式2：香樟＋雪松。模式共有植物6种，常绿乔木有香樟、雪松，落叶有枫杨、合欢，常绿灌木有桂花，落叶灌木有石榴；模式中，香樟生长较为旺盛，表现优势，均高在5~8米，分支点2.5米左右；雪松生长缓慢，林下紧凑，表现优势，高度在4~6米。这种模式较为常见，主要分布在公园内。

模式3：香樟＋桂花＋无患子。该组合是常绿乔木类的，主要有香樟、桂花及无患子，其长势均表现良好，达到标准的高度，在成片林带组合中，该模式多见于植物园内，其体现出来的色彩变化，给游人视觉享受。

模式4：法国梧桐＋女贞。常绿乔木有女贞、冬青，落叶乔木有法梧，常绿灌木桂花；其中法梧和冬青生长较为强势，高度在6~8米，分支点高，林下宽阔；桂花生长良好，女贞一般，主要表现为接收阳光少。法梧和女贞组合模式在道路边较为常见，林下视野开阔。

模式 5：重阳木 + 马褂木。全是落叶乔木，为重阳木、马褂木、法梧、加杨，生长都很强势，高度平均在 6~8 米，冠幅较小。这种组合模式不是很多，但能作为较好的行道树和遮阴树种。

模式 6：香樟 + 法梧。常绿阔叶乔木香樟，落叶阔叶乔木法梧。模式组合中，香樟、法梧均表现优势，其中，法梧高度有可达 8 米。

模式 7：柳树 + 香樟 + 紫叶李。全是乔木，和柳树组合多见于湖岸，道路边。整体植物生长旺盛，高度分布 5~8 米，冠幅都比较大，柳树有 7 米左右，林下宽阔，是遮阴的好去处。

模式 8：香樟 + 石楠。常绿阔叶树种有香樟，落叶乔木有石楠、紫叶李。该模式中，整体生长都表现优势，香樟高度均在 6~8 米，冠幅 5~6 米，紫叶李高度 4 米左右，石楠最高可达 4 米；模式组合色彩较多，给游人很好的视觉，常见于公园及一些休闲绿地旁，是园林常用模式之一。

模式 9：法梧 + 紫叶李。全落叶乔木，法国梧桐生长表现优势，高度 8 米左右，冠幅可达 7~8 米；其次是紫叶李，生长旺盛，分枝点低，冠幅大，树型优美。该模式呈现不同的颜色，季节的变化而变化，是较好的园林观叶树种，常见于公园内。

模式 10：重阳木 + 广玉兰 + 白榆。常绿乔木有广玉兰，其他的则为落叶乔木；模式整体长势良好，冠幅达 4~6 米；重阳木偏高到 9 左右，模式组合在路边较为常见。

模式 11：法国梧桐 + 石楠 + 构骨冬青 + 香樟。该模式是常绿、落叶乔木加灌木组合，在一般的景观林中较为常见，园林应用广泛。法国梧桐、香樟、石楠、冬青生长良好，高低层次分明。

模式 12：池杉 + 雪松 + 重阳木 + 乌桕。该模式是常绿针叶乔木和阔叶落叶乔木的组合，整体生长良好，池杉、雪松表现优势；池杉有达 13 米高度，雪松 7 米左右。模式组合多见于植物公园内，

模式 13：国槐 + 法国梧桐 + 女贞 + 紫叶李。全落叶乔木，女贞、法梧、国槐、紫叶李，生长都良好，其中女贞比较优势；高度分布在 5~9 米，这个模式中法梧整体偏高，紫叶李偏低；因紫叶李，模式的颜色多样，比较适合观赏，常见于公园内。

模式 14：朴树 + 桂花。朴树和桂花的组合比较常见，一般多在公园内景观林中，在路边的林带中，添加一些广玉兰、石楠、木槿、海桐，能够成不同的色彩，景色更协调。模式整体生长良好，桂花表现优势。

模式 15：雪松 + 蚊母树。该模式组合全是常绿树种，针叶雪松、灌木蚊母树及桂花。雪松、蚊母树、桂花长势优秀，表现强势。雪松高度达 15 米，冠幅 10 米左右，显著度最为明显；蚊母树及桂花冠幅大，外加李和杏，常见于环城林带。

模式 16：苦楝 + 海桐 + 石楠 + 板栗 + 鸡爪槭。该模式是常绿乔木和落叶乔木混合组成，其物种较多；在组合中女桢、榉树、海桐表现明显的优势，其次是板栗、鸡爪槭、桂花和石楠，女贞、榉树、栾树、苦楝高度分布在 8~10 米，冠幅 5~7 米，；模式中层次鲜明，错落有致，植物公园内是较好的模式组合之一。

模式 17：杨树 + 八角金盘。这个模式主要是在公园内多，及一些环城林带，杨树乔木层和八角金盘灌木层。根据两种树种的生态特性，组合比较适于环境。

模式18：银杏＋香橼＋红花继木＋柞木＋火棘。这个模式主要是以银杏、香橼、红花继木常绿乔木为主，用柞木点缀其中，加火棘灌木，色彩上表现很是明显，在景观生态林中是使用较多，具有很高的观赏价值。银杏、火棘、红花继木生长良好，表现优势。

模式19：黑松＋香樟＋蜀桧＋金钟花。针叶树种加常绿乔木组成的模式，多见于湖边道路林带地区，常绿树种的组合使得景色不会随季节的不换而变化。香樟、黑松、蜀桧明显的生长优势，香樟高达14米，冠幅9米，为休闲人们提供很好的遮阴处；黑松高度有9米，加上蜀桧、金钟花，高低错落有致。

模式20：桂花＋黑松。模式常见于植物公园内，是由多种常绿树种和少量落叶树种构成的，针叶和阔叶相互交错，整体颜色成深绿。桂花、黑松、棕榈生长较好，表现优势明显；黑松突出，高度有12米左右，其他落叶树生长一般，但其高度也可达8~9米。

模式21：雪松＋池杉。雪松的组合模式较多，在景观林中占有的比例高，池杉一般置于湖泊附近的林带中，三角枫及栾树一般在公园内道路林带中。雪松生长表现优势，高度有8米；池杉较密集，长势一般，但有的较高可达13米。

模式22：湿地松。这个模式一般是成片林地，全是湿地松，常绿针叶大乔木，高度可达15米，因湿地松的生长能力及特性，景观林中使用置于河岸池边多。

合肥城市景观生态林主要是以香樟、法梧、雪松、三角枫、桂花、石楠、紫叶李、女贞、重阳木、构树、国槐、乌桕、池杉、银杏等模式构成的人工林为主，根据不同的模式组合，显现不同的颜色，其中香樟、雪松、女桢模式成较深绿色；石楠、法梧、红花继木等组合模式颜色多变。人工林植被仍处于发展阶段，杉木高度多在14~15米以上，其他的阔叶树种多在5~12米之间。景观有些植物群落表现较好的效果，但是这些群落没有很好地反映地方植物特点。

三、合肥城市植被建设修复建议

1. 选择地带性植物作为城市植被建设主材

植物资源是形成园林绿地生态效益的最直接保证，地带性植物应该是发挥绿地生态功能的核心物种群。地带性植物不仅具有成本低、适应性强、本地特色明显等先天性的独特自然优势，而且对环境和土壤的适应能力很强，少有病虫害，具有可靠的生态安全性；同时可节约水资源，有些仅依靠降雨就能生存良好，可以减少灌溉、施肥等养护成本。坚持适地适树原则，重视地带性树种推广与应用，突出城市绿地的地方特色。

在本地区尺度：天然分布的树木157种，分属53科，占所属植被区区系的25.1%。其中：乔木71种、灌木86种、常绿乔木12种、常绿灌木8种。各科拥有的树种数量都较少，只有蔷薇科超过10个树种，有5个树种以上的科包括榆科、豆科、杨柳科、卫矛科、山毛榉科、胡颓子科、鼠李科、木犀科、禾本科、大戟科等。

在所处的植被地带：木本植物种类605种，分属82科、235属，其中针叶树种5科9属，阔叶树种77科226属；乔木261种、灌木344种，其中常绿乔木53种，常绿灌木50种。蔷薇科拥有种类最多，有22属67种，其次为豆科，11属37种。此外，拥有10种以上的科分别为樟科、忍冬科、山茶科、鼠李科、榆科、山毛榉科、卫矛科、葡萄科、大戟科、槭树科、木犀科、杨柳科、禾本科、杜鹃花科、五加科、马鞭草科、椴树科。选择植被地带尺度作为合肥市乡土树种的依据，以有利于城市绿化树种的选择及生物多样性的保护。

2. 发掘潜质树种，增加物种多样性

植被区内一些具有良好潜质的可用于城镇绿化的树种而至今未得到利用的如：常绿类的粗榧、苦槠、甜槠、细叶青冈栎、润楠、天竺桂、黄丹木姜子、木荷；落叶类的阔叶槭、长柄槭、天目槭、临安槭、茶条槭、白栎、槲栎、化香、天目木姜子；香槐、马鞍树、水榆花楸、山桐子、山拐枣、糙叶榆、野茉莉类等。增加对这类树种的应用，不仅可提高乡土树种的应用率、增加生物多样性，使城市森林更具地方特色，而且更有利于为当地野生动物提供栖息环境。

3. 模拟地带性植物优势群落结构进行设计

地方植被群落经过长期的演替竞争，一般会逐渐形成地方的优势植物品种以及由优势植物品种组合形成的地方优势种群群落结构，对当地的环境气候具有较强的适应性。基于此，1971年美国生态学家、景观规划师麦克哈格（Lanlennox Mc Harg）提出了"设计结合自然"（Design with Nature）的设计理念，这种遵从自然演替规律，模拟乡土植物优势群落结构，进行人工植物群落的景观设计，较之于传统的只注重景观性的植物配置，具有更强的景观多样性和生态稳定性。目前，这种设计理念在国内外很多生态园林建设中已经被广泛认同和应用。

4. 植被模式以复层式群落为主

乔木层、灌木层、草本地被层以及层间植物所构成的复层式混交群落绿化模式，是实现园林绿地景观与生态功能的重要形式。传统的绿化模式更多注重观赏效果，大量使用草坪、人工修剪的模纹植坛、大量摆放一年生草花等，群落结构层次趋于简单，抗逆性差。实验表明，乔、灌木的耗水量远低于草坪，而生态效益却比草坪高得多，10平方米树木产生的生态效益与50平方米生长良好的草坪相当，复层式群落也符合当地植物群落特点。

专题十四　合肥市矿山生态修复及建设研究报告

一、合肥市矿山现状及评价

（一）矿产资源

合肥市现有各类矿产 33 种，主要分布在庐江，其中能源型矿产 3 种，金属矿产 7 种，铁矿、硫铁矿储量分别占全省的 1/3 和 1/2 以上，铅、锌矿储量居全省首位，明矾石储量位于全国第二，尤其是最近发现的泥河铁矿，矿层和品位属全国罕见，且多分布在庐南的罗河、龙桥、矾山、泥河、白湖等 5 个镇，资源相对集中。

其他县市县以非金属矿为主，主要为建筑石料用灰岩、花岗岩、石灰岩、砂岩，砖瓦用黏土，查明资源储量 12069.3 万吨。

另外，肥东县查明磷矿资源储量 2218 万吨，约占全省总量的 25.90%，储量位居全省第二；巢湖市散兵地区石灰岩资源丰富，是我省乃至华东地区重要的水泥、化工、熔剂、建材原料基地之一。

潜在优势矿种主要有，合肥市区西部、肥东县的地热资源、合肥盆地的油气资源、长丰县北部的煤炭和水泥用灰岩以及肥东县郯庐断裂带内的贵金属、有色金属资源等都具有良好的勘查前景。

合肥市现有独立矿区总面积达 4699.70 公顷，其分布见表 1，共有大小矿区 400 余处，但大部分属中小矿。丰富的工矿资源为区域经济发展做出了重要贡献，但也带来了众多的负面影响。

表 1　合肥市域矿山面积情况一览表（单位：公顷）

所属县市	合肥	合肥市区	长丰县	肥东县	肥西县	庐江县	巢湖市
面积	6896.50	360.17	718.68	1463.53	699.56	1402.07	2252.49

（二）矿山开采中存在的问题

（1）产业层次低，环境代价大。合肥市矿业市场充斥着大量中小型矿山企业，由于中小型矿山规模较小且大多为私营，生产能力低下，环境破坏严重，与大型的矿山相比更容易造成严重的生态破坏和环境污染。

（2）资源开采技术方法简单，开采方式粗放，安全基础差。大量中小型矿山企业不按生产操作规范进行生产活动，开采方式粗放，对生产中所可能出现的安全隐患缺乏预见和预防，使得安全事故时有发生。

（3）尾矿库、排土场处理不到位。尾矿处理是我国矿业界的共同难题。现阶段中小型矿山业主很难支付尾矿处理和闭矿后土地复垦工作的巨额费用，闭矿后大量的废弃地处于无人管理的状态，常导致后发性的滑坡、泥石流等地质灾害，而尾矿、废石、废渣、剥离土的不合理堆放，严重占用了大量耕地，同时使土地盐渍化和水土流失也较为严重，给工农业带来了巨大的经济损失。

（4）违法乱纪现象严重。区内一些矿山业主无视业内开采规章法纪，违规越界开采、擅自变更设计或未按设计进行施工的现象时有发生，部分被责令停产整顿或关闭的矿山不服从管理，存在停而不整或明停暗开的现象。

（三）矿山开采带来的严重生态环境问题

（1）矿山开采破坏山体，导致局部森林植被消失，森林生态功能降低。据调查，区内矿山绝大部分都在林地范围内，同时受开采影响的周边土地也多为林地；这些林地由于矿山的开采使得其局部植被消失，森林覆盖率降低，森林的水土保持、涵养水源等功能遭到破坏，生物多样性降低，森林生态系统遭到严重破坏，而且由于开采破坏了山体的原有结构，使得其相当长时间内难以恢复森林植被，造成森林生态功能的持续降低。

（2）矿山开采导致水土流失，矿物质的流失对巢湖造成了严重污染。植被破坏以及山体的松动，引发了严重的水土流失；同时由于山体的破碎、分化、剥蚀以及雨水的冲刷，加剧了各种矿物质的暴露和淋滤，导致大量矿物质释放，而释放的矿物质通过地表径流和地下水渗透，直接流入巢湖。大量泥沙及矿物质的流入加速了巢湖的泥沙淤积及富营养化进程，造成巢湖水面的进一步缩减及水质的进一步恶化。

（3）矿山开采破坏了巢湖周边景观，影响巢湖旅游的发展。巢湖周边有众多的旅游景点，而矿山开采过程中产生的废水、大气粉尘严重污染了周边景观，噪音造成了听觉污染，裸露的山体与周边景观极不协调，可见矿山的开采对巢湖的周边景观造成了众多不利影响，影响巢湖周边地区旅游发展。

（4）矿山开采易引发次生地质灾害，影响周边居民生命和财产安全。由于矿山的开采及人类工程活动的影响，使得该地区经常发生小型滑坡、泥石流、地裂缝等次生地质灾害，造成了巨额经济损失甚至人员伤亡；长期的"三废"污染也对周边居民的身体健康造成伤害。

（四）矿山生态修复及建设现状

1. 矿山关停并转力度大，成果显著

巢湖是全国五大淡水湖之一，是合肥市的重要饮用水水源区，也是第四批国家重点风景名胜区，沿岸有很多著名景点，但矿山的开采破坏了大量植被和山坡土体，不但水土流失严重而且造成大量矿物质流入巢湖，严重破坏了巢湖流域生态环境，降低了人居环境质量，同时也对环巢湖的景观造成了重大影响，影响巢湖的旅游发展。因此合肥市各级政府都对矿山治理非常关注并倾注了大量精力，如巢湖市目前已将所有矿山关闭，并进行矿山整治及生态修复，在矿区植树造林恢复植被，肥东、庐江等县也采取了大动作对矿山企业进行整治并取得了显著效果。

2. 矿山生态修复难度大，恢复率低

由于合肥市的矿山多属中小矿山，且多为私营企业，这些企业为了追求利益的最大化，不按相关规定规范操作，乱采乱放，开采过程中不注意对矿山周围植被的保护，开采完后也不进行处理，而各级主管部门也对此监管不力，未能按要求监管矿山企业进行矿山的采后生态修复，导致留下了众多的未经处理的废弃矿地，并由此引发了众多次生灾害，造成了当地生态环境的持续恶化。目前这种状况已经受到各级地方政府的强烈关注，并采取了一系列相关措施，如矿山植被恢复费一票否决制等，但遗留下来的众多废弃矿山生态环境极其恶劣，植被恢复相当困难，同时由于资金的不足，导致当前合肥市的矿山修复率极低。

二、矿山生态修复的必要性

（一）恢复巢湖生态环境的需要

巢湖地区是生态敏感带，国家和安徽省各级地方政府向来都比较重视，在将巢湖划归合肥市后，合肥市下决心将合肥打造成"滨湖城市"，立足于此，在安徽省及合肥市的多个规划如《合肥市国民经济和社会发展第十二个五年规划纲要》、《合肥市现代农业发展第十二个五年规划》、《巢湖流域水环境综合治理总体方案》、《合肥市环巢湖生态农业建设和发展"十二五"规划》以及《安徽省林地保护利用规划（2010~2020年）》分区规划成果中，将巢湖地区定位为发展生态农业和林业旅游地带，为此需要通过矿山修复等林业措施来提高环巢湖地区森林覆盖率及其涵养水源和水土保持功能，减少水土流失及污染，恢复巢湖的生物多样性和良好生态。

（二）发展环巢湖旅游的需要

环巢湖四周有众多的旅游景点，如环湖的多处温泉，其中半汤、香泉、汤池三大温泉已建成疗养度假胜地，被誉称"三串珍珠"；有鸡笼山、冶父山、天井山等四个国家森林公园，连绵不绝，苍翠欲滴，人称江北的"四块翡翠"；还有"地下长河"双井洞、"摩崖石窟"王乔洞、"怪石如龙"仙人洞，"名扬天下"华阳洞，"江淮奇观"泊山洞等，洞洞称奇；名人有三国名将周瑜、抗法名将刘秉璋、清朝海军提督丁汝昌、援朝统帅吴长庆、抗日名将孙立人，近代"巢湖三上将"冯玉祥、张治中、李克农，为后人称道；三河镇、汤池镇等古镇特色鲜明；中庙、鼓山寺、佛虎寺和明教寺为佛教名刹；平顶山、马家山的中生代三叠纪地层鱼类、双壳类、爬行类以及著名的"巢湖龙"等多种化石，被国际地学界列为全球下三叠纪印度阶——奥伦尼克阶界线层型首选标准剖面；红色旅游资源如撮镇瑶岗的渡江战役总前委旧址、渡江纪念馆等。而矿山开采污染了巢湖周边景观风貌，造成了巢湖水的污染，因此进行矿山修复，恢复巢湖周边景观风貌和巢湖水质，对于发展巢湖的旅游具有十分重要的意义。

（三）是缓解土地压力的需要

无论是全国还是合肥市，由于大建设的需要，对土地的需求均在不断上升，而众多的土地如耕地、林地等均进行了严格的保护，因此通过矿山土地整治获得的土地是未来土地利用的一个重要方面。

三、矿山生态修复及建设措施

（一）生态修复及建设技术措施

1. 采矿坑植被恢复措施

采矿坑区内地表剥离、植被消失、坡面坡度较大、岩石裸露，造林难度大。应根据不同坡面坡度，采取爆破造林、削坡、水泥网格、石壁安装种植构筑槽板等方式创造造林环境，然后采取植生袋、网格栽植乔灌藤等容器苗、喷播、藤本植物攀援或垂悬绿化等多种方式进行植被修复（图1，图2）。具体可采用以下工程技术措施：

图1　边坡绿化

（1）边坡小于30度的采石场，采用客土法进行植被恢复，分为全面客土和局部客土两部分，全面客土厚度不超过30厘米，局部客土厚度不超过60厘米。

（2）边坡介于30度和45度之间的，采用爆破造林或改造成台阶状造林，或采用植生袋复绿；植生袋是用编织网缝成40厘米×60厘米的口袋，在袋的内表面粘贴上双层特制纸，在两层纸的中间均匀地附着草种（或草、花种混合）和有机复合肥料而成。

（3）边坡在45°和60°之间的，在保证边坡稳定的前提下进行削坡处理，采用水泥网格进行生态环境修复。

图 2　边坡格网绿化

（4）边坡在 60°到 80°的采石场陡峭岩壁，采用种植槽（爆破开槽—填土—苗木移栽）技术；也可以在石壁上沿着等高线安装种植构筑槽板，在板槽内填入营养土，栽植乔灌藤等容器苗，并辅以草本种子的撒播，通过肥水养护形成稳定的乔、灌、藤、草植被生态，使废弃石场景观得到彻底改观（图 3）。

图 3　边坡种植槽绿化

（5）边坡坡度大于 80°的采石场陡峭岩壁，采用混凝土和混合植绿种子配方，对岩石喷播绿化。施工技术为：先对原始坡面进行适当清理，然后再在坡面上铺上铁丝网或塑料网，并用锚钉和锚杆固定。将植绿种子和混凝土混合配方由专用设备喷射到岩石坡面，形成近10 厘米厚度的植被混凝土。喷射完毕后，覆盖一层无纺布防晒保墒，经过一段时间洒水养护，青草覆盖坡面，揭去无纺布（图 4）。

图 4　边坡喷播绿化

（6）边坡坡度大于 60°~90°，创面高度低于 15 米，采用藤本植物攀援或垂悬绿化，攀援植物主要有爬山虎、薜荔、络石等，垂悬植物主要有葛藤等。

（7）综合治理绿化。由于采石场开采立面普遍存在立面高、坡度陡、无土层、容易淋溶、植物生长环境恶劣，石壁立面的绿化一直是采石场生态环境建设的重点和国际性难题。因此采石场复绿要因地制宜，要将上述几种绿化技术结合使用，综合治理。

2. 排土场、尾矿库植被恢复

排土场和尾矿库内土壤物理结构不良，持水保肥能力差；极端贫瘠，氮、磷、钾及有机质含量极低，养分不平衡；重金属含量过高，影响植物各种代谢途径，抑制植物对营养元素的吸收及根的生长，加剧干旱；极端 pH 值，强酸性会加剧重金属的溶出和毒害，并导致养分不足，强碱性也会引起植物的养分不足以及酶的不稳定性等，干旱或过高盐分会引起植物生理干旱等，因此区内造林难度大，宜采用穴状造林整地方法，植穴规格为：100 厘米 × 100 厘米 × 100 厘米，品字形配置；10 米 × 10 米块状混交，株行距 2 米 × 2 米；裸根壮苗植苗造林；由于排土场、尾矿库失去了原来的土壤特征，瘠薄甚至有毒，因此提倡客土造林，并对土壤进行物理处理，添加营养物质，去除有害物质后进行造林。

3. 抚育管护

矿区土壤条件非常恶劣，缺肥缺水，为保证造林成活率和成林率，应加强造林后的抚育管理，主要是施肥、灌溉；另外，也可覆盖客土或绿肥、农家肥等来改良土壤肥力条件。

4. 矿坑周围培植乡土性灌丛植被

主要针对采矿坑周围少有薄层土壤造林极度困难的立地，可首先实施封禁，同时播种当地的灌木树种及草本植物，如悬钩子、蔷薇、胡枝子、山麻杆、鼠李、山麻杆、构树、柘树、算盘子、爬山虎、葛藤等灌木，以及白茅、结缕草等草本植物，逐步培植灌丛植被。

5. 造林模式

体现生态效益优先，坚持适地适树、乡土树种为主、营造混交林的原则，选择耐干旱、瘠薄，萌蘖性强、生长较快，根系发达、固土蓄水能力强的阳性乔灌木先锋树种。

除了上述灌木树种外，在排土场、尾矿库可选择麻栎、栓皮栎、枫香、榆树、朴树、大叶榉、黄连木、乌桕、栾树、刺槐、山槐、化香、黄檀等乔木树种。

（二）保障措施

1. 政策保障

再好的技术措施都必须有政策的支持，尤其是矿山这种与地方经济有很大关联的行业，必须要有政府的政策保障，才能使矿山的生态修复真正实行下去。为此地方各级监管部门要坚决坚持"边开采边治理"原则，坚持"谁开发谁保护，谁闭坑谁复垦，谁破坏谁治理"的原则。在健全相关法规体系的同时健全领导机制，明确职责，强化联合执法，形成齐抓共管工作格局。按照"谁发证，谁监管，谁负责"的原则加大管理力度和执法有效性，严格落实矿山整顿治理工作。与此同时，应充分发挥新闻媒体舆论导向和监督作用，坚强宣传报道，及时公布淘汰关闭矿山企业名单以及举报电话、公开信箱，使矿山企业接受社会各界和广大人民群众的监督。让矿山业主—领导部门—舆论媒体形成有效矿山保护责任链，相互监督相互影响、共同承担矿山开采和保护的责任。

2. 资金保障

（1）推行矿山生态环境恢复治理保证金制度。保证金是采矿权人为履行矿山生态环境恢复治理义务而缴存的保证资金。其本息皆为采矿权人所有，采矿权人必须履行矿山生态环境恢复治理义务，经有关监督单位验收，达到治理标准规格后，保证金连本带利一并返还采矿权人；验收不合格的，保证金作为矿山生态环境恢复治理的专项资金。保证金制度在一定程度上增强了矿山环境的管理力度，有利于强化采矿权人边开采边治理的意识，有助于提高"三同时"制度的执行率。保证金方法的实施健全和完善了相关的法律法规，防止矿山开采后无人管理的情况，避免矿山企业破坏，政府买单等不合理现象出现，落实矿山企业保护地质环境与治理地质灾害的责任，有利于做好现有矿山的地质环境保护工作。巢湖市是全国首批推行保证金制度的地区之一，该方法在许多矿山较多而管理混乱的地区均可以效仿实施。

（2）争取多部门、多渠道资金。矿山生态修复难，因此需要大量资金进行保障，除推行保证金制度外，对于历史遗留的废弃矿山，更重要的是从不同渠道、不同部门获取治理资金。由于巢湖具有极其重要的生态地位，因此国家和各级政府的多个部门都有针对巢湖污染治理的专项资金，应当从这些资金中争取部分用于矿山的生态修复。

专题十五　合肥市苗木花卉产业发展研究报告

一、合肥市苗木花卉产业发展现状

（一）生产概况

1. 区域格局

合肥市苗木花卉业发展迅速，基本形成"两区一带"的产业群格局。两区：以肥西县三岗为中心绿化苗木生产区，面积约 100 平方公里；肥东县南部大规格苗木标准化生产区。一带：即环董铺和大房郢两大水库周边的花卉产业区，主要生产高档盆花、盆景以及花坛花卉。截至 2011 年，花卉苗木圃地总面积 18937 公顷。年销售额近 14 亿元，从业人员达 12 万人，成为市农业中的一项特色支柱产业，农民增收效果明显。

2. 生产规模

2009 年，合肥市 3 县 4 区苗木花卉生产面积 231204 亩，主要为绿化观赏苗木生产，面积为 196259 亩，占总面积的 84.9%；其次为林业用苗，15144 亩，占 6.5%；经果林苗 10687 亩，占 4.6%；盆栽植物 7144 亩，占 3.1%；草坪地被植物 1381 亩，占总面积的 0.6%；切花生产面积 589 亩，占 0.3%。

各县区苗木生产发展不平衡，肥西县苗木花卉生产面积最大，达 168000 亩，占总面积的 72.66%；肥东县 24600 亩，占 10.65%；长丰县 15047 亩，占 6.5%；瑶海区 3660 亩，占 1.58%；庐阳区 4690 亩，占 2.04%；蜀山区 3494 亩，占 1.51%；包河区 3313 亩，占 1.43%；另外，有园林系统、开发区、大学、农林院所及社会单位 8400 亩，占 3.63%。

3. 经营主体

苗木花卉经营者主要有 4 方面：

（1）农村小规模经营个体。一般为农民自主调整土地经营结构，苗木生产面积 <20 亩，花卉 <5 亩的经营者。2009 年全市有 2 万余户，种植面积约占 70%~80%，他们是合肥苗木生产的主题。一般生产水平较低、缺少技术及经验，通常生产留圃时间短的苗木，品种杂、质量差，商品率低，依托中介销售，亩均产值及收益较低。

（2）专业型经营大户。一般为农村苗木花卉生产的带头人，集约经营，苗木生产面积 20~100 亩，花卉 6~15 亩。全市有 500 余户，种植面积约占 10%~20%；每户通常生产少数几种苗木，经营水平较高，为当地苗木生产起到示范推广作用，同时建立了自已销售渠道，亩均年销售收入或产值较种植散户有一定幅度的提高。

（3）中型生产企业。以企业形式经营管理，有 200 余家；苗木生产面积 101~300 亩，花卉种植面积 16~45 亩，约占全部总种植面积的 10%。这类企业中，多数是各类园林绿化施工企业、花店的附属苗圃花圃，专业性强、资金较充裕、市场信息灵通、经营水平较高，喜囤积各类大规格传统苗木；部分由业外人士投资经营，一般资金雄厚，但对生产、行情了解不深，缺乏技术和管理经验；还有少量企业，是由相关专业技术人员组建的专业公司，集中在彩叶植物、新特乔木、花灌木、经果苗、地被植物等方面，设备投入较为先进，品种新，具有较高的科技内涵。中型企业以自销、委托经纪人销售或绿化施工代销为主，销售收入或产值较种植大户高。

（4）大型生产企业。指苗木种植面积在 300 亩以上，花卉种植面积在 45 亩以上的大型生产企业，有 79 家。其中，肥西 33 家，肥东 16 家，庐阳 9 家，包河 8 家，瑶海、长丰各 5 家、蜀山 3 家，合计低于总面积 10%。多数为 2003 年开始举办的中国合肥苗木花卉交易大会以后新建或扩建，基础设施较好，规模种植。一般为原国有苗圃、或绿化公司的附属苗圃，与国内知名企业、行业科研教学单位都有着密切合作，代表着合肥市花卉生产的最高水平。一般为自销、通过中介或绿化施工代销，产值及利润高。

（二）主要苗木花卉种类

（1）绿化类乔灌木。

乔木：约有 400 多个树种（品种），但主要为高杆女贞、香樟、桂花、广玉兰、红叶李、蜀桧、雪松、黄山栾、白玉兰、无患子。仅女贞、香樟、桂花、广玉兰、红叶李 5 种即占苗木的 60%。

灌木：红叶李、正木、黄杨、小叶女贞、金边女贞、石楠、火棘、千头柏、铺地柏、金钟、绣线菊等。

（2）经果林苗木：有桃、杏、李、桑、枣、板栗、日本水晶梨、美国甜油桃、美国布朗李、红太阳杏、梨枣、无核甜柿等。

（3）用材林苗木：有欧美杨（南方型）、国外松、枫香、刺槐、香椿、水杉、池杉等。其中，欧美杨占 60%、国外松占 30%、其他占 10%。

（4）中高档盆花：以红掌、凤梨、一品红、国兰、君子兰、蝴蝶兰、丽格海棠等为主，红掌、蝴蝶兰、一品红约占销售量的 50%。

（5）花坛草花：以矮牵牛、三色堇、鸡冠花、羽衣甘蓝、金盏菊、雏菊等为主。

（6）盆栽木本花卉：以西洋杜鹃、茶花、茶梅、梅花、腊梅、石榴、月季等为主，尤以肥西腊梅最具地方特色。

（7）盆景：以五针松、榆树、雀梅、黑松、真柏为主。

（8）草坪地被植物：以马尼拉、高羊茅为主。

其中，量大质优的主导品种主要有桂花、腊梅、广玉兰、香樟、红叶李、高杆女贞等，尤其是桂花、蜡梅在全国具有较高知名度。

（三）生产水平现状

1. 技术水平

合肥地区苗木花卉生产经营水平在本省处于领先地位，在全国中等偏上。

（1）绿化苗木生产技术。以传统常规的育苗技术为主，现已逐步推广应用低密度稀植技术、优良品种扩繁技术、平衡施肥技术、新型嫁接技术以及节水灌溉设施、新型栽培基质等新技术。

（2）盆栽花卉生产技术。普遍采用温室、大棚等设施栽培，面积达 654794 平方米。其中大棚占 72.3%，其余为加温温室 11.7%，日光温室 15.9%；盆栽花卉大量应用无土栽培技术。

（3）盆景植物造型技术。主要应用徽派、苏派盆景造型技术，在全国属上等水平，并涌现出不少国内一流产品。

2. 研发能力

合肥市与苗木花卉科技研发能力很强，获得诸多显著成果：如高能离子束注入育种技术，欧美杨优良品系筛选，寒菊系列品种培育，蝴蝶兰、石斛兰杂交育种和组培育苗，兰花新品种"大龙胭脂"繁殖，梅花和桂花等种质资源的收集等。另外，安徽农业大学的园林专业在园林树木养护、应用，苗木生产技术人才的培养方面为苗木产业的发展提供有力的支撑。

3. 苗木销售状况

目前合肥市拥有苗木花卉销售经纪人 2000 多个，苗木花卉批发、零售、租摆企业 1000 多家，年销售 200 万元以上的有 23 个。

2009 年，全市总销售额 13.89 亿元，当地生产苗木花卉 11.65 亿元，其中苗木销售 59382 万株 10.025 亿元；盆栽植物，3996.2 万盆 1.43 亿元；鲜切花 2945 万支，1472 万元；草坪 119 万平方米 497 万元。

主要销售模式有 6 类：经纪人促销的，专业市场销售，公司销售，直销，网上销售及"协会 + 农户"模式。有大型苗木花卉市场三处：合肥市裕丰花鸟虫鱼市场，肥西县三岗苗木花卉大市场，及肥西中国中部花木城（2009 年营业）。

二、合肥市苗木花卉产业发展优势及问题

（一）优　势

1. 自然条件优越

合肥地区属于暖温带向亚热带的过渡带气候类型，年均降雨量 1007 毫米，日照 2100 多个小时，光、热、土壤、水等自然环境要素适宜多种苗木花卉培育生长。另外，植物资源较为丰富，森林植被及古树资源为苗木树种的选择及培育提供科学的依据。

2. 发展基础良好

历经多年的建设与发展，合肥市苗木生产达到较大的规模，生产面积达到 231204 亩，形成企业带头、规模经营格局和"两区一带"的产业群布局，生产经营方式由粗放向集约逐步转变；苗木种类（品种）逐渐多样化；销售网络基本逐步形成并逐步完善；同时，社会

投入不断加大。

3. 区位交通方便

合肥具有承东启西、接连中原、贯通南北的重要区位优势，在半径 500 公里的范围内涵盖中国东、中部的 7 省 1 市，约 102.34 万平方公里、5 亿人口。合肥市交通方便，距周围主要城市的行程均在 2~3 个小时范围内。市辖区内 90% 以上的乡镇距离高速公路不超过 50 公里，二级公路覆盖率均超过 50%，为各种商品物资及时流通创造了良好的基础条件。

4. 政府政策有效

政府把苗木花卉业作为经济结构调整的一项重要内容，积极制定苗木花卉业发展扶持政策，引导苗木花卉业规模化、专业化、标准化、设施化发展，促进了苗木花卉业的快速崛起。同时，制定了一系列的创新扶持政策、资金投入政策、兑现奖补政策，为合肥市苗木花卉业的持续快速发展注入了源源不断的动力。

5. 科技支撑保障

合肥市在林业、园林、生物技术、土壤肥料、植物营养、植物保护、花卉园艺等领域的科技实力较强，为苗木花卉业化发展提供了强有力的科技支撑。同时，安徽农业大学等院校培养了大量相关的专业人才，并开展科技下乡、技术培训等活动，为农业产业结构调整及苗木培育提供了科技人才。

（二）问　题

（1）苗木以常规绿化种类为主，各地苗圃种类雷同的多、特色品种少、缺少具特色的主打品种，桂花、腊梅虽有一定的声誉，但市场份额不大；同时，新品种苗木花卉偏少，老品种苗木花卉过剩。

（2）苗木生产看重当今市场，预测未来需求不够，受短期市场的引导集中少数所谓的"热门"种类。如近年来出现的杨树热、金丝垂柳热、黄金槐热、美国红栌热等。

（3）缺少区域化试验，盲目跨气候区引种，高价购买大树，但成活率不高。前期，热衷于彩叶树种，大量从外地、甚至国外引种，但彩叶树种对气候、土壤的要求不能满足，生长表现差，出圃率低。大树在移植时枝干被截取、树冠难以恢复，实际上影响观赏也降低价值。

（4）栽培技术比较粗糙、苗木质量有待提高。如圃地密度过大、树冠发育不良，圃地造型不规范、主干弯曲现象常见，抚育管理欠缺、树木生长量低、留圃时间长，特色苗木的栽培技术缺乏、培育苗木成功率较低等。

（5）苗木生产规模化、集约化、标准化存在差距，大型龙头企业少，主要表现在生产方式一家一户，一般苗圃基础设施比较落后，苗木生未能形成幼苗、小苗、大苗的系列分类生产模式，市场竞争力有待提高。

（6）服务体系不够健全，表现在信息服务体系不够完善，专业性的技术组织还不能满足市场需求，科研成果未能及时用于生产实践，优良品种、新品种的配套技术研究不足。

（三）机遇与挑战

1. 机　遇

首先，因国民经济持续、快速、稳定的增长，城市化进程加速，政府及民众对生态环境保护与建设的重视、对植树造林的积极推动，在今后对各类绿化苗木的需求将不断增加，不仅表现在量上，更会增加对树种、品种、质量的要求，苗木产业遇到最好的发展机会。其次，今天人们对自身居住环境的关注是空前的，于是涌现处如建设园林城市、森林城市、环保模范城市、绿化先进城市等这样的项目，加上房地产业对居住小区绿地的高标准要求，都需要大量的各类苗木。

2. 挑　战

今天我国已成为世界上苗木花卉面积最大的国家，目前已形成三个观赏苗木主产区：北部产区，包括辽宁、河北、北京、山西、山东、河南、陕西七省市，苗木生产面积已经达22.5万公顷；中部产区，包括江苏、上海、安徽、湖南、四川、浙江和湖北七省市，面积23万公顷；南部产区，包括福建、广东和广西三省区也有4.5万公顷。而且大部分苗木生产省，种植面积年递增率达到20%以上，同业竞争日趋激烈。相比之下，合肥地区苗木花卉业发展较上海、南京、杭州等地相对迟缓，竞争优势短期内难以凸显。而在安徽省内，合肥、芜湖、滁州三足鼎立，目前合肥虽占据较大优势，但芜湖、滁州等地发展迅速，特别涌现一批现代化企业，给合肥苗木花卉业的发展带来了巨大的竞争挑战。

同时，受宏观经济和通胀的影响，苗木花卉行业的土地、人工、肥料、农药、园林资材、生产资料及能源、融资成本、风险成本等均呈整体上涨趋势，苗木生产的成本压力不断加大。加之，受土地资源的制约，一方面土地紧缺，另一方面利用格局的调整难度大，在很大程度上制约了土地资源的规模化、集约化经营。

再有，多数苗木生产者为个体农户，一般缺少专业训练、较少掌握新品种、新技术，缺少对市场的反应能力，在激烈的市场竞争中往往处于劣势，影响产业的发展。

三、合肥市苗木花卉产业发展前景与对策

（一）发展思路

确定苗木花卉生产为合肥市农林业的主要产业之一，作为农业产业结构调整的主要内容，在今后的5~10年间实现跨越式发展，加大投资、进一步扩大规模，苗木生产面积在现有的基础上提高30%，达到24618公顷，年销售额提高50%；同时，在每个县至少打造一个高标准精品苗圃，形成特色优势产业群。同时，不断完善流通体系，强化科技和产销信息服务，壮大生产经营规模，提高生产销售的组织化程度，促进产业优化升级，增强产品参与市场竞争能力，逐步将苗木花卉业培育成为优势产业、高效产业。

（二）发展目标

（1）扩大规模 到2015年，苗木花卉生产面积达到80万亩，其中花卉产品不少于20%，年产值突破100亿元。

（2）建成科技支撑体系，政策支撑体系，服务支撑三大体系。

（3）实现产业化水平、集约化水平、科技创新能力三大提升。培植龙头企业 100 家，建立苗木花卉示范户 1000 户，创立 5~10 个全国知名特色品牌，成立 10 家苗木花卉种苗研发机构，鼓励发展 100 个苗木花卉专业合作经济组织。推出 2~3 个市场预期较好的名、特、优、新苗木花卉种类，调优品种结构。

（三）市场定位

（1）苗木市场：确保本地市场份额不低于 80%；抢占省内市场，主要为皖江城市带、江南产业集中区和江北产业集中区；拓展国内市场，主要是融入长三角，积极参与长三角区域合作，以特色、优质产品打入该地区，尤其是上海，相应提高在该地区的市场份额。

（2）花卉市场：鲜切花以本地及周边市场为主，提高本地市场份额，逐步取代南方常规鲜切花产品在本地优势地位，并积极向南京、武汉、南昌等市场渗透；盆花、盆景针对全国生产对口产品。周边市场除了省内主要城市外，力争占据一定份额。国内市场，短期内积极拓展长三角和北方以北京、天津为主的花卉市场，长期争取向珠三角区域城市延伸。

同时，积极筛选品种，创立品牌，争取在出口方面有突破，努力促进合肥苗木花卉业由低层次规模优势快速向高层次综合优势转变。

（四）产业布局

1. 肥西县三岗绿化苗木主产区

依托"三岗"苗木产业区，通过"引资"加大投入，开展"提质""增量"工程，继续扩大苗圃面积；以培育精品园、大苗基地、育苗大户和花木城市场等建设项目为支撑，分别在 302、216 线上各建设万亩苗木花卉生产基地，其中在 302 线官亭段建设现代苗木花卉产业园区，以上派、花岗、丰乐、严店、三河、桃花等乡镇为中心，达到一定规模。

2. 肥东县南部大规格苗木主产区

肥东县南部地区具有大规格苗木的传统历史，同时具有自然优势、土地优势及劳力优势，规划形成大规格苗木主产区。重点发展众兴乡、鸡龙山国家花木基地、白马山省林木良种繁育基地、汇景生态园周边乡镇和地区的大规格苗木基地、乡土树种基地；在合六、合宁高速公路、合宁铁路的道路两侧，形成绿化苗木花卉产业带，共建苗圃 540 公顷。

在重点发展大规格常规常绿、落叶苗木的同时，兼顾花、叶、果兼赏，以及彩叶、芳香的大规格苗木，有地方特色的乡土苗木，以及容器大苗、整形苗木等，以满足城乡生态建设对植物多样性的要求。

3. 环董铺、大房郢水库盆景花卉主产带

依托现有的环董铺水库和大房郢水库高档盆花、盆景以及花坛花卉主产带，发挥其靠近市区，销售和流通经济及时的优势向三十岗乡等周边乡镇延伸，积极向北带动长丰县南部的双墩、岗集等地区，规划并培育建立高档盆花、盆景以及花坛花卉基地，改变合肥地区总体上重苗木、轻花卉的不合理产业格局。同时，以丰乐生态园为示范，发挥该地区临近合肥市区，高速公路连通淮南、六安等城市的交通优势，将该区建成多功能的市民游园度假休闲示范区。

4．市区精品苗木花卉基地

依托现有企业规划建设南岗镇北部苗木花卉基地 400 公顷。规划建设东大圩和牛角圩苗木花卉基地，苗木花卉产业以发展高档精品苗木花卉重点，力求实现规模化生产和集约化经营，同时为市民周日观花赏木的休闲地。

5．郊县苗木生产发展区

主要在庐江县和巢湖市的邻湖乡镇，结合环湖景观生态林带建设发展苗木生产，同时在现有的苗木生产地区逐步扩大面积，至 2020 年总计达到 19000 公顷，其中庐江 5000 公顷，巢湖 14000 公顷。

6．建苗木花卉产业科技研发中心一所

在肥西县三岗绿化苗木主产区，建苗木花卉产业科技研发中心，并附百亩精品苗圃。主要研发、引种、培育珍贵稀少树种，为其他苗木产业基地提供幼苗，同时推动产业核心区提质升级，为合肥地区苗木生产提供科技支撑。

（五）发展苗木花卉业的主要对策

1．打造现代化大规模产业基地、积极培育龙头企业

放宽市场准入、加大招商引资力度，重点扶持培育有基础有发展潜力的企业或个体经营者；逐步形成 1~3 个集生产基地、科研开发、加工生产、市场营销于一体的大型苗木花卉企业集团。

2．进一步完善苗木销售体系

在培育和规范苗木花卉交易市场的同时，进一步规范市场交易行为，培育竞争有序的市场秩序；建立扶持交易平台建设、发展苗木花卉电子商务、建设现代化的仓储物流设施，充分利用"中国合肥苗木花卉交易大会"这一平台，拓展市场，以市场带动产业大发展。

3．调整品种结构，积极鼓励培育乡土树种、特色品种，发展高档切花、盆花、盆景

森林城市、生态园林城市建设对绿化提出更高要求，由原来追求数量转向追求品质，从注重观赏效果转向生态、观赏效益并重，从过多依赖外来树种转向提倡应用乡土树种，因此苗木生产要认真研究绿化发展趋势，面向未来积极调整品种结构，并着力培育中、大规格苗木。为提高苗木质量和价值，发展容器育苗、无土栽植、培育嫁接苗。同时，增加切花、盆花、盆景生产面积，以满足市民日常生活及节庆等市场需求。

4．实施科技推动，培育具有独立知识产权的新品种，积极打造市场品牌

整合现有的科研力量，引进和繁育推广苗木花卉新品种，支持培育具有独立知识产权的新品种，努力开发我省特有的野生苗木花卉种类，并迅速形成新品种的规模化生产，抢占未来苗木花卉市场。同时，建立相关的苗木栽培、管理的科学体系。在此基础上，开创名牌、打造市场品牌，要改变"小而全"的经营模式，发挥自身的优势，努力提升产品科技含量和质量，开发自己的主打产品，创出品牌。

5．制订相关政策，鼓励扩大苗木生产。

如进一步建立健全土地流转机制，以保证扩大苗木生产规模对土地的需求；建立奖励就扶植基金，鼓励及补助因繁育新、特、优、大苗木而短期减少收益的农户及小型企业；对新

办企业提供一定的政策性优惠；政府制定针对苗木生产个体农户的免费培训项目；从绿化建设经费、农业综合开发资金、农业基本建设投资中安排一定比例的资金用于培育企业和示范基地建设等。

四、可发展的树种

除了常规培育的种类外，根据合肥的自然地理条件、为满足丰富城市绿化树种的需求，育苗不仅要着眼现在的市场，更要看今后的趋势。我们一贯要求在城市绿化中要确定基调树种、骨干树种，这是导致苗木生产局限于少数常规树种，也是大江南北城市绿化几乎雷同的一个原因。因此，为增加绿化树种的丰富度、增加城市植物景观的多样性，为未来绿化发展基础，建议可着重培育下列有发展潜力的树种：

常绿乔木类：紫楠、浙江楠、青冈栎、苦槠、石栎、冬青、大叶冬青、白皮松、香榧、金叶雪松等。

落叶乔木类：七叶树、红花七叶树、南京椴、糯米椴、榉树、朴树、糙叶榆、麻栎、小叶栎、槲栎、白栎、锥栗、杂交鹅掌楸、巨紫荆、无刺皂荚、香槐、马鞍树、黄檀、黄连木、枫香、化香、薄壳山核桃、无刺山楂、郁香野茉莉、光皮桦、枳椇、白蜡、雪柳、丝棉木、山桐子、刺楸、楸树、旱柳、香椿、青桐、华北五角枫、茶条槭等。

灌木类：胡颓子、牛奶子、乌饭树、山麻杆、黄山花楸、一叶荻、猬实、糯米条、荚蒾类、鸡麻等。

上述乔木树种大多因早期生长较慢，一般不为园林绿化所喜爱，但却大多是重要的乡土树种，对这类树种的培育需有耐心，要有长期投资的准备。

参考文献
REFERENCE

1. 胡锦涛 . 坚定不移沿着中国特色社会主义道路前进为全面建成小康社会而奋斗——在中国共产党第十八次全国代表大会上的报告 . 北京：人民出版社，2012.
2. 江泽慧等 . 中国可持续发展林业战略研究总论 . 北京：中国林业出版社，2003.
3. 江泽慧，彭镇华等 . 中国现代林业 . 北京：中国林业出版社，2000.
4. 江泽慧 . 论林业在可持续发展中的战略地位 . 林业经济，1996，（6）.
5. 彭镇华，江泽慧 . 中国森林生态网络系统工程 . 应用生态学报，1999.
6. 彭镇华 . 城市林业发展趋势与合肥市经济林建设 . 安徽农学院学报，1992，（3）.
7. 彭镇华 . 上海现代城市森林发展 . 北京：中国林业出版社，2003.
8. 彭镇华 . 林业持续发展与大流域整治开发 . 光明日报，1995，11~15.
9. 彭镇华，江泽慧 . 长江中下游低丘滩地综合治理与开发研究 . 北京：中国林业出版社，1996.
10. 张齐生 . 中国竹材工业化利用 . 北京：中国林业出版社，1995.
11. 蒋有绪 . 城市林业发展局势与特点 . 世界科技研究与发展，2002.
12. 黄枢，沈国舫 . 中国造林技术 . 北京：中国林业出版社，1993.
13. 李育才 . 退耕还林技术模式 . 北京：中国林业出版社，2005.
14. 李育才 . 面向二十一世纪的林业发展道路 . 北京：中国林业出版社，1996.
15. 宋永昌等 . 生态城市的指标体系与评价方法 . 城市环境与城市生态，1999.
16. 陆文明 . 国际森林问题的背景及其发展 . 中国林业，1999，34~35.
17. 国家林业局 . 中国湿地保护计划 . 北京：中国林业出版社，2005.
18. 中国可持续发展林业战略研究项目组 . 中国可持续发展林业战略研究 . 北京：中国林业出版社，2003.
19. 安徽植被协作组 . 安徽植被 . 合肥：安徽科学技术出版社，1983.
20. 吴豪 . 长江流域可持续发展战略研究 . 沿海经济，2001，10.
21. 宋豫秦 . 淮河流域可持续发展战略初论 . 北京：化学工业出版社，2003，5.
22. 吴中伦 . 中国森林 . 北京：中国林业出版社，2000.
23.《安徽森林》编辑委员会 . 安徽森林 . 合肥：安徽科学技术出版社，1990.
24. 国家林业局 . 全国林业生态建设与治理模式 . 北京：中国林业出版社，2003.
25. 程鹏 . 现代林业生态工程建设理论与实践 . 合肥：安徽科学技术出版社，2003.
26. 程鹏，马永春 . 林业产业经济结构调整重点的探讨 . 林业科技开发，2002.
27. 马永春 . 安徽省造林经营工作改革与发展对策调研与思考 . 林业经济，2000，（4）：63~69.
28. 李宏开，徐小牛 . 安徽大别山南坡三栖资源及其开发利用 . 生态学研究，1993，（9）.

29. 虞孝感.长江流域可持续发展研究.北京：科学出版社，2003.

30. 安徽省地方志编纂委员会.安徽省志林业志.合肥：安徽人民出版社，2012.

31. 安徽气象局.安徽气候.合肥：安徽科学技术出版社，1983.

32. 沈祖安等.安徽植被.合肥：安徽科学技术出版社，1983.

33. 何兴元，宁祝华.城市森林生态研究进展.北京：中国林业出版社，2002.

34. 安徽省生物多样性保护战略研究课题组.安徽省生物多样性保护战略研究.北京：科学技术出版社，2002.

35. 黄庆丰，吴泽民.安徽怀宁新城森林生态网络体系建设.中国城市林业，2003，（1）：22~25.

36. 黄荣来.安徽主要经济林木栽培与管理.合肥：安徽科学技术出版社，1999.

37. 安徽省统计局.安徽统计年鉴.北京：中国统计出版社，2003.

38. 安徽经济植物志增修编写办公室，安徽省人民政府经济文化研究中心.安徽经济植物志.合肥：安徽科技出版社，1990.

39. 徽州地区林业志编委员会.徽州地区林业志.合肥：黄山书社，1991.

40. 中国树木志编委会.中国主要树种造林技术.北京：中国林业出版社，1981，949~955.

41. 安徽省统计局.安徽省统计年鉴.北京：中国统计出版社，2012.

42. 安徽气象局.灾害性天气分析与预报.合肥：安徽科技出版社，1988.

43. 彭镇华，张旭东.徽商兴起繁荣与文化发展进步.安徽农业大学学报，2002，29（1）：1~8.

附件1 江泽慧教授在"合肥森林城市建设总体规划"评审会上的讲话

2012 年 9 月 17 日

各位领导、各位专家，同志们：

由合肥市人民政府委托中国林业科学研究院组织开展的"合肥森林城市建设总体规划"项目，在合肥市人民政府的高度重视下，规划组专家经过近半年时间的辛勤工作，共同努力，规划已取得重要进展。这一项目既是合肥市林业发展、园林绿化、生态城市建设的重要选题，同时也是我国现代林业尤其是城市林业研究的重要内容。今天，很高兴邀请到各位专家和主管部门领导参加规划成果审定会，听取各位专家和领导的宝贵意见。

合肥历史上曾经是一个缺林少绿的城市。1949 年合肥市只有林地 647 公顷，城区仅有零星树木 1.3 万株。但长期以来合肥市非常重视林业绿化建设，先后绿化建成的大蜀山森林公园形、环城公园已经成为合肥市最亮丽的城市名片。1992 年，合肥市与北京、珠海一起被授予首批"国家园林城市"，1993 年，合肥市明确提出建设"森林城市"，是继长春后国内第二个提出建设森林城市、并完成"森林城建设规划"的城市，得到国家林业部的支持。2000 年 2 月，全国绿化委员会正式批准合肥市作为"城乡绿化一体化建设试点城市"，同年 3 月，合肥市委市政府成立"合肥森林城建设指挥部"。2001 年，合肥市又作为"中国森林生态网络体系建设"的试点市，在城市森林建设与效益研究方面取得了一系列重要成果。2011 年，随着庐江、巢湖两县市的归入，合肥市一举成为我国唯一一座怀抱五大淡水湖之一的省会城市。城市化水平不断提高，以森林植被为主体的生态环境建设已成为人们普遍关注的问题，特别是合肥市委、市政府明确提出了创建国家森林城市的战略目标，对新时期全市园林绿化和生态环境建设提出了更高的要求。

在国家林业局和合肥市有关部门的大力支持下，中国林科院在时间紧、任务重的情况下，为了高水平的完成规划编制任务，在项目实施过程中，规划专家对合肥城乡绿化建设进行了全面的考察和专题调研，形成的"合肥森林城市建设总体规划"文本初稿，也广泛征询了合肥市林业、园林、环保、农业、水利等相关部门的意见和建议，因此本规划成果是大家集体智慧的结晶！

　　各位专家，各位领导，通过这次规划研究成果的评审，广泛听取各位专家和相关部门领导的意见、建议，规划组将继续修改完善，力争使规划更符合合肥实际，为森林城市建设发挥切实的指导作用，为大合肥的健康发展做出贡献。

　　"合肥森林城市建设总体规划"作为一个把理论与实践紧密结合的探索性研究，涉及部门多、范围广，政策性强，研究难度较大。我相信，有国家发改委、国家林业局等部门和领导的支持和指导，有合肥市人民政府的鼎力支持，有规划编制组全体参研人员的通力合作，"合肥森林城市建设总体规划"一定能够实现预期成果，为合肥市森林城市建设和大合肥的科学发展发挥更大作用，做出更大的贡献！谢谢大家！

附件 2　江洪副市长在"合肥市森林城市建设总体规划"评审会上的讲话

2012 年 9 月 17 日

尊敬的各位领导、各位专家，同志们：

大家好！经过评审委员会各位领导和专家认真细致高效的工作，《合肥市森林城市建设总体规划》顺利通过评审，了却了全市人民期盼已久的心愿，为我们创建森林城市工作提供了可靠依据、奠定了坚实基础。在此，我谨代表合肥市人民政府向参加今天评审会的各位领导和专家表示衷心的感谢！向关心支持我市创森工作的国家林业局、安徽省林业厅以及负责规划编制工作的中国林科院表示衷心的感谢！

创建森林城市，规划是先导。《合肥市森林城市建设总体规划》以合肥市域范围为发挥空间，为合肥"量体裁衣"专门打造，结合创建国家森林城市的要求、我市林业园林工作现状和潜力，明确了合肥市森林城市建设的指导思想与原则、总体目标与布局、实施计划与措施等，具有很强的科学性、前瞻性和可操作性，为我们创建森林城市工作提供了操作蓝本，对我们实施生态强市战略也必将发挥积极的引领作用。下一步，我们将根据各位领导和专家提出的宝贵意见和建议，进一步修改完善规划，进一步强化组织领导，进一步细化分解任务，进一步加大工作力度，扎扎实实做好每一步工作，力争 2014 年、确保 2015 年实现创建国家森林城市的目标。

创建森林城市承载着合肥人的绿色梦想，也是激发我们加快生态城市建设的强大动力。放眼未来，我们将立足大湖名城的发展定位，围绕保障生态安全、建设生态文明的总体要求，以生态、产业、文化"三大体系"建设为总纲，以提高森林覆盖率和城区绿地率为核心，着力建设环巢湖生态示范区，着力打造江淮分水岭森林长城，着力大兴农村植树造林，着力提升城区绿化品质，着力弘扬和谐生态文化，统筹推进城乡绿化全面协调可持续发展，到 2020 年，把合肥建设成为生态环境优美、生态经济发达、生态文化繁荣的生态强市。

各位领导、各位专家，我们不会忘记《合肥市森林城市建设总体规划》凝结着你们的辛勤汗水和智慧成果，同时，真切恳请各位领导和专家一如既往地指导、关心、支持和帮助合肥创森工作。我们将倍加珍惜机遇，倍加开拓创新，倍加扎实工作，以务实的创森行动和积极的创森成果来回报各位领导和专家。

最后，祝各位领导、各位专家身体健康，家庭幸福，万事如意！谢谢！

附件3 《合肥森林城市建设总体规划》
专家评审意见

　　2012年9月17日，合肥市人民政府邀请全国政协人资环委、人民日报社、国家发改委、国家林业局、国家知识产权局、首都绿委办、安徽农业大学、上海师范大学、南京林业大学等有关部门和单位的专家，对《合肥森林城市建设总体规划》（以下简称《规划》）项目进行了评审。评审委员会听取了项目汇报并审阅了规划文本，经讨论形成评审意见如下：

　　一、《规划》编制通过实地考察和深入的专题研究，运用景观生态学、生态足迹、遥感与地理信息系统等先进理论与技术方法，全面分析了合肥市生态环境特点、城市森林建设现状和发展潜力。规划基础工作扎实，整体框架科学，提出的森林城市建设目标、发展指标、总体布局、重点工程和保障措施切实可行。《规划》内容丰富，数据详实，具有较强的科学性、前瞻性和创新性，对合肥森林城市建设具有重要的指导意义。

　　二、《规划》确立的"江淮锦绣森林城，环湖魅力新合肥"的森林城市建设定位，凸显了合肥森林城市建设特色；提出的"一湖一岭、两扇两翼、一核四区、多廊多点"的森林城市建设格局，符合合肥森林城市建设的实际和总体发展趋势，体现了以人为本，人与自然和谐，城乡绿化一体化，可持续发展的时代要求。

　　三、《规划》提出的合肥森林城市建设指标体系系统全面，阶段发展指标量化科学。森林城市重点建设工程目标明确，重点突出，投资估算合理，保障措施针对性强，具有较强的可操作性。

　　评审委员会一致同意通过《规划》。建设按照专家评审意见进行修改完善，尽快按程序报批并抓紧实施。

评审委员会主任：

2012年9月17日

"合肥森林城市建设总体规划评审会"专家签到表

序号	姓 名	单位及职务	签 到
1	江泽慧	全国政协人口资源环境委员会副主任、中国生态文化协会会长、教授、博导	
2	陈俊宏	人民日报社副总编辑、中国生态文化协会副会长	
3	肖兴威	中央纪委驻国家知识产权局纪检组组长、中国生态文化协会副会长	
4	吴晓松	国家发展改革委农村经济司副司长、中国生态文化协会副会长	
5	汪 绚	国家林业局原资源司司长	
6	彭有冬	国家林业局科技司司长	
7	程 红	国家林业局宣传办主任	
8	赵良平	中国林学会秘书长、教授级高工	
9	胡章翠	国家林业局科技司副司长、科技发展中心主任	
10	戴广翠	国家林业局经济发展研究中心副主任、研究员	
11	甘 敬	首都绿化办副主任	
12	宛晓春	安徽农业大学校长、教授、博导	
13	陶康华	上海师范大学教授、博导	
14	关庆伟	南京林业大学教授、博导	

附件4 《合肥森林城市建设总体规》项目组人员名单

组　长
彭镇华　中国林业科学研究院首席科学家教授　博导

副组长
王　成　中国林业科学研究院　博士　研究员　博导

成　员
吴泽民　安徽农业大学林学院　博士　教授　博导
郄光发　中国林业科学研究院　博士　副研究员
贾宝全　中国林业科学研究院　博士　研究员
邱尔发　中国林业科学研究院　博士　副研究员
黄成林　安徽农业大学林学院　博士　教授　博导
王嘉楠　安徽农业大学林学院　博士　副教授
吴文友　安徽农业大学林学院　博士　副教授
张前进　安徽农业大学林学院　博士　讲师
刘西军　安徽农业大学林学院　博士　讲师
李莹莹　安徽农业大学林学院　博士　讲师
詹晓红　中国林业科学研究院　硕士　助理研究员
王　茜　中国农业科学研究院　博士
古　琳　中国林业科学研究院　博士
张　昶　中国林业科学研究院　博士
姚　佳　中国林业科学研究院　博士
马明娟　中国林业科学研究院　硕士
张睿琳　中国林业科学研究院　硕士
王荣芬　中国林业科学研究院　硕士
刘兴明　中国林业科学研究院　硕士
孙朝晖　中国林业科学研究院　工程师

国家林业局重点出版工程　国家出版基金资助项目

"十二五"国家重点图书出版规划项目——中国森林生态网络体系建设出版工程

▦ 内容简介

党的十八大把生态文明建设放在突出地位，将生态文明建设提高到一个前所未有的高度，并提出建设美丽中国的目标，通过大力加强生态建设，实现中华疆域山川秀美，让我们的家园林荫气爽、鸟语花香，清水常流、鱼跃草茂。

2002年，在中央和国务院领导亲自指导下，中国林业科学研究院院长江泽慧教授主持《中国可持续发展林业战略研究》，从国家整体的角度和发展要求提出生态安全、生态建设、生态文明的"三生态"指导思想，成为制定国家林业发展战略的重要内容。国家科技部、国家林业局等部委组织以彭镇华教授为首的专家们开展了"中国森林生态网络体系工程建设"研究工作，并先后在全国选择25个省（自治区、直辖市）的46个试验点开展了试验示范研究，按照"点"（北京、上海、广州、成都、南京、扬州、唐山、合肥等）"线"（青藏铁路沿线，长江、黄河中下游沿线，林业血防工程及蝗虫防治等）"面"（江苏、浙江、安徽、湖南、福建、江西等地区）理论大框架，面对整个国土合理布局，针对我国林业发展存在的问题，直接面向与群众生产、生活，乃至生命密切相关的问题；将开发与治理相结合，及科研与生产相结合，摸索出一套科学的技术支撑体系和健全的管理服务体系，为有效解决"林业惠农""既治病又扶贫"等民生问题，优化城乡人居环境，提升国土资源的整治与利用水平，促进我国社会、经济与生态的持续健康协调发展提供了有力的科技支撑和决策支持。

"中国森林生态网络体系建设出版工程"是"中国森林生态网络体系工程建设"等系列研究的成果集成。按国家精品图书出版的要求，以打造国家精品图书，为生态文明建设提供科学的理论与实践。其内容包括系列研究中的中国森林生态网络体系理论，我国森林生态网络体系科学布局的框架、建设技术和综合评价体系，新的经验，重要的研究成果等。包含各研究区域森林生态网络体系建设实践，森林生态网络体系建设的理念、环境变迁、林业发展历程、森林生态网络建设的意义、可持续发展的重要思想、森林生态网络建设的目标、森林生态网络分区建设；森林生态网络体系建设的背景、经济社会条件与评价、气候、土壤、植被条件、森林资源评价、生态安全问题；森林生态网络体系建设总体规划、林业主体工程规划等内容。这些内容紧密联系我国实际，是国内首次以全国国土区域为单位，按照点、线、面的框架，从理论探索和实验研究两个方面，对区域森林生态网络体系建设的规划布局、支撑技术、评价标准、保障措施等进行深入的系统研究；同时立足国情林情，从可持续发展的角度，对我国林业生产力布局进行科学规划，是我国森林生态网络体系建设的重要理论和技术支撑，为圆几代林业人"黄河流碧水，赤地变青山"梦想，实现中华民族的大复兴。

作者简介　彭镇华教授，1964年7月获苏联列宁格勒林业技术大学生物学副博士学位。现任中国林业科学研究院首席科学家、博士生导师。国家林业血防专家指导组主任，《湿地科学与管理》《中国城市林业》主编，《应用生态学报》《林业科学研究》副主编等。主要研究方向为林业生态工程、林业血防、城市森林、林木遗传育种等。主持完成"长江中下游低丘滩地综合治理与开发研究"、"中国森林生态网络体系建设研究"、"上海现代城市森林发展研究"等国家和地方的重大及各类科研项目30余项，现主持"十二五"国家科技支持项目"林业血防安全屏障体系建设示范"。获国家科技进步一等奖1项，国家科技进步二等奖2项，省部级科技进步奖5项。出版专著30多部，在《Nature genetics》《BMC Plant Biology》等杂志发表学术论文100余篇。荣获首届梁希科技一等奖，2001年被授予九五国家重点攻关计划突出贡献者，2002年被授予"全国杰出专业人才"称号。2004年被授予"全国十大英才"称号。